新工科·数据科学与大数据系列

大数据技术及应用

——基于Python语言

严宣辉　张　仕　赖会霞　韩凤萍　编　著

電子工業出版社
Publishing House of Electronics Industry
北京·BEIJING

内 容 简 介

本书共 9 章，围绕大数据的基本概念和大数据处理的主要环节编写。第 1 章介绍大数据的基础知识，包括大数据的基本概念、价值和作用等；第 2 章介绍大数据实验环境构建，主要内容包括在 Windows 系统中安装 Linux 虚拟机及构建 Hadoop 集群的方法等；第 3 章介绍数据采集与预处理，主要内容包括常用数据采集工具的使用方法及数据预处理的方法等；第 4 章介绍 Hadoop 分布式文件系统，首先介绍了 Hadoop 的发展历史、优势、生态系统和核心组件等，然后以 HDFS 为重点，介绍了其体系结构和特点，并详细介绍了 HDFS 的交互式命令；第 5 章介绍 HBase 基础与应用；第 6 章介绍 Hive 基础与应用；第 7 章介绍分布式计算框架 MapReduce；第 8 章介绍数据分析与挖掘；第 9 章介绍数据可视化，主要内容包括数据可视化的常用方法及常用工具等。

本书适合作为高等学校计算机类和电子信息类相关专业的大数据技术教材，可供专科生、本科生使用；同时适合对大数据技术感兴趣的广大读者进行自学和实践时使用。

图书在版编目（CIP）数据

大数据技术及应用：基于 Python 语言 / 严宣辉等编著. —北京：电子工业出版社，2021.10

ISBN 978-7-121-42169-3

Ⅰ. ①大… Ⅱ. ①严… Ⅲ. ①数据处理－高等学校－教材 Ⅳ. ①TP274

中国版本图书馆 CIP 数据核字（2021）第 202179 号

责任编辑：刘　瑀　　　特约编辑：田学清
印　　刷：北京虎彩文化传播有限公司
装　　订：北京虎彩文化传播有限公司
出版发行：电子工业出版社
　　　　　北京市海淀区万寿路 173 信箱　　　邮编：100036
开　　本：787×1092　1/16　印张：22.5　字数：576 千字
版　　次：2021 年 10 月第 1 版
印　　次：2024 年 7 月第 4 次印刷
定　　价：69.00 元

凡所购买电子工业出版社图书有缺损问题，请向购买书店调换。若书店售缺，请与本社发行部联系，联系及邮购电话：（010）88254888，88258888。

质量投诉请发邮件至 zlts@phei.com.cn，盗版侵权举报请发邮件至 dbqq@phei.com.cn。

本书咨询联系方式：liuy01@phei.com.cn。

前 言

PREFACE

为什么写这本书

当今世界正处于向数字化全面转型的过程中，各个领域源源不断地产生大量的数据，如工业大数据、医疗大数据、教育大数据、金融大数据和环境大数据等。目前，大数据技术已经深刻影响了人们生活的方方面面，并对人类认识世界和与世界交流的方式提出了新的挑战。维克托•迈尔•舍恩伯格在其编写的《大数据时代：生活、工作与思维的大变革》一书中指出：大数据带来的信息风暴正在变革我们的生活、工作和思维，大数据开启了一次重大的时代转型。

目前，社会对大数据工程技术人才的需求大大增加，向计算机类和电子信息类相关专业学生传授大数据知识和相关技术方法，提高他们在各领域应用大数据的能力具有重要意义。

本书的内容与实际应用紧密结合，目的是让读者了解大数据的基本概念、理解大数据技术的基本原理、初步掌握大数据分析和处理的基本方法，为未来应用大数据思维和大数据分析方法解决工作中的实际问题打下良好的基础。

本书特色

1. 理实一体化

目前，大数据技术相关教材主要分为两类：一类是普及大数据知识的导论型教材，只涉及较少的技术细节和实践应用；另一类是技术型教材，主要介绍 Hadoop 平台的安装、配置和编程方法，缺少系统的知识体系和技术方法。本书希望取长补短，综合上述两类教材的优点，全面、系统地介绍大数据相关的基本知识、基本原理和目前主流的技术方法，并辅以应用实例和实践指导，以“理实一体化”的方式组织教材内容，构建较为完整的大数据知识体系和技术方法。

本书在介绍大数据的基本原理和技术方法的过程中穿插大量的操作训练，将相关的知识点融入相应的操作过程中，这不但可以使本书的形式更生动、可读性更强，而且可以让读者通过书中的实例进行练习和验证，将学到的知识和方法用于解决实际问题。

2．围绕大数据处理的主要环节进行讲解

本书从实践角度出发，结合大量的应用实例，从大数据的基本概念、价值和作用入手，围绕大数据处理的主要环节进行讲解，然后介绍大数据带来的思维方式变革和大数据处理技术基础等，接着详细介绍大数据实验环境构建（Hadoop 大数据处理平台的安装和配置），让读者可以尽快构建进行大数据实验的环境，并由浅入深、循序渐进地介绍数据采集与预处理、数据存储与管理、数据分析与挖掘和数据可视化等。

3．利用 Python 实现开发代码与案例

目前，绝大多数大数据技术相关教材是基于 Java 的，这是因为 Hadoop 平台是使用 Java 开发的。然而，在数据分析与挖掘过程中，应用最广泛的是 Python，并且许多人工智能领域的学生和工程人员使用的首选编程语言也是 Python。因此，本书使用 Python 实现开发代码与案例。本书介绍了利用 Python 实现对 HDFS 文件的操作、HBase 的访问和 MapReduce 编程，提供了使用 MRJob 库编写 MapReduce 程序的方法和示例代码，并给出了利用 Python 设计分布式大数据挖掘算法的案例。

本书的适用对象

本书适合作为高等学校计算机类和电子信息类相关专业的大数据技术教材，可供专科生、本科生使用，同时适合对大数据技术感兴趣的广大读者进行自学和实践时使用。

本书的配套资源

本书将配套提供课程标准、教学大纲、教学课件、源代码、实验、习题、数据集和相关的应用实例，方便教师的备课和授课，也方便读者进行自学和实践。教师和读者可登录华信教育资源网（www.hxedu.com.cn），并在注册后免费下载以上教学资源。

本书的内容提要

本书共 9 章，围绕大数据的基本概念和大数据处理的主要环节编写。

第 1 章介绍大数据的基础知识。首先介绍了大数据的概念、特点和构成，以案例的方式介绍了大数据的价值和作用，论述了大数据带来的思维方式变革。为了引导读者进行后续章节的学习，本章还对大数据处理的主要环节、大数据的技术支撑和流行的大数据技术进行了简要介绍，让读者初步了解大数据处理的过程和相关技术的主要脉络。最后，本章分析了大数据面临的技术挑战。

第 2 章介绍大数据实验环境构建。首先详细讲解了在 Windows 系统中安装 Linux 虚拟机及构建 Hadoop 集群的方法，包括“伪分布模式”和“完全分布模式”两种 Hadoop 集群的构建方法，并对常用的 Linux 命令和 ZooKeeper 组件的安装方法进行了简要的介绍。

第 3 章介绍数据采集与预处理，主要内容包括数据采集工具的使用及数据预处理的常用方法，讲解常用数据采集工具的基本使用方法、基于 Python 的网页采集框架 Scrapy 的编程方法、常用的数据预处理方法（数据清洗、数据变换和数据集成）。

第 4 章介绍 Hadoop 分布式文件系统。首先介绍了 Hadoop 的发展历史、优势、生态系统和核心组件等，然后以 HDFS 为重点，介绍了其体系结构和特点，并详细介绍了 HDFS 的交互式命令。由于 Python 应用广泛，本章基于 pyhdfs 介绍了如何利用 Python 实现对 HDFS 文件的操作，详细介绍 pyhdfs 的类库和相关方法。

第 5 章介绍 HBase 基础与应用。首先介绍了大数据环境下存储工具 HBase 的数据模型，并详细介绍了 HBase Shell 的交互式命令及其应用，最后介绍了如何利用 Python 的孪生兄弟 Jython 实现对 HBase 的交互访问。

第 6 章介绍 Hive 基础与应用。首先介绍了 Hadoop 平台的数据仓库，然后介绍了 Hive 的基本概念和存储模型，并以一个简单的实例展示 Hive 创建数据库、创建数据表、数据导入和查询的全过程，最后详细介绍了 Hive 的数据定义、数据操纵和数据检索，提供了大量实例供读者学习。

第 7 章介绍分布式计算框架 MapReduce。首先介绍了在 Hadoop 平台上的分布式编程模型 MapReduce，以及利用 Python 实现 MapReduce 程序的基本方法。然后在详细解释 Hadoop Streaming 命令的基础上，介绍了利用 Python 实现 MapReduce 程序的基本方法。本章还展开介绍了一些常见的 MapReduce 程序设计模式，具体包括聚合查询模式、过滤模式和数据连接模式。最后，本章介绍了使用 MRJob 库编写 MapReduce 程序的基本方法和相关的示例代码。

第 8 章介绍数据分析与挖掘。首先介绍了数据的描述性分析方法，包括数据的集中趋势度量、数据的离散趋势度量和数据的偏态特性度量等。然后介绍了一些经典的分类和聚类算法，包括逻辑回归、近邻分类算法、决策树算法和 K-Means 聚类算法等。最后讨论了 K-Means 算法的并行化问题，给出该算法基于 MapReduce 模型的 Python 语言实现和相关的运行与测试方法。

第 9 章介绍数据可视化。首先介绍了数据可视化的基本方法和实例，以及目前常用的数据可视化工具，然后介绍了使用 Python 语言的 Matplotlib 库进行数据可视化编程的基本方法，最后详细介绍了使用 ECharts 实现数据可视化的基本方法和相关案例。

本书的第 1～3 章由严宣辉编写，第 4 章、第 7 章和附录由张仕编写，第 5 章、第 6 章由赖会霞编写，第 8 章、第 9 章由韩凤萍编写。全书架构设计和统稿由严宣辉负责。

在本书编写过程中，陈颖婕和柯忻阳同学参与了本书部分应用实例代码的测试工作，在此表示衷心的感谢！

勘误和支持

由于作者的水平和经验所限，同时编写时间仓促，书中难免出现不足和疏漏之处，欢迎读者指正，并将评论和建议发往 yan@fjnu.edu.cn。一旦经过核实确实有问题的，我们将给出更新勘误表，并对您表示感谢。

编　者

目 录

CONTENTS

第 1 章 绪论

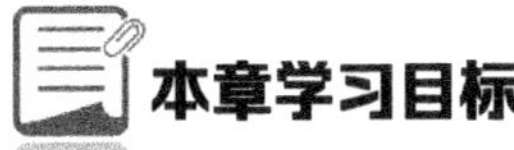

本章学习目标

- 了解大数据的基本概念、价值和作用。
- 了解大数据处理的基本环节和基础技术方法。
- 了解目前流行的大数据技术。
- 了解大数据面临的技术挑战。

随着大数据技术进入人类活动的各个领域，人们在利用大数据的同时也在源源不断地产生大数据，并在实践中逐渐对大数据中所蕴含的价值有了清晰的认识，迫切需要运用大数据技术进行数据分析和知识挖掘来提高自己认识世界和发现规律的能力。

为什么我们要研究大数据？第一方面，新经济时代的需求，在新经济时代，知识和信息替代资本成为最重要的生产要素，可以说，数据就是资产。第二方面，数据的剧增，人们需要使用新的技术存储和处理大数据。第三方面，需要分析数据，虽然数据蕴含着巨大的价值，但是这种价值需要经过分析和处理才能被发掘。第四方面，大数据是一种方法论，已经成为人类认识和改造世界的重要手段，由于社会在变革，因此谁掌握大数据，并从大数据中获得“智慧”，谁就更可能成功。

本章作为整本教材的绪论，主要介绍大数据的基本概念、大数据的价值和作用、大数据带来的思维方式变革、大数据处理技术基础及大数据面临的技术挑战。

1.1 大数据的基本概念

1. 什么是“大数据”

“大数据”这一名词最早公开出现于 1998 年，美国硅图公司（SGI）的首席科学家约翰·马西（John Mashey）在一个国际会议报告中指出：随着数据量的快速增长，必将出现数据难理解、难获取、难处理和难组织等 4 个难题，并使用“Big Data（大数据）”来描述这一挑战，在计算机领域引起了人们的重视和关注。

在“大数据”这一概念形成的过程中，有 3 个标志性的事件。

2008 年 9 月，《自然》（*Nature*）杂志专刊——*The next Google*，第一次正式提出了“大数据”概念。

2011 年 2 月 1 日，《科学》（*Science*）杂志专刊——*Dealing with data*，第一次综合分析了大数据对人们生活造成的影响，详细描述了人类面临的“数据困境”。

2011 年 5 月，麦肯锡全球研究院（McKinsey Global Institute）发布报告——Big Data: The Next Frontier for Innovation, Competition, and Productivity，第一次给大数据做出了相对清晰的定义。

本书认为，大数据是规模庞大、结构复杂、难以通过现有商业工具和技术在可容忍的时间内获取、管理和处理的数据集。

从以上对大数据的定义可以看出，大数据与传统数据相比，具有体量大、结构复杂的显著特点，并且难以使用常规的技术进行处理。

2．大数据的特点

通常使用“4V 特性”来描述大数据的主要特点，即大数据具有体量（Volume）大、种类（Variety）多、速度（Velocity）快和价值（Value）高四大特点。

（1）体量（Volume）大

大数据的特征首先体现在数量巨大，存储单位达到 TB、PB 甚至 EB 级别。图灵奖得主 Jim Grey 对人类社会信息量的增长提出了一个“新摩尔定律”：每 18 个月，全球新增信息量是计算机有史以来全部信息量的总和。根据 IDC（International Data Corporation，国际数据公司）的一份报告预测，从 2013 年到 2020 年，数据规模扩大了 50 倍，每年产生的数据量将增长到 44 万亿 GB，相当于美国国家图书馆数据量的数百万倍，2025 年全球数据总量预计将达到 175ZB。表 1.1 所示为大数据体量的若干示例。

表 1.1　大数据体量的若干示例

数据产生对象	产生的数据量
淘宝网	单日数据产生量超过 5 万 GB
百度公司	目前数据总量达 10 亿 GB，存储网页达 1 万亿页，每天大约要处理 60 亿次搜索请求
一个传输速率为 8Mbit/s 的摄像头	一个小时能产生 3.6GB 的数据量，一个城市每月产生的数据量达上千万 GB
医院	一个病人的 CT 影像数据量达几十 GB，全国每年需要保存的数据量达上百亿 GB

根据 Domo 公司 2020 年对全球大数据每分钟产生量的分析数据可知，Facebook 用户每分钟上传的图片有 147 000 张、共享的信息有 150 000 条，Instagram 用户每分钟上传的信息有 347 222 条，领英网（LinkedIn）上每分钟的求职量有 69 444 个等。

（2）种类（Variety）多

大数据与传统数据相比，数据的来源广、维度多、类型杂。各种机器设备在自动产生数据的同时，人们自身的行为也在不断地创造数据，不仅有企事业单位的业务数据，还有海量的人类社交活动数据。

（3）速度（Velocity）快

随着计算机技术、互联网和物联网的发展，数据的生成、存储、分析、处理速度远远超出了人们的想象，这是大数据区别于传统数据和小数据的显著特征。

（4）价值（Value）高

大数据有巨大的潜在价值，具有价值高但价值密度低的特点，也就是说，与其呈几何级增长的体量相比，某一对象或模块数据的价值密度较低，这给我们挖掘海量大数据的价值增加了难度和成本。

3. 大数据的构成

大数据的构成可以分为结构化数据、半结构化数据和非结构化数据 3 类。

（1）结构化数据

结构化数据具有固定的结构、类型和属性划分等，通常可以采用二维表结构表示，如使用关系型数据库存储的信息、Excel 表所存放的信息等。例如，学生信息表具有学号、姓名、性别、出生日期和电话号码等属性。表 1.2 所示为一个结构化数据的示例，数据由一行一行的记录组成，每行记录都有若干个属性。

表 1.2　结构化数据的示例

学　号	姓　名	性　别	出 生 日 期
1100101	小王	男	1998-03-05
1100102	小李	女	1999-08-05
1100103	小陈	男	2000-03-07

（2）半结构化数据

半结构化数据具有一定的结构性，但是又灵活多变。例如，XML、HTML 格式的文件，其自描述、数据结构和内容混杂在一起。XML（可扩展标记语言）是一种由 W3C 制定的标准通用标记语言，已经成为国际上进行数据交换的一种公共语言。使用 XML 格式的文件来描述表 1.2 中的 3 条记录，代码如下：

```
<students>
    <student>
        <no>1100101</no>
        <name>小王</name>
        <gender>男</gender>
        <birthday>1998-03-05</birthday>
    </student>
    <student>
        <no>1100102</no>
        <name>小李</name>
        <gender>女</gender>
        <birthday>1999-08-05</birthday>
    </student>
    <student>
        <no>1100103</no>
        <name>小陈</name>
        <gender>男</gender>
        <birthday>2000-03-07</birthday>
    </student>
</students>
```

（3）非结构化数据

非结构化数据是指无法采用固定的结构来表示的数据，如文本、图像、视频和音频等。

非结构化数据的格式非常多样，无法采用统一的结构来表示，而且在技术上，非结构化数据比结构化数据更难理解，也更难进行标准化。典型的非结构化数据（文本、图片和视频）如图 1.1 所示。

图 1.1　典型的非结构化数据（文本、图片和视频）

根据 IDC 的一份调查报告，目前结构化数据仅占全部数据的 20%左右，而半结构化数据和非结构化数据则占全部数据的 80%左右，因此在利用传统的关系型数据库和数据仓库技术存储、检索和分析数据的技术基础上，近年来发展出多种 NoSQL 数据库系统，用于对非结构化数据进行处理，如 HBase、Redis 和 MongoDB 等。

1.2　大数据的价值和作用

1．人类的活动越来越依赖于数据

大数据在各个领域发挥着越来越重要的作用，利用大数据已经成为提高核心竞争力的关键因素，为我们看待世界提供了一种全新的方法，同时人们的行为决策将日益依赖于数据分析，而不是像过去那样更多的是凭借经验和直觉。

以科学研究领域为例，当前的科技创新越来越依赖于对科学数据的综合分析，尤其是重大科学项目，更是依赖于对基础科学数据的积累和对科学数据的分析。在生命科学领域，我国的基因组测序每年产生的原始数据量达到 10PB（2 的 50 次方字节）；由中科院牵头的首个精准医学项目测序产生的原始数据量达到 200TB～500TB（2 的 40 次方字节）。重大科研基础设施的建设与应用也引发了数据的快速积累，例如，大型强子对撞机每年采集的原始数据量大约为过去 10 年通过大型电子—正电子对撞机产生的数据量的 600 倍，散裂中子源每年产生的原始数据超过 1TB，遥感卫星每年产生的数据超过 3PB。正是通过对这些海量科学数据的分析和利用，生命科学、天文学、空间科学、地球科学、物理学等各个学科领域的科研活动取得了令世界瞩目的成果。

在物流领域，移动信息化的普及更加方便了物流信息的普及与收集，大数据技术的出现则直接改变了物流领域，对该行业的运营管理和服务创新都具有重要意义。

首先，用户通过对大数据的可视化分析，能够绘制物流车辆运行的热力图，并通过热力图清楚地知道业务运营中什么地方的车次需求量最多，什么地方的货物需求量最多。对物流公司而言，可以对散小单进行智能整合，解决散小单的同城配送问题，并通过合理的布局和规划来满足市场需求，高效地协调货物与车辆的调度流程，在满足货主需求的同时能够有效配置有限资源去完成配送任务。

其次，物流公司通过对大数据的统计分析（车次派送数据、车型运作数据、物流需求类型分布和人员年龄分布等重要数据的统计），能够使企业了解自身的运营和发展情况，更好地制定月度计划、季度计划和年度计划；通过对市场和淡季、旺季的统计分析，能够对物流公司的运营规划起到指导作用。

2．大数据的核心价值

大数据的核心价值在于提供了一种人类认识复杂系统的新思维和新手段，可以帮助人们发现规律、预测未来和进行决策。

（1）发现规律

发现规律是指从大数据中总结、抽取相关的信息和知识，帮助人们分析所发生的事情，解释现象并呈现事物的发展规律。

（2）预测未来

预测未来是指从大数据中分析事物之间的关联关系、发展模式等，并据此对事物发展的趋势进行预测。

（3）进行决策

目前，在大数据应用的实践中，大数据主要用于进行描述性和预测性分析，而进一步对决策进行指导才是大数据最有价值的作用，它是在描述性与预测性分析的基础上，对各种策略的效果进行评估分析，以对决策进行指导和优化。

3．大数据的重要意义

大数据对经济、社会和科技等各个方面都具有非常重要的意义。在经济方面，大数据成为推动经济转型发展的新动力；在社会方面，大数据成为提升政府治理能力的新途径；在科技方面，大数据成为科学研究的新方法。

（1）大数据成为推动经济转型发展的新动力

新经济时代是以知识经济、虚拟经济和网络经济为标志的，在新经济时代，数据本身就是资产和生产要素。大数据的应用推动了社会生产要素的共享、整合和协作，促进了社会生产要素的高效利用，改变了传统的生产方式和经济运行机制，提高了经济运行水平和效率。目前，大数据已经成为推动经济转型发展的新动力，是重要的战略资源，将改变社会生产的结构和模式。

大数据技术的运用，激发了生产模式和商业模式的变革和创新，催生了新业态，也为传统企业的生产和服务提供了新途径。例如，在企业的生产和营销活动中，大数据分析是发现新客户群体、确定最优供应商、创新产品、理解销售季节性等问题的最好方法。应用大数据进行分析，可以了解细分市场和客户群体，从而为每个群体量身定制个性化的服务，创造差异化优势。根据大数据预测需求的变化趋势，可以创造和发掘新的需求，有助于开创全新的产品或服务领域，提高投资的回报率。新零售以互联网为依托，通过运用大数据、人工智能等先进技术手段，对商品的生产、流通与销售过程进行升级改造，进而重塑业态结构与生态圈。新零售将线下物流、服务、体验等优势与线上商流、资金流、信息流融合，拓展智能化、网络化的零售新模式。

（2）大数据成为提升政府治理能力的新途径

政府既是大数据发展的推动者，也是大数据应用的受益者。政府应用大数据能更好地响应社会和经济指标变化，解决城市管理、安全管控、行政监管中的问题，预测事态走势等。

对政府管理而言，通过建立“用数据说话、用数据决策、用数据管理、用数据创新”的理念和管理机制，以大数据来提高决策科学化与管理精细化的水平，是提升政府治理能力的新途径。

（3）大数据成为科学研究的新方法

传统科学研究的 3 个范式是“实验”→“理论分析”→“计算”，在大数据时代，“数据密集型科学发现（Data Intensive Science Discovery）”成为科学研究的第四范式。Data Intensive Science Discovery 是微软研究院在其编写的 *The FOURTH PARADIGM: DATA-INTENSIVE SCIENTIFIC DISCOVERY* 一书（见图 1.2）中提出的。该书扩展了开创性计算机科学家、图灵奖获得者、微软研究院技术院士吉姆·格雷（Jim Gray）的思想，对数据密集型科学发现的理念、应用和影响进行了全面分析。该书系统地介绍了地球与环境科学、生命与健康科学、数字信息基础设施和数字化学术信息交流等方面基于海量数据的科研活动、过程、方法和基础设施，揭示了在海量数据和无处不在的网络上发展起来的，与实验科学、理论分析、计算机仿真这 3 种科学研究范式相辅相成的科学研究第四范式——数据密集型科学发现。

4．大数据的作用

当前，大数据已经在社会各个领域发挥出巨大的作用。2015 年，我国国务院印发《促进大数据发展行动纲要》，系统部署大数据发展工作，指出了其必要性：信息技术与经济社会的交汇融合引发了数据迅猛增长，数据已成为国家基础性战略资源。坚持创新驱动发展，加快大数据部署，深化大数据应用，已成为稳增长、促改革、调结构、惠民生和推动政府治理能力现代化的内在需要和必然选择。《促进大数据发展行动纲要》提出了要以国家战略应对大数据时代，还指出了发展形势和重要意义。

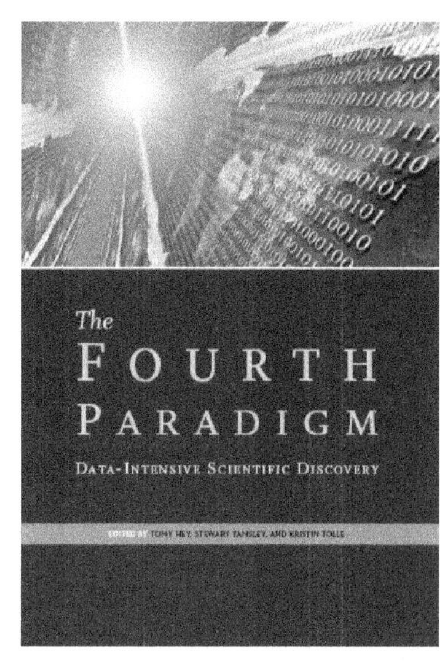

图 1.2　微软研究院关于第四范式的著作

目前，大数据技术在国内外各个行业发挥着越来越重要的作用。下面介绍几个著名的大数据应用实例。

【案例 1.1】孟山都（Monsanto）公司是一家美国的跨国农业生物技术公司，该公司首先发起了“Green Data Revolution”运动，建立了农业数据联盟（Open Ag Data Alliance）来统一数据标准，让农民也能享受大数据的成果。典型的应用有农场设备制造商 John Deere 与 DuPont Pioneer 联合提供的“决策服务（Decision Services）”，农民只需要在驾驶室中拿出平板电脑，收集种子监视器传来的数据，然后将其上传给服务器，并通过服务器端的智能决策服务电脑系统将化肥的配方返回给农场的拖拉机。

【案例 1.2】英国 NHS（国家医疗服务体系）中的糖尿病预防项目可以通过移动端收集患者的生活起居数据、生理变化数据、用药数据、饮食数据、运动数据和医生数据，对收集到的信息进行糖尿病风险等级评估，并根据评估情况为每个患者制订适宜的个性化干预治疗方案。

【案例 1.3】HealthTap 是美国一家提供 7×24 小时远程问诊服务的医疗平台，它利用移动互联网收集患者上传的个人习惯数据和健康情况，以及病史、症状、病情、药物、检测诊疗等数据，并根据患者的信息为其提供医生推荐、药物推荐等服务，减少患者就诊时间，提高医生和患者的匹配度。根据 2018 年的统计数据，每天有超过 170 个国家的数亿名用户和超过 140 000 名医生使用该平台。

【案例 1.4】大数据金融监管。中国证监会于 2013 年下半年开始启用大数据分析系统，截至 2015 年 8 月，已调查内幕交易 375 起，立案 142 起，与以往同期相比分别增长了 21% 和 33%。上海证监局自 2017 年以来招聘了大量的大数据研究和挖掘人才，专门负责模拟不同账户之间的关联，并通过无数次的模拟分析找到看似无关，但实际上相关的账户之间的交易关联。

对于大数据在若干重要领域的作用，可以简短地总结如下。

- 医疗大数据——看病更高效。
- 生物大数据——改良基因。
- 金融大数据——理财的利器。
- 零售大数据——了解消费者。
- 电商大数据——精准营销的“法宝”。
- 农牧大数据——量化生产。
- 交通大数据——畅通出行。
- 教育大数据——因材施教。
- 体育大数据——夺冠精灵。
- 食品大数据——安全饮食的“保护伞”。
- 政府大数据——改进社会服务。

1.3　大数据带来的思维方式变革

美国著名管理学家爱德华兹·戴明认为：除了上帝，任何人都必须用数据来说话。当前，“用数据说话，让数据发声”已成为人类认识世界的一种全新方法。

维克托·迈尔·舍恩伯格在《大数据时代：生活、工作与思维的大变革》（*Big Data: A Revolution That Will Transform How We Live, Work and Think*）一书中指出，大数据时代要关注三大变革：①处理数据理念的思维变革；②挖掘数据价值的商业变革；③面对数据风险的管理变革。其中，对于大数据时代带来的处理数据理念的思维方式变革，维克托·迈尔·舍恩伯格提出了 3 个非常著名的观点。

1. 要全体，不要抽样

在过去，由于收集、储存和分析数据的技术落后，收集大量数据的成本非常高，因此人们只能收集少量的数据进行分析。而在大数据时代，可以获取足够多的数据样本乃至全体数据。采用的抽样不合理会导致预测结果的偏差，而在大数据时代，依靠强大的数据处理能力，应该可以选择处理所有数据。

【案例 1.5】Farecast 系统用大数据预测机票价格，帮助消费者抓住最佳购买时机。

2003 年，奥伦·埃齐奥尼准备乘坐从西雅图到洛杉矶的飞机去参加弟弟的婚礼。他认为飞机票越早预订应该越便宜，于是他在婚礼举行日期前几个月就预订了一张去洛杉矶的机票。在飞机上，奥伦·埃齐奥尼好奇地问邻座的乘客花了多少钱购买机票。当得知虽然那个人买机票的时间比他晚，但是机票的价格却便宜很多时，他感到非常气愤。于是，他又询问了另外几个乘客，结果发现大家购买的机票的价格居然都比他购买的便宜。

奥伦·埃齐奥尼是当时美国有名的计算机专家之一，他下定决心要开发一个项目，来帮助人们推测当前的机票价格是否合理。依托这个项目，奥伦·埃齐奥尼创建了一家得到风险投资基金支持的科技创业公司，名为 Farecast。Farecast 的机票预测系统初始使用了一个航线 41 天之内的 12 000 个价格样本进行预测，取得了不错的预测结果。接着，Farecast 使用了每一条航线整整一年之内的价格数据来进行预测，随着数据的不断添加，预测的结果越来越准确。奥伦·埃齐奥尼说："这只是一个暂时性的预测结果，随着你收集的数据越来越多，你的预测结果会越来越准确。"如今，Farecast 已经拥有惊人的约 2000 亿条飞行数据记录，通过对机票价格的变化趋势预测，让消费者能够更合理地选择出行时间和航线，平均为消费者节省了 20%的机票费用。

2. 要相关，不要因果

因果关系分析和相关关系分析是人们认识、了解世界的重要手段和方法。因果关系，即某种现象（原因）引起了另一种现象（结果），也就是说，原因和结果必须具有必然的联系。因果关系分析通常基于逻辑推理，难度较大。相关关系分析则会从大量数据中通过频繁模式的挖掘，发现事物之间有趣的关联，然而该分析方法通常面临数据量不足的问题。

在大数据时代，由于已经获取了大量的数据，建立在相关关系分析方法基础上的预测成为大数据的核心。如果 A 事件和 B 事件经常一起发生，那么当 B 事件发生时，我们就可以预测 A 事件也发生了，至于为什么会这样，在某些应用上，已经没那么重要了。

【案例 1.6】沃尔玛：请把蛋挞与飓风用品摆在一起。

沃尔玛是世界上最大的零售商，拥有超过 200 万名的员工，年销售额约 4500 亿美元，比大多数国家的 GDP 还多。沃尔玛的购物数据库记录了每个顾客的购物清单和消费额，包括购物篮中的物品、购买时间，甚至购买当日的天气。2004 年，沃尔玛对其庞大的购物数据库进行相关关系分析，发现每当季节性飓风来临前，不仅手电筒的销售量增加了，而且 Pop-Tarts 蛋挞（美式含糖早餐零食）的销售量也增加了。因此，当季节性飓风来临前，沃尔玛会将 Pop-Tarts 蛋挞放在靠近飓风用品的位置，以便行色匆匆的顾客购买，从而增加商品销售量。

【案例 1.7】美国折扣零售商塔吉特（Target）的怀孕趋势预测。

美国折扣零售商塔吉特（Target）把大数据相关关系分析应用到了极致。《纽约时报》的记者查尔斯·杜希格（Charles Duhigg）在一份报道中阐述了塔吉特公司怎样在完全不和准妈妈对话的前提下预测一个女性会在什么时候怀孕。对于零售商来说，知道一个顾客是否怀孕是非常重要的，因为这是一对夫妻改变消费观念的开始，也是一对夫妻的生活"分水岭"，他们会开始光顾以前不会去的商店，渐渐对新的品牌建立忠诚度。塔吉特公司的分析团队首先查看了签署婴儿礼物登记簿的女性的消费记录。塔吉特公司注意到，登记簿上的女性会在怀孕大概第三个月时买很多无香乳液；几个月之后，她们会买一些营养品，如富含镁、钙、锌等营养成分的营养品。塔吉特公司最终找出了 20 多种关联物品，通过这些关联物品可以给顾客进行"怀孕趋势"评分，这些相关关系甚至使得塔吉特能够比较准确地预测顾客预产期，这样就能够在孕期的每个阶段给顾客寄送相应的优惠券。

3．要效率，允许不精确

对于“小数据”，由于收集的信息量比较少，因此必须确保记录下来的数据尽量精确，并要求计算模型和运算也非常精确，因为“差之毫厘，谬以千里”。然而在大数据的“全样本时代”，有多少偏差，就是多少偏差而不会被放大。Google 的人工智能专家彼得 • 诺维格（Peter Norvig）认为：大数据的简单算法比基于小数据的复杂算法更加有效。因此，快速获得一个大概的轮廓和发展脉络，要比严格的精确性重要得多。

【案例 1.8】麻省理工学院的通货膨胀率预测。

美国劳工统计局的工作人员每个月都要公布消费者物价指数（CPI），这是用来测试通货膨胀率的。美国政府每年大概需要花费 2.5 亿美元用于人工采集价格数据。这些数据是精确的，也是有序的，但是往往会滞后几周。而麻省理工学院（MIT）的两位经济学家通过一个软件在互联网上每天可以收集到大约 50 万种商品的价格，虽然他们所收集的数据没有美国劳工统计局的精确，但是由于数据量非常大，因此他们可以比官方数据更早发现通货紧缩或通货膨胀趋势。

【案例 1.9】无所不包的 Google 翻译系统。

2006 年，Google 开始涉足机器翻译，这被当作实现“收集全世界的数据资源，并让人人都可享受这些资源”这个目标的一个步骤。Google 翻译系统利用一个巨大且繁杂的数据库，也就是全球的互联网，进行语料的收集和利用。Google 翻译系统为了训练计算机，会吸收它能找到的所有翻译材料，不仅增加了各种各样的数据，还接受了有错误的数据。由于 Google 语料库的内容来自未经过滤的网页内容，因此会包含各种错误，但 Google 语料库比其他语料库大几百万倍，这样的优势完全掩盖了它的缺点。Google 翻译部的负责人弗朗兹 • 奥齐（Franz Och）指出，Google 翻译系统不会像 Candide 一样只是仔细地翻译 300 万句话，它还会掌握用不同语言翻译的质量参差不齐的数十亿页文档。

1.4　大数据处理技术基础

大数据是大量、高速、多变的信息，需要采用新型的处理方式来促成更强的决策能力、洞察力与最佳化处理，本节将介绍大数据处理的主要环节和相关的技术。

1.4.1　大数据处理的主要环节

大数据处理的流程可以归纳为数据采集与预处理、数据存储与管理、数据分析与挖掘、数据可视化等环节，如图 1.3 所示。

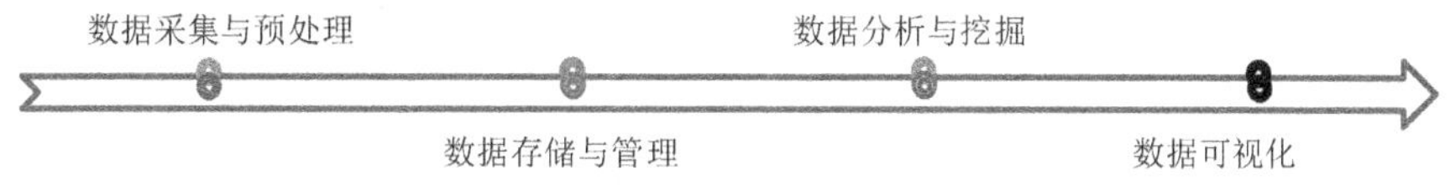

图 1.3　大数据处理的流程

1．数据采集与预处理

数据采集又称数据获取，是指从现实世界中采集信息，并进行计量和记录的过程。数据的来源可能是传感器、互联网、系统运行的日志文件等，也可能是人类生活和生产活动中所产生的各种类型的数据。在数据规模不断扩大的情况下，运用自动化数据采集工具，从外部系统、互联网和物联网中自动获取、传输和记录数据已经成为必要的技术手段。

采集的数据可能包含噪声、缺失值、不一致性和冗余等问题，数据预处理的目的就是提高数据的质量。数据预处理工作可以使残缺的数据完整，并将错误的数据纠正、多余的数据去除，进而将所需的数据挑选出来，然后进行数据集成。数据预处理有多种方法，如数据清理、数据集成、数据变换、数据归纳等。

2．数据存储与管理

现在的数据大多是高度分散的、结构松散的，并且体量越来越大，存储单位达到 TB、PB 甚至 EB 级别，传统的存储方法已经无法满足要求。目前，“分布式存储系统”是数据存储的主要技术手段，如分布式文件系统（Distributed File System，DFS）（见图 1.4）、集群文件系统（Cluster File System，CFS）和并行文件系统（General Parallel File System，GPFS）等。云存储也是大数据存储常用的技术方法，它是指通过集群应用、网格技术或分布式文件系统等，将网络中各种不同类型的存储设备通过应用软件集合起来，协同工作，共同对外提供数据存储和业务访问功能的一个系统。

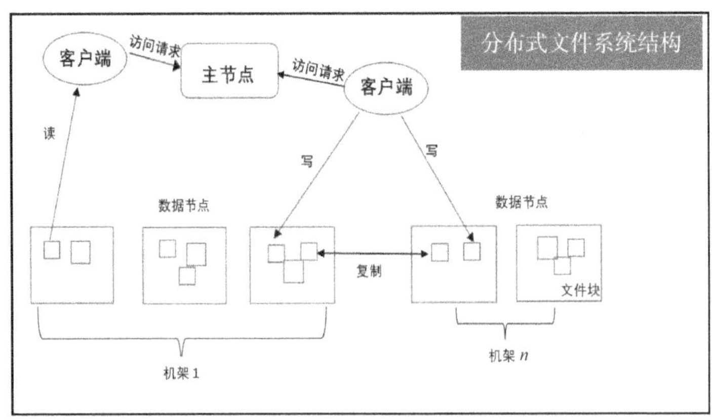

图 1.4　分布式文件系统结构示意图

此外，分布式数据库系统（DDBS）、非关系型数据库系统（NoSQL）和数据仓库（Data Warehouse）也被普遍应用于数据存储与管理。

3．数据分析与挖掘

数据分析与挖掘是指对数据进行分析和挖掘。“分析”通常是指采用传统的统计学方法对数据的特征进行分析，如统计特征分析、数据分布特性分析和回归分析等。而“挖掘”通常是指采用人工智能方法挖掘数据中所蕴含的知识，如聚类、分类和关联规则挖掘等。知识发现与数据挖掘（Knowledge Discovery and Data Mining，KDDM）的过程可以用一个金字塔进行形象的说明，如图 1.5 所示。

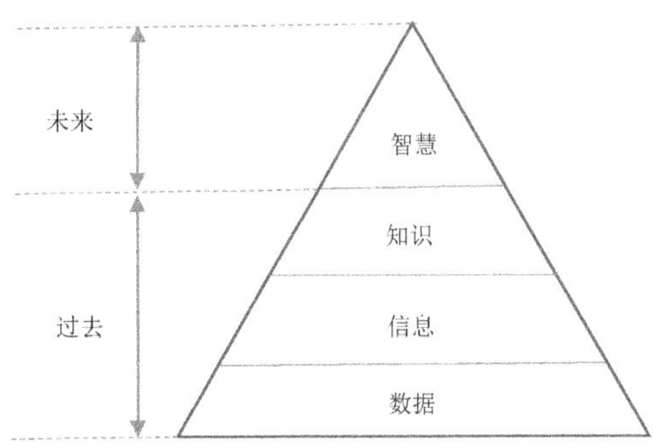

图 1.5　知识发现与数据挖掘的过程

4. 数据可视化

数据可视化是指运用计算机图形学和图像处理技术，将数据和数据分析与挖掘的结果转换成图形或图像，从而在屏幕上显示出来，并进行交互处理的理论、方法和技术。数据可视化是理解、探索、分析大数据的重要手段，常见的可视化工具包括图表生成工具、可视化报表、商业智能分析软件、可视化编程语言等。数据可视化示例如图 1.6 所示。

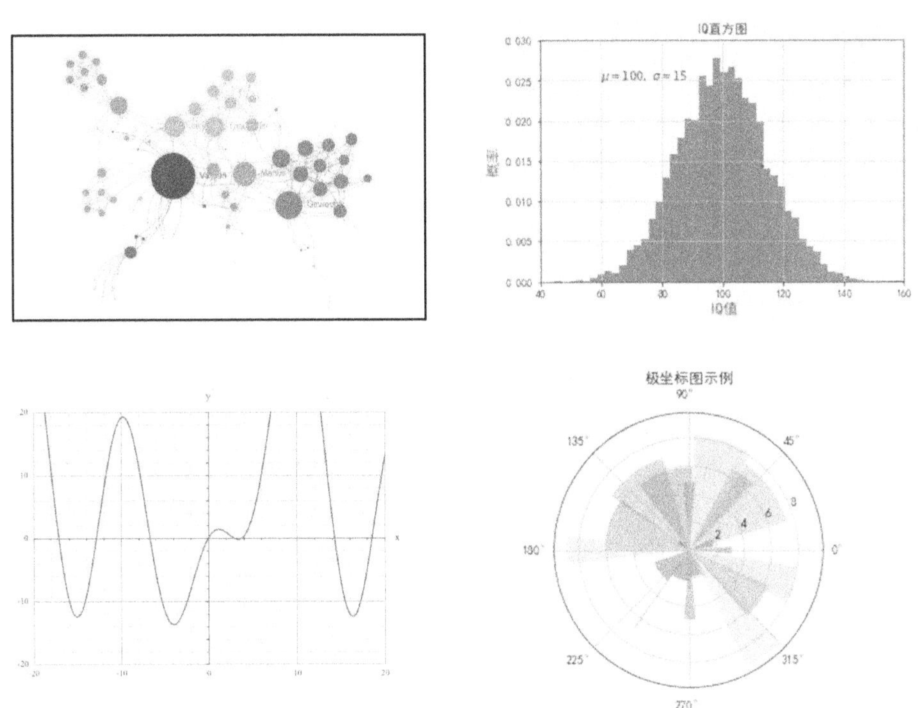

图 1.6　数据可视化示例

1.4.2　大数据的技术支撑

大数据的主要技术支撑得益于存储成本的下降、计算速度的提高和人工智能理论与技术的发展，而云计算和分布式系统、人工智能、物联网、硬件性价比的提高及软件技术的进步推动了大数据技术的发展。大数据的技术支撑如图 1.7 所示。

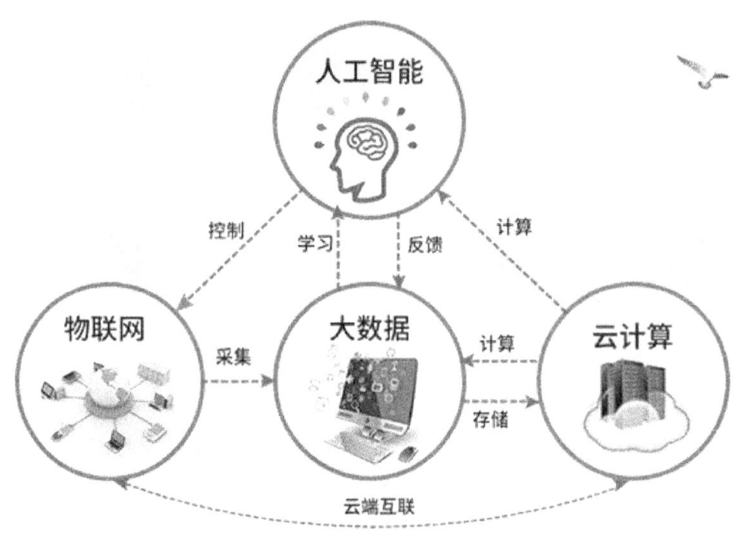

图 1.7 大数据的技术支撑

1. 云计算

云计算提供了云存储中心和分布式处理，一方面降低了存储成本；另一方面提供了强大的计算能力。云计算是大数据汇聚和分析的计算基础，客观上促进了数据资源的集中。从某种观点来看，没有云计算技术，就不会有大数据的分析和利用。

云计算是处理大数据的手段（大数据是需求，云计算是手段），没有大数据就不需要云计算，没有云计算就无法处理大数据。对于云计算和大数据的关系，中国科学院院士怀进鹏给出了一个函数形式（$G=f(X)$，其中 G 表示目标，f 表示云计算，X 表示大数据）的形象比喻。

云计算所提供的分布式处理能将不同地点的，或者具有不同功能的，或者拥有不同数据的多台计算机通过通信网络连接起来，在控制系统的统一管理控制下，协调地完成大规模信息处理任务。分布式系统基础架构的出现，不仅为大数据提供了基础支撑，还为海量的数据提供了存储、分布式和并行计算，大大提高了计算效率。目前，面向大数据处理的大规模分布式计算技术已逐步形成体系，已提出了 MapReduce、Spark、Storm 等大数据计算模型。

2. 人工智能

人工智能（Artificial Intelligence，AI）是研究、开发用于模拟、延伸和扩展人的智能的理论、方法、技术及应用系统的一门新的技术科学。大数据所带来的最大价值就是“智慧”，因此可以认为大数据是人工智能背后的基石，同时人工智能进一步提升了分析和理解数据的能力，两者之间呈现出互为支撑、相互促进的关系。

一方面，数据及对数据的分析在客观上支撑了人工智能的发展；另一方面，人工智能使机器拥有了理解数据的能力。

3. 物联网

物联网（Internet of Things，IoT）是通过二维码识读设备、射频识别装置、红外感应器、全球定位系统和激光扫描器等信息传感设备，按照约定的协议将任何物品与互联网连接，进行信息交换和通信，以实现智能化识别、定位、跟踪、监控和管理的一种网络。物联网的基本特征可以概括为识别和感知、设备互联、信息传输、智能处理。

当前，物联网正在支撑起社会活动和人们生活方式的变革，被称为继计算机、互联网之后冲击现代社会的第三次信息化发展浪潮。物联网在将物品和互联网连接起来进行信息交换和通信以实现智能化识别、定位、跟踪、监控和管理的过程中，在产生大量数据的同时推动了大数据采集、存储和智能分析技术的进步。物联网为大数据技术的发展提供了海量的数据和广泛的应用平台；而大数据技术的发展，促进了物联网系统在更多领域的应用，并改善了其应用的效果。

1.4.3 流行的大数据技术

在大数据时代，数据的存储和处理由集中式向分布式演进，其中最重要的大数据处理技术是分布式存储技术和分布式计算框架。

当前，Hadoop 和 Spark 是两个主流的大数据计算框架。所谓框架，就是一组负责对系统中的数据进行操作的计算引擎和组件。Hadoop 是 Apache 软件基金会（The Apache Software Foundation）的一个项目，是一个处理、存储和分析海量的分布式、非结构化数据的开源框架。Hadoop 最初是由 Yahoo 的 Doug Cutting 创建的，它基于 Java 开发，具有很好的跨平台特性，并且可以被部署在廉价的计算机集群中。Hadoop 的灵感来自 Google 著名的 3 篇关于大数据的论文，这 3 篇论文分别讲述了 Google File System、MapReduce 和 BigTable。

Spark 是 UC Berkeley AMP Lab（加州大学伯克利分校的 AMP 实验室）所开源的类似于 MapReduce 的通用大数据计算框架，而 Spark 不同于 MapReduce 的是，其中间结果可以被保存在内存中，而不再需要频繁读/写 HDFS（Hadoop Distributed File System），因此 Spark 能更好地适用于数据挖掘与机器学习等需要迭代的 MapReduce 的算法。

当前，Hadoop 与 Spark 两个大数据计算框架的结合是一种被广泛应用的大数据处理架构。

1．分布式存储

分布式存储是相对于集中式存储而言的。当前，随着大数据时代的到来和 IT 技术的飞速发展，各种非结构化数据（如图片、视频、音频等）呈几何级增长，而传统的集中式存储模式已经无法满足其容量、性能和安全性的需求。

传统的集中式网络存储系统采用集中的存储服务器存放所有数据，所以存储服务器成为系统性能的瓶颈，也是可靠性和安全性的焦点，不能满足大规模存储应用的需要。分布式网络存储系统采用可扩展的系统结构，利用多台存储服务器分担存储负荷，并利用位置服务器定位存储信息。它不但提高了系统的可靠性、可用性和存取效率，还易于扩展。

分布式存储技术可以分为分布式文件系统和分布式数据库系统两大类型。流行的分布式文件系统包括 HDFS、FastDFS 和 MogileFS 等。表 1.3 所示为目前流行的分布式文件系统及它们的特性描述。

表 1.3 目前流行的分布式文件系统及它们的特殊描述

名称	适合类型	文件分布	复杂度	备份机制	通信接口	开发语言
HDFS	大文件	大文件分片/分块存储	简单	多副本	原生 API	Java
FastDFS	4KB～500MB	小文件合并存储，不分片处理	简单	组内冗余备份	原生 API HTTP	C
MogileFS	少量小图片		复杂	动态冗余	原生 API	Perl
TFS	所有文件	小文件合并，以 block 组织分片	复杂	Block 存储多份，主辅灾备	原生 API HTTP	C++
Ceph	对象文件块	OSD 一主多从	复杂	多副本	原生 API	C++
ClusterFS	大文件	文件/块	简单	镜像	原生 API FUSE 挂载	C

HDFS 适合部署在廉价的机器上，是一个高度容错的系统，能提供高吞吐量的数据访问，非常适合应用于大规模数据集。HDFS 采用了主/从（Master/Slave）结构模型。一个 HDFS 集群是由一个 NameNode 和若干个 DataNode 组成的。其中，NameNode 是起统领作用的主服务器，负责管理文件系统的命名空间和客户端对文件的访问操作；DataNode 负责存储数据——以数据块（block）的方式存储数据；SecondaryNameNode 具有检查节点的作用，能够帮助 NameNode 合并操作日志（editlog），并减少 NameNode 的启动时间。图 1.8 所示为 Hadoop 分布式文件系统（HDFS）结构示意图。

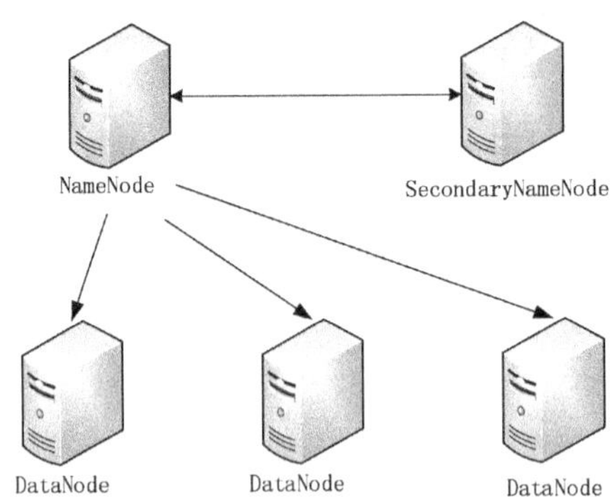

图 1.8 Hadoop 分布式文件系统（HDFS）结构示意图

分布式数据库是将数据库技术与网络技术结合的产物。目前，流行的开源分布式数据库系统包括 HBase、MongoDB、PostgreDB、Redis 和 MySQL 等。表 1.4 所示为流行的开源分布式数据库系统的特性。

表 1.4 流行的开源分布式数据库系统的特性

名　称	数据存储方式	速　度	事务支持	主要应用场景
HBase	表、列	写快、读慢	支持	持久存储
MongoDB	文档	快	只支持单文档事务	文档存储
PostgreDB	表	快	支持	多媒体数据
Redis	键-值	很快	支持	缓存
MySQL	表	快	支持	Web 系统、日志、嵌入式系统

2. 分布式计算框架

目前，流行的大数据计算框架包括 MapReduce、Storm 和 Spark 等，下面分别对这 3 种计算框架进行简要的介绍。

（1）MapReduce

Hadoop 的 MapReduce 属于批量计算框架。所谓批量计算，是指对存储在文件系统中的数据集进行批量处理的方式。它适用于处理存储在文件系统中的大容量静态数据集，但是每个任务都需要多次执行读取和写入操作，因此不适用于对实时性要求较高的场合。

（2）Storm

Storm 是由 Twitter 公司开源的实时流式计算框架。实时流式计算是基于内存的计算模式，它无须针对整个数据集进行操作，而是对通过系统传输的每个数据项进行操作，可以对随时进入系统的数据进行计算，因此适用于对实时性要求较高的场合。其他著名的实时流式计算框架还有 Facebook 的 Puma 和 Yahoo 的 S4（Simple Scalable Streaming System）等。

（3）Spark

Spark 属于前两种框架形式的集合体，是一种混合式的计算框架。它既有自带的实时流式计算引擎，也可以和 Hadoop 集成，代替其中的 MapReduce，甚至 Spark 还可以单独用于部署集群，但是需要借助 HDFS 等分布式存储系统作为其基础支撑架构。

表 1.5 所示为批量计算和实时流式计算的特性比较。

表 1.5 批量计算和实时流式计算的特性比较

比较项目	批量计算	实时流式计算
数据到达	计算开始前数据已准备好	计算进行中数据持续到来
计算周期	计算完成后会结束计算	一般会作为服务持续运行
使用场景	时效性要求低的场景	时效性要求高的场景

图 1.9 所示为批量计算和实时流式计算对比示意图，左图表示批量计算模式，右图表示实时流式计算模式。

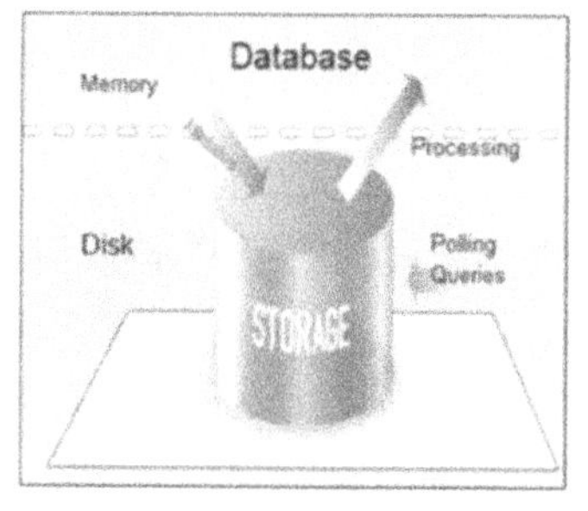

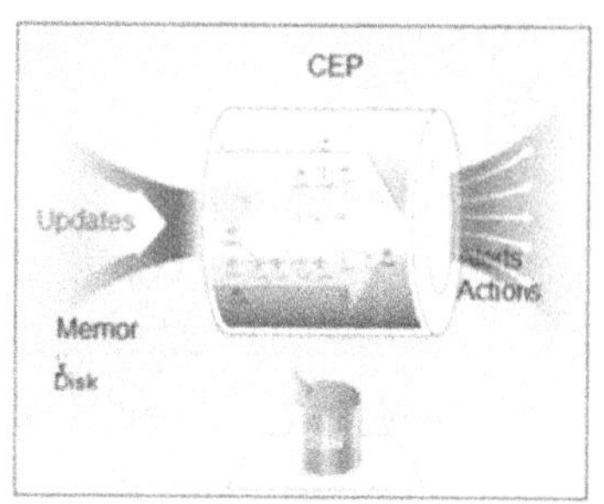

图 1.9 批量计算和实时流式计算对比示意图

1.5 大数据面临的技术挑战

大数据面临着巨大的技术挑战。虽然目前已经有众多成功的大数据应用，但就其效果和深度而言，当前的大数据应用尚处于初级阶段，虽然大数据的前景非常光明，并且已经成功应用于许多领域，但是在一些关键领域，如自动驾驶、政府决策、军事指挥、医疗健康等与人类生命、财产、发展和安全紧密关联的领域，仍然面临着一系列待解决的重大基础理论问题和核心技术挑战。

1．数据存储与管理的挑战

大数据的体量非常大，虽然一些新的数据存储技术已经被开发并应用，但是面对数据量大约每两年增长一倍的速度，如何跟上数据增长的步伐并找到有效存储数据的方法，仍然是许多企业面临的严峻挑战。而且仅仅存储数据是不够的，数据必须是有价值的，这取决于对数据的管理和分析。获取干净的数据，以及以有意义的分析方式组织的数据，需要进行大量的工作。数据科学家通常需要花费 50%～80%的时间来管理和准备数据，然后才可以实际使用这些数据。

2．计算速度的挑战

大数据技术正在快速变化，跟上大数据技术的发展是一个持续不断的挑战。海量的数据从原始数据源到产生价值的过程中会经过存储、清洗、挖掘、分析等多个环节，如果计算速度不够快，则很多环节是无法实现的。所以，在大数据技术的发展过程中，计算速度是非常关键的因素。目前，Apache Hadoop 是非常流行的大数据计算框架，而随着 Apache Spark 被开发和应用，目前这两个框架的结合被认为是最流行的大数据计算框架。

3．数据安全的挑战

除了技术上所面临的挑战，制约大数据应用发展的另一个重要瓶颈是隐私、安全与共享利用之间的矛盾问题。一方面，数据共享开放的需求十分迫切；另一方面，数据的无序流通与共享又可能导致隐私保护和数据安全方面的重大风险，因此必须对其加以规范和限制。在国家层面推出促进数据共享开放、保障数据安全和保护公民隐私的相关政策和法律法规，并制定相关的数据互操作技术规范和标准，以及保证数据质量的技术方法等，对于推动大数据技术的发展和规范应用具有非常重要的意义。

1.6 本章小结

本章介绍了大数据的概念、特点和构成，以案例的方式介绍了大数据的价值与作用，并依据维克托·迈尔·舍恩伯格提出的观点，论述了大数据带来的思维方式变革。为了引导后续章节的学习，本章还对大数据处理的主要环节和目前流行的大数据技术进行了简要介绍，使读者初步了解了大数据处理的过程和相关技术的主要脉络。

1.7 习题

一、选择题

1．在维克托·迈尔·舍恩伯格的《大数据时代：生活、工作与思维的大变革》一书中指出，大数据时代对社会的最大影响就是对人们处理数据理念的思维方式的 3 种变革，下列选项中不是该书所指出的 3 种思维方式变革的是（　　）。

A. 全体而非抽样　　B. 效率而非精确

C. 相关而非因果　　D. 规律而非规则

2. 下列技术中对大数据技术的发展起到了基础支撑作用的是（　　）。

A. 数据库技术　　B. 云计算技术

C. 人工智能技术　　D. 物联网技术

3. 下列选项中不属于大数据特点的是（　　）。

A. 体量大　　B. 价值密度高

C. 速度快　　D. 价值大

4. 下面关于 HDFS 中 SecondaryNameNode 的描述，正确的一项是（　　）。

A. 它是 NameNode 的热备

B. 它对内存没有要求

C. 它的目的是帮助 NameNode 合并 editlog，并减少 NameNode 的启动时间

D. SecondaryNameNode 应与 NameNode 部署到一个节点

5. 在 HDFS 中负责保存数据的节点是（　　）。

A. NameNode　　B. DataNode

C. NodeManager　　D. SecondaryNameNode

二、填空题

1. 传统科学研究的 3 个范式是“实验”→________→“计算”，在大数据时代，________成为科学研究的第四范式。

2. 大数据具有体量（Volume）大、__________、速度（Velocity）快和价值（Value）高四大特点。

3. 大数据的构成可以分为结构化数据、非结构化数据和________________3 种类型。

4. 大数据处理的流程可以归纳为 4 个环节，它们分别是数据采集与________、数据存储与管理、数据分析与挖掘和数据可视化。

5. 大数据的主要技术支撑利益于存储成本的下降、______________和人工智能理论与技术的发展。

三、简答题

1. 简述大数据带来了哪些思维方式变革。

2. 简述大数据具有哪些核心价值。

3. 简述大数据面临哪些技术上的挑战。

第 2 章 大数据实验环境构建

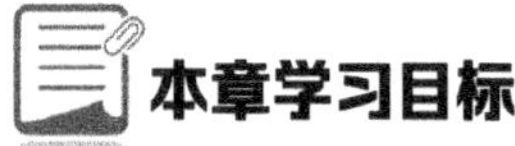

本章学习目标

- 掌握在 Windows 系统中应用 VMware Workstation 安装 Linux 虚拟机的方法和步骤。
- 了解常用 Linux 命令的使用方法和终端仿真工具 SecureCRT 的使用方法。
- 理解大数据集群的组成和规划部署大数据集群的基本原理。
- 掌握在 Linux 系统中安装 Hadoop 系统和构建 Hadoop 集群的操作步骤。

本章将向读者介绍构建大数据实验环境的基础知识和操作方法，主要包括 Windows 系统中 Linux 虚拟机的安装和联网配置，Linux 常用命令和工具的使用方法，以及 Hadoop 分布式集群的规划、构建和测试。

为了进行大数据技术的实验，我们需要构建一个 Hadoop 集群，然后利用这个集群进行大数据分布式存储和分布式计算实验。本书推荐读者采用的方法是租用云服务器，例如，可以租用阿里云、百度云等公共云服务器，在云服务器上构建 Hadoop 集群，其优点是运行比较稳定。

本书介绍的方法是在 Windows 系统中安装 Linux 虚拟机以构建 Hadoop 集群，这种方法的优点是节省资源、使用较为方便。

2.1 在 Windows 系统中安装 Linux 虚拟机

在 Windows 系统中安装 Linux 虚拟机，通常可以使用 VMware Workstation、VirtualBox 或 Windows 系统自带的 Hyper-V 软件。接下来以 VMware Workstation 为例，介绍 Linux 虚拟机的安装过程。

本书推荐的方法是首先使用 VMware Workstation 安装一台 Linux 虚拟机（本书将以 CentOS 8.2 64 位版本为例介绍 Linux 虚拟机的安装和使用），然后使用克隆的方法创建另外两台虚拟机，最终构建一个由 3 台 Linux 虚拟机组成的 Hadoop 集群。

2.1.1　创建虚拟机

首先，在 Windows 系统中安装 VMware Workstation Pro 中文版，该软件运行后的主界面如图 2.1 所示。

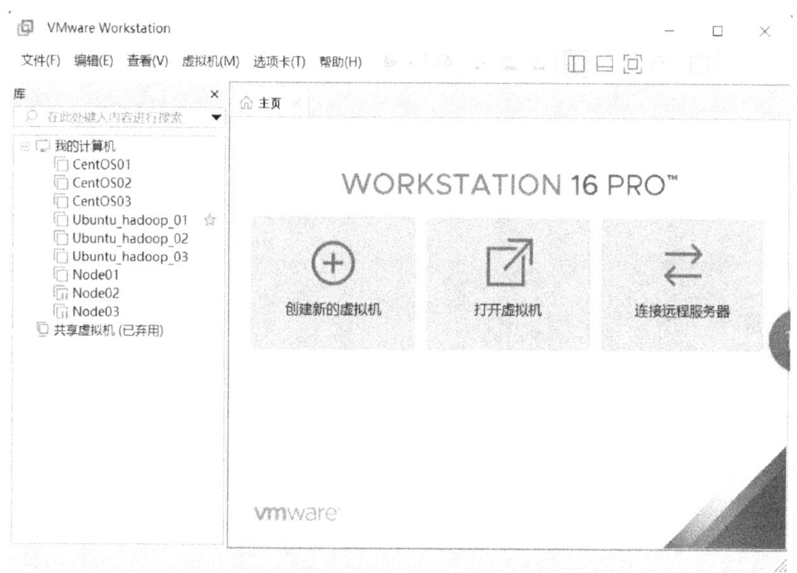

图 2.1　VMware Workstation 主界面

在 Windows 系统中安装 VMware Workstation 后，Windows 系统中会自动增加 5 项与 VMware 相关的服务（若想要正常使用，则必须保证这 5 项服务处于启动状态），以及两块虚拟网卡，如图 2.2 所示。其中，虚拟网卡 VMnet1 采用虚拟机网络服务的“仅主机模式”，VMnet8 采用“网络代理 NAT 模式”。

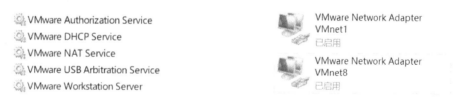

（a）Windows 系统中增加的 VMware 服务　　（b）Windows 系统中增加的虚拟网卡

图 2.2　Windows 系统中增加的 VMware 服务和虚拟网卡

然后，在 VMware Workstation 主界面中单击“创建新的虚拟机”按钮，打开“新建虚拟机向导”，使用默认安装方式连续单击“下一步”按钮，进入“选择客户机操作系统”对话框，选中“Linux”单选按钮，然后在“版本”下拉列表中选择“CentOS 8 64 位”选项，如图 2.3 所示。

单击“下一步”按钮，进入“命名虚拟机”对话框，如图 2.4 所示，在“虚拟机名称”文本框中输入“Node01”，然后单击“浏览”按钮，将“位置”设置为“D:\VMs\Node01”。

图 2.3 “选择客户机操作系统”对话框

图 2.4 “命名虚拟机”对话框

在完成虚拟机命名和位置设置后，单击“下一步”按钮，进入“处理器配置”对话框，根据计算机的硬件配置分别在“处理器数量”和“每个处理器的内核数量”下拉列表中进行选择，如图 2.5 所示。

在完成虚拟机处理器的配置后，单击“下一步”按钮，进入“此虚拟机的内存”对话框，设置虚拟机的内存大小，如图 2.6 所示。一般将内存大小设置为 1024MB～4096MB，由于虚拟机 Node01 是 Hadoop 集群的主节点，因此可以对其分配较大的内存，而对于其他两台虚拟机 Node02 和 Node03，则可以分配较小的内存。

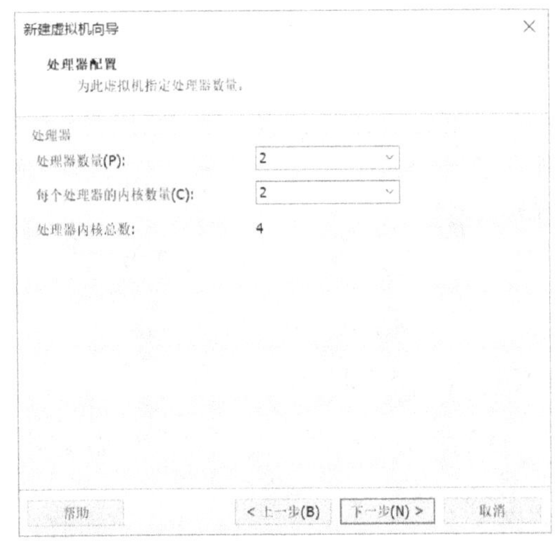

图 2.5 “处理器配置”对话框

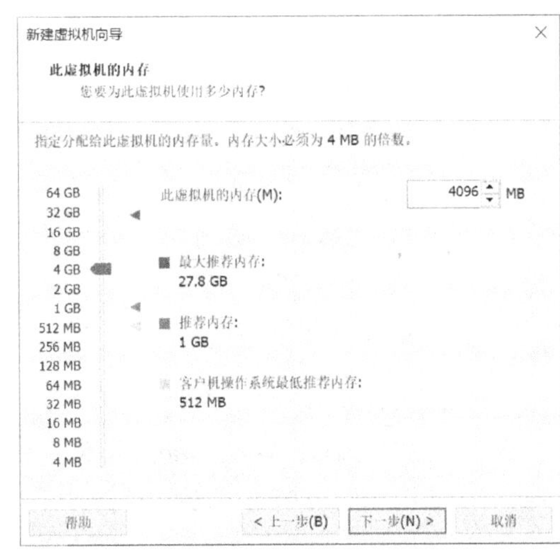

图 2.6 “此虚拟机的内存”对话框

在设置好虚拟机的内存大小后，单击“下一步”按钮，进入“网络类型”对话框，如图 2.7 所示，选中“使用网络地址转换（NAT）”单选按钮（本书 2.3 节将详细介绍桥接模式、NAT 模式、仅主机模式 3 种网络模式）。

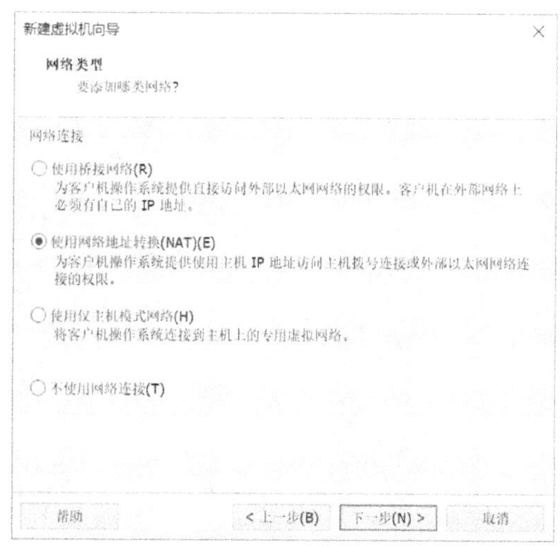

图 2.7　“网络类型”对话框

在设置好网络类型后，连续单击“下一步”按钮，完成虚拟机的创建。接下来，还需要对所创建的虚拟机进行 Linux 系统的安装和初始化。

2.1.2　虚拟机启动初始化

在创建虚拟机 Node01 后，使用 CentOS 8.2 安装光盘完成 Linux 系统的安装和初始化。在 VMware Workstation 主界面左侧系统资源库中右击“Node01”选项，并在弹出的快捷菜单中选择“设置”命令，然后在弹出的“虚拟机设置”对话框的“硬件”选项卡中选择“CD/DVD（IDE）”选项，选中“使用 ISO 映像文件”单选按钮，单击“浏览”按钮，设置 CentOS 8.2 安装光盘镜像文件的具体位置，如图 2.8 所示。

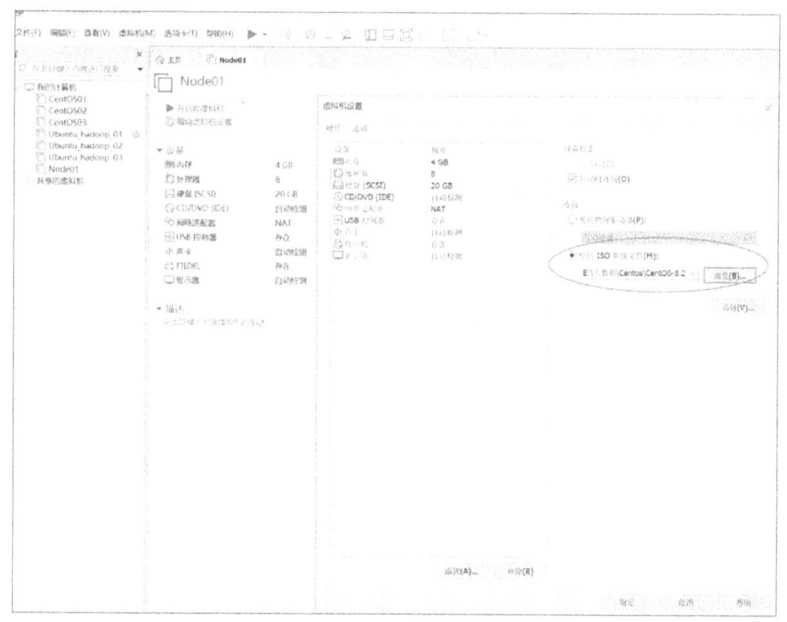

图 2.8　设置 CentOS 8.2 安装光盘镜像文件的位置

在设置完成后，单击“确定”按钮。接下来在“Node01”选项卡中单击“开启此虚拟机”按钮，进行 CentOS 8.2 的安装和初始化，安装过程中的语言可以选择中文（简体）。单击“安装目的地”按钮，进入“安装目标位置”界面，选中“自动”单选按钮，即可完成安装目的地的设置，如图 2.9 所示。

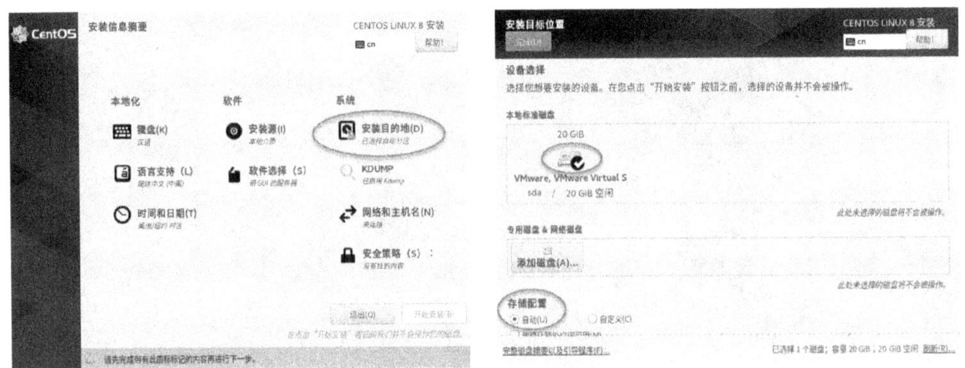

图 2.9　设置安装目的地

CentOS 8.2 的安装过程花费的时间较长，期间需要进行一些项目的配置，如安装目的地和账户、密码等。

2.1.3　克隆虚拟机

在安装好一台 Linux 虚拟机后，利用 VMware Workstation 提供的克隆虚拟机功能，从原始虚拟机 Node01 克隆出另外两台虚拟机，并将它们分别命名为 Node02 和 Node03。

首先关闭虚拟机 Node01，然后在 VMware Workstation 主界面左侧系统资源库中右击“Node01”选项，在弹出的快捷菜单中选择“管理”→“克隆”命令，如图 2.10 所示，弹出“克隆虚拟机向导”。

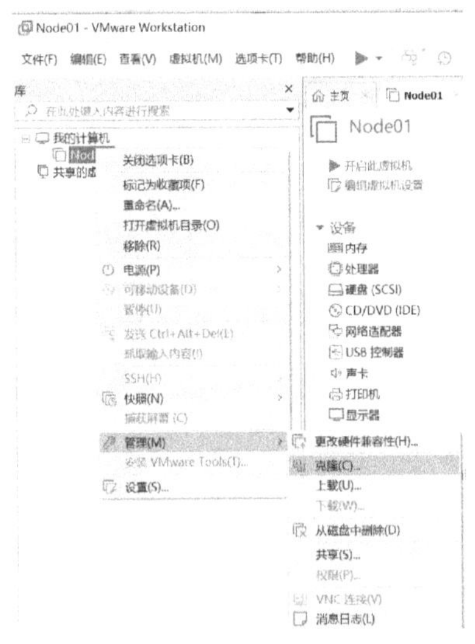

图 2.10　在 VMware Workstation 中克隆虚拟机

在“克隆虚拟机向导”中连续单击“下一步”按钮，当出现“克隆类型”对话框时，选中“创建完整克隆”单选按钮，如图 2.11 所示，对原始虚拟机进行完全独立的复制，即复制的虚拟机不与原始虚拟机共享资源，可以独立使用。

然后指定新虚拟机的名称和存放位置，如图 2.12 所示。

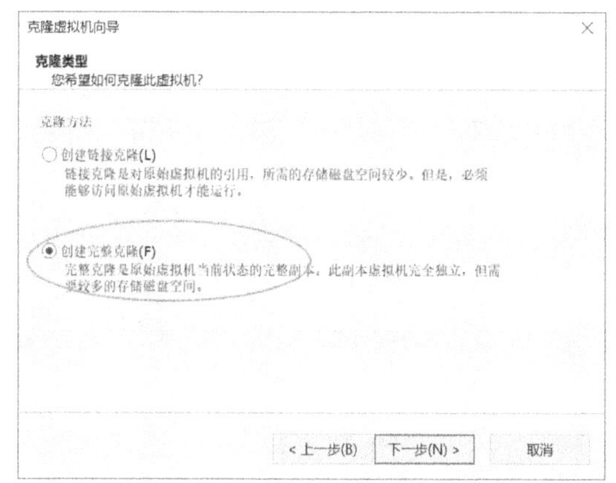

图 2.11　“克隆类型”对话框

图 2.12　指定新虚拟机的名称和存放位置

2.2　Linux 操作基础

Linux 是免费、开源的操作系统，目前常用的版本有 CentOS、Ubuntu、RedHat 和 Debian 等。与 Ubuntu 相比，CentOS 更新较慢但是更稳定，适合作为服务器操作系统使用，而 Ubuntu 的版本更新较快，适合作为桌面操作系统使用。

本书使用 CentOS 和 Hadoop 来构建大数据平台。为了更好地在 CentOS 中进行大数据环境的配置和实验，本节以 CentOS 8.2 为例，介绍一些常用的 Linux 基本操作命令。

在 Linux 系统中，命令的用法可以使用以下方式获得：

```
命令名称 --help
```

例如，输入“cd --help”命令，Linux 系统会给出 cd 命令的详细用法说明。

2.2.1　软件包管理工具

1. YUM

CentOS 包含一个前端软件包管理器工具——YUM（Yellow dog Updater, Modified）。YUM 能够从指定的服务器中自动下载 RPM 软件包并安装，并且可以自动处理依赖性关系，一次性完成所有依赖的软件包的下载和安装。

YUM 的理念是使用一个中心仓库（Repository）管理应用程序的相互关系，并根据计算出来的软件依赖关系进行相关软件的升级、安装、删除等操作，以解决困扰 Linux 系统用户的软件间的依赖关系问题。其用法示例如下：

```
$ yum install <package_name>        #安装软件包
$ yum remove <package_name>         #删除软件包
```

```
$ yum update <package_name>          #升级软件包
$ yum list pam*                      #找出以 pam 开头的软件名称
```

2. RPM

RPM（RedHat Package Manager）是 Linux 系统中的 RPM 软件包的管理工具。RPM 原本是 Red Hat Linux 发行版专门用来管理 Linux 系统各项套件的程序，由于它遵循 GPL 规则且功能强大、便于使用，因此逐渐被其他发行版采用。其用法示例如下：

```
$ rpm -ql  <package_name>            #查询软件包
$ rpm -ivh  <package_name>           #安装软件包
$ rpm -e  <package_name>             #删除软件包
```

2.2.2 目录和文件操作

1. 目录操作命令

表 2.1 所示为 Linux 系统中常用的目录操作命令。

表 2.1 Linux 系统中常用的目录操作命令

命　令	功　能
cd	切换目录
mkdir	创建目录
rmdir	删除一个空的目录
pwd	显示目录

（1）切换目录

在 Linux 系统中，使用 cd 命令切换当前目录，示例如下：

```
$ cd /etc                            #进入/etc 目录
$ cd ..                              #返回上级目录
$ pwd                                #显示当前工作目录
```

（2）创建与删除目录

在 Linux 系统中，使用 mkdir 命令创建目录，使用 mv 命令移去/重命名目录，使用 rmdir 命令删除目录，示例如下：

```
$ mkdir dir1                         #在当前目录中创建 dir1 目录
$ mkdir -p /dir1/temp                #创建目录树
$ mv dir1 dir2                       #移去/重命名目录
$ rmdir dir1                         #删除目录
```

2. 文件操作命令

在 Linux 系统中，常用的文件操作命令如下：

```
ls：查看目录中的文件列表
cp：复制文件
mv：移动文件
rm：删除文件
cat、more 和 tac：查看文件内容
```

（1）查看目录中的文件列表

在 Linux 系统中，使用 ls 命令查看当前目录中的文件列表，示例如下：

```
$ ls -a                              #显示当前目录中的所有文件（包括隐藏的文件）
$ ls -al                             #显示所有文件的详细信息
```

（2）复制文件

在 Linux 系统中，使用 cp 命令复制文件，示例如下：

```
$ cp 文件 1  文件 2                    #将文件 1 复制为文件 2
$ cp -a 目录 1 目录 2                  #复制目录，包括源目录中所有的子目录和文件
$ cp -a 目录 1                         #复制目录 1 到当前目录
```

（3）删除文件

在 Linux 系统中，使用 rm 命令删除文件，示例如下：

```
$ rm -f file1                         #删除 file1 文件
$ rm -rf dir1                         #删除 dir1 目录及子目录中的内容
```

（4）查看文件内容

在 Linux 中，可以使用 cat、more 和 tac 命令查看文件内容，示例如下：

```
$ cat file1                           #显示 file1 文件内容
$ tac file1                           #反向显示 file1 文件内容
$ more file1                          #分页显示 file1 文件内容
```

2.2.3　用户和权限管理命令

1．创建用户

在 Linux 系统中，使用 useradd 命令创建用户，使用 passwd 命令设置用户的密码，示例如下：

```
$ useradd user1                       #创建用户 user1
$ passwd user1                        #设置用户 user1 的密码
```

2．创建用户组

在 Linux 系统中，使用 groupadd 命令创建用户组，示例如下：

```
$ groupadd  group1                    #创建用户组 group1
```

3．删除用户或用户组

在 Linux 系统中，userdel、groupdel、userdel -f 命令分别用于删除用户、删除用户组、删除用户主目录，示例如下：

```
$ userdel  username                   #删除用户
$ groupdel  groupname                 #删除用户组
$ userdel -f username                 #删除用户的主目录和邮件池
```

4．为用户分配所属的用户组

在 Linux 系统中，一个用户可以隶属于多个用户组，使用 usermod 命令可以将用户分配到某个用户组中，示例如下：

```
$ usermod -G  groupname  username          #将用户分配到用户组中
$ groups  username                         #查看用户隶属的所有组
```

5．切换当前用户

在 Linux 系统中，使用 su 命令切换当前用户，示例如下：

```
$ su root                                  #切换当前用户为 root
$ su - root                                #使用参数“-”不但可以切换用户，而且可以改变环境变量
```

2.2.4 修改文件的访问权限

为了保护系统的安全，Linux 系统对不同的用户访问同一文件（包括目录文件）的权限做了不同的规定。在文件被创建后，文件的创建者自动拥有对该文件的读、写和可执行权限，而其他用户需要通过权限设置来获得对该文件的访问权限。下面通过例子来理解文件的访问权限。

1. 查看文件的访问权限

可以使用以下命令显示/etc/sysconfig/network-scripts 目录下 ifcfg-ens33 文件的访问权限：

```
$ cd /etc/sysconfig/network-scripts
$ ls -l ifcfg-ens33                        #查看 ifcfg-ens33 文件的详细信息
```

结果如图 2.13 所示。

```
-rw-r--r--. 1 root root 403 11 月  10 09:18 ifcfg-ens33
```

图 2.13　文件的访问权限示意图

在图 2.13 中，第 1 位“-”表示文件类型，后面的 9 位字符表示文件的访问权限。

- 前 3 位“rw-”表示文件所有者（user）拥有的权限。
- 中间 3 位“r--”表示文件所隶属的组（group）的用户拥有的权限。
- 后 3 位“r--”表示其他用户（others）拥有的权限。

接下来的“1”表示连接数；第 1 个“root”表示文件的拥有者为 root，第 2 个“root”表示文件隶属的组为 root。

表 2.2 所示为 Linux 系统中文件的访问权限相关信息和含义。

表 2.2　Linux 系统中文件的访问权限相关信息和含义

文件属性项	文件类型	文件所有者权限			文件所属组用户权限			其他用户权限		
字符表示	d/-/l/b/c	r	w	x	r	w	x	r	w	x
数字表示		4	2	1	4	2	1	4	2	1
含义	d：目录，-：文件	读	写	执行	读	写	执行	读	写	执行

2. 修改文件的访问权限

要修改文件的访问权限，可以使用 chmod 命令。设置方法有两种：一种是数字法；另一种是字符法。

（1）数字法

```
$ chmod 777 ifcfg-ens33      #将 ifcfg-ens33 文件的访问权限修改为所有用户可读、写和执行
$ chmod 764 ifcfg-ens33      #将 ifcfg-ens33 文件的访问权限修改为“rwxrw-r--”
```

其中，数字 764 的含义如下。

```
rwx rw- r--
111 110 100
 7   6   4
```

使用 ls -l ifcfg-ens33 命令查看 ifcfg-ens33 文件修改后的访问权限，显示结果如图 2.14 所示。

```
-rwxrw-r--. 1 root root 403 11 月  10 09:18 ifcfg-ens33
```

图 2.14　文件修改后的访问权限示意图

（2）字符法

```
$ chmod a+rwx ifcfg-ens33          #对所有用户添加读、写和执行权限
```

需要注意的是，a 表示所有用户，u 表示用户，g 表示组用户，o 表示其他用户。

3．修改文件的属主和属组

使用 chown 命令修改文件的属主和属组，其语法如下：

```
chown [-R] 属主名:属组名 文件名
```

示例如下：

```
$ chown hadoop ifcfg-ens33   #修改文件的属主为hadoop
```

2.2.5　压缩和解压缩

Linux 系统中的 tar 命令（tape archive）用于对文件进行压缩和解压缩，可以处理*.tar、*.tar.gz、*.tar.bz2 等文件类型。主要的参数如下。

- 必选参数。
  - -f：指定备份文件名（该参数是最后一个参数，后面只能接文件名）。
- 5 个独立的参数（压缩或解压缩都要用到其中一个，可以和其他参数连用，但只能使用其中一个）。
  - -c：建立压缩文件。
  - -x：解压缩。
  - -t：查看内容。
  - -r：向压缩文件末尾追加文件。
  - -u：更新原压缩包中的文件。
- 可选参数。
  - -z：具有 gzip 属性。
  - -j：具有 bz2 属性。
  - -Z：具有 compress 属性。
  - -v：显示所有过程。
  - -O：将文件解压缩到标准输出中。
  - -C：指定解压缩的目的目录。

示例如下：

```
$ tar -cf all.tar *.jpg                    #将所有.jpg 文件压缩成名称为 all.tar 的包
```

其中，c 表示建立压缩文档，f 表示指定压缩包文件名。

```
$ tar -xvf all.tar                         #解压缩 all.tar 包。x 表示解压缩，v 表示显示整个过程
$ tar -xzvf file1.tar.gz                   #解压缩一个 gz 包。z 表示解压缩或压缩*.gz 文件
$ tar -xjvf file1.tar.bz2 -C /home #把 file1.tar.bz2 解压缩到/home/目录下
```

2.2.6　网络配置命令

1．netstat 命令

netstat 命令用于查看当前计算机开放的端口，从而判断当前计算机启动了哪些服务。常

用参数如下。

- -a：列出所有的网络连接。
- -t：列出 TCP 协议端口。
- -u：列出 UDP 协议端口。
- -l：仅列出处于监听状态的网络服务。
- -n：不使用域名和服务名，而使用 IP 地址和端口号。
- -r：列出路由列表，功能和 route 命令一致。
- -p：显示建立相关连接的程序名。
- -s：显示网络工作信息统计表（按照各个协议进行统计）。

示例如下：

```
$ netstat -a            #列出所有端口（包括监听的和未监听的）
$ netstat -l            #只显示监听端口（列出所有处于监听状态的 Sockets）
$ netstat -at           #列出所有 TCP 协议端口
$ netstat -nap          #列出所有正在使用的端口及关联的进程/应用
$ netstat -tulnp        #列出所有正在监听的 TCP、UDP 协议端口和关联的进程/应用
```

2. ifconfig 命令

ifconfig 命令用于查看与配置网络状态，如图 2.15 所示。

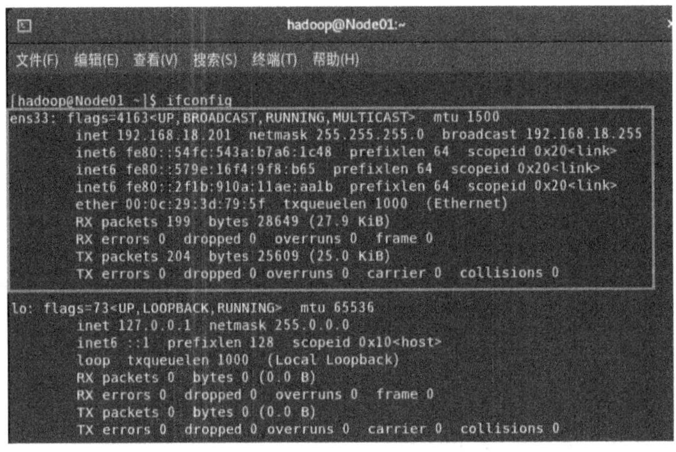

图 2.15 ifconfig 命令运行结果示意图

3. nmcli 命令

CentOS 中的 nmcli 命令比传统的 ifconfig 命令的功能更为强大，该命令的语法如下：

```
nmcli [OPTIONS] OBJECT {COMMAND | help}
```

- OBJECT 表示 device 和 connection。device 表示网络接口，是物理设备；connection 表示连接，是逻辑设备。OBJECT 和 COMMAND 可以使用全称，也可以使用简称，最少可以使用一个字母，建议使用前 3 个字母。
- COMMAND 表示具体命令。

示例如下：

```
$ nmcli connection show                    #查看所有的网络连接
$ nmcli con show -active                   #查看所有的活动连接
$ nmcli con delete ens33                   #删除网络连接 ens33
$ nmcli dev status                         #显示设备状态
```

```
$ nmcli con add con-name static ifname eth33 type ethernet    #添加网络连接
$ nmcli c reload                                              #重启 Linux 的网络服务
```

2.2.7 系统服务命令

1. systemctl 命令

systemctl 命令是系统服务管理器命令，主要负责控制 systemd 系统和服务管理器。常用的功能包括：查看所有服务状态，启动、关闭、重载、重启和激活服务，开机启用或禁用服务等。示例如下：

```
$ systemctl start nfs-server.service          #启动 nfs-server.service 服务
$ systemctl stop nfs-server.service           #关闭服务
$ systemctl reload nfs-server.service         #重载服务
$ systemctl restart nfs-server.service        #重启服务
$ systemctl status nfs-server.service         #检查服务状态
$ systemctl enable nfs-server.service         #开机启用服务
$ systemctl disable nfs-server.service        #开机禁用服务
$ systemctl list-units --type=service         #列出所有服务
```

2. ps（process status）命令

使用 ps 命令可以查看哪些进程正在运行和运行的状态、进程是否结束、进程是否处于僵尸状态、哪些进程占用了过多的资源等信息。示例如下：

```
$ ps 1085                                     #查看 1085 号进程的信息
```

3. kill 命令

在 Linux 系统中，使用 kill 命令结束进程，示例如下：

```
$ kill -9 1085                                #彻底结束编号为 1085 的进程
```

2.2.8 查找命令

1. grep 命令

ps -ef 命令用于查找所有进程，如果想要在所有显示的进程中查找 sshd 进程，可以使用以下命令：

```
$ ps -ef | grep sshd                          #查找 sshd 进程，命令中的“|”表示管道
```

而使用 grep 命令可以在文件中查找文本，示例如下：

```
$ grep -n 'hello' file1.txt                   #在 file1.txt 文件中查找文本 hello，并显示行号
```

2. find 命令

在 Linux 系统中，find 命令用于在指定目录中查找文件，示例如下：

```
$ find . -name "*.log"                        #在当前目录中查找以.log 结尾的文件
$ find /home/ -perm 777                       #查找/home 目录中权限为 777 的文件
$ find . -size +100M                          #查找当前目录中大于 100MB 的文件
```

2.3 构建 Hadoop 集群

Hadoop 集群由 3 台 Linux 虚拟机组成，一主（Master）二副（Slave），即其中一台 Linux

虚拟机作为 NameNode 和 ResourceManager，另外两台 Linux 虚拟机作为 DataNode，其结构如图 2.16 所示。

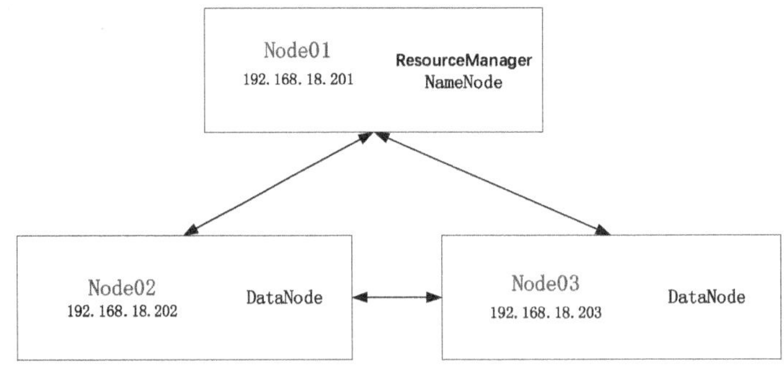

图 2.16　由 3 台 Linux 虚拟机组成的 Hadoop 集群的结构

2.3.1　VMware Workstation 的网络模式简介

为了让 3 台 Linux 虚拟机之间能够互相访问，首先需要对虚拟机的网络参数进行设置。下面介绍 VMware Workstation 提供的网络模式。

在 VMware Workstation 中，虚拟机的联网模式可以被设置为 3 种：桥接模式、NAT 模式（网络代理模式）和仅主机模式。下面分别介绍这 3 种网络模式。

1. 桥接模式

桥接模式是指将虚拟出来的网卡直接连接到局域网中，就像在局域网络中增加了一台真正的计算机一样。由于虚拟机的网络地址使用的是局域网中的 IP 地址，因此虚拟机可以直接访问外网，同时虚拟机之间可以相互访问，其他的外部计算机也可以访问虚拟机。图 2.17 所示为桥接模式的示意图。

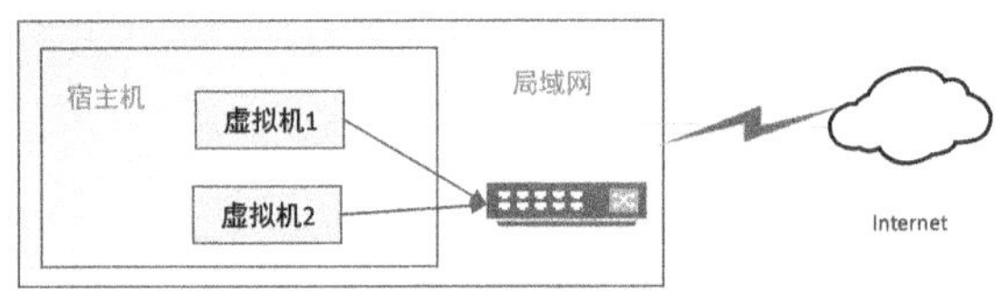

图 2.17　桥接模式的示意图

2. NAT 模式（网络代理模式）

NAT 模式是指在宿主机中创建一个虚拟子网，将虚拟机加入该虚拟子网中，并且该虚拟子网中有一个 NAT 服务（网络代理服务），因此虚拟机可以通过该网络代理服务访问外网，同时宿主机与虚拟机之间、虚拟机与虚拟机之间均可互相访问，但是其他的外部计算机无法访问虚拟机。图 2.18 所示为 NAT 模式的示意图。

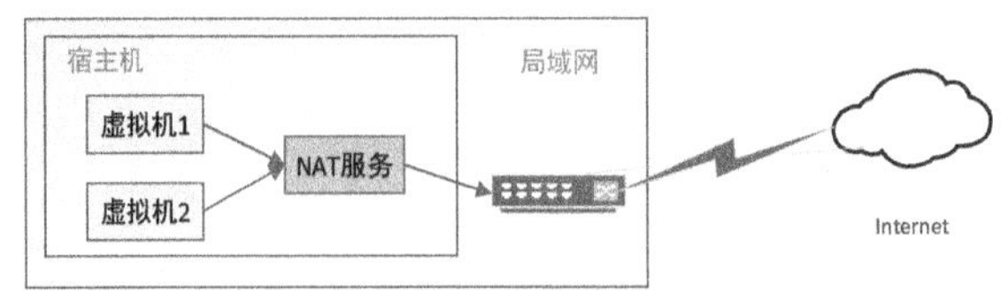

图 2.18　NAT 模式的示意图

提示： 如果校园网中使用锐捷认证，则锐捷的相关程序会将 Windows 系统中的 VMware NAT Service 服务强制关闭，以阻止虚拟机访问外网。

3. 仅主机模式

仅主机模式是指在宿主机中创建一个虚拟子网，将虚拟机加入该虚拟子网中，并且该虚拟子网中没有 NAT 服务，因此虚拟机之间可以互相访问，宿主机与虚拟机之间也可以互相访问，但是虚拟机不可以访问外网。图 2.19 所示为仅主机模式的示意图。

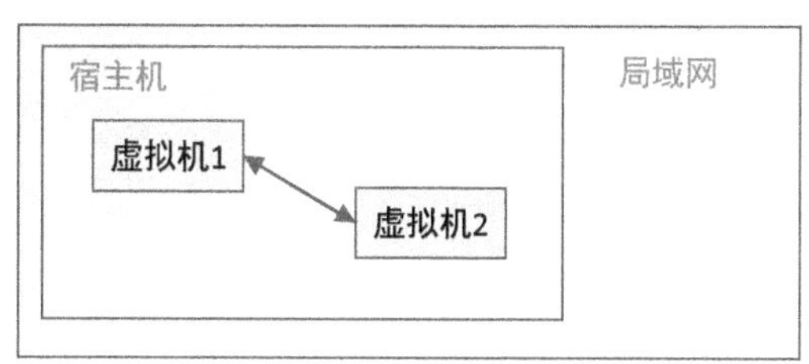

图 2.19　仅主机模式的示意图

2.3.2　集群规划和网络设置

我们采用 NAT 模式来构建 Hadoop 集群。在 NAT 模式下，虚拟机可以连接外网，同时加入该虚拟子网的所有虚拟机与宿主机之间均可互相访问，以便将文件从宿主机复制到虚拟机中。

打开 VMware Workstation 的“虚拟网络编辑器”对话框，如图 2.20 所示，其中，名称为 VMnet8 的虚拟网卡是用于配置 VMware 的 NAT 网络服务的。

在“虚拟网络编辑器”对话框中单击“更改设置”按钮，然后选择名称为 VMnet8 的虚拟网卡，设置其 NAT 虚拟子网的 IP 地址，如图 2.21 所示。图 2.21 中 NAT 虚拟子网的 IP 地址为 192.168.18.0（可以根据需要进行修改），这表示 NAT 虚拟子网中虚拟主机的 IP 地址范围是 192.168.18.1～192.168.18.254。

图 2.20　“虚拟网络编辑器”对话框

图 2.21　设置虚拟网卡 VMnet8 的 NAT 虚拟子网 IP 地址

单击“DHCP 设置”按钮，从弹出的“DHCP 设置”对话框（见图 2.22）中可以看出，DHCP 服务自动分配的虚拟机 IP 地址范围是 192.168.18.128～192.168.18.254（可以手动修改）。

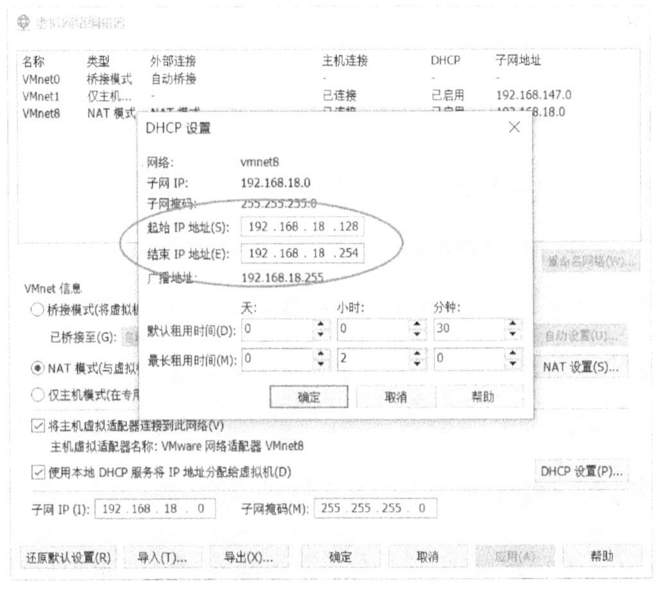

图 2.22　虚拟子网中虚拟机的 IP 地址可选范围

对 Hadoop 集群中的 3 台 Linux 虚拟机规划主机名、虚拟网卡的 IP 地址等，相关配置如表 2.3 所示。

表 2.3　Hadoop 集群规划的相关配置

主　机　名	IP 地址（静态）	环 境 配 置	安 装 软 件
Node01	192.168.18.201	关闭防火墙和 SELinux 时钟同步	JDK、Python、Hadoop、ZooKeeper
Node02	192.168.18.202	关闭防火墙和 SELinux 时钟同步	JDK、Python、Hadoop、ZooKeeper
Node03	192.168.18.203	关闭防火墙和 SELinux 时钟同步	JDK、Python、Hadoop、ZooKeeper

2.3.3　配置虚拟机的网络参数

1. 配置主机名

首先修改 Linux 虚拟机的主机名。使用 vim 命令打开/etc/hostname 文件，修改主机名（分别命名为 Node01、Node02 和 Node03），命令如下：

```
$ vim /etc/hostname
```

在修改完成后重启虚拟机，可以使用 uname -a 命令查看主机名是否修改正确，如图 2.23 所示。

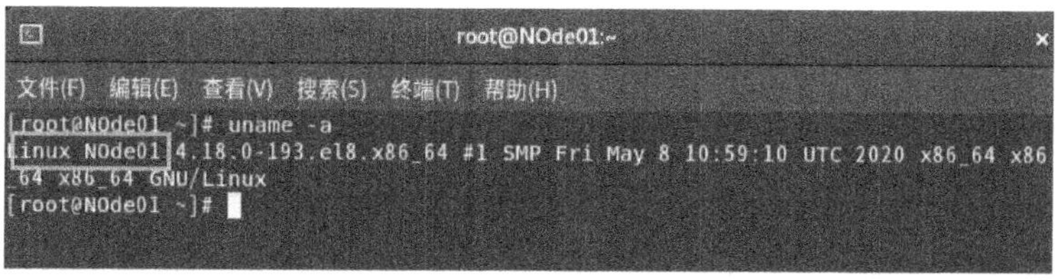

root@NOde01:~
文件(F)　编辑(E)　查看(V)　搜索(S)　终端(T)　帮助(H)
[root@NOde01 ~]# uname -a
Linux NOde01 4.18.0-193.el8.x86_64 #1 SMP Fri May 8 10:59:10 UTC 2020 x86_64 x86_64 x86_64 GNU/Linux
[root@NOde01 ~]#

图 2.23　查看 Linux 虚拟机的主机名

2. 查看虚拟机虚拟网卡的 MAC 地址

在 VMware Workstation 主界面左侧系统资源库中右击“Node01”选项，并在弹出的快捷菜单中选择“设置”命令，然后在弹出的“虚拟机设置”对话框的“硬件”选项卡中选择“网络适配器”选项，然后单击“高级”按钮，在弹出的“网络适配器高级设置”对话框（见图 2.24）中可以看到虚拟网卡的 MAC 地址，还可以单击“生成”按钮重新生成 MAC 地址。

网络适配器高级设置
MAC 地址(M)
00:0C:29:96:58:C6
生成(G)

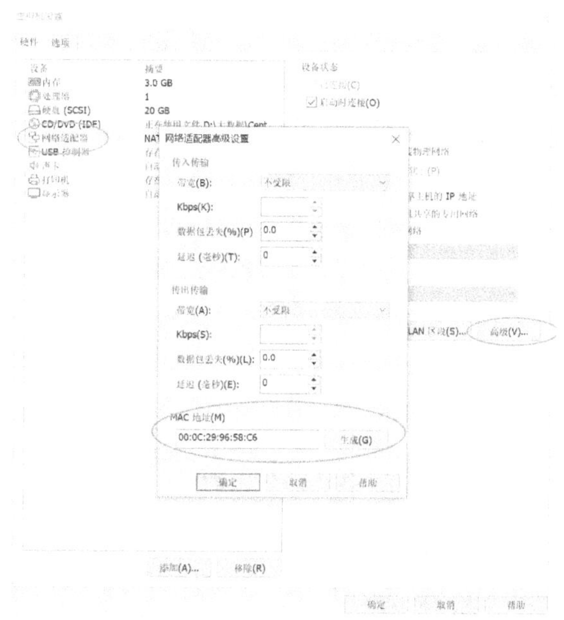

图 2.24　“网络适配器高级设置”对话框

3. 配置虚拟机的网络参数

CentOS 8.2 的网络配置文件存放在/etc/sysconfig/network-scripts/目录中，使用以下命令可以进入该目录：

```
$ cd /etc/sysconfig/network-scripts
```

使用 ls 命令可以看到，网络配置文件为 ifcfg-ens33，如图 2.25 所示。

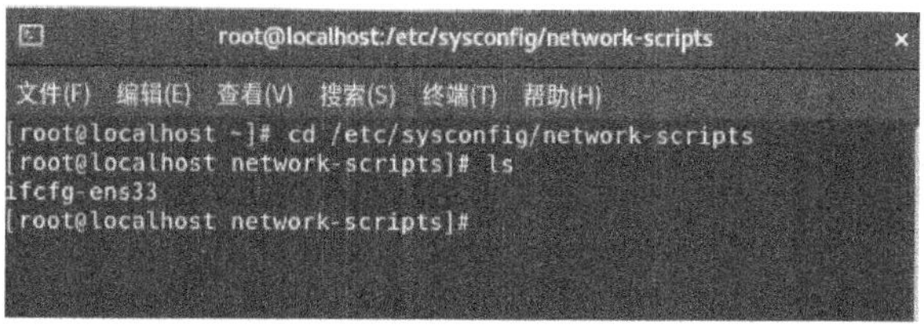

root@localhost:/etc/sysconfig/network-scripts
文件(F)　编辑(E)　查看(V)　搜索(S)　终端(T)　帮助(H)
[root@localhost ~]# cd /etc/sysconfig/network-scripts
[root@localhost network-scripts]# ls
ifcfg-ens33
[root@localhost network-scripts]#

图 2.25　CentOS 8.2 的网络配置文件

使用 vim 编辑器打开 ifcfg-ens33 文件，即可对其进行编辑，命令如下：

```
$ vim ifcfg-ens33
```

表 2.4 所示为虚拟机 Node01 网络配置文件的内容，将 BOOTPROTO 项由 DHCP 更改为 static（采用静态 IP 地址），将 ONBOOT 项由 no 更改为 yes，并增加 IPADDR、NETMASK、GATEWAY、DNS1 和 HWADDR 等项目。

表 2.4　虚拟机 Node01 网络配置文件的内容

TYPE=Ethernet PROXY_METHOD=none BROWSER_ONLY=no BOOTPROTO=**static** DEFROUTE=yes IPV4_FAILURE_FATAL=no IPV6INIT=yes IPV6_AUTOCONF=yes IPV6_DEFROUTE=yes IPV6_FAILURE_FATAL=no IPV6_ADDR_GEN_MODE=stable-privacy NAME=ens33 UUID=4144393e-977b-4a6b-ab4a-86c30f510ed6 DEVICE=ens33 ONBOOT=**yes** IPADDR=192.168.18.201 NETMASK=255.255.255.0 GATEWAY=192.168.18.2 DNS1=114.114.114.114 HWADDR=00:0C:29:96:58:C6

在表 2.4 的网卡配置项中，需要修改以下 6 个参数。

- BOOTPROTO=static：表示使用静态 IP 地址。
- ONBOOT=yes：表示自动启动该网卡。
- IPADDR：表示虚拟机的 IP 地址。
- NETMASK：表示子网掩码。
- GATEWAY：表示网关地址。
- DNS1：表示域名服务器地址。
- HWADDR：表示网卡 MAC 地址。

其中，网关地址和子网掩码可以根据 VMware Workstation 的“NAT 设置”对话框提供的数据进行设置，如图 2.26 所示。

4．映射主机名与 IP 地址

CentOS 中主机名与 IP 地址的映射文件为/etc/hosts，对 3 台虚拟机分别使用 vim /etc/hosts 命令打开该文件，输入如图 2.27 所示的内容。

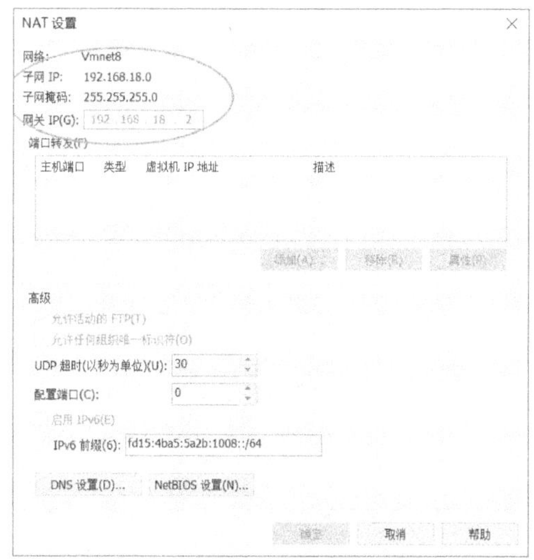

图 2.26 “NAT 设置”对话框

图 2.27 配置主机名与 IP 地址的映射关系

在完成 3 台虚拟机配置后，即可使用主机名代替 IP 地址进行相互访问。

5. 配置效果验证

在配置好网络参数后，重新启动 CentOS（或使用 nmcli c reload 命令重启 Linux 系统的网络服务），可以使用 ifconfig 命令查看网络参数，并验证宿主机及 3 台虚拟机之间是否可以互相 ping 通，如图 2.28 所示。

```
hadoop@Node01:~
文件(F) 编辑(E) 查看(V) 搜索(S) 终端(T) 帮助(H)

[hadoop@Node01 ~]$ ifconfig
ens33: flags=4163<UP,BROADCAST,RUNNING,MULTICAST>  mtu 1500
        inet 192.168.18.201  netmask 255.255.255.0  broadcast 192.168.18.255
        inet6 fe80::54fc:543a:b7a6:1c48  prefixlen 64  scopeid 0x20<link>
        inet6 fe80::579e:16f4:9f8:b65  prefixlen 64  scopeid 0x20<link>
        inet6 fe80::2f1b:910a:11ae:aa1b  prefixlen 64  scopeid 0x20<link>
        ether 00:0c:29:3d:79:5f  txqueuelen 1000  (Ethernet)
        RX packets 199  bytes 28649 (27.9 KiB)
        RX errors 0  dropped 0  overruns 0  frame 0
        TX packets 204  bytes 25609 (25.0 KiB)
        TX errors 0  dropped 0 overruns 0  carrier 0  collisions 0

lo: flags=73<UP,LOOPBACK,RUNNING>  mtu 65536
        inet 127.0.0.1  netmask 255.0.0.0
        inet6 ::1  prefixlen 128  scopeid 0x10<host>
        loop  txqueuelen 1000  (Local Loopback)
        RX packets 0  bytes 0 (0.0 B)
        RX errors 0  dropped 0  overruns 0  frame 0
        TX packets 0  bytes 0 (0.0 B)
        TX errors 0  dropped 0 overruns 0  carrier 0  collisions 0
```

图 2.28 使用 ifconfig 命令查看网络参数

此外，还可以使用 CentOS 8.2 提供的图形界面配置其网络参数。单击 CentOS 8.2 主界面中右上角的图标，在弹出的界面中单击图标，打开 CentOS 8.2 的“设置”界面（也可以从 CentOS 8.2 的应用列表中打开“设置”界面），选择“网络”→“有线”选项，在弹出的“有线”对话框中选择“IPv4”选项卡，即可进行网络 IP 地址设置，如图 2.29 所示。

图 2.29　CentOS 8.2 的网络 IP 地址设置

在“有线”对话框中选择“身份”选项卡，即可进行网络 MAC 地址设置，如图 2.30 所示。

图 2.30　CentOS 8.2 的网络 MAC 地址设置

2.3.4　关闭防火墙和 SELinux

1．关闭防火墙

由于 Linux 防火墙会给远程访问和 FTP 带来一些意想不到的问题，因此为了方便学习，可以关闭 3 台虚拟机的防火墙。在 CentOS 8.2 中使用以下命令关闭防火墙，并禁止开机启动防火墙：

```
$ systemctl status firewalld.service                #查看防火墙状态
$ systemctl stop firewalld.service                  #关闭防火墙
$ systemctl disable firewalld.service               #禁止开机启动防火墙
```

2. 关闭 SELinux

SELinux 是 Linux 系统的一种安全子系统，主要作用是最大限度地减少系统中服务进程可访问的资源（即最小权限原则）。如果开启 SELinux，则需要进行较多配置，因此为了方便学习，一般不使用 SELinux。可以使用以下命令打开 SELinux 的配置文件：

```
$ vim /etc/selinux/config
```

然后在 config 文件中设置“SELINUX=disable”，如图 2.31 所示。

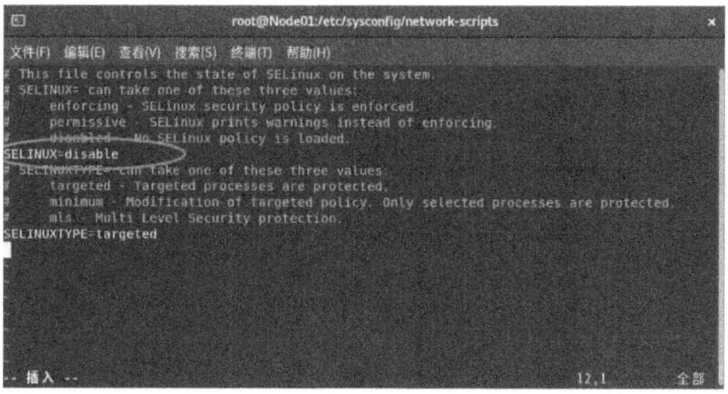

图 2.31 编辑/etc/selinux/config 文件示意图

2.3.5 SSH 免密登录

SSH 是 Secure Shell 的缩写，它是一种专门为远程登录会话和其他网络服务提供安全保障的协议。应用于 CentOS 的 SSH 服务，可以实现以下两种功能。

- 通过终端仿真软件，远程连接 Linux 虚拟机，可以更方便地执行 Linux 命令和传输文件。
- 在集群开发中，实现多台 Linux 虚拟机间的免密登录，避免在各个节点之间互相频繁访问时重复输入用户名和密码。

1. SSH 服务远程登录配置

在安装 CentOS 后，系统会自动安装和启动 SSH 服务，可以使用以下命令查看是否安装和启动了 SSH 服务：

```
$ rpm -qa | grep ssh                #查看是否安装了 SSH 服务
$ ps -e | grep ssh                  #查看是否启动了 SSH 服务
```

效果如图 2.32 所示。

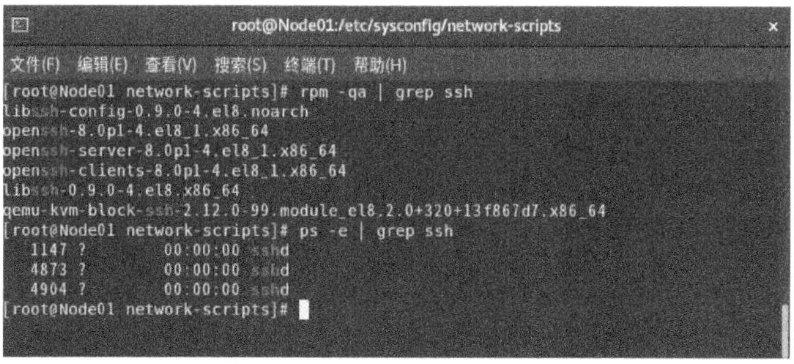

图 2.32 查看是否安装和启动了 SSH 服务

提示： 如果系统没有安装 SSH 服务，则在 CentOS 中可以使用 yum install openssh -server 命令进行安装。

在虚拟机中安装并启用 SSH 服务后，许多开发人员会通过远程仿真终端工具来连接 Linux 虚拟机，以便在 Linux 虚拟机中执行命令。本书就介绍一款常用的仿真终端工具——SecureCRT。该工具是一款支持 SSH 服务的终端仿真软件，可以提供一个更友好的仿真终端界面，并且支持远程安全访问、文件传输和数据通道功能。图 2.33 和图 2.34 所示分别为在 SecureCRT 中创建新连接和远程登录 Linux 虚拟机的界面。

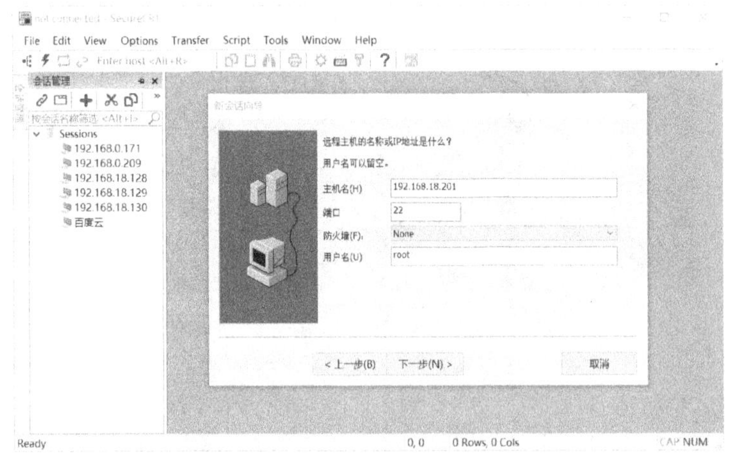

图 2.33　在 SecureCRT 中创建新连接的界面

图 2.34　在 SecureCRT 中远程登录 Linux 虚拟机的界面

2．SSH 免密登录配置

Hadoop 集群中的主节点需要启动从节点，并通过主节点登录从节点，如果每次都输入密码，则会非常麻烦。我们可以使用 SSH 服务来配置免密登录，SSH 免密登录的工作原理如下（假设 A 主机想要免密登录 B 主机）。

- 在 B 主机上存储 A 主机的公钥。
- A 主机请求登录 B 主机。
- B 主机使用 A 主机的公钥加密一段随机文本，并发送给 A 主机。
- A 主机使用私钥解密该文本，并发回 B 主机。
- B 主机验证文本是否正确。

图 2.35 所示为 SSH 免密登录原理。

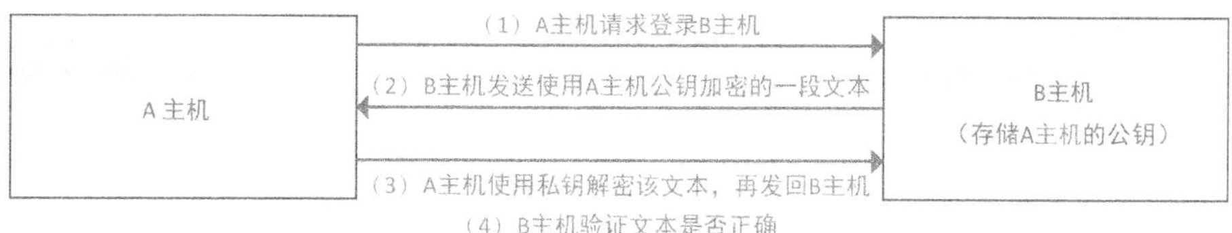

图 2.35　SSH 免密登录原理

在 3 台虚拟机上进行 SSH 免密登录操作的步骤如下。

（1）生成公钥和私钥

分别在 3 台虚拟机上执行下面的命令，生成公钥和私钥：

```
$ ssh-keygen -t rsa     #生成 SSH 密钥对
```

出现以下提示信息：

```
Generating public/private rsa key pair.
Enter file in which to save the key (/root/.ssh/id_rsa):          #直接按 Enter 键
Enter passphrase (empty for no passphrase):                       #直接按 Enter 键
Enter same passphrase again:                                      #直接按 Enter 键
Your identification has been saved in /root/.ssh/id_rsa.
Your public key has been saved in /root/.ssh/id_rsa.pub.
The key fingerprint is:
SHA256:9NevFFklAS5HaUGJtVrfAlbYk82bStTwPvHIWY7as38 root@Node01
The key's randomart image is:
+---[RSA 3072]----+ |
|ooo o*..     |
|.o+.*+*          |
|.O.*o* o         |
|*.@.= E          |
|oO.o o oS        |
|..B   .  .   |
|.. +  o o        |
| .o  . o.    |
| …. +----[SHA256]-----+
```

在上述命令执行后，会在/root 目录下生成一个包含密钥文件的.ssh 隐藏目录，此目录中包含两个文件：私钥文件 id_rsa 和公钥文件 id_rsa_pub。

（2）将 3 台虚拟机的公钥复制到虚拟机 Node01 上

```
$ ssh-copy-id Node01
```

需要注意的是，在虚拟机 Node01、Node02 和 Node03 上都要执行此命令。

如果运行上述命令后，出现以下提示信息：

```
The authenticity of host 'node01 (192.168.18.201)' can't be established.
Are you sure you want to continue connecting (yes/no/[fingerprint])?
```

则先输入 yes，再输入虚拟机 Node01 中的 root 用户密码。

需要注意的是，此命令会在虚拟机 Node01 中的/root/.ssh 目录下生成 authorized_keys 文件，此文件存储了 3 台虚拟机的公钥。

（3）从虚拟机 Node01 中复制公钥到虚拟机 Node02 和 Node03 中

```
$ scp /root/.ssh/authorized_keys Node02:/root/.ssh
$ scp /root/.ssh/authorized_keys Node03:/root/.ssh
```

在完成上述操作后，在虚拟机 Node01 上使用 ssh Node02 命令访问虚拟机 Node02 时就不需要输入密码了。图 2.36 所示为在 SecureCRT 中通过虚拟机 Node01 免密登录虚拟机

Node02 和 Node03。

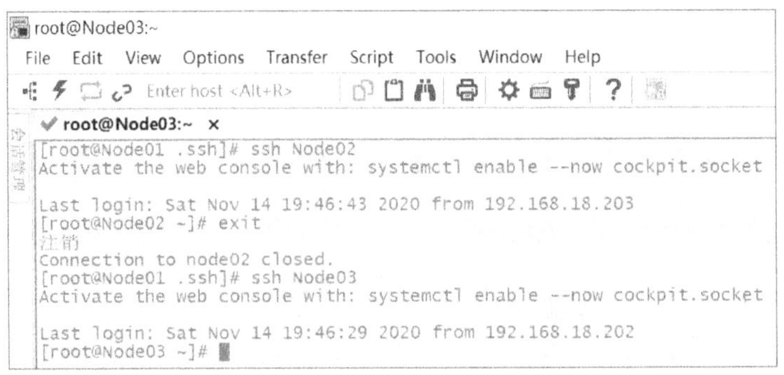

图 2.36 SSH 免密登录操作

3. 时间同步

由于分布式系统的数据记录状态需要保持一致，如果 A 节点记录的时间是 t1，B 节点记录的时间是 t2，就会出现问题。因此需要对 3 台 Linux 虚拟机设置时间同步。

在 CentOS 8 中设置系统时间同步使用的是 chrony 工具（在 CentOS 7 以下版本中使用的是 ntp 工具），具体操作方法如下：

```
$ yum install chrony                #安装 chrony
$ systemctl start chronyd           #启动 chrony
$ systemctl enable chronyd          #设置系统自动启动
```

打开配置文件/etc/chrony.conf，命令如下：

```
$ vim /etc/chrony.conf
```

在 chrony.conf 文件中注释掉“pool 2.centos.pool.ntp.org iburst”，并输入以下内容：

```
server ntp.aliyun.com iburst
server cn.ntp.org.cn iburst
```

重新加载 chronyd 服务，命令如下：

```
$ systemctl restart chronyd.service
```

查看时间服务器源是否更新成功，命令如下：

```
$ chronyc sources -v
```

在运行上述命令后，可以看到系统显示的时间服务器源信息，如图 2.37 所示。

```
[root@Node01 /]# chronyc sources -v
210 Number of sources = 2

  .-- Source mode  '^' = server, '=' = peer, '#' = local clock.
 / .- Source state '*' = current synced, '+' = combined , '-' = not combined,
| /   '?' = unreachable, 'x' = time may be in error, '~' = time too variable.
||                                                 .- xxxx [ yyyy ] +/- zzzz
||      Reachability register (octal) -.           |  xxxx = adjusted offset,
||      Log2(Polling interval) --.      |          |  yyyy = measured offset,
||                                \     |          |  zzzz = estimated error.
||                                 |    |           \
MS Name/IP address         Stratum Poll Reach LastRx Last sample
===============================================================================
^* 203.107.6.88                  2   9   377   276  -2145us[-3142us] +/-   27ms
^? time4.aliyun.com              2   8     3   396    -28us[ -983us] +/-   15ms
[root@Node01 /]#
```

图 2.37 时间服务器源信息

2.4　Hadoop 平台简介

2.4.1　Hadoop 生态系统

随着 Hadoop 平台的发展，其生态系统越来越完善。图 2.38 所示为 Hadoop 生态系统，主要包括底层分布式文件系统 HDFS、分布式数据库系统 HBase、分布式计算框架 MapReduce 和分布式协作服务管理器 ZooKeeper 等。

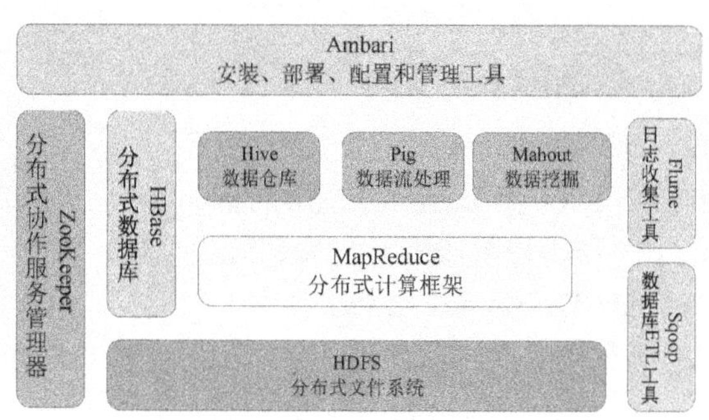

图 2.38　Hadoop 生态系统

基于 Hadoop 平台的大数据技术架构和处理流程如图 2.39 所示，它简要描述了从数据采集到数据可视化的流程。

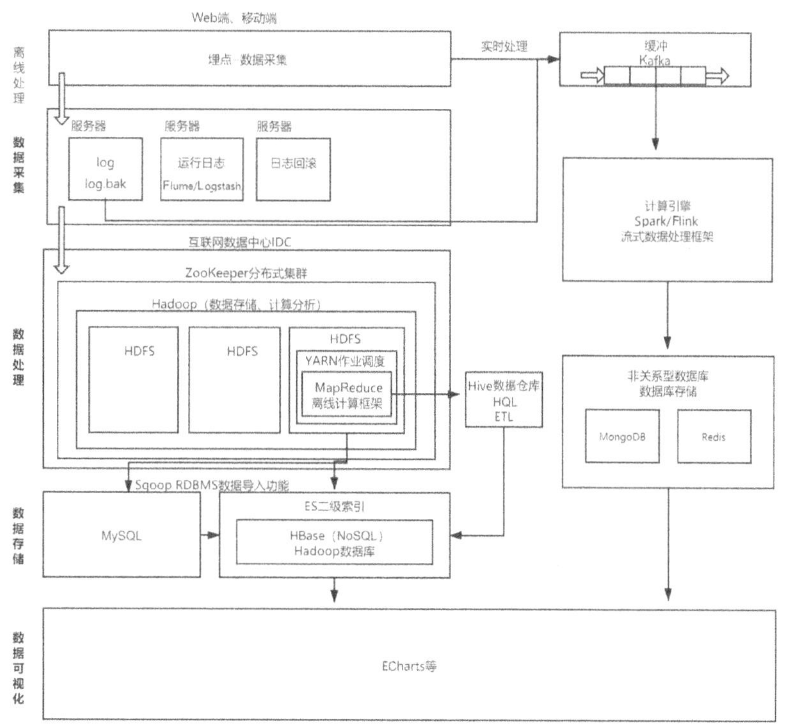

图 2.39　基于 Hadoop 平台的大数据技术架构和处理流程

Hadoop 发行版分为开源社区版和商业版，其中开源社区版分为 Hadoop 1、Hadoop 2 和 Hadoop 3 三个系统和多个版本，本书选择较新的 Hadoop 3 开源社区版进行讲解。

2.4.2 Hadoop 集群的类型

Hadoop 平台部署在由多台 Linux 虚拟机组成的 Hadoop 集群上。Hadoop 集群包含一个 NameNode 和多个 DataNode。NameNode 负责管理文件系统命名空间和控制外部客户机的访问。DataNode 用于响应来自 NameNode 的创建、删除和复制块的命令，以及来自 HDFS 客户机的读/写请求。

Hadoop 集群分为 3 种，分别简介如下。

（1）独立模式（Local 或 Standalone）

独立模式，也就是单机模式，在该模式下所有程序只在一台 Linux 虚拟机的单个 JVM（Java 虚拟机）上执行，适合在学习阶段或开发调试阶段使用。

（2）伪分布模式（Pseudo-Distributed Mode）

伪分布模式就是假的分布模式，它只使用一台 Linux 虚拟机模拟 Hadoop 集群的分布式任务的执行过程。

（3）完全分布模式（Fully-Distributed Mode）

完全分布模式是由多台虚拟机构成 Hadoop 集群的，Hadoop 的守护进程真实运行在多台 Linux 虚拟机上。在实际工作中，通常使用该模式构建企业级的 Hadoop 集群。

接下来，本书将基于前面所构建的 Hadoop 集群介绍如何构建伪分布模式和完全分布模式的 Hadoop 集群。

2.5 构建伪分布模式的 Hadoop 集群

完全分布模式的 Hadoop 集群的安装和配置过程比较复杂，对学习者的操作技能要求较高。为了让某些初学者可以只使用一台 Linux 虚拟机来模拟 Hadoop 集群，本节介绍伪分布模式的 Hadoop 集群的安装和配置。

所谓伪分布模式，就是只使用一台 Linux 虚拟机来模拟执行 Hadoop 集群的分布式任务的模式，因此它比较简单，但它并不是真正的分布模式，只适用于初学者的学习，以及分布式程序的调试。

2.5.1 安装 JDK

由于 Hadoop 是使用 Java 开发的，因此 Hadoop 的运行依赖于 Java 环境，并且 Hadoop 3 要求 JDK（Java Development Kit）的版本号不低于 1.8。因此在安装 Hadoop 之前，需要在 Linux 虚拟机中安装 JDK 1.8。

首先查询系统中是否已经安装了 JDK，如果已经安装了，则需要先卸载已经安装的软件包，再安装 JDK，命令如下：

```
$ rpm -qa | grep java                #查看系统中是否已经安装了 JDK
$ rpm -e package_name                #卸载已经安装的软件包
```

可以看到，Linux 虚拟机的 CentOS 8.2 中没有预先安装 JDK。下面介绍在 Linux 虚拟机中进行 JDK 的安装和环境变量配置。

1. 下载和上传 JDK 安装包

预先在 Windows 系统中下载 JDK for Linux 安装包（如 jdk-8u212-linux-x64.tar.gz），然后将下载的 JDK 安装包上传到 Linux 虚拟机中。

在 Linux 虚拟机上建立工作目录，命令如下：

```
$ mkdir /usr/local/servers           #该目录用于安装服务器上运行的软件
$ mkdir /usr/local/uploads           #该目录用于存放上传的文件
```

在 Linux 虚拟机中安装上传/下载工具 lrzsz，命令如下：

```
$ yum install -y lrzsz
```

进入/usr/local/uploads 目录，运行 rz 命令，命令如下：

```
$ cd /usr/local/uploads
$ rz                                 #上传文件
```

将会出现如图 2.40 所示的“Select Files to Send using Zmodem”对话框。

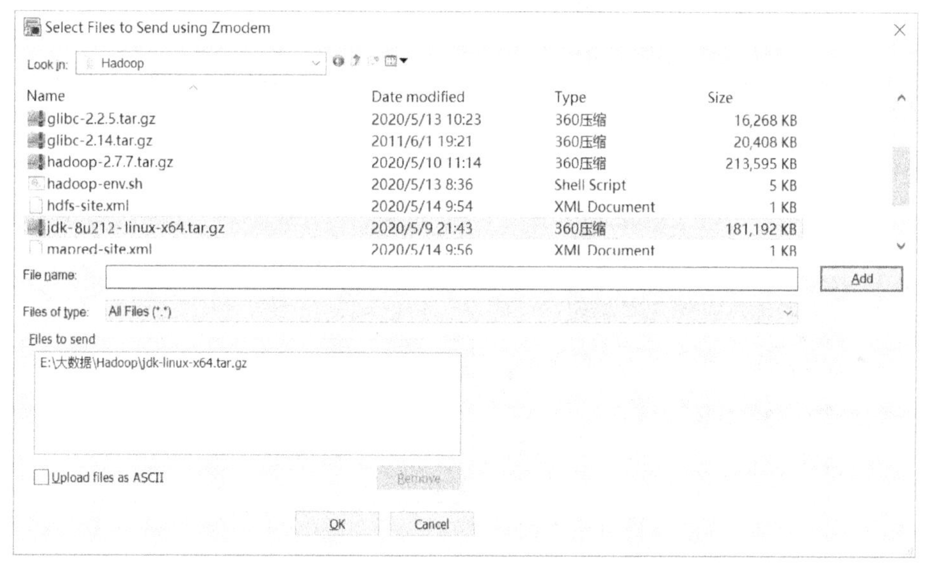

图 2.40　“Select Files to Send using Zmodem”对话框

选择下载的 JDK 安装包（如 jdk-8u212-linux-x64.tar.gz），单击“Add”按钮，将其添加到“Files to send”文本框中，最后单击“OK”按钮，将 jdk-8u212-linux-x64.tar.gz 上传到/usr/local/uploads 目录中。

提示： 实际上，在 Windows 系统中使用 WinSCP 软件连接 Linux 虚拟机，进行文件上传和下载更为方便，WinSCP 的界面如图 2.41 所示。

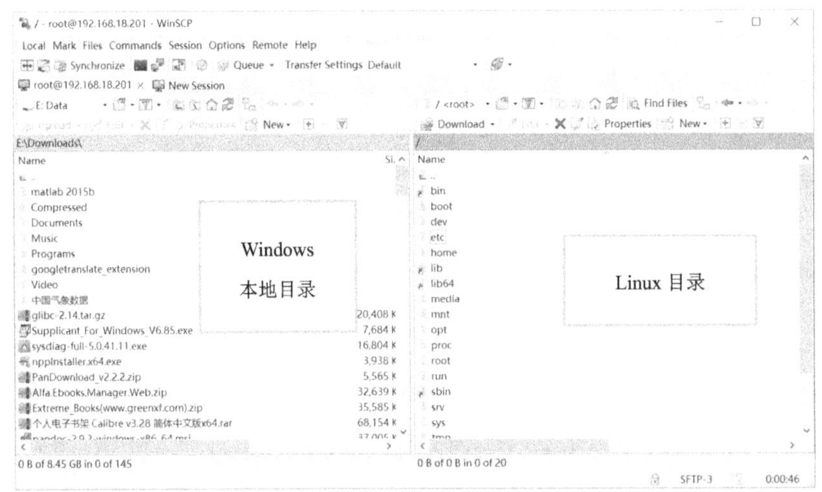

图 2.41　WinSCP 的界面

2．解压缩 JDK 安装包

将 jdk-8u212-linux-x64.tar.gz 解压缩到/usr/local/servers 目录中，命令如下：

```
$ tar -zxvf jdk-8u212-linux-x64.tar.gz -C /usr/local/servers
```

在解压缩 JDK 安装包后，进入/usr/local/servers 目录，可以看到 JDK 子目录，如/usr/local/servers/jdk1.8.0_212。为了操作方便，可以将该目录重命名为 jdk，命令如下：

```
$ mv jdk1.8.0_212 jdk                    #将 jdk1.8.0_212 目录重命名为 jdk
```

3．配置运行 JDK 的环境变量

在安装完 JDK 后，需要配置运行 JDK 的环境变量，/etc/profile 文件是 CentOS 中用于配置环境变量的文件，使用 vim /etc/profile 命令打开文件，在该文件中添加以下内容：

```
#JDK 系统环境变量
export JAVA_HOME=/usr/local/servers/jdk
export PATH=$PATH:$JAVA_HOME/bin
export JRE_HOME=${JAVA_HOME}/jre
export CLASSPATH=.:${JAVA_HOME}/lib:${JRE_HOME}/lib
```

4．验证安装和配置是否成功

```
$ source /etc/profile                    #让配置的环境变量生效
$ java -version                          #查看 JDK 版本
```

如果正确安装和配置了 JDK 运行环境，则会出现如图 2.42 所示的 JDK 版本信息。

图 2.42　JDK 版本信息

2.5.2　安装 Hadoop

1. 下载和安装 Hadoop

可以从 Apache 官方网站下载 Hadoop 安装包。本书以当前最新的 Hadoop 3.3.0 为例，介绍安装 Hadoop 的详细过程。

将下载的 hadoop-3.3.0.tar.gz 文件上传到 Linux 虚拟机的/usr/local/uploads 目录中，然后将文件解压缩到/usr/local/servers 目录中，命令如下：

```
$ tar -zxvf /usr/local/uploads/hadoop-3.3.0.tar.gz -C /usr/local/servers
```

为了操作方便，可以将安装目录重命名为 hadoop，进入/usr/local/servers 目录，输入以下命令：

```
$ mv hadoop-3.3.0 hadoop                #将 hadoop-3.3.0 目录重命名为 hadoop
```

则 Hadoop 安装目录为/usr/local/servers/hadoop。

2. 配置环境变量

配置运行 Hadoop 的环境变量，使用 vim /etc/profile 命令打开/etc/profile 文件，在文件尾部添加以下内容：

```
export HADOOP_HOME=/usr/local/servers/hadoop
export PATH=$PATH:$HADOOP_HOME/bin:$HADOOP_HOME/sbin
```

然后验证安装和配置是否成功，命令如下：

```
$ source /etc/profile                   #让配置的环境变量生效
$ hadoop version                        #查看 Hadoop 版本
```

如果正确安装和配置了 Hadoop 运行环境，则会出现如图 2.43 所示的 Hadoop 版本信息。

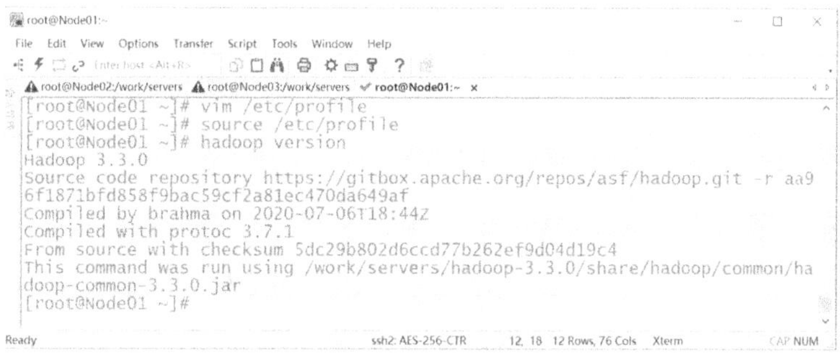

图 2.43　Hadoop 版本信息

3. Hadoop 的目录结构

- bin：Hadoop 最基本的管理脚本和使用脚本所在的目录。这些脚本是 sbin 目录下管理脚本的基础实现，用户可以直接使用这些脚本管理和使用 Hadoop。
- etc：Hadoop 配置文件所在的目录，包括 core-site.xml、hdfs-site.xml、mapred-site.xml 和 yarn-site.xml 等配置文件。
- include：包含 Hadoop 对外提供的编程库头文件（具体的动态库和静态库在 lib 目录中）。这些文件都是使用 C++定义的，通常用于 C++程序访问 HDFS 或编写 MapReduce 程序。
- lib：包含 Hadoop 对外提供的编程动态库和静态库，与 include 目录中的头文件结合使用。

- libexec：各个服务对应的 Shell 配置文件所在的目录，可用于配置日志输出目录、启动参数（如 JVM 参数）等基本信息。
- sbin：Hadoop 管理脚本所在的目录，主要包含 HDFS 和 YARN 中各类服务启动/关闭的脚本。
- share：Hadoop 各个模块编译后的 jar 包所在的目录，其中也包含了 Hadoop 文档和官方案例。

2.5.3 配置 SSH 免密登录

在伪分布模式下，虽然只有一台 Linux 虚拟机，但是也需要配置 SSH 免密登录，命令如下：

```
$ ssh-keygen -t rsa
$ ssh-copy-id localhost
```

在执行完上述两条命令后，输入“ssh localhost”命令测试是否可以成功免密登录。

2.5.4 配置 Hadoop

在 Hadoop 安装目录下的 etc/hadoop 子目录（$HADOOP_HOME/etc/hadoop）中存放 Hadoop 的配置文件，主要涉及 7 个配置文件。表 2.5 所示为 Hadoop 主要配置文件及功能简介。

表 2.5 Hadoop 主要配置文件及功能简介

配 置 文 件	功 能 简 介
hadoop-env.sh	配置运行 Hadoop 所需的环境变量
core-site.xml	Hadoop 核心全局配置文件
hdfs-site.xml	HDFS 配置文件，继承于 core-site.xml 配置文件
mapred-site.xml	MapReduce 配置文件，继承于 core-site.xml 配置文件
yarn-site.xml	YARN 配置文件，继承于 core-site.xml 配置文件
yarn-env.sh	配置 YARN 运行所需的环境变量
workers	配置在 Hadoop 中的 DataNode 节点

提示： 由于上述 7 个配置文件中的内容比较复杂，因此为了更方便地进行编辑，可以在 Windows 系统中使用 WinSCP 远程登录 Linux 虚拟机，对配置文件进行下载、上传和编辑。

在伪分布模式下，需要修改 hadoop-env.sh、core-site.xml、hdfs-site.xml、mapred-site.xml 和 yarn-site.xml 这 5 个配置文件。

1. 修改 hadoop-env.sh 文件

进入虚拟机 Node01 的 Hadoop 配置文件存放目录，命令如下：

```
$ cd /usr/local/servers/hadoop/etc/hadoop
```

使用 vim hadoop-env.sh 命令打开 hadoop-env.sh 文件，在文件中添加以下内容：

```
export JAVA_HOME=/usr/local/servers/jdk
```

该配置项中的 JAVA_HOME 用于设置 Hadoop 运行时需要的 JDK 环境变量，目的是让

Hadoop 在启动时能够执行守护进程，必须采用绝对路径。

提示：JAVA_HOME 是必需设置项，而其他的配置项，如 HADOOP_HEAPSIZE、HADOOP_LOG_DIR 等是可选的，可以根据需要进行修改。

2. 修改 core-site.xml 文件

core-site.xml 文件是 Hadoop 的核心配置文件，功能是配置 HDFS 的核心守护进程（Damon），包括 HDFS NameNode 的地址和端口、临时文件存放的目录等。

配置项说明如下。

- fs.defaultFS：配置默认的 HDFS 由哪个节点来启动。
- hadoop.tmp.dir：配置 Hadoop 存储数据的路径，需要手动创建这个目录。

```
<configuration>
    <!--指定 NameNode 的地址-->
    <property>
        <name>fs.defaultFS</name>
        <value>hdfs://localhost:9000</value>
    </property>
    <!--指定 Hadoop 临时文件存放的目录-->
    <property>
        <name>hadoop.tmp.dir</name>
        <value>/usr/local/servers/hadoop/tmp</value>
    </property>
</configuration>
```

3. 修改 hdfs-site.xml 文件

hdfs-site.xml 文件是 Hadoop 配置 HDFS 运行参数的配置文件，包括 NameNode、辅助 NameNode 和 DataNode 等。

配置项说明如下。

dfs.replication：配置文件的备份数量，默认值是 3。

由于伪分布模式下的 DataNode 只有一个，因此将 hdfs-site.xml 文件中配置项 dfs.replication 的值设置为 1：

```
<configuration>
    <!--设置文件的副本数，在伪分布模式下需要设置为 1-->
    <property>
        <name>dfs.replication</name>
        <value>1</value>
    </property>
    <!--配置 NameNode 元数据存储目录-->
    <property>
        <name>dfs.namenode.name.dir</name>
        <value>${hadoop.tmp.dir}/nndata</value>
    </property>
    <!--配置 DataNode 元数据存储目录-->
    <property>
        <name>dfs.datanode.data.dir</name>
        <value>${hadoop.tmp.dir}/dndata</value>
    </property>
</configuration>
```

需要说明的是，配置项 dfs.replication 的默认值是 3，但是由于 HDFS 的副本数不能大于

DataNode 数，且在伪分布模式下安装的 Hadoop 中只有一个 DataNode，因此将配置项 dfs.replication 的值设置为 1。

4．修改 yarn-site.xml 文件

yarn-site.xml 文件是 YARN 守护进程的运行参数的配置文件，包括资源管理器、Web 应用代理服务器和节点管理器。

配置项说明如下。

- yarn.resourcemanager.hostname：配置 YARN 主进程启动的主机名，也就是说，配置在哪台虚拟机上启动 YARN。
- yarn.nodemanager.aux-services：配置 MapReduce 应用程序的 Shuffle 服务。

在伪分布模式下，yarn-site.xml 文件中的内容如下：

```
<configuration>
    <!--YARN 的 ResourceManager 主机名-->
    <property>
        <name>yarn.resourcemanager.hostname</name>
    <value>localhost</value>
    </property>
    <!--配置 MapReduce 应用程序的 Shuffle Service  -->
    <property>
        <name>yarn.nodemanager.aux-services</name>
        <value>mapreduce_shuffle</value>
    </property>
    <property>
        <name>yarn.application.classpath</name>
        <value>
            ${HADOOP_HOME}/etc/hadoop/conf,
            ${HADOOP_HOME}/share/hadoop/common/lib/*,
            ${HADOOP_HOME}/share/hadoop/common/*,
            ${HADOOP_HOME}/share/hadoop/hdfs,
            ${HADOOP_HOME}/share/hadoop/hdfs/lib/*,
            ${HADOOP_HOME}/share/hadoop/hdfs/*,
            ${HADOOP_HOME}/share/hadoop/mapreduce/*,
            ${HADOOP_HOME}/share/hadoop/yarn,
            ${HADOOP_HOME}/share/hadoop/yarn/lib/*,
            ${HADOOP_HOME}/share/hadoop/yarn/*
        </value>
    </property>
</configuration>
```

提示： 如果没有配置 yarn.application.classpath，则运行 MapReduce 程序时将会出错，并提示“错误：找不到或无法加载主类”。该配置项的内容较为复杂，建议先使用以下命令获取 Hadoop 的 classpath，再进行配置：

```
$ hadoop classpath
```

5．修改 mapred-site.xml 文件

mapred-site.xml 文件用于配置 MapReduce 程序运行的相关参数。

配置项说明如下。

mapreduce.framework.name：配置 MapReduce 程序进行任务调度的框架 YARN。

```
<configuration>
```

```
    <!--MapReduce 执行框架-->
    <property>
            <name>mapreduce.framework.name</name>
            <value>yarn</value>
    </property>
</configuration>
```

6. 创建配置文件中相关的目录

```
$ mkdir /usr/local/servers/hadoop/tmp
$ mkdir /usr/local/servers/hadoop/tmp/nndata
$ mkdir /usr/local/servers/hadoop/tmp/dndata
```

2.5.5 启动 Hadoop

1. 格式化 NameNode

在首次启动 HDFS 时，必须对主节点进行格式化处理，命令如下：

```
$ hdfs namenode -format
```

2. 启动 Hadoop

```
$ start-dfs.sh
$$ start-yarn.sh
```

提示：也可以使用 start-all.sh 命令一次性启动 HDFS 和 YARN 集群，以及使用 stop -all.sh 命令一次性关闭集群。

3. 执行 jps 命令验证集群是否启动成功

在执行 jps 命令后，如果显示以下几个进程，则说明启动成功。

- DataNode。
- SecondaryNameNode。
- NameNode。
- NodeManager。
- ResourceManager。

提示：如果 Hadoop 集群启动失败，则可以查看 Hadoop 安装目录下 logs 目录中的日志文件，分析失败的原因。

2.6 构建完全分布模式的 Hadoop 集群

完全分布模式的 Hadoop 集群的结构如 2.3 节中的图 2.16“由 3 台 Linux 虚拟机组成的 Hadoop 集群的结构”所示。

为了在由多台 Linux 虚拟机组成的 Hadoop 集群上协调运行 Hadoop 系统，需要对相关的配置文件进行较为复杂的修改，可以参考 Apache 官方网站上配置 Hadoop 3 的参考文档：http://hadoop.apache.org/docs/current3/hadoop-project-dist/hadoop-common/ClusterSetup.html。

2.6.1 配置 Hadoop 集群的主节点

将虚拟机 Node01 作为 Hadoop 集群的主节点（Master），将虚拟机 Node02 和 Node03 作为从节点（Slave），首先在主节点 Node01 中进行 Hadoop 集群配置，然后将配置文件复制到从节点中。

首先需要在 Node01 上安装和配置 JDK 及 Hadoop，具体方法与 2.5 节中在伪分布模式下的安装和配置方法完全相同，此处不再赘述。

1．修改 hadoop-env.sh 文件

在完全分布模式下，hadoop-env.sh 文件的内容与在伪分布模式下的相同，请参考 2.5.4 节中的内容。

2．修改 core-site.xml 文件

以下是 core-site.xml 文件的配置内容，需要注意的是，在完全分布模式下，HDFS 的 NameNode 地址应设置为 Node01：

```
<configuration>
    <!--指定 NameNode 的地址-->
    <property>
        <name>fs.defaultFS</name>
        <value>hdfs://Node01:9000</value>
    </property>
    <!--指定 Hadoop 临时文件的存放目录-->
    <property>
        <name>hadoop.tmp.dir</name>
        <value>/usr/local/servers/hadoop/tmp</value>
    </property>
</configuration>
```

在上述配置文件中，配置项 fs.defaultFS 表示配置 HDFS 主进程 NameNode 运行的主机和端口，配置项 hadoop.tmp.dir 表示配置在 Hadoop 运行时生成的临时文件存放的目录（需要手动创建临时目录）。

3．修改 hdfs-site.xml 文件

配置项说明如下。

- 由于在完全分布模式下的 DataNode 由 3 台虚拟机组成，因此将配置文件 hdfs-site.xml 中配置项 dfs.replication 的值设置为 3。
- dfs.namenode.http-address：配置通过浏览器访问 HDFS 的 Web UI 的主机地址和端口。
- dfs.namenode.secondary.http-address：指明 SecondaryNameNode 所在的节点地址和端口。

```
<configuration>
    <!--设置文件的副本数-->
    <property>
        <name>dfs.replication</name>
        <value>3</value>
    </property>
    <!--配置 NameNode 元数据存储目录-->
    <property>
        <name>dfs.namenode.name.dir</name>
        <value>file://${hadoop.tmp.dir}/nndata</value>
    </property>
```

```
    <!--配置 DataNode 元数据存储目录-->
    <property>
        <name>dfs.datanode.data.dir</name>
        <value>file://${hadoop.tmp.dir}/dndata</value>
    </property>
    <!--通过浏览器访问 HDFS 的端口-->
    <property>
        <name>dfs.namenode.http-address</name>
        <value>Node01:9870</value>
    </property>
    <property>
        <name>dfs.namenode.secondary.http-address</name>
        <value>Node02:50090</value>
    </property>
</configuration>
```

需要说明的是，配置项 dfs.namenode.http-address 在 Hadoop 3.1.0 及以上版本中的默认值是 0.0.0.0:9870，在 Hadoop 2.7.7 及以上版本中的默认值是 0.0.0.0:50070，可以手动指定 NameNode 的 Web UI 访问端口。

4．修改 yarn-site.xml 文件

配置项说明如下。

- yarn.application.classpath：配置运行 MapReduce 应用程序的 Java 类目录。

在完全分布模式下，yarn-site.xml 文件中的内容如下，其中，应当将 ResourceManager 主机名设置为 Node01。

```
<configuration>
    <property>
        <name>yarn.resourcemanager.hostname</name>
        <value>Node01</value>
    </property>
    <property>
        <name>yarn.nodemanager.aux-services</name>
        <value>mapreduce_shuffle</value>
    </property>
    <property>
        <name>yarn.application.classpath</name>
        <value>
            ${HADOOP_HOME}/etc/hadoop/conf,
            ${HADOOP_HOME}/share/hadoop/common/lib/*,
            ${HADOOP_HOME}/share/hadoop/common/*,
            ${HADOOP_HOME}/share/hadoop/hdfs,
            ${HADOOP_HOME}/share/hadoop/hdfs/lib/*,
            ${HADOOP_HOME}/share/hadoop/hdfs/*,
            ${HADOOP_HOME}/share/hadoop/mapreduce/*,
            ${HADOOP_HOME}/share/hadoop/yarn,
            ${HADOOP_HOME}/share/hadoop/yarn/lib/*,
            ${HADOOP_HOME}/share/hadoop/yarn/*
        </value>
    </property>
</configuration>
```

yarn-site.xml 文件中的配置项 yarn.resourcemanager.hostname 配置了 YARN 的主进程 ResourceManager 运行的主机为 Node01。

提示： 配置项 yarn.application.classpath 的值可以先不设置，待启动 Hadoop 集群后使用 hadoop classpath 命令获取，再将获取的值填写到配置文件中。如果没有配置此项，则在运行 MapReduce 应用程序时将会出现“找不到或无法加载主类”错误。

5. 修改 mapred-site.xml 文件

配置项说明如下。

mapreduce.map.memory.mb：配置单个 map 任务分配的内存资源大小。

在完全分布模式下，配置文件 mapred-site.xml 的内容如下：

```
<configuration>
    <!--MapReduce 执行框架-->
    <property>
            <name>mapreduce.framework.name</name>
            <value>yarn</value>
    </property>
</configuration>
```

6. 修改 workers 文件

该文件用于配置在 Hadoop 中有哪些 DataNode 节点(在完全分布模式下，有 3 个 DataNode 节点)，使用 vim workers 命令打开该文件并输入以下内容：

```
Node01
Node02
Node03
```

7. 创建配置文件中相关的目录

使用 mkdir 命令创建相关的目录，命令如下：

```
$ mkdir /usr/local/servers/hadoop/tmp
$ mkdir /usr/local/servers/hadoop/tmp/nndata
$ mkdir /usr/local/servers/hadoop/tmp/dndata
```

2.6.2 将配置文件发送到从节点

在完成主节点 Node01 的配置后，将已经安装的 JDK、Hadoop 文件和配置文件发送到从节点 Node02 和 Node03 中，命令如下：

```
$ scp /etc/profile Node02:/usr etc/profile
$ scp /etc/profile Node03:/etc/profile
$ scp -r /usr/local/ Node02:/usr
$ scp -r /usr/local/ Node03:/
```

在复制完成后，分别在从节点 Node02 和 Node03 上执行 source /etc/profile 命令。

2.7 测试 Hadoop 集群

在正确配置 Hadoop 集群的运行参数后，即可对集群进行测试，验证 Hadoop 集群的运行是否正常。

2.7.1 测试 HDFS

1. 格式化 HDFS

在首次启动 HDFS 时，必须对主节点进行格式化处理，命令如下：

```
$ hdfs namenode -format
```

需要注意的是，如果在格式化 NameNode 之后运行过 Hadoop，然后想要重新格式化 NameNode，则可以预先删除 Hadoop 临时文件的存放目录下生成的元数据信息。

2. 启动 Hadoop 集群

```
$ start-dfs.sh
$ start-yarn.sh
```

提示： 也可以使用 start-all.sh 命令一次性启动 HDFS 和 YARN 集群，或者使用 stop-all.sh 命令一次性关闭集群。

在 Hadoop 集群启动成功后，在主节点 Node01 中使用 jps 命令（查看当前 Java 进程的工具）查看 Hadoop 集群启动信息，可以看到启动了 NodeManager、DataNode、ResourceManager 和 NameNode 进程，如图 2.44 所示。

图 2.44 查看 Hadoop 集群启动信息

与此同时，在从节点 Node02 和 Node03 中会自动启动 DataNode、NodeManager 进程，而从节点 Node02 会比从节点 Node03 多启动一个 SecondaryNameNode 进程，在从节点 Node02 上执行 jps 命令后的结果如图 2.45 所示。

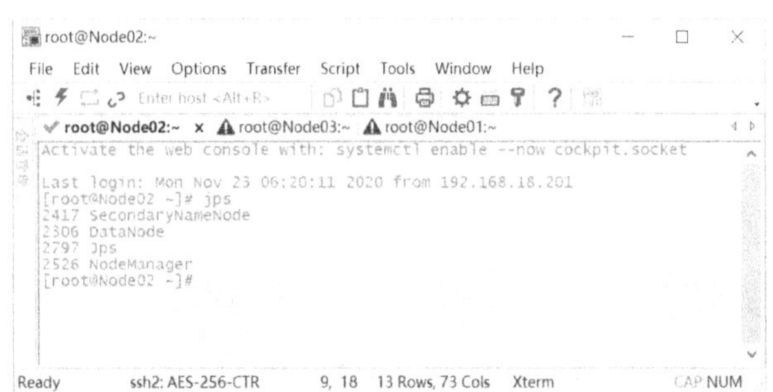

图 2.45 从节点 Node02 上的命令执行结果

3. 通过浏览器查看 Hadoop 运行状态

在 Hadoop 集群启动成功后，可以使用浏览器访问主节点 Node01 的 9870 和 8088 两个端口，分别查看 HDFS 集群和 YARN 集群的运行状态。

提示：必须关闭 Linux 虚拟机的防火墙，参考 2.3.4 节中的内容。

通过访问 http://192.168.18.201:9870 和 http://192.168.18.201:8088，可以看到 HDFS 集群和 YARN 集群的 Web UI，分别如图 2.46 和图 2.47 所示。

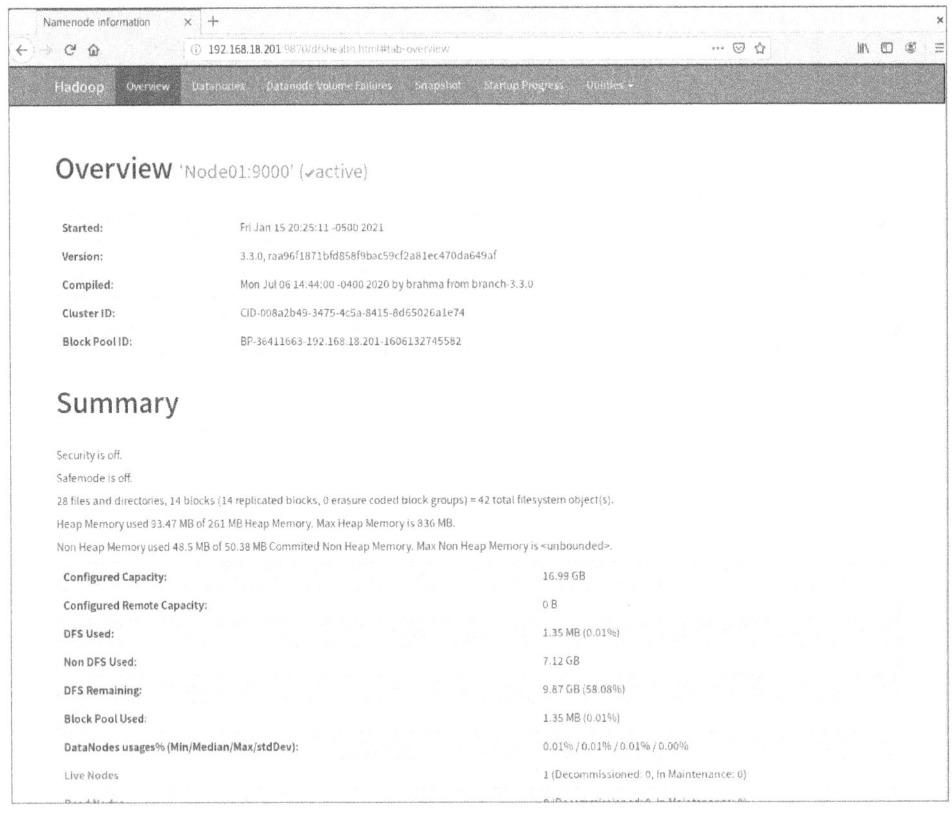

图 2.46　HDFS 集群的 Web UI

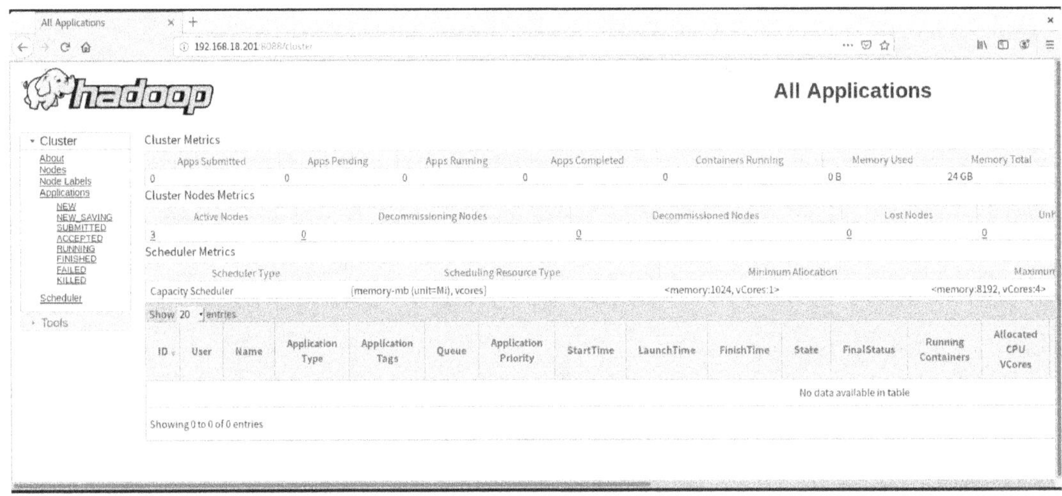

图 2.47　YARN 集群的 Web UI

如果可以通过浏览器正常访问 HDFS 集群和 YARN 集群的 Web UI，则说明集群的运行正常，同时通过这两个 UI 可以进行集群状态的监控和管理。

4．测试 HDFS 文件操作

HDFS 文件操作命令格式如下：

```
hdfs dfs <参数>
```

表 2.6 所示为 HDFS 文件操作命令示例。

表 2.6　HDFS 文件操作命令示例

命　　令	功 能 描 述
hdfs dfs -ls /	查询目录
hdfs dfs -help ls	查阅帮助，该命令为查看 ls 命令
hdfs dfs -mkdir /test	在 HDFS 根目录下创建一个 test 目录
hdfs dfs -put ./test.txt /test	将 test.txt 文件上传到 HDFS 根目录下的 test 目录中
hdfs dfs -copyFromLocal ./test.txt /test	将 test.txt 文件上传到 HDFS 根目录下的 test 目录中
hdfs dfs -get /test/test.txt	从 HDFS 目录中获取文件
hadoop dfs -getToLocal /test/test.txt	从 HDFS 目录中获取文件
hdfs dfs -cp /test/test.txt /test1	HDFS 内部的复制
hdfs dfs -rm /test1/test.txt	删除文件
hdfs dfs -rm -r /test1	删除目录
hdfs dfs -mv /test/test.txt /test1	如果两个参数中所包含的文件在同一个目录下，则该命令的作用为重命名。 如果两个文件不在同一个目录下，则该命令的作用为移动文件
hdfs dfs -cat README.txt	查看 README.txt 文件的内容

下面给出一个 HDFS 文件操作的示例，在 Linux 虚拟机中创建两个文本文件，然后上传到 HDFS 中。

```
$ mkdir /usr/local/input
$ cd /usr/local/input
$ echo "hello world" > test1.txt          #创建 test1.txt 文件，内容为 hello world
$ echo "hello hadoop" > test2.txt
$ hdfs dfs -mkdir /in
$ hdfs dfs -put *.* /in                   #将两个文件上传到 HDFS 的/in 目录中
```

在上传文件成功后，使用 hdfs dfs -ls /in 命令，可以看到 test1.txt 和 test2.txt 文件已经被保存在 HDFS 的/in 目录中。

还可以使用浏览器访问主节点 Node01 的 9870 端口，在 HDFS 的 UI 中查看 HDFS 当前的目录和文件的情况，可以看到在 HDFS 的/in 目录下有 test1.txt 和 test2.txt 两个文件，以及两个文件的属性，如图 2.48 所示。

提示： 在 HDFS 的 UI 顶部选择“Utilities”→“Browse the file system”命令，可以查看 HDFS 的目录和文件。

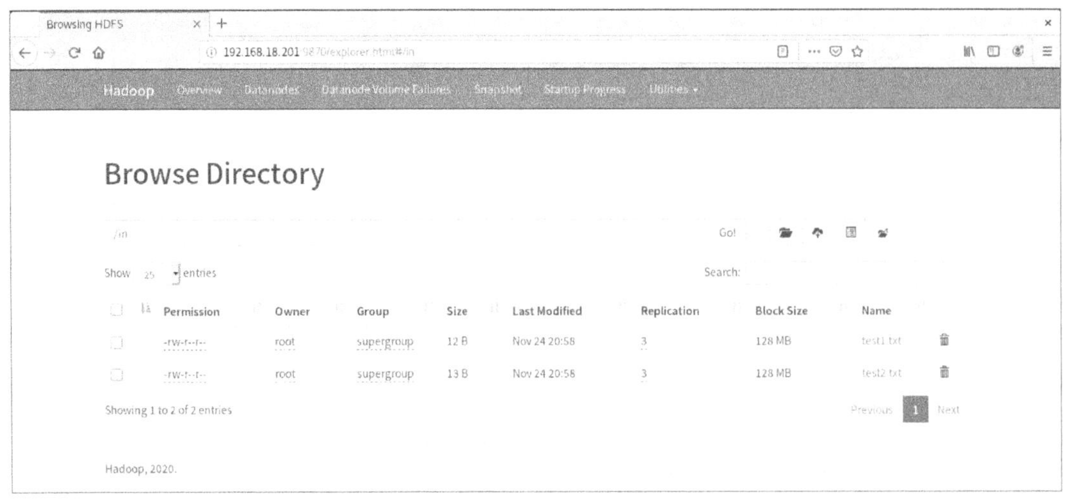

图 2.48　使用浏览器查看 HDFS

2.7.2　测试 MapReduce 示例程序

Hadoop 自带的 MapReduce 示例程序被保存在 Hadoop 安装目录的 share/hadoop/mapreduce 目录下。进入该目录，我们可以看到，该目录下有若干个使用 Java 编写的 MapReduce 示例程序，如图 2.49 所示。

图 2.49　MapReduce 示例程序

下面使用 hadoop-mapreduce-examples-3.3.0.jar 程序进行单词个数统计的演示。

1．运行程序

运行 hadoop-mapreduce-examples-3.3.0.jar 程序，命令如下：

```
$ cd /usr/local/servers/hadoop/share/hadoop/mapreduce
$ hadoop jar hadoop-mapreduce-examples-3.3.0.jar wordcount /in /output
```

需要说明的是，在 HDFS 的/in 目录中已经有 test1.txt 和 test2.txt 两个文件，执行上面的命令，会自动读取这两个文件的内容作为程序的输入内容，并将执行完成后的结果存放在 HDFS 的/output 目录中。

2. 验证运行结果

在运行 MapReduce 示例程序成功后，可以看到 HDFS 中增加了一个/output 目录。该目录中保存了单词个数统计结果文件 part-r-00000，以及执行标识文件_SUCCESS，如图 2.50 所示。

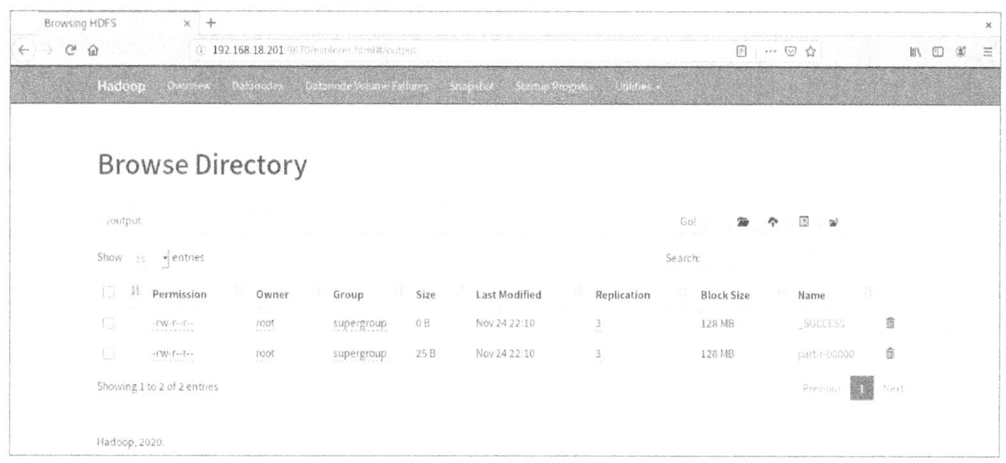

图 2.50　MapReduce 示例程序运行结果

执行 hdfs dfs -cat /output/part-r-00000 命令，可以看到该文件的内容如下：

```
hadoop   1
hello    2
world    1
```

提示：如果想要再次运行上述 MapReduce 程序，则需要先删除 HDFS 中的/output 目录。

2.8　安装 ZooKeeper

Apache ZooKeeper 是 Hadoop 与 HBase 的重要组件，是一款为分布式应用提供一致性协调服务的软件。ZooKeeper 提供了配置维护、域名服务、分布式同步、组服务等功能，其目标是封装好复杂且易出错的关键服务，将简单易用的接口和性能高效、功能稳定的系统提供给用户。

需要注意的是，由于 ZooKeeper 是使用 Java 编写的，且运行在 Java 环境上，因此在部署的节点上需要安装和配置好 Java 的运行环境（参考 2.5.1 节中的内容）。

2.8.1　在伪分布模式下安装 ZooKeeper

1. 下载 ZooKeeper 安装包

本书使用的是 ZooKeeper 3.6.2，下载的安装包为 apache-zookeeper-3.6.2-bin.tar.gz。

2. 解压缩 ZooKeeper 软件安装包

将 ZooKeeper 软件安装包解压缩到/usr/local/servers 目录中，并将目录重命名为 zookeeper，命令如下：

```
$ tar -zxvf apache-zookeeper-3.6.2-bin.tar.gz -C /usr/local/servers/  #解压
$ mv apache-zookeeper-3.6.2-bin zookeeper                              #重命名目录
```

3. 配置环境变量

使用 vim /etc/profile 命令打开/etc/profile 文件，并在该文件中添加以下内容：

```
export ZK_HOME=/usr/local/servers/zookeeper
export PATH=$PATH:$ZK_HOME/bin
```

输入以下命令，让配置的环境变量生效：

```
$ source /etc/profile                        #让配置的环境变量生效
```

4. 配置 ZooKeeper 运行参数

进入 ZooKeeper 的 conf 子目录，创建 ZooKeeper 的配置文件 zoo.cfg，可以复制 conf/zoo_sample.cfg 文件作为配置文件，命令如下：

```
$ cp zoo_sample.cfg zoo.cfg
```

创建数据文件目录，命令如下：

```
$ mkdir /usr/local/servers/zookeeper/data
```

创建日志文件目录，命令如下：

```
$ mkdir /usr/local/servers/zookeeper/logs
```

编辑配置文件 zoo.cfg，内容如下：

```
#tickTime：CS 通信心跳数
tickTime=2000
#initLimit：Leader 和 Follower 的初始通信时限
initLimit=10
#syncLimit：Leader 和 Follower 的同步通信时限
syncLimit=5
#clientPort：客户端连接端口
clientPort=2181
#dataDir：数据文件目录
dataDir=/usr/local/servers/zookeeper/data
#dataLogDir：日志文件目录
dataLoDir=/usr/local/servers/zookeeper/logs
admin.serverPort=9099
```

需要说明的是，admin.serverPort 的默认端口是 8088，为了防止 8088 端口被其他应用占用，可以将 admin.serverPort 设置为 9099。

5. 启动 ZooKeeper

进入 ZooKeeper 的 bin 子目录，运行 zkServer.sh 脚本文件，启动 ZooKeeper，命令如下：

```
$ cd /usr/local/servers/zookeeper/bin
$ ./zkServer.sh start
```

在 ZooKeeper 启动成功后，执行 jps 命令，可以看到在 Linux 虚拟机中启动了 QuorumPeerMain 进程。

2.8.2 在完全分布模式下安装 ZooKeeper

在完全分布模式下，ZooKeeper 集群的部署是由 $2n+1$ 台服务器组成的（集群中主机的数量为奇数），以保证 Leader 选举机制能够被一半以上的服务器支持。ZooKeeper 集群的组成如表 2.7 所示。

表 2.7 ZooKeeper 集群的组成

ZooKeeper 服务器	主 机 名	myid
192.168.18.201	Node01	1
192.168.18.202	Node02	2
192.168.18.203	Node03	3

对于完全分布模式与伪分布模式，ZooKeeper 的安装和配置有以下两点不同。

- 需要创建 myid 文件。
- 在 zoo.cfg 文件中需要设置 ZooKeeper 各节点的编号和地址。

1. 配置完全分布模式下 ZooKeeper 的运行参数

（1）创建数据文件目录

在集群中的 3 台 Linux 虚拟机上分别创建数据文件目录，命令如下：

```
$ mkdir /usr/local/servers/zookeeper/data
```

（2）创建 myid 文件

在/usr/local/servers/zookeeper/data 目录下创建名称为 myid 的文本文件，并对 Node01、Node02 和 Node03 这 3 个节点的 myid 文件分别输入 1、2 和 3。

例如，在 Node01 上执行以下命令：

```
$ echo 1 > /usr/local/servers/zookeeper/data/myid
```

（3）创建日志文件目录

```
$ mkdir /usr/local/servers/zookeeper/logs
```

（4）编辑配置文件 zoo.cfg

配置文件 zoo.cfg 的内容如下：

```
#tickTime: CS 通信心跳数
tickTime=2000
#initLimit: Leader 和 Follower 的初始通信时限
initLimit=10
#syncLimit: Leader 和 Follower 的同步通信时限
syncLimit=5
#clientPort: 客户端连接端口
clientPort=2181
#dataDir: 数据文件目录
dataDir=/usr/local/servers/zookeeper/data
#dataLogDir: 日志文件目录
dataLoDir=/usr/local/servers/zookeeper/logs
admin.serverPort=9099
#ZooKeeper 各节点的编号、选举端口号和通信端口号
server.1=Node01:2888:3888
server.2=Node02:2888:3888
server.3=Node03:2888:3888
```

需要说明的是，配置文件中的“server.1=Node01:2888:3888”表示 Node01 节点的 myid 编号为 1，该编号应与 Node01 节点的/usr/local/servers/zookeeper/data 目录中的 myid 文件的内容相同。2888 表示 Leader 的选举端口号；3888 表示 ZooKeeper 服务器之间的通信端口号（心跳端口号）。

2. 启动 ZooKeeper

依次在 Node01、Node02 和 Node03 三个节点上启动 ZooKeeper，命令如下：

```
$ /usr/local/servers/zookeeper/bin/zkServer.sh start
```

在 ZooKeeper 启动完成后，执行 jps 命令，可以看到已经启动了 QuorumPeerMain 进程，这说明 ZooKeeper 可以正常运行了，如图 2.51 所示。

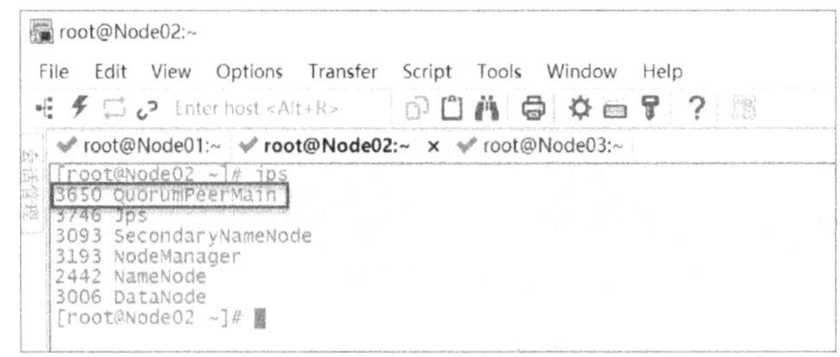

图 2.51 验证 ZooKeeper 是否可以正常运行

3. 查看 ZooKeeper 的运行状态

在 Node01 中运行以下命令，查看 ZooKeeper 的运行状态：

```
$ /usr/local/servers/zookeeper/bin/zkServer.sh status
```

可以看出，Node01 在集群中处于“leader”状态，如图 2.52 所示。

```
[root@Node01 ~]# jps
5537 DataNode
6145 NodeManager
5954 ResourceManager
6627 Jps
5320 NameNode
6555 QuorumPeerMain
[root@Node01 ~]# /work/servers/zookeeper/bin/zkServer.sh status
ZooKeeper JMX enabled by default
Using config: /work/servers/zookeeper/bin/../conf/zoo.cfg
Client port found: 2181. Client address: localhost. Client SSL: false.
Mode: leader
[root@Node01 ~]#
```

图 2.52 查看 ZooKeeper 的运行状态（1）

如果在 Node02 和 Node03 上运行上述命令，则会发现这两个节点在集群中处于“follower”状态，如图 2.53 所示。

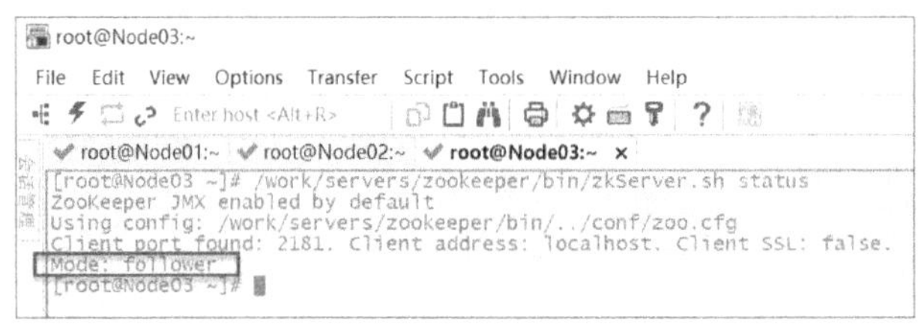

图 2.53 查看 ZooKeeper 的运行状态（2）

需要说明的是，具体由哪一个节点担任 Leader，与各节点启动 ZooKeeper 的顺序有关。

2.9 使用 Ambari 构建和管理 Hadoop 集群

由上一节所介绍的 Hadoop 集群的安装过程可以看出，初学者通常需要经历一个比较艰辛的过程才能够完成 Hadoop 集群的构建与配置。一旦某个操作或参数配置不正确，Hadoop

就无法正常启动。为了让 Hadoop 平台更容易安装和管理，下面介绍一款开源工具 Ambari。

Ambari 与 Hadoop 等开源软件相同，也是 Apache Software Foundation 中的一个顶级项目。该项目旨在通过开发用于配置、管理和监视 Apache Hadoop 集群的软件来简化 Hadoop 的管理。目前，Ambari 所支持的平台组件越来越多，例如，流行的 Spark、Storm 等计算框架，以及资源调度平台 YARN 等，都能通过 Ambari 来进行部署。

2.9.1 安装 Ambari

在笔者编写本书时，Ambari 的最新版本号是 2.75。由于篇幅所限，本书不再赘述其安装过程，读者可以自行查找资料并学习。

在进行具体的安装之前，需要完成的准备工作如下。

- SSH 免密登录：Ambari 的 Server 会登录 Agent 的机器，复制并执行一些命令。因此需要配置 Ambari Server 到 Ambari Agent 的 SSH 免密登录。在本书的案例中，将 Node01 作为 Ambari Server，可以通过 SSH 免密登录 Node02 和 Node03（作为 Ambari Agent）。
- 确保 YUM 可以正常工作：通过公共库（Public Repository）安装 Linux 系统的应用软件，其实就是应用 YUM 来安装公共库里面的 RPM 软件包，因此需要 Linux 系统中已经安装了 YUM 且能访问 Internet。
- 确保 home 目录的写权限。这是因为 Ambari 会创建一些必要的用户。
- 安装 JDK。
- 安装 rpm-build（使用 yum install rpm-build 命令）。
- 确保 Linux 虚拟机中 Python 的版本号大于或等于 2.6。

提示： 在 CentOS 8.2 中预先安装了 Python 3.6.8，可以使用 python3 --version 命令查询系统中安装的 Python 的版本号。

2.9.2 使用 Ambari 管理和配置 Hadoop 集群

在 Ambari 安装完成后，分别在 Node01（ambari-server）和代理节点 Node02、Node03（ambari-agent）上启动 Ambari，命令如下：

```
[root@Node01 ~]#ambari-server start                    #在 Node01 启动 ambari-server
[root@Node02 ~]#ambari-agent start                     #在 Node02 启动 ambari-agent
[root@Node03 ~]#ambari-agent start                     #在 Node03 启动 ambari-agent
```

Ambari 提供了一个直观、易于使用的 Hadoop 管理 Web UI，默认使用的端口是 8080，可以通过 http://<ambari-server-host>:8080 打开并浏览其 Web UI。在本书的案例中，可以通过 http://Node01:8080 访问 Web UI，默认的登录用户名/密码为 admin/admin。登录 Ambari 之后的欢迎界面如图 2.54 所示。

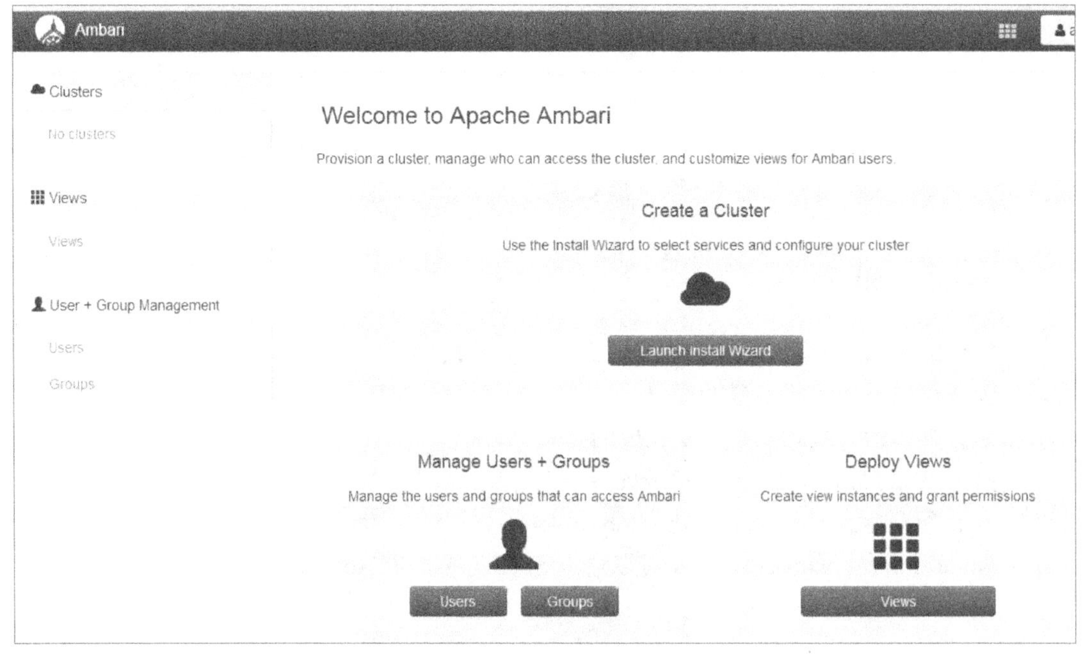

图 2.54　Ambari 的欢迎界面

在登录 Ambari 后，单击“Launch Install Wizard”按钮，即可开始创建大数据平台。在构建 Hadoop 集群完成后，选择安装相关的服务，如图 2.55 所示。

CLUSTER INSTALL WIZARD
Get Started
Select Stack
Install Options
Confirm Hosts
Choose Services
Assign Masters
Assign Slaves and Clients
Customize Services
Review
Install, Start and Test
Summary

Choose Services

Choose which services you want to install on your cluster.

Service	Version	Description
HDFS	2.7	Apache Hadoop Distributed File System
YARN + MapReduce2	2.7	Apache Hadoop NextGen MapReduce (YARN)
Hive	1.1	Data warehouse system for ad-hoc queries & analysis of large datasets and table & storage management service
HBase	1.0.1	Non-relational distributed database and centralized service for configuration management & synchronization
Pig	0.14.0	Scripting platform for analyzing large datasets
Sqoop	1.4.6	Tool for transferring bulk data between Apache Hadoop and structured data stores such as relational databases
Oozie	4.1.0	System for workflow coordination and execution of Apache Hadoop jobs. This also do the installation of the optional Oozie Web Console which relies the ExtJS Library
ZooKeeper	3.4.6	Centralized service which provides highly reliable distributed coordination

图 2.55　服务选择界面

在 Hadoop 集群和相关的服务安装完成后，即可通过 Ambari 的 Dashboard 界面来监控集群的运行情况，如图 2.56 所示。

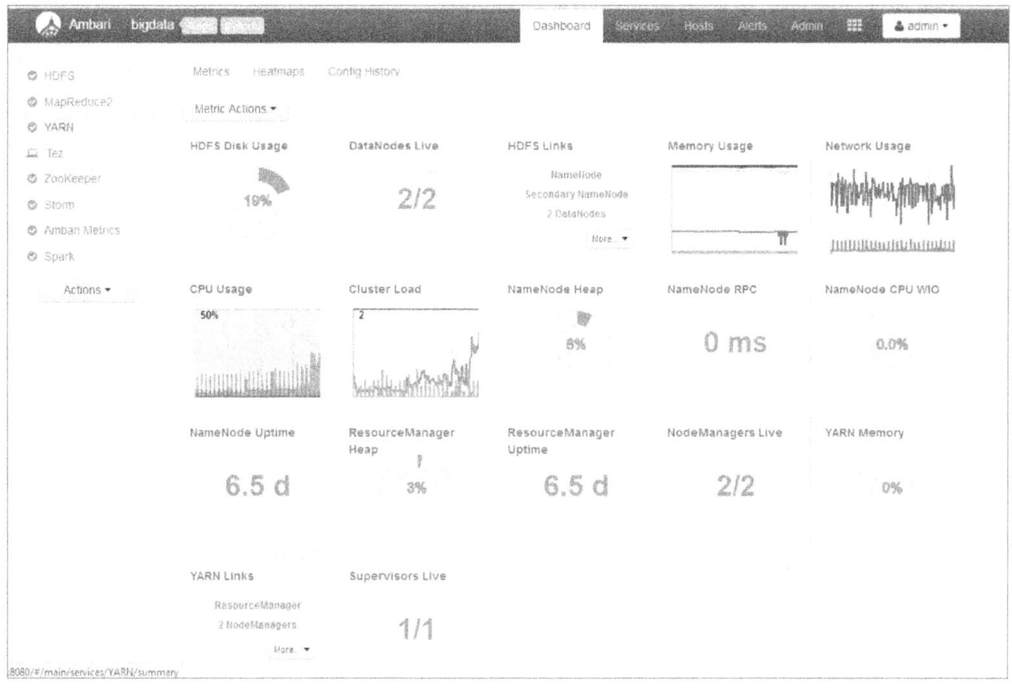

图 2.56　Ambari 的 Dashboard 界面

2.10　本章小结

本章主要介绍了在 Windows 系统中安装 Linux 虚拟机及构建 Hadoop 分布式集群的方法。首先对 Linux 虚拟机的安装和网络规划、配置进行讲解；然后对常用的 Linux 命令进行介绍；接下来对 Hadoop 集群的安装与配置进行详细介绍；最后对搭建好的 Hadoop 集群进行测试。本章还简要介绍了伪分布模式和完全分布模式下的 Hadoop 集群的配置，以及如何使用 Ambari 进行 Hadoop 集群的构建和管理。

2.11　习题

一、选择题

1．下列属性中属于 hdfs-site.xml 文件中的配置的是（　　）。

A．dfs.replication　　B．fs.defaultFS

C．mapreduce.framework.name　　D．yarn.resourcemanager.address

2．在 Hadoop 3.1.0 中，NameNode 的 Web UI 默认的访问端口是（　　）。

A．8080　　B．50070　　C．50090　　D．9870

3．Linux 系统中用于创建目录的命令是（　　）。

A．cd　　B．mkdir　　C．rmdir　　D．pwd

4. Linux 系统中用于删除目录的命令是（　　）。

A. cd　　B. mkdir　　C. rmdir　　D. pwd

5. 下列模式中不属于 VMware Workstation 提供的网络模式的是（　　）。

A. 桥接模式　　B. 仅主机模式　　C. NAT 模式　　D. 容器模式

二、填空题

1. HDFS 中默认的文件备份数量是_____。

2. _____命令用于向 Linux 虚拟机中增加一个新的用户组 group1。

3. _____命令用于将 Linux 虚拟机的目录 dir1 重命名为 dir2。

4. 在执行 ssh -keygen -t rsa 命令后，会在 Linux 虚拟机的____目录下生成____和____。

5. Linux 虚拟机中拥有最高权限的用户是________。

三、简答题

1. 简述 HDFS 集群的组成，以及 NameNode 和 DataNode 的作用。

2. 简述 Hadoop 的 3.0 版本与 2.0 版本有什么不同。

3. Hadoop 中 YARN 的作用是什么？

四、实验题

【实验 2-1】 在 Windows 系统中安装 Linux 虚拟机，并练习 Linux 的基本命令。

1. 实验目的

（1）掌握在 Windows 系统中安装 Linux 虚拟机，并进行 Hadoop 集群规划和网络配置的基本方法。

（2）了解 Linux 常用命令的使用方法，包括目录和文件操作命令、用户和权限管理命令、网络配置和系统服务命令等，能够对 Linux 系统进行基本的管理和配置。

2. 实验步骤与要求

（1）在 Windows 系统中安装 VMware Workstation 或 VirtualBox 虚拟机软件。

（2）安装并克隆 3 台 Linux 虚拟机（建议使用 CentOS 或 Ubuntu）。

（3）配置虚拟机网络服务模式和 Linux 虚拟机的网络参数，使得 Linux 虚拟机可以访问外网并能够互相访问。

（4）练习 Linux 基本命令和 vi/vim 编辑器的基本操作方法。

（5）编写 Shell 脚本文件并运行。

在 Linux 虚拟机中创建/usr/local 目录，并在该目录中使用 vi/vim 编辑器创建 test.sh 文件（Shell 脚本文件），输入以下内容：

```
#!/bin/bash
echo "Hello World!"
```

设置 test.sh 文件的属性为可执行。需要注意的是，使用 chmod 命令可以设置所有用户对文件的可执行权限。

运行 test.sh 文件，观察运行结果。

【实验 2-2】完全分布模式的 Hadoop 集群的安装与配置。

1．实验目的

（1）了解 Hadoop 生态系统。

（2）掌握安装 Hadoop 的操作方法。

（3）能够对完全分布模式的 Hadoop 集群进行配置和管理。

2．实验步骤与要求

（1）对 Hadoop 集群进行合理规划。

（2）配置 Hadoop 集群的 SSH 免密登录。

（3）在 NameNode 虚拟机上安装 Hadoop。

（4）复制 NameNode 虚拟机上的软件和配置文件到其他两台 DataNode 虚拟机上。

（5）启动和测试 Hadoop 的 HDFS 集群和 YARN 集群。

第 3 章 数据采集与预处理

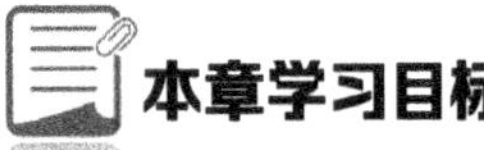

- 了解数据的来源与格式。
- 了解常用数据采集工具的使用方法。
- 掌握数据预处理的基本方法。

数据采集与预处理是获取有效数据的重要途径，也是大数据应用的重要环节。本章将向读者介绍数据采集与预处理的方法，主要包括数据的来源和数据容量单位、数据采集的基本方法、常用数据采集工具的使用方法，以及数据预处理的基本方法，包括缺失值填充、数据变换与清洗和数据集成等方法。

3.1 数据采集概述

3.1.1 数据的来源

数据的来源非常广泛，如互联网、信息管理系统、物联网、科学实验和计算机系统的日志等。按照产生数据的主体划分，数据主要有 3 种类型。

1. 对现实世界的测量数据

这类数据是通过感知设备获得的数据，包括传感器采集的数据（如环境监测、工业物联网和智能交通的传感数据）、科学仪器产生的数据、摄像头的监控影像等。

2. 人类的记录

这类数据是由人类在计算机中录入所形成的数据，如信息管理系统、社交软件、电子商务系统、企业财务系统等产生的数据。

3. 计算机产生的数据

这类数据是由计算机程序生成的数据，如服务器的日志、计算机运算的结果、软件生成的图像和视频等。

3.1.2 数据容量单位

数据容量的最小基本单位是 bit。数据容量单位按照从小到大的顺序是 bit（位）、Byte（字节）、KB（千字节）、MB（兆字节）、GB（吉字节）、TB、PB、EB、ZB、YB、BB、NB、DB，它们之间的换算关系如下。

1 Byte = 8 bit

1 KB = 1024 Byte = 8192 bit

1 MB = 1024 KB = 1 048 576 Byte

1 GB = 1024 MB = 1 048 576 KB

1 TB = 1024 GB = 1 048 576 MB

1 PB = 1024 TB = 1 048 576 GB

1 EB = 1024 PB = 1 048 576 TB

1 ZB = 1024 EB = 1 048 576 PB

……

3.1.3 数据采集的基本方法

所谓数据采集，是指从真实世界中获得原始数据的过程。它是大数据应用的基础环节，具有非常重要的作用，数据采集的方法通常有以下 4 种。

1. 传感数据采集

该方法通过传感器采集物理世界的信息，例如，通过环境监测传感器、工业传感器采集热、光、气、电、磁、声和力等数据，通过多媒体数据采集设备获取图像、音频和视频数据等。

2. 系统日志采集

该方法主要采集数字设备和计算机系统运行状态的日志。许多数字设备和计算机系统每天都会产生大量的日志，一般为流式数据，如信息管理系统的操作日志、服务器的运行状态日志和搜索引擎的查询日志等。收集和处理这些日志通常需要使用专门的日志采集系统，如 Apache Flume、Hadoop Chukwa、Facebook 的 Scribe 和 LinkedIn 的 Kafka 等。

3. 网络数据采集

网络数据采集通常可以分为网页内容采集和网络流量采集两种类型。

网页内容采集是指通过网络爬虫或网站公开 API 等方式从网站上获取数据信息的方法。该方法可以将非结构化数据从网页中抽取出来，将其存入统一的本地数据文件，并以结构化或非结构化的方式存储。图 3.1 所示为网络爬虫的工作原理。

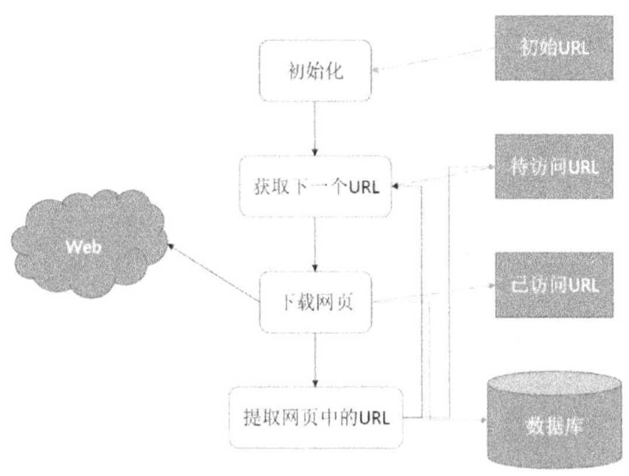

图 3.1　网络爬虫的工作原理

网络流量采集可以使用 DPI（Deep Packet Inspection，深度包检测）和 DFI（Deep/Dynamic Flow Inspection，深度/动态流检测）等带宽管理技术进行。DPI 技术在分析包头的基础上，增加了对应用层的分析，是一种基于应用层的流量检测和控制技术。DFI 技术仅对网络流量进行分析，因此只能对应用的类型进行大致分类，但是速度很快。

4．外包和众包

外包（Outsourcing）是指将所要进行的数据采集任务交付给已知的雇员去完成的方法。

众包（Crowdsourcing）是指数据采集任务由一群不固定，但通常数量很大的参与者共同协作完成的方法。例如，Wikipedia 就是一个成功应用“众包”方法构建的庞大知识库，如图 3.2 所示。

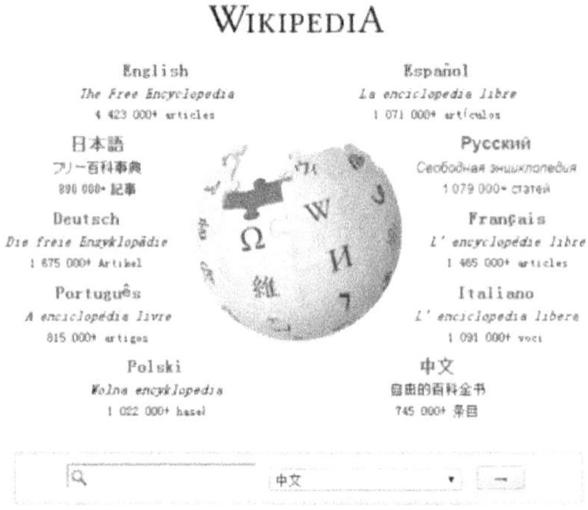

图 3.2　Wikipedia 示意图

3.2　常用的数据采集工具简介

在数据规模不断扩大的情况下，运用数据采集自动化工具，从外部系统、互联网和物联网等自动获取、传输和记录数据已经成为必要的技术手段。

目前，在 Hadoop 平台上常用的数据采集工具有 Flume、Kafka 和 Sqoop 等。表 3.1 所示为常用的数据采集工具。

表 3.1　常用的数据采集工具

名　称	类　型	功能和特点	研　发　者
Scrapy	基于 Python 的网页抓取框架	具有很强可定制性的网页采集工具	开源 Git Hub 项目
Flume	日志收集中间件	分布式海量日志采集、聚合和传输系统；数据源可定制、可扩展	Cloudera 公司开源的 Apache 项目
Chukwa	Hadoop 集群日志处理/分析	开源的用于监控大型分布式系统的数据收集系统	Apache Hadoop 项目的系列产品
Kafka	基于消息发布-订阅的流处理平台	分布式的消息发布-订阅系统，用于将流数据从一个应用程序传输到另一个应用程序中	LinkedIn 公司开源的 Apache 项目
Sqoop	数据传输工具	在 Hadoop 和关系型数据库之间传递数据	Apache 开源软件

3.2.1　基于 Python 的网页采集框架 Scrapy

1. Scrapy 简介

Scrapy 是一个使用 Python 开发的基于 Twisted 异步模型的 Web 抓取框架，用于抓取网站并从页面中提取结构化数据。它的用途广泛，可以用于数据挖掘、监控和自动化测试等。

Scrapy 是一个框架，任何人都可以根据需求方便地对其进行修改。它也提供了多种类型的爬虫的基类，如 BaseSpider、sitemap 爬虫等，最新版本又提供了对 Web 2.0 爬虫的支持。

Scrapy 框架主要由五大组件组成，分别是调度器（Scheduler）、下载器（Downloader）、爬虫（Spider）、实体管道（Item Pipeline）和 Scrapy 引擎（Scrapy Engine），其整体架构如图 3.3 所示。

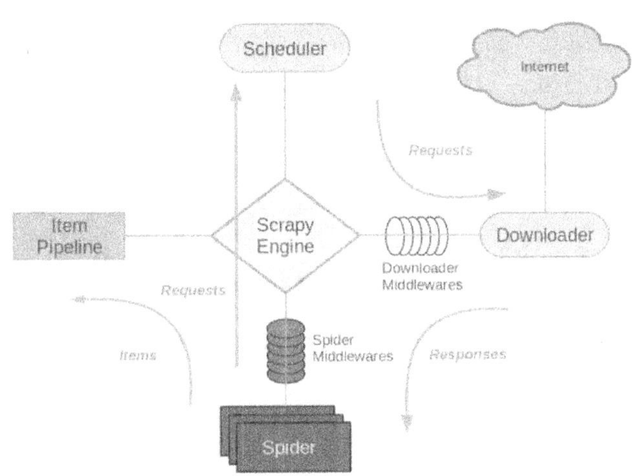

图 3.3　Scrapy 整体架构

（1）调度器（Scheduler）

Scrapy 的调度器是一种抓取网页网址或链接的优先队列，用于决定下一个要抓取的网址是什么，同时去除重复的网址，用户可以根据自己的需求定制调度器。

（2）下载器（Downloader）

Scrapy 的下载器是建立在 Twisted 异步模型上的，用于高效地下载网络上的资源。

（3）爬虫（Spider）

爬虫是一种按照一定的规则自动地抓取 Web 信息的程序或脚本。用户可以定制自己的 Scrapy 爬虫（通过定制正则表达式等语法），用于从特定的网页中提取自己需要的信息，即所谓的实体（Item）。用户也可以从中提取链接，让 Scrapy 继续抓取下一个页面。

（4）实体管道（Item Pipeline）

实体管道用于处理爬虫提取的实体，主要的功能是持久化实体、验证实体的有效性、清除不需要的信息。

（5）Scrapy 引擎（Scrapy Engine）

Scrapy 引擎是整个框架的核心，用来控制调度器、下载器、爬虫的运行流程。

2. Scrapy 框架的安装

Scrapy 是作为 Python 的库（Packages ）形式提供的，它需要 Python 3.6+和 CPython 实现（默认）或 PyPy 7.2.0+的支持。由于 Scrapy 是使用纯 Python 编写的，因此其依赖于几个关键的 Python 包：lxml、parsel、w3lib、twisted、cryptography 和 pyOpenSSL。

可以使用以下命令在 Python 开发环境中下载并安装 Scrapy 框架：

```
python3 -m pip install --upgrade pip          #将 pip 工具更新到最新版本
python3 -m pip install scrapy                 #安装 Scrapy 框架
```

提示： CentOS 8.2 安装后已经带有 Python 3.6.8，用户可以根据需要将其升级到更高版本。

3. Scrapy 项目案例

【例 3.1】 使用 Scrapy 框架获取当当网图书畅销榜。

下面介绍一个基于 Scrapy 框架编写的 Python 爬虫程序，用于获取当当网图书畅销榜网页内容的案例。当当网近 30 日图书畅销榜的界面如图 3.4 所示，本程序将获取图书畅销榜上的图书名、作者、出版社、价格和排名等信息，并将其保存为本地的 XML 格式文件。

（1）创建 Scrapy 项目

首先运行以下命令创建 Scrapy 爬虫项目：

```
scrapy startproject bookSpider                #创建名称为 bookSpider 的爬虫项目
```

在运行上述命令后，会在当前目录下生成一个名称为 scrapy.cfg 的配置文件，以及 bookSpider 子目录。在该子目录中，会自动生成 items.py、middlewares.py、pipelines.py 和 settings.py 等 Python 程序源文件和 spiders 子目录。

bookSpider 项目的目录结构和文件如图 3.5 所示。

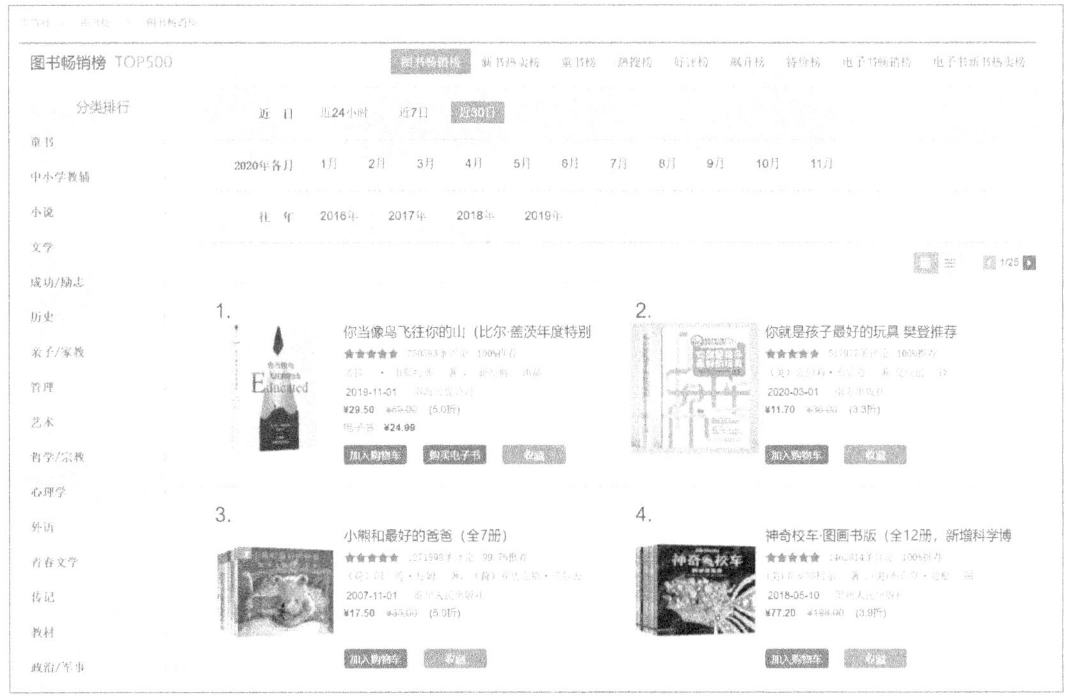

图 3.4　当当网近 30 日图书畅销榜的界面

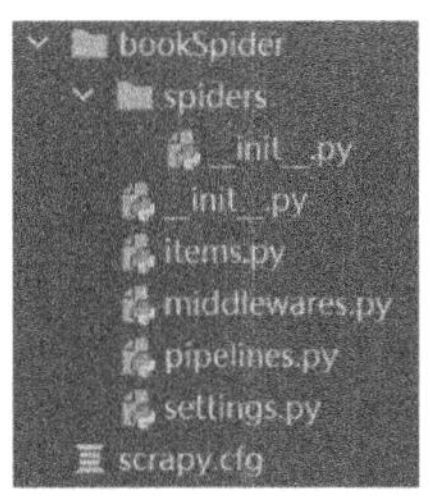

图 3.5　bookSpider 项目的目录结构和文件

bookSpider 项目中各个模块的功能如下。

- spiders：爬虫模块，用于配置需要获取的数据和获取规则，以及解析网页上的结构化数据。
- items：定义结构化数据条目，类似于字典条目。
- pipelines：管道模块，将 spiders 模块分析好的结构化数据进行持久化处理，如保存到文件或数据库中。
- middlewares：中间件模块，相当于“钩子”，可以在获取数据前进行预处理操作，如修改请求 header、URL 过滤等。

（2）生成爬虫程序

进入 bookSpider 的子目录 spiders，运行如下命令：

```
scrapy genspider dangdang www.dangdang.com
```

即可自动在 spiders 子目录中生成 dangdang.py 和 settings.py 等文件。

（3）项目参数配置

打开 settings.py 文件，进行配置项参数的设置，设置“ROBOTSTXT_OBEY=False”，如

图 3.6 所示。

```
BOT_NAME = 'bookSpider'

SPIDER_MODULES = ['bookSpider.spiders']
NEWSPIDER_MODULE = 'bookSpider.spiders'


# Crawl responsibly by identifying yourself (and your website) on the user-agent
#USER_AGENT = 'bookSpider (+http://www.dangdang.com)'
USER_AGENT = 'Mozilla/5.0'

# Obey robots.txt rules
ROBOTSTXT_OBEY = False
```

图 3.6　settings.py 文件内容

settings.py 文件中部分配置项的含义如表 3.2 所示。

表 3.2　settings.py 文件中部分配置项的含义

配　置　项	含　　义	参数设置示例
BOT_NAME	项目名称	
USER_AGENT	用户代理。它是一个特殊的字符串头，可以使服务器识别客户使用的操作系统及版本、CPU 类型、浏览器及版本、浏览器渲染引擎、浏览器语言、浏览器插件等	USER_AGENT = 'Mozilla/5.0'
ROBOTSTXT_OBEY	决定是否遵循机器人协议，默认为 True，建议修改为 False，否则很多内容不能被爬取	ROBOTSTXT_OBEY=False
CONCURRENT_REQUESTS	最大并发数，即同时允许开启爬虫线程的数量	32
DOWNLOAD_DELAY	下载延迟时间，单位是秒，用于控制爬虫获取的频率	DOWNLOAD_DELAY=1
ITEM_PIPELINES	项目管道的优先级，其值越低，表示获取的优先级越高	300

（4）修改 items.py 文件

items.py 文件中的代码如下，其主体是 BookspiderItem 类。其中，item 用于存储每本书的排名、图书名、作者、出版社、价格及评论数等信息。

```
import scrapy
class BookspiderItem(scrapy.Item):
    rank = scrapy.Field()
    name = scrapy.Field()
    author = scrapy.Field()
    press = scrapy.Field()
    price = scrapy.Field()
    comments = scrapy.Field()
```

（5）修改 spiders 子目录下 dangdang.py 文件的代码

在 dangdang.py 文件中定义了爬虫类 DangdangSpider，继承自父类 scrapy.Spider，其内容可以参考如下代码：

```
import scrapy
from scrapy.selector import Selector
from bookSpider.items import BookspiderItem
class DangdangSpider(scrapy.Spider):
    name = 'dangdang'
    start_urls = ['http://bang.dangdang.com/books/bestsellers/01.00.00.00.00.00-
recent30-0-0-1-%d'% i for i in range(1,10)]      #获取当当网近 30 日图书畅销榜 1～10 页的数据
```

```
        def parse(self, response):
            item = BookspiderItem()
            sel = Selector(response)
            book_list =
response.css('ul.bang_list.clearfix.bang_list_mode').xpath('li')
            for book in book_list:
                item['rank'] = book.css('div.list_num').xpath('text()').extract_first()
                item['name'] = book.css('div.name').xpath('a/text()').extract_first()
                item['author'] = book.css('div.publisher_info')[0].xpath('a/text()').
extract_first()
                item['press'] = book.css('div.publisher_info')[1].xpath('a/text()').
extract_first()
                item['price'] = book.css('span.price_n').xpath('text()').extract_first()
                item['comments'] =
book.css('div.star').xpath('a/text()').extract_first()
                yield item
```

在当当网近30日图书畅销榜对应的网页上右击以查看源代码，找到我们所关心的图书畅销榜的位置。读者可以将其与dangdang.py文件的内容对比，即可基本了解dangdang.py文件中相关语句的含义。当当网近30日图书畅销榜网页源代码如下：

```
    <ul class="bang_list clearfix bang_list_mode">
        <li>
        <div class="list_num red">1.</div>
        <div class="pic"><a href="http://product.dangdang.com/28473192.html"
target="_blank"><img src="http://img3m2.ddimg.cn/0/27/28473192-1_l_3.jpg" alt="当你像鸟飞往你的山（比尔·盖茨年度特别推荐，登顶《纽约时报》畅销榜80 周！多一个人读到这个真实故事，就多一个人勇敢做自己!）"  title="当你像鸟飞往你的山（比尔·盖茨年度特别推荐，登顶《纽约时报》畅销榜80 周！多一个人读到这个真实故事，就多一个人勇敢做自己!）"/></a></div>
        <div class="name"><a href="http://product.dangdang.com/28473192.html"
target="_blank" title="当你像鸟飞往你的山（比尔·盖茨年度特别推荐，登顶《纽约时报》畅销榜80 周！多一个人读到这个真实故事，就多一个人勇敢做自己!）">当你像鸟飞往你的山（比尔·盖茨年度特别推荐，登顶《纽约时报》<span class='dot'>…</span></a></div>
        <div class="star"><span class="level"><span style="width:
93.8%;"></span></span><a
href="http://product.dangdang.com/28473192.html?point=comment_point"
target="_blank">750598条评论</a><span class="tuijian">100%推荐</span></div>
        <div class="publisher_info"><a href="http://search.dangdang.com/?key=塔拉"
title="塔拉 · 韦斯特弗著 ， 新经典出品" target="_blank">塔拉</a> · <a
href="http://search.dangdang.com/?key=韦斯特弗" title="塔拉 · 韦斯特弗 著 ， 新经典 出品"
target="_blank">韦斯特弗</a> 著 ， <a href="http://search.dangdang.com/?key=新经典"
title="塔拉 · 韦斯特弗 著 ， 新经典出品" target="_blank">新经典</a> 出品</div>
        <div class="publisher_info"><span>2019-11-01</span> <a
href="http://search.dangdang.com/?key=南海出版公司" target="_blank">南海出版公司</a></div>
```

（6）运行爬虫程序

使用如下命令运行爬虫程序文件dangdang.py，并将获取的结果保存到dangdang.xml文件中：

```
scrapy runspider dangdang.py -o dangdang.xml -t xml
```

打开dangdang.xml文件，可以看到如图3.7所示的内容。

```
<?xml version="1.0" encoding="UTF-8"?>
<items>
<item><rank>1.</rank><name>你当像鸟飞往你的山（比尔·盖茨年度特别推荐，登顶《纽约时报》</name><author>塔拉</author><press>南海出版公司</press><price>¥29.50</price><comments>
<item><rank>2.</rank><name>你就是孩子最好的玩具 樊登推荐</name><author>金伯莉·布雷恩</author><press>南方出版社</press><price>¥11.70</price><comments>617980条评论</commen
<item><rank>3.</rank><name>小熊和最好的爸爸（全7册）</name><author>阿兰德·丹姆</author><press>贵州人民出版社</press><price>¥17.50</price><comments>1271900条评论</commen
<item><rank>4.</rank><name>神奇校车·图画书版（全12册，新增科学博览会1册）</name><author>乔安娜柯尔</author><press>贵州人民出版社</press><price>¥77.20</price><comments>1462
<item><rank>5.</rank><name>人间失格（日本小说家太宰治代表作，190多万条好评的现象级畅销书</name><author>太宰治</author><press>作家出版社</press><price>¥11.30</price><comment
<item><rank>6.</rank><name>健康日历2021</name><author>丁香医生</author><press>现代出版社</press><price>¥38.90</price><comments>32338条评论</comments></item>
<item><rank>7.</rank><name>钝感力（渡边淳一经典，具备不为小事动摇的钝感力，才能成为真正</name><author>渡边淳一</author><press>青岛出版社</press><price>¥16.00</price><comment
<item><rank>8.</rank><name>神奇校车·桥梁书版（全20册）</name><author>乔安娜柯尔</author><press>贵州人民出版社</press><price>¥58.50</price><comments>1100298条评论</comme
<item><rank>9.</rank><name>正面管教(修订版)</name><author>简·尼尔森</author><press>北京联合出版公司</press><price>¥17.10</price><comments>1562057条评论</comments></it
<item><rank>10.</rank><name>少年读史记（套装全5册）</name><author>张嘉骅</author><press>青岛出版社</press><price>¥39.00</price><comments>863766条评论</comments></item
<item><rank>11.</rank><name>夏洛的网(2020版） 教育部推荐二四年级阅读书目</name><author>怀特</author><press>上海译文出版社</press><price>¥18.50</price><comments>950225条评
<item><rank>12.</rank><name>乌合之众 ： 大众心理研究</name><author>古斯塔夫·勒庞</author><press>民主与建设出版社</press><price>¥11.70</price><comments>518317条评论</comm
<item><rank>13.</rank><name>人生海海（麦家重磅力作，莫言、董卿盛赞，发行量超150万册，豆瓣</name><author>麦家</author><press>北京十月文艺出版社</press><price>¥27.50</price><c
<item><rank>14.</rank><name>蛤蟆先生去看心理医生（热销23年，英国经典心理咨询入门书，知名</name><author>罗伯特·戴博德</author><press>天津人民出版社</press><price>¥19.00</price
<item><rank>15.</rank><name>作家榜经典：月亮与六便士（连续3年蝉联当当名著销冠！荣获2017豆</name><author>毛姆</author><press>浙江文艺出版社</press><price>¥19.90</price><comm
<item><rank>16.</rank><name>东野圭吾：白夜行（易烊千玺、孟非推荐，东野圭吾作品无冕之王）</name><author>东野圭吾</author><press>南海出版公司</press><price>¥29.80</price><comm
```


图 3.7 dangdang.xml 文件内容

3.2.2 日志收集工具 Flume

Flume 是 Apache 的顶级项目，用于日志数据的采集。Flume 提供了一种可靠的分布式服务，用于高效地收集、聚合和移动大量日志数据，具备可调节的可靠性机制、故障转移和恢复机制，强大的容错能力。

Flume 支持在日志系统中定制各类数据源，可以对数据进行简单处理，并将数据输出到各种数据接收方，其设计原理是将数据流（如日志数据）从各种网站服务器上汇集起来，并存入 HDFS、HBase 等集中存储器中。

1．Flume 数据流模型和逻辑架构

Flume 的基本数据采集单元是 Agent（代理），并且每个 Agent 中均包含 Source（数据源）、Channel（数据通道）和 Sink（接收器）。Flume 的基本使用方法是在某个节点上配置和运行 Agent 以执行数据采集任务。一个 Agent 是 Source、Channel、Sink 这 3 个组件的组合，以及组件间的连接方式。

Flume 有一个重要的抽象概念——Data Flow（数据流）。它描述了数据从产生、传输、处理到最终写入目标的一条路径，具体描述如下。

- External Source（外部数据源，如 Web Server）将 Flume 可识别的 Event（事件）发送给 Flume Source（Flume 数据源）。
- Flume Source 在收到 Event 后，会将其存入一个或多个 Channel（数据通道）中。
- Channel 是一个被动存储器，可保存 Event 到被 Flume Sink 消耗完为止。
- Flume Sink（接收器）从 Channel 中获取 Event（获取后会将其删除），并将其放入类似于 HDFS 的外部存储库中，或者将其转发到数据流中下一个 Flume Agent（下一跳 Agent）的 Flume Source 中。

2．Flume 的核心组件说明

Flume 的基本数据流模型如图 3.8 所示。

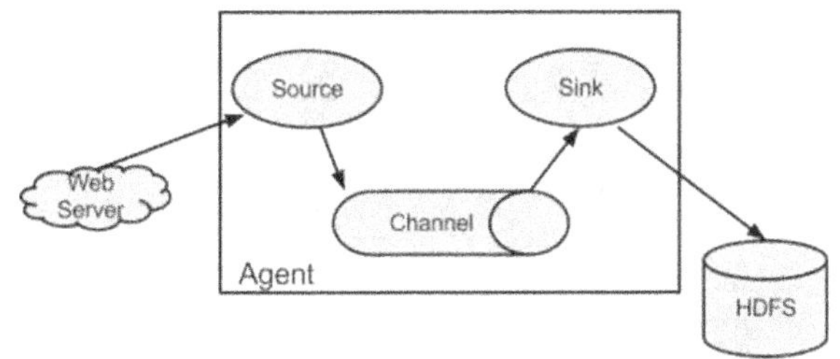

图 3.8　Flume 的基本数据流模型

- Event（事件）：Event 被定义为具有字节有效载荷和可选字符串属性集的数据流单元。
- Agent（代理）：Agent 是一个 JVM 进程，是承载事件从外部数据源流向下一个目的地的组件。一个 Agent 包含 Source、Channel、Sink 和其他组件，并且它可以利用这些组件将事件从一个节点传输到另一个节点。
- Source（数据源）：Source 专门用来收集数据，可以处理各种类型、各种格式的日志数据，如 Avro、Exec、HTTP、Kafka、Spooling Directory 等。
- Channel（数据通道）：Channel 是一个存储 Source 已经收到的数据的缓冲区。简单来说，Channel 会对 Source 采集的数据进行缓存，将这些数据缓存在内存、文件、数据库和 Kafka 中。
- Sink（接收器）：Sink 从 Channel 中获取数据并将数据发送到目的地（目的地可以是 HDFS、Hive、HBase、ES、Kafka、Logger 等），并在完成后将 Event 从 Channel 中删除。
- Client（客户）：将原始日志数据包装成 Event 发送给 Agent 实体，它在 Flume 中不是必需的。

3．Flume 应用场景示例

（1）场景 1

某个在线购物 App 需要建立用户推荐系统（User Recommendation System）。该系统可以根据用户访问的节点区域、浏览的商品信息等分析用户的行为或购买意图，以便更加快速地将用户可能想要购买的商品信息推送到界面上。而为了实现这一功能，需要收集用户在 App 上点击的产品数据、访问的页面和访问时间等日志信息，并保存到后台的大数据平台以进行分析和挖掘。这样的需求就可以使用 Flume 来实现。

（2）场景 2

目前，许多新闻类 App（如今日头条、腾讯新闻等）大多具有内容推送、广告定时投放和新闻私人订制等功能，而为了实现这些功能，就需要收集用户操作的日志信息（如用户曾经看过的新闻、视频、观看时间和 IP 地址等），以便使用智能推荐系统进行分析，更精准地向用户推荐可能感兴趣的内容。

实际上，许多互联网公司都开发了类似于 Flume 的产品，如 Facebook 的 Scribe、淘宝的 Time Tunnel 等，用于收集自己公司的用户数据。

4．在 Linux 虚拟机中安装 Flume

用户可以通过 Flume 的官方网站下载 Flume 的安装包，如 1.9.0 版本的安装文件 apache-flume-1.9.0-bin.tar，并将其解压缩到 Linux 虚拟机的/usr/local/servers 目录中，命令如下：

```
$ tar -zxvf apache-flume-1.9.0-bin.tar.gz -C /usr/local/servers
```

为了操作方便，可以将目录重命名为 Flume，命令如下：

```
$ mv apache-flume-1.9.0-bin flume        #将目录重命名为 flume
```

在/etc/profile 文件中添加 Flume 环境变量：

```
export FLUME_HOME=/usr/local/servers/flume
export FLUME_CONF_DIR=$FLUME_HOME/conf
export PATH=$PATH:$FLUME_HOME/bin
```

输入如下命令，让配置的环境变量生效：

```
$ source /etc/profile
$ which flume-ng                          #查找 flume-ng 所在路径
```

如果在 Linux 虚拟机上看到如下结果，则表示路径设置正确：

```
/usr/local/servers/flume/bin/flume-ng
```

修改 flume-env.sh 文件，命令如下：

```
$ cd /usr/local/servers/flume/conf
$ cp flume-env.sh.template flume-env.sh
```

在 flume-env.sh 文件中添加以下内容：

```
export JAVA_HOME=${JAVA_HOME}
```

5．Flume 的配置与运行方法

在某个节点上运行 Flume Agent，进行数据采集的基本流程可分为如下 3 个步骤。

（1）创建 Flume Agent 配置文件

在 Linux 虚拟机上创建 Flume Agent 配置文件（Configuration File）。Flume 的配置文件是一个遵循 Java 属性文件格式的文本文件，在每个配置文件中可指定一个或多个 Agent。

（2）为每个 Agent 设置组件属性和组件间连接方式

一个 Agent 包含 Source、Sink 和 Channel 三个组件，需要为配置文件中的每个 Agent 设置这 3 个组件的属性，以及它们的连接方式以形成数据流。

设置组件的属性：数据流中的每个组件（Source、Sink 和 Channel）都有一个名称、类型和一组对应于类型和实例化的属性。例如，Avro 数据源需要通过主机名（或 IP 地址）和端口号来接收数据；Memory Channel（内存通道）可以有最大队列大小（容量）等。

设置组件间的连接方式：Agent 需要知道加载哪些单独的组件及它们是如何连接的，以便构成数据流。这是通过列出 Agent 中每一个 Source、Sink 和 Channel 的名称，然后为每一个 Source 和 Sink 指定 Channel 来完成的。

（3）启动 Agent

使用一个名称为 flume-ng 的 Shell 脚本启动 Agent。该脚本位于 Flume 安装目录中的 bin 子目录中。用户需要在命令行中指定代理名称、配置目录和配置文件，命令如下：

```
flume-ng agent -n 代理名 -c conf -f 配置文件名
或：flume-ng agent --name 代理名 --config conf --config-file 配置文件名
```

上述命令中的“-n 代理名”（或“--name 代理名”）表示要启动配置文件中的哪个 Agent。在配置文件中可能有多个 Agent，当启动给定的 Flume 进程时，需要传递一个 Agent 名称以启动该 Agent。

6．Flume 应用实例

【例 3.2】 从网络端口采集数据。

本案例是 Flume 官方文档中的一个简单示例。该示例展示了在单个节点上采集网络端口

数据，并将其显示在控制终端上。

首先在某个节点上创建 Flume 配置文件，并在配置文件中对 Source、Channel 和 Sink 的相关参数进行设置，然后使用配置文件在该节点上启动 Flume 数据采集进程。

（1）创建 Flume 配置文件

创建 Flume 配置文件，并将其命名为 example3_1.conf，添加如下内容：

```
#example.conf: A single-node Flume configuration

#Name the components on this agent
a1.sources = r1
a1.sinks = k1
a1.channels = c1

#Describe/configure the source
a1.sources.r1.type = netcat
a1.sources.r1.bind = localhost
a1.sources.r1.port = 44444

#Describe the sink
a1.sinks.k1.type = logger

#Use a channel which buffers events in memory
a1.channels.c1.type = memory
a1.channels.c1.capacity = 1000
a1.channels.c1.transactionCapacity = 100

#Bind the source and sink to the channel
a1.sources.r1.channels = c1
a1.sinks.k1.channel = c1
```

该配置文件中定义了一个名称为 a1 的代理。a1 配置了一个监听 44444 端口上事件数据的 Source（命名为 r1），一个在内存中缓存事件数据的 Channel（命名为 c1），以及一个将事件数据记录到控制台的 Sink（命名为 k1），然后描述了它们的类型和配置参数。

netcat 是 Flume 的 Source 类型之一，用来监听一个指定端口，并接收监听到的数据。表 3.3 所示为常用的 Flume Source 类型及其作用。

表 3.3　常用的 Flume Source 类型及其作用

Source 类型名称	作　用
Avro	Avro RPC（远程过程调用）可以桥接两个 Flume Agent，将其他 Agent 输出的 Avro 数据源作为 Flume Source
Exec	将执行一个给定的命令获得的输出作为数据源
Taildir	一种具有高可靠性的文件源，可以监控指定的多个文件，一旦文件内有新写入的数据，就会将其收集为 Source
Spooling Directory	目录源，可以监听指定的目录，会“自动收集”存入该目录的文件作为 Source
Kafka	从 Kafka 指定的 topic 中读取数据
Thrift	Google 开发的跨语言 RPC 通信

（2）启动 Flume

根据上面的配置文件，可以使用如下命令启动 Flume：

```
flume-ng agent -c conf -f example3_1.conf -n a1 -Dflume.root.logger=INFO,console
```

上述命令中的“-Dflume.root.logger=INFO,console”用于指定日志的输出优先级为 INFO

（可以是 DEBUG、INFO、WARN、ERROR 和 FATAL）和输出位置（console 表示将采集的数据显示在终端上）。

（3）连接 44444 端口并发送数据

打开该节点的另一个终端窗口，并输入如下命令：

```
$ telnet localhost 44444
Trying 127.0.0.1…
Connected to localhost.localdomain (127.0.0.1).
Escape character is '^]'.
Hello world! <ENTER>
OK
```

上述命令表示在终端窗口中输入“Hello world!”

此时，在监控终端上会输出 Flume 采集的信息，内容如下：

```
INFO sink.LoggerSink: Event: { headers: {} body: 48 65 6C 6C 6F 20 57 6F 72 6C 64 
21 0D
Hello World!. }
```

【例 3.3】 使用 Taildir Source 采集目录中的数据，并保存到 HDFS 中。

本案例中的数据流架构为：指定目录中的数据→Flume→HDFS。

我们使用 Taildir Source 采集指定目录中的数据，并保存到 HDFS 中。Taildir Source 是在 Flume 1.7 后新推出的，具有比 Exec Source 和 Spooling Directory Source 更好的特性。

- Taildir Source 是具有高可靠性的 Source，会实时地将文件偏移量写到 JSON 文件中，并保存到磁盘中。在下次重启 Flume 时，它会从 JSON 文件中获取文件的偏移量，然后从之前的位置继续读取数据，保证数据不丢失。
- Taildir Source 可以同时监控多个目录及文件，即使文件正在实时写入数据。

创建名称为 example3_2.conf 的配置文件，并添加如下内容：

```
#Name the components on this agent
taildir-hdfs-agent.sources = taildir-source
taildir-hdfs-agent.sinks = hdfs-sink
taildir-hdfs-agent.channels = memory-channel

#Describe/configure the source
taildir-hdfs-agent.sources.taildir-source.type = TAILDIR
taildir-hdfs-agent.sources.taildir-source.filegroups = f1
taildir-hdfs-agent.sources.taildir-source.filegroups.f1 = 
/usr/local/flume/input/.*
taildir-hdfs-agent.sources.taildir-source.positionFile = 
/usr/local/flume/taildir_position.json

#Describe the sink
taildir-hdfs-agent.sinks.hdfs-sink.type = hdfs
taildir-hdfs-agent.sinks.hdfs-sink.hdfs.path = 
hdfs://Node01:9000/flume/logdir/%Y%m%d%H%M
taildir-hdfs-agent.sinks.hdfs-sink.hdfs.useLocalTimeStamp = true
taildir-hdfs-agent.sinks.hdfs-sink.hdfs.fileType = CompressedStream
taildir-hdfs-agent.sinks.hdfs-sink.hdfs.writeFormat = Text
taildir-hdfs-agent.sinks.hdfs-sink.hdfs.codeC = gzip
taildir-hdfs-agent.sinks.hdfs-sink.hdfs.filePrefix = wsk
taildir-hdfs-agent.sinks.hdfs-sink.hdfs.rollInterval = 30
taildir-hdfs-agent.sinks.hdfs-sink.hdfs.rollSize = 100000000
taildir-hdfs-agent.sinks.hdfs-sink.hdfs.rollCount = 0
```

```
#Use a channel which buffers events in memory
taildir-hdfs-agent.channels.memory-channel.type = memory
taildir-hdfs-agent.channels.memory-channel.capacity = 1000
taildir-hdfs-agent.channels.memory-channel.transactionCapacity = 100

#Bind the source and sink to the channel
taildir-hdfs-agent.sources.taildir-source.channels = memory-channel
taildir-hdfs-agent.sinks.hdfs-sink.channel = memory-channel
```

本案例中的 Flume Agent 进程会监控虚拟机 Node01 的/usr/local/flume/input 目录，一旦该目录中有文件写入，就采集写入完成的文件并传输到 HDFS 的/flume/logdir 目录中，HDFS 中的日志文件名称使用“年/月/日/时/分”的格式进行命名。

3.3　数据的属性类型

3.3.1　属性类型

所谓属性（Attribute），是指数据对象的特征（Feature），也被称为数据字段。如图 3.9 所示，iris 数据集（鸢尾花数据集）有 4 个属性（特征），分别为 sepallength、sepalwidth、petallength 和 petalwidth。该数据集还有一个类别字段，即 class。

	A	B	C	D	E
1	sepallength	sepalwidth	petallength	petalwidth	class
2	5.1	3.5	1.4	0.2	Iris-setosa
3	4.9	3	1.4	0.2	Iris-setosa
4	4.7	3.2	1.3	0.2	Iris-setosa
5	4.6	3.1	1.5	0.2	Iris-setosa
6	5	3.6	1.4	0.2	Iris-setosa
7	5.4	3.9	1.7	0.4	Iris-setosa
8	4.6	3.4	1.4	0.3	Iris-setosa

图 3.9　iris 数据集的部分数据

常见的属性类型可以分为两大类，即定性描述属性和定量描述属性。

1．定性描述属性

（1）标称属性（Nominal Attribute）

标称属性是一些符号或事物的名称，每一个值都代表某一种类别、编码或状态。例如，表示性别分类的“男”“女”，表示颜色的“红”“黄”“蓝”等。标称属性也称名词属性、名义属性、分类属性等。

（2）二元属性（Binary Attribute）

二元属性只有两个值（或状态），即 0 或 1，也可以被称为布尔属性（值为 True 或 False）。

（3）序值属性（Ordinal Attribute）

序值属性可能的值之间具有有意义的序或秩评定，如成绩 {“差”“中”“良”“优”}。

上述 3 种属性类型都是对数据对象特征的定性描述，并没有给出实际大小或数量。

2．定量描述属性

定量描述属性用于描述数据对象特征的数值大小，如长度、速度、半径等。定量描述属性有整数（离散）和浮点数（连续）两种形式。

实际上，在许多真实的数据集中，数据对象通常是混合类型的变量，一个数据集中可能包含上面列举的多种属性类型。

3.3.2 属性类型的转换

在对数据进行分析和挖掘时，为了满足不同算法或不同应用场景的要求，数据的属性类型可能需要在定性描述属性和定量描述属性之间进行转换，即有时需要把定性描述属性转换为定量描述属性，而有时则需要把定量描述属性转换为定性描述属性。下面介绍一些常用属性类型的转换方法。

1. 标称属性的数值化编码

标称属性的数值化编码最常使用的是热独编码（One-Hot Encoder）和标签编码（Label Encoder）两种方法。

热独编码又称一位有效编码，主要采用 *N* 位状态寄存器（有 0 和 1 两个状态）对数据的 *N* 个状态进行编码。如表 3.4 所示，“公司名”属性的每一个值被编码为 3 个属性值（该属性具有 3 个不同的值：Toyota、Honda 和 VW），每一个值被转换后只有一个属性值为 1，其他属性值为 0。

表 3.4 热独编码示例

公司名	Toyota	Honda	VW
Toyota	1	0	0
Honda	0	1	0
VW	0	0	1

标签编码将标称属性转换为连续的数值型变量，即对不连续的数字或文本进行编号。对表 3.4 中的数据运用标签编码的结果如表 3.5 所示。

表 3.5 标签编码示例

公 司 名	公 司 编 码
Toyota	0
Honda	1
VW	2

通过表 3.5 可以看出，标签编码方法将原本无序的数据变成了有序的数值序列，这是标签编码方法的明显特点。

2. 连续变量的离散化处理

对连续变量进行离散化处理是指将连续量转换为离散值，例如，可以根据分数范围，将某门课程的成绩转换为“差”“中”“良”“优”（或“D”“C”“B”“A”）等。

常用的方法有等宽法、等频法和基于聚类的分析方法等。

例如，有一组实数（浮点数）的数值范围为 0.0～100.0，采用等宽法将数据划分为 10 个区间，将处于[0.0, 10.0)区间的数据转换为 1，将处于[10.0, 20.0)区间的数据转换为 2，以此类推。

3.4　数据预处理

数据预处理是指在分析和挖掘数据之前，对原始数据进行的变换、清洗和集成等一系列操作。通过数据预处理工作，我们可以将残缺的数据补充完整、将错误的数据纠正、将多余的数据去除，从而有效地提高数据质量。

如果没有高质量的数据，就不会有高质量的数据挖掘结果，并且低质量的数据会对许多数据挖掘算法产生很大的影响，甚至导致我们“挖掘”出错误的知识。

3.4.1　数据变换

所谓数据变换，是指将数据变换为适当的形式，以便用户更好地理解和处理数据。常用的数据变换方法如图 3.10 所示。

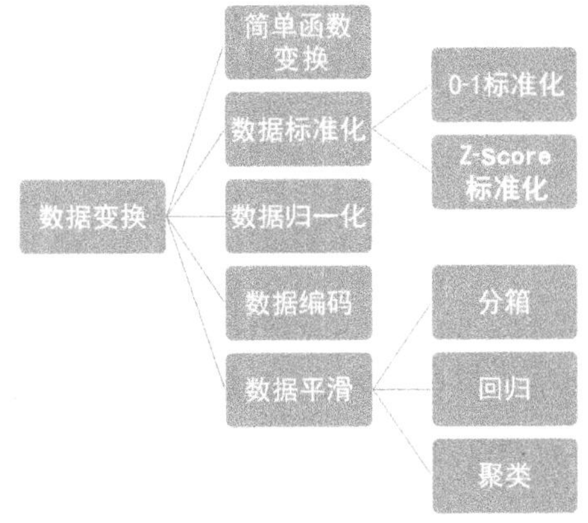

图 3.10　常用的数据变换方法

1. 数据归一化

数据归一化是指将数据变换为[0,1]内的小数的操作，这样可以将有量纲数据变换为无量纲表示。

（1）Max-Min 归一化方法

Max-Min 归一化方法用于对原始数据进行线性变换，变换后的数据区间为[0,1]，变换公式为

$$f\left(x\right)=\left(x-\min\right)/\left(\max-\min\right)$$

这种归一化方法的适应性非常广，在对数据进行归一化的同时可以较好地保持原有数据的分布结构。

（2）用于稀疏数据的 MaxAbs 方法

MaxAbs 方法用于根据最大绝对值对原始数据进行标准化，变换后的数据区间为[−1,1]，变换公式为

$$f\left(x\right)=x/\text{最大绝对值}$$

MaxAbs 方法也具有不破坏原有数据分布结构的特点，可以用于稀疏数据，或者稀疏 **CSR**

或 **CSC** 矩阵。

2．数据标准化

数据标准化的目的是对不同规模和量纲的数据进行处理，并缩放到相同的数据区间，以减少规模、特征、分布差异等对模型的影响。

Z-Score 标准化可以将数据变换为标准正态分布，其变换公式为

$$f(x)=(x-\text{均值})/\text{标准差}$$

经过 Z-Score 标准化之后的数据是均值为 0、方差为 1 的标准正态分布。但是由于 Z-Score 方法是一种中心化方法，会改变原有数据的分布结构，因此不适合用于对稀疏数据进行处理。

【例 3.4】 Z-Score 标准化实例。

Z-Score 标准化的主要目的是将不同量级的数据统一变换为同一量级，统一使用计算出的 Z-Score 值进行衡量，以保证数据之间的可比性。

假设两个班级在考试时所采用的试卷不同。A 班级的平均分是 80 分，标准差是 10，Li 考了 90 分；B 班级的平均分是 400 分，标准差是 100，Ma 考了 600 分。那么利用 Z-Score 标准化计算 Li 和 Ma 的标准分数，看看谁更优秀。

解答：

Li = (90−80)/10 = 1

Ma = (600−400)/100 = 2

因此 Ma 更优秀。

【例 3.5】 使用 Python Sklearn 库进行数据标准化处理。

本案例中的 Python 程序首先构造左偏和右偏的数据，然后对生成的数据使用 Sklearn 库中的 StandardScaler()函数进行标准化处理（也就是 Z-Score 标准化），最后画出标准化处理前后数据的对比图，参考代码如下：

```
from sklearn import preprocessing
import numpy as np
import pandas as pd
import matplotlib.pyplot as plt
import seaborn as sns
#设置中文字体
plt.rcParams["font.family"] = "SimHei"

np.random.seed(1)
#构造左偏分布数据
t1 = np.random.randint(1, 11, size=500)
t2 = np.random.randint(11, 21, size=100)
left_skew = np.concatenate([t1, t2])
#构造右偏分布数据
t1 = np.random.randint(1, 11, size=100)
t2 = np.random.randint(11, 21, size=500)
right_skew = np.concatenate([t1, t2])

#绘制核密度图
plt.figure(2,(12,6))
plt.subplot(1,2,1)
plt.title('原始数据')
sns.kdeplot(left_skew, shade=True, label="左偏")
```

```
sns.kdeplot(right_skew, shade=True, label="右偏")

#进行标准化处理
zscore_scaler = preprocessing.StandardScaler()  #建立StandardScaler对象
right_skew = zscore_scaler.fit_transform(right_skew.reshape(-1,1))
left_skew = zscore_scaler.fit_transform(left_skew.reshape(-1,1))

plt.subplot(1,2,2)
plt.title('Z-Score标准化')
sns.kdeplot(left_skew.reshape(-1,), shade=True)
sns.kdeplot(right_skew.reshape(-1,), shade=True)

plt.show()
```

需要说明的是，运行该程序前，需要在 Python 中安装 Sklearn、Matplotlib 和 Seaborn 库。运行上述程序，将绘制如图 3.11 所示的 Z-Score 标准化前后数据的均值与方差变化示意图。

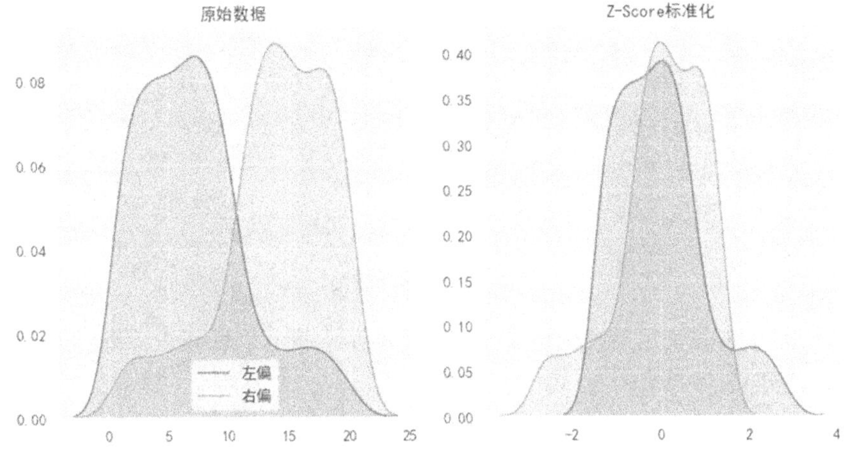

图 3.11　Z-Score 标准化前后数据的均值与方差变化示意图

拓展知识：Sklearn 库中对数据进行标准化处理的函数如下。

- sklearn.preprocessing.StandardScaler()：用于 Z-Score 标准化。
- sklearn.preprocessing.MinMaxScaler()：用于数据归一化。
- sklearn.preprocessing.RobustScaler()：在数据中有异常值时使用。
- sklearn.preprocessing.preprocessing.Normalizer()：每一个样本都被单独缩放，使得其 p-范数等于 1。

提示： 如果数据集中存在离群点（异常值），则在使用 Z-Score 方法进行标准化后得到的数据并不理想，这是因为离群点往往会在标准化后失去离群特征。此时，可以使用针对离群点的 RobustScaler()函数对数据进行标准化处理。该函数对数据中心化和数据的缩放鲁棒性具有非常强的参数控制功能。

3. 数据编码

数据编码表示使用统一的编码标准对信息记录进行编码，且一个编码符号代表一条信息或一串数据。运用数据编码方法可以对采集的大数据进行规范化管理，从而提高处理效率和精度。

例如，我国的身份证号码使用的就是一种带有特定含义的编码方案。它可以表示某人所在省/市/区、出生年月、性别等，因此，我们可以使用特定的算法对其进行分类、校核、检索、统计和分析等操作。

4．数据平滑

在实际应用中，经常会遇到初始结果噪声数据太多的问题，如视频流中的抖动非常剧烈、光谱信号抖动得非常剧烈等。数据平滑就是为了去除数据中的噪声波动，使数据平滑所采用的方法。常用方法有滑动平均法、指数滑动平均法和 SG 滤波法等。

3.4.2 数据清洗

数据质量的衡量标准有 5 个维度：数据一致性、精确性、完整性、时效性和实体同一性。数据清洗就是为了提升数据的质量，将“脏”数据清洗“干净”所采用的方法，如图 3.12 所示。

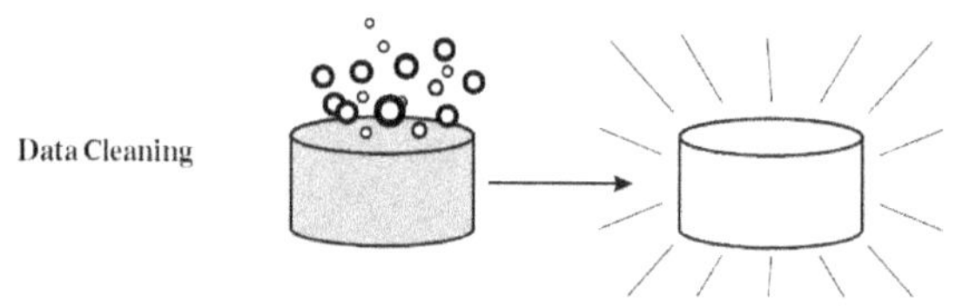

图 3.12　数据清洗

数据清洗的方法主要包括缺失值填充、去除噪声数据、识别和去除离群点、不一致性检测与修复、实体识别与真值发现等。

1．缺失值填充

（1）均值填充

如果缺失值是数值型的，就根据该变量在其他所有对象中的取值的平均值来填充该缺失值。

（2）众数填充

如果缺失值是非数值型的，则通常使用众数来补齐该缺失值。

（3）其他填充方法

其他填充方法有回归填充法、热卡填充/填补法（就近补齐法）、极大似然估计、期望最大化算法、K 最近邻算法等。

【例 3.6】 使用 Python 的 Sklearn 库进行缺失值填充。

- 从 https://archive.ics.uci.edu/ml/index.php 下载 labor 数据集。
- labor 数据集包含 16 个属性（8 个数值型、8 个非数值型）和 1 个类别标签，其中 16 个属性都包含缺失值。
- 对 labor 数据集的第 3 列缺失值进行均值填充，Python 示例程序如下：

```
#数据预处理：缺失值填充
import pandas as pd
from sklearn.impute import SimpleImputer
from numpy import nan as NA
data = pd.read_csv('labor.csv')
x = data.iloc[:, 2:3]                                   #取第 3 列数据
```

```
imp_mean = SimpleImputer(missing_values=NA, strategy='mean')          #均值填充
imp_mean.fit(x)
print(imp_mean.transform(x))                                          #通过接口导出结果
```

2. 去除噪声数据

噪声数据是指数据中存在的错误或异常数据，这些数据对数据的分析和挖掘造成了干扰，常用的预处理方法如下所述。

（1）分箱法

分箱法是指通过考察“邻居”（周围的值）来平滑存储的值，然后将存储的值分布到一些“桶”或箱中，以平滑各个分箱中的数据。常用的分箱方法如下。

- 等深（频）分箱法：各个箱中有相同个数的数据。
- 等宽分箱法：各个箱的取值区间相同。

常用的数据平滑方法有如下 3 种。

- 平均值平滑：箱中的每一个值都被箱的平均数替换。
- 中位数平滑：箱中的每一个值都被箱的中位数替换。
- 箱边界平滑：箱中的每一个值都被离它最近的箱边界值替换。

【例 3.7】假设有 8、24、15、41、6、10、18、50、25 等 9 个数，首先对这 9 个数进行从小到大的排序，则有 6、8、10、15、18、24、25、41、50。

按照等深（频）分箱法，可以将这 9 个数分为 3 个箱。

箱 1：6、8、10。

箱 2：15、18、24。

箱 3：25、41、50。

然后分别使用 3 种不同的数据平滑方法平滑噪声数据的值。

- 按照箱平均值求得平滑数据值：箱 1 的平均值为 8，这样该箱中的值被替换为（8，8，8）。
- 按照箱中位数求得平滑数据值：箱 2 的中位数为 18，这样该箱中的值被替换为（18，18，18）。
- 按照箱边界值求得平滑数据值：箱 3 中的最大值和最小值被视为箱边界值，这样该箱中的每个值都被最近的边界值替换，即（25，50，50）。

按照等宽分箱法（箱宽度为 10），可以将这 9 个数分为 3 个箱。

箱 1：6、8、10、15。

箱 2：18、24、25。

箱 3：41、50。

（2）移动平均法

移动平均法是一种用于去除噪声的简单数据处理方法。当收到输入数据后，就将本次的输入数据与其前若干次的输入数据进行平均。

（3）3σ 探测方法

3σ 探测方法的思想来源于切比雪夫不等式，假设一组数据的均值为μ，标准差为σ，则在一般情况下数据的分布有以下特点。

- 在所有数据中，数值分布在$(\mu-\sigma,\mu+\sigma)$中的概率为 0.6827。

- 在所有数据中，数值分布在$(\mu-2\sigma,\mu+2\sigma)$中的概率为 0.9545。
- 在所有数据中，数值分布在$(\mu-3\sigma,\mu+3\sigma)$中的概率为 0.9973。

可以认为，数据的数值几乎全部集中在$(\mu-3\sigma,\mu+3\sigma)$内，数值不在这个范围的概率小于 0.3%。

（4）K 最近邻算法

K 最近邻算法是指根据某种距离度量方法确定距离缺失值数据最近的 K 个近邻数据，并将这 K 个数据加权（权重可取距离的比值），然后根据自定义的阈值，将距离超过阈值的数据当作噪声数据的方法。

（5）聚类去除噪声数据

使用某种聚类算法将相似的数据聚合成一个“类簇”，并将在各个类簇之外的数据看作噪声数据，称为聚类去除噪声数据，如图 3.13 所示。

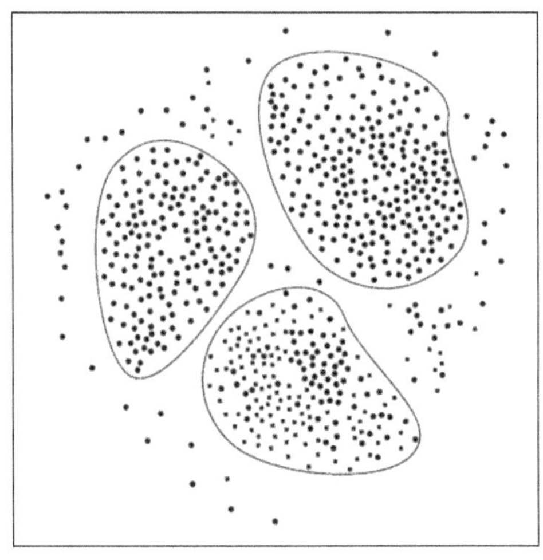

图 3.13　聚类去除噪声数据

3.4.3　使用 OpenRefine 清洗数据

OpenRefine 是一款开源软件，可以对 Excel、HTML 等结构型的数据进行数据清洗、修正、分类、排序、筛选与整理等操作，它的功能强大，使用比较简便。

OpenRefine 的前身是 Metaweb 公司于 2009 年发布的一款开源软件，Google 在 2010 年收购了 Metaweb，并将项目的名称从 Freebase Gridworks 改为 Google Refine。2012 年，Google 放弃了对 Google Refine 的支持，让它重新成为开源软件，并将其名字改为 OpenRefine。

目前的 OpenRefine 有 Windows、Mac 和 Linux 版本，下面使用 OpenRefine 3.4.1 for Windows 版本和示例数据集为例介绍该软件的基本使用方法。

1．建立 OpenRefine 项目

OpenRefine 在启动后是以本地 Web 服务（端口号为 3333）运行的，可以使用浏览器访问 127.0.0.1:3333 并打开其初始界面，如图 3.14 所示。

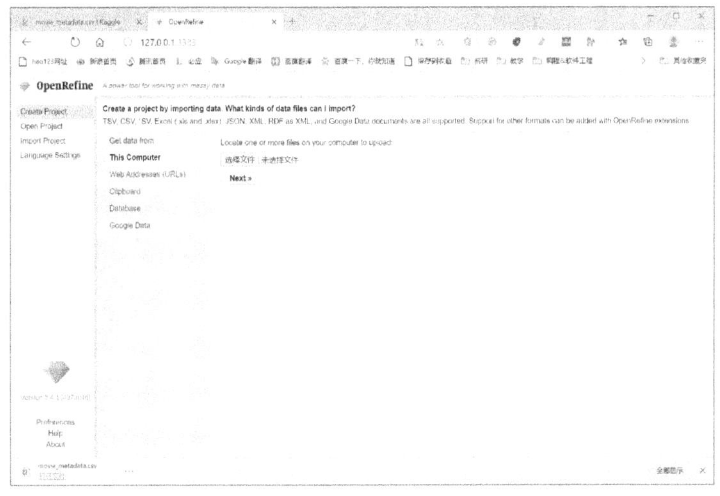

图 3.14　OpenRefine 初始界面

在 OpenRefine 初始界面中单击“选择文件”按钮打开本地数据文件，然后单击“Next”按钮进入文件格式选项设置界面。

需要注意的是，如果是 CSV 或 Excel 文件，则需要在弹出的界面下方勾选“Parse cell text into numbers, dates,…”复选框，如图 3.15 所示，否则会将实数列作为文本处理。

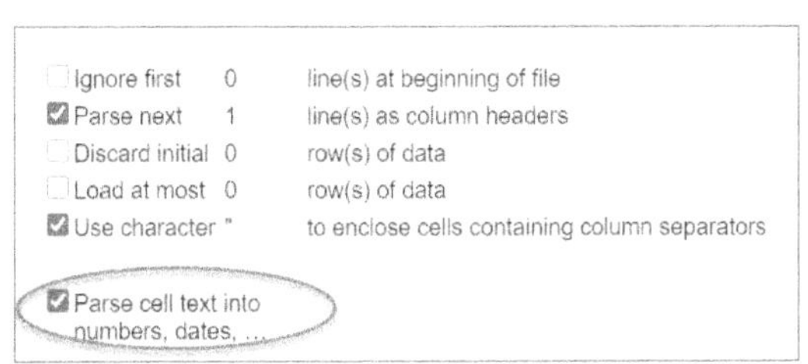

图 3.15　CSV 和 Excel 文件需要勾选的格式选项

输入项目名称，然后单击“Create Project”按钮即可建立 OpenRefine 项目。

2. OpenRefine 的数据预处理功能

选择想要处理的列，单击列标题左侧的下拉按钮，在弹出的下拉菜单中选择“Facet”命令，如果此列是文本数据，则继续选择“Text facet”命令；如果此列是数字数据，则继续选择“Numeric facet”命令，如图 3.16 所示。

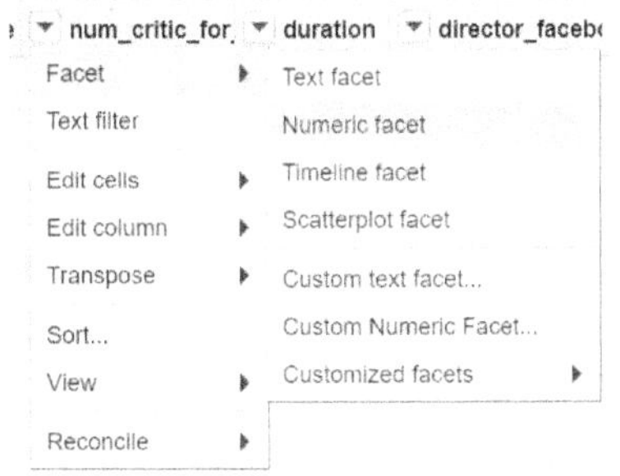

图 3.16　选择数据列的“Facet”命令

在选择相应命令后，界面的左侧会出现数据透视结果。该结果是以频率图的形式出现的，从左到右按照升序排列，蓝色柱形的高度表示其密集程度，下面的 4 个选项表示数据类型，如图 3.17 所示。

图 3.17　数据透视结果

（1）缺失值填充

从图 3.17 中可以看出，数据集的“num_critic_for_reviews”列有 50 个缺失值。如果取消勾选“Numeric”复选框，则只会显示包含缺失值的行，在缺失值单元格中单击“Edit”按钮，输入想要填充的值（如该列数据的平均值），如图 3.18 所示。

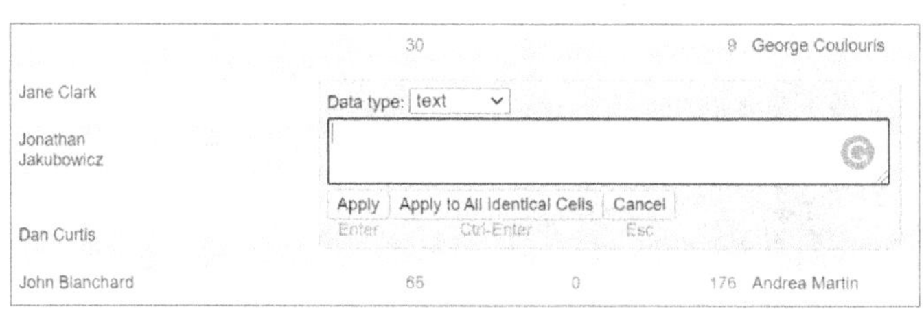

图 3.18　缺失值填充

（2）数据转换

由于数据中存在英文单词大小写不统一、额外的空格、行首有空格等问题，会造成分类偏差，因此可以对数据进行一些必要的变换操作。

在打开的数据集中选择某一文本列并单击其对应的下拉按钮，如果在下拉菜单中选择“Edit cells”→“Common transforms”→“Trim leading and trailing whitespace”命令，则会去除该列所有的行首和行尾空格；如果选择“To uppercase”命令，则会将该列所有字母从小写形式转换为大写形式（如果选择“To lowercase”命令，则会将该列所有字母从大写形式转换为小写形式），操作界面如图 3.19 所示。

3．OpenRefine 的数据分析功能

在选择数据时，若筛选条件并不严格，则我们可能会选择几种相似的数据。此时可以使用聚类方法对相似的数据进行聚类操作。下面对“genres”列数据进行聚类操作，单击“genres”列对应的下拉按钮，在下拉菜单中选择“Edit cells”→“Cluster and edit”命令，如图 3.20 所示。

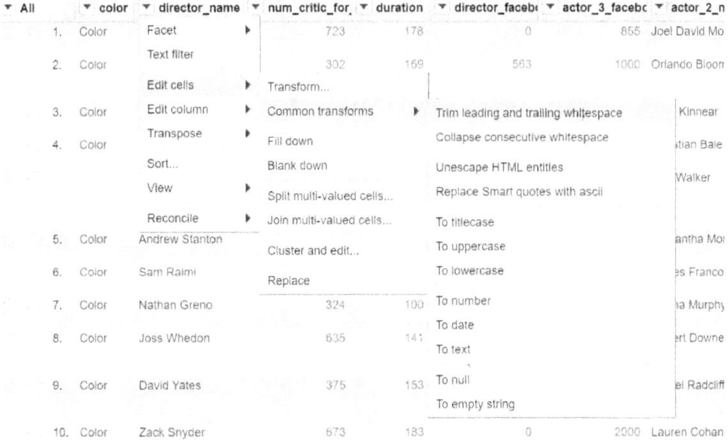

图 3.19　数据转换操作界面

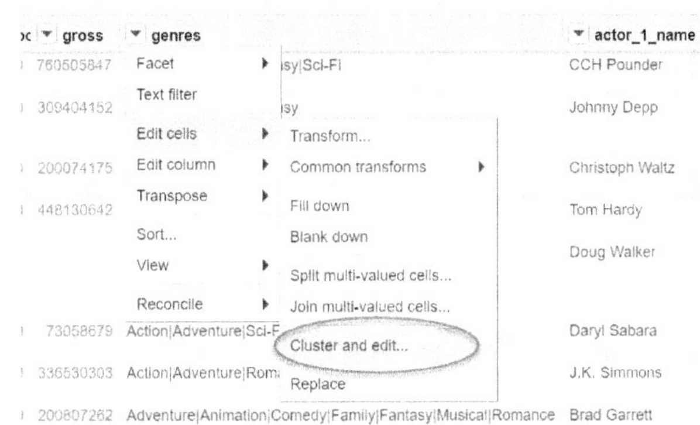

图 3.20　对“genres”列数据进行聚类操作

在聚类分析界面中的“Method”下拉列表中选择“nearest neighbor”选项，采用 ppm（parts per million）为单位计算字符串之间的距离并进行聚类操作，结果如图 3.21 所示。

图 3.21　聚类操作结果

OpenRefine 的特点是对列的操作十分简便，可以进行列的隐藏、展开、转换、移动、重命名和删除等操作，可以直观、方便地观察、分析和操作数据。

由于 OpenRefine 会在创建项目后保存所有的操作步骤，因此用户可以随意尝试各种数据变换操作，也可以将操作完成后的数据保存为 CSV、TSV、Excel 和 OpenDocument 格式，以及不常用的 RDF 格式，还可以导出 OpenRefine 压缩包和自定义导出设置等。

3.4.4 数据集成

数据集成（Data Integration）是指将不同来源、格式的数据有机地集中起来，然后通过一致的、精确的表示法，对同一种实体对象的不同数据进行整合的过程。

由于在数据采集过程中，数据可能来自不同的系统，难以确保数据的模式、模态和语言的一致性，因此在很多应用中需要将不同来源的数据集成、汇总，才能正常使用它们。

根据数据集成方式的不同，可以分为传统数据集成和跨域数据集成。

1．传统数据集成

传统数据集成可以将来自同一领域的多个数据集以统一的模式映射进行集成、汇总，以达到数据合并的目的（见图 3.22）。例如，将多个来源的数据存储到一个关系型数据库中。

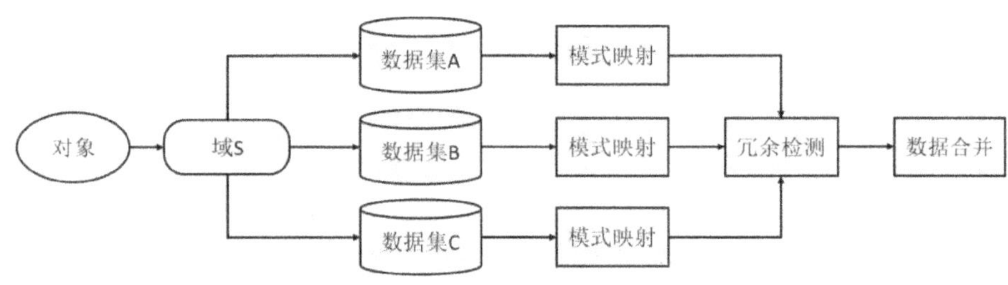

图 3.22　传统数据集成

2．跨域数据集成

跨域数据集成可以将来自不同领域的多个数据集通过知识抽取进行集成、汇总，以达到知识融合的目的（见图 3.23）。例如，将来自社交网络关系、电商和金融 3 个领域的数据有机地整合在一起。

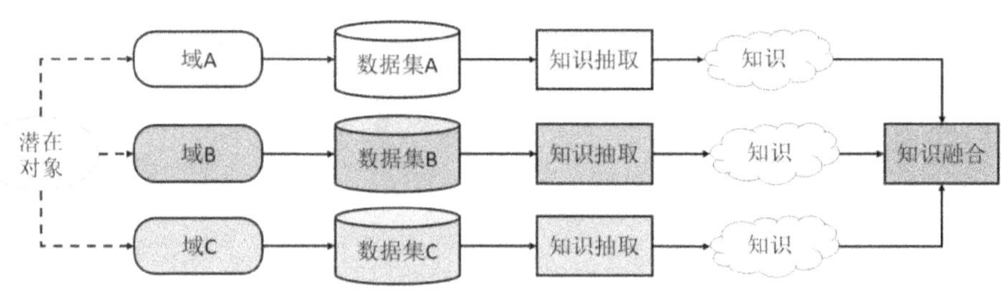

图 3.23　跨域数据集成

数据集成解决的主要问题包括实体识别、冗余数据、数据值冲突的检测与处理等。

实体识别：来自多个数据源的现实世界的实体有时并不一定是匹配的，表 3.6 所示为同一个人来自不同数据源的姓名数据，那么 Wei Wang 等同于 Wang Wei 吗?

表 3.6　同一个人来自不同数据源的姓名数据

Name	Affiliation
Wei Wang	National University of Singapore
Wang Wei	National University of Singapore

冗余数据：在一个数据集合中重复的数据称为冗余数据。产生冗余数据的因素有很多，比如，每天备份公司的数据会产生冗余数据，在多个系统中存储相同的信息时，也可能得到冗余数据。

数据值冲突的检测与处理：由于编码方法、数据类型、单位等不同，因此对于同一个实体，不同数据源的属性值可能不同。例如，某一个实体的重量属性可能在一个系统中以公制单位存储，而在另一个系统中以英制单位存储。

3.5　本章小结

本章的主要内容包括数据采集工具的使用方法及数据预处理的常用方法。首先介绍了数据的来源和数据容量单位；然后介绍了常用的数据采集工具的基本使用方法；最后对常用的数据预处理方法进行了简要介绍。

3.6　习题

一、选择题

1．按照产生数据的主体来划分，数据主要有 3 个来源，它们分别是（　　）。

A．信息管理系统的记录、计算机产生的数据和对现实世界的测量数据

B．对现实世界的测量数据、人类的记录和计算机产生的数据

C．对现实世界的测量数据、人类的记录和物联网监测的数据

D．对现实世界的测量数据、传感器采集的数据和计算机产生的数据

2．下列选项中属于数据集成需要完成的工作的是（　　）。

A．数据平滑　　B．标准化处理

C．去除噪声　　D．实体识别

3．下列选项中不属于数据预处理中去除噪声数据的方法的是（　　）。

A．分箱法　　B．移动平均法

C．归一化　　D．3σ 探测方法

4．假设有 12 个从小到大排列的有序数据：5，10，11，13，15，35，50，55，72，92，203，215。使用等宽分箱法（假设箱宽为 30）将它们划分为 4 个箱，则 92 在（　　）箱中。

A．第 1 个　　B．第 2 个

C．第 3 个　　D．第 4 个

二、填空题

1．网络数据采集通常可以分为__________和__________两种类型。

2．数据容量单位 1 GB=________KB。

3．数据预处理是指在数据进行分析和挖掘之前，对原始数据进行________、________与________等一系列操作。

三、简答题

1．简述数据采集的基本方法。

2．简述网络爬虫工具 Scrapy 框架的组成与功能。

3．简述归一化处理和标准化处理的差别。

四、实验题

【实验 3.1】使用 Scrapy 采集豆瓣读书评分在 9 分以上的图书数据。

要求采集每本图书的数据，包括图书名、评分、作者、出版社和出版年份。

【实验 3.2】使用 Flume 从 Linux 虚拟机的特定目录中采集日志文件，汇总到指定的服务器并存储到 Hadoop 集群的 HDFS 中。

1．任务要求

将 Linux 虚拟机 Node02 和 Node03 中的/usr/local/logs 目录（假设不含子目录）下的所有*.log 文件采集到 Node01 上，并汇总到 Hadoop 集群的 HDFS 的/flume/logdir 目录中，对 HDFS 中的日志文件名使用“年/月/日/时/分”的格式进行命名。任务要求如图 3.24 所示。

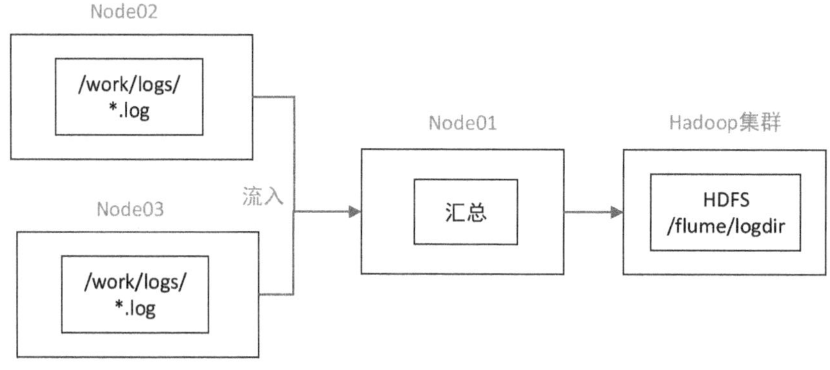

图 3.24　任务要求

2．数据流模型

数据流模型如图 3.25 所示。

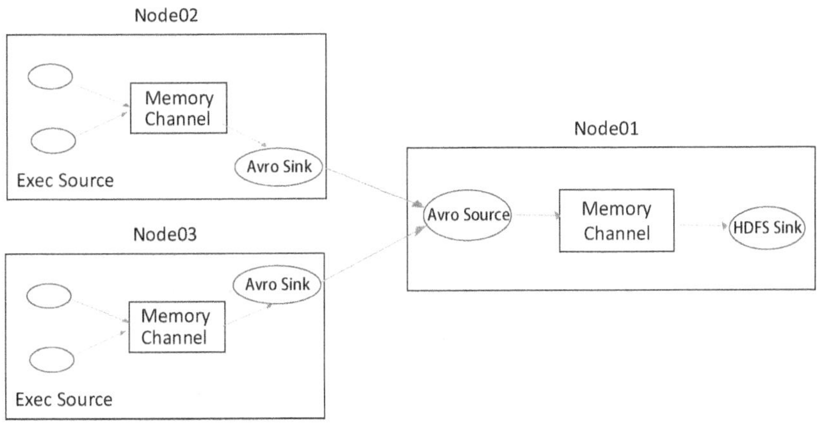

图 3.25　数据流模型

【**实验 3.3**】使用 Python 的 Sklearn 库进行数据预处理实验。

- 从 https://archive.ics.uci.edu/ml/index.php 下载 labor 数据集，并对所有的属性列（不包括类别标签列）进行缺失值填充：对数值型属性采用平均值进行填充；对非数值型属性采用众数进行填充。
- 从 https://archive.ics.uci.edu/ml/index.php 下载 iris 数据集（鸢尾花数据集），并对所有的属性列（不包括类别标签列）进行 Z-Score 标准化处理。

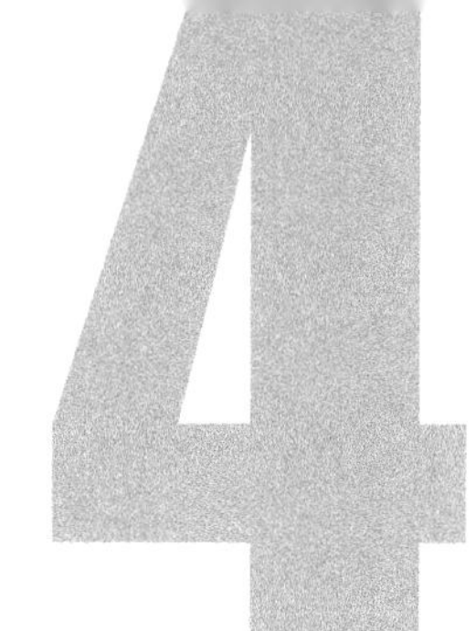

第 4 章 Hadoop 分布式文件系统

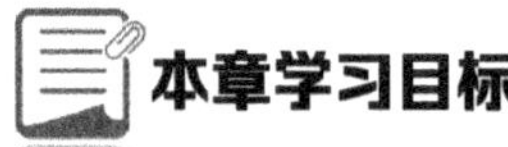

本章学习目标

- 了解 Hadoop 产生的背景、发展历史、优势及生态系统。
- 掌握 HDFS 的体系结构和工作原理。
- 掌握 HDFS 的常用命令，能够灵活地使用命令对 HDFS 进行操作。
- 掌握利用 pyhdfs 实现 HDFS 的各种操作。

本章假定在前面章节中已经安装好了 Hadoop 平台，并配置好了各个节点，则平台上应至少包含 HDFS、Hive、HBase。本章将介绍大数据存储的相关技术及其应用，主要包括：Hadoop 应用处理框架的概念、架构；Hadoop 分布式文件系统（HDFS）的体系结构和实际应用；基于 Python 操作 HDFS。

4.1 Hadoop

Hadoop 项目是 Apache 软件基金会下的一个顶级项目，该项目致力于开发可靠的、可扩展的、分布式计算的开源软件。Hadoop 是一个允许使用简单的编程模型实现跨计算机集群的大型数据集的分布式处理框架，可以从单台机器扩展到数千台机器，且每台机器都可以提供本地计算和存储功能。与依赖硬件来提供高可用性不同，Hadoop 本身的设计目的是在应用程序层检测和处理故障。因此，Hadoop 可以在计算机集群中提供高可用性服务。

4.1.1 Hadoop 的发展历史

Hadoop 最早于 2002 年由 Doug Cutting 和 Mike Caferella 发起，其原型可以在 Google 发

表的关于 GFS（Google File System）的论文中找到。Hadoop 的发展历史如图 4.1 所示。

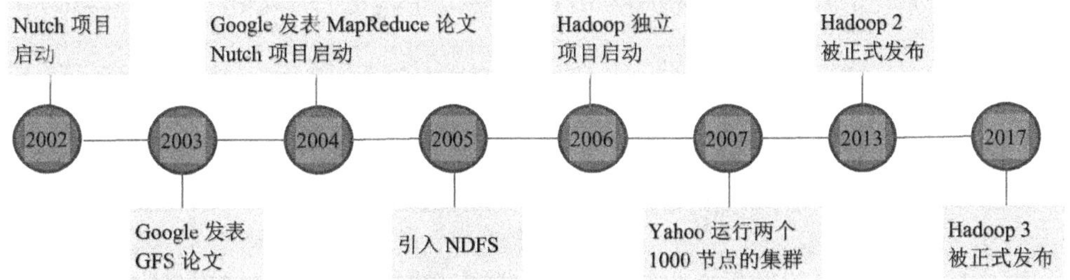

图 4.1　Hadoop 的发展历史

根据 Hadoop 的发展时间线展开，Hadoop 发展的关键节点如表 4.1 所示。

表 4.1　Hadoop 发展的关键节点

年　份	关 键 节 点
2002 年	Doug Cutting 和 Mike Caferella 开始研发 Nutch 项目。此时，Nutch 项目是一个开源的网络爬虫软件项目。在研究 Nutch 项目时，他们正在处理大数据。为了存储这些数据，他们必须花费大量的成本。这个问题成为 Hadoop 出现的重要原因之一
2003 年	Google 发表了关于 GFS（Google File System）的论文，并推出了一个名称为 GFS 的分布式文件系统，旨在提供对数据的廉价存储和高效访问
2004 年	Google 发布了 MapReduce 白皮书。MapReduce 技术极大地简化了大型集群上的数据处理
2005 年	Doug Cutting 和 Mike Caferella 引入了一种新的文件系统，称为 NDFS（Nutch Distributed File System），这个文件系统还包括 MapReduce
2006 年	Doug Cutting 退出 Google，加入 Yahoo。在 Nutch 项目的基础上，Doug Cutting 引入了一个新的项目 Hadoop，其文件系统被称为 HDFS 第一个版本 Hadoop 0.1.0 被发布 Yahoo 部署了 300 台机器运行该系统，同年达到 600 台规模
2007 年	Yahoo 运行两个集群，其中每一个集群都达到 1000 个计算节点 Hadoop 项目引入 HBase
2008 年	启动 YARN JIRA Hadoop 在 900 个节点的集群上利用 209 秒完成了 1TB 数据的排序，成为当时排序最快的系统 Yahoo 集群每天可以负载 10TB 数据的处理 作为 Hadoop 的发行商，Cloudera 成立
2009 年	Yahoo 运行的 17 个集群包含了 24 000 台计算机 Hadoop 能够处理 PB 级别的数据排序 MapReduce 和 HDFS 成为独立的子项目
2010 年	Hadoop 增加了对 Kerberos 的支持 Hadoop 能够管理 4000 个节点，处理能力达到 40PB 级别 Apache 发布 Hive 和 Pig
2011 年	Apache 发布 ZooKeeper Yahoo 拥有 42 000 个 Hadoop 节点，以及几百 PB 的数据存储

续表

年　份	关 键 节 点
2012 年	发布 Apache Hadoop 1.0
2013 年	发布 Apache Hadoop 2.2
2014 年	发布 Apache Hadoop 2.6
2015 年	发布 Apache Hadoop 2.7
2017 年	发布 Apache Hadoop 3.0
2018 年	发布 Apache Hadoop 3.1
2019 年	发布 Apache Hadoop 3.2
2020 年	发布 Apache Hadoop 3.3

4.1.2 Hadoop 的优势

从前文对 Hadoop 的定义及 Hadoop 的发展历史可以看出，Hadoop 具有分布式的数据存储、管理、MapReduce 任务管理、调度等功能，为用户提供了一个与硬件和操作系统无关的分布式数据存取、处理的平台。它具有的应用优势如下。

- 快速：在 HDFS 中，数据分布在集群的各个节点中，由各个节点分别进行处理，这有助于利用集群中各个节点的计算能力更快地进行数据检索和处理。处理数据的程序常常运行在存储数据的服务器上，从而减少了处理时间。Hadoop 平台能够在几分钟内处理数 GB 的数据量，也能够在数小时内处理 TB 甚至 PB 级别的数据量。
- 可伸缩性：Hadoop 具有可伸缩性，其扩展非常方便。只需要在 Hadoop 集群中添加节点，即可扩展该集群。
- 经济高效：Hadoop 是开源的，使用普通硬件来存储数据，因此与传统的关系型数据库管理系统相比，它具有成本效益优势。
- 故障恢复能力：HDFS 具有在网络上复制数据的特性。如果一个节点出现故障或发生网络故障，则 Hadoop 可以从其他 DataNode 中获取一个数据副本并使用它。在通常情况下，数据会被重复复制、存储 3 次，当然，数据副本的数量是可以被设置的。

4.1.3 Hadoop 生态系统

Hadoop 是一个开源框架，旨在提供快捷的大数据交互应用。除了前文介绍的 Hadoop 核心组件，Hadoop 得到了越来越多的支持，并基于该框架产生了越来越多的应用组件，而这些组件共同组成了 Hadoop 生态系统（Hadoop Ecosystem）。Hadoop 生态系统是一个通过提供各种服务来解决大数据问题的平台或套件，包括 Apache 项目、各种商业工具和解决方案。除了 Hadoop 的 4 个核心组件（HDFS、MapReduce、YARN 和 Hadoop Common），大多数工具和解决方案都用于补充或支持这些主要组件。所有这些工具共同工作，可提供数据的吸收、分析、存储和维护等服务。Hadoop 生态系统如图 4.2 所示。

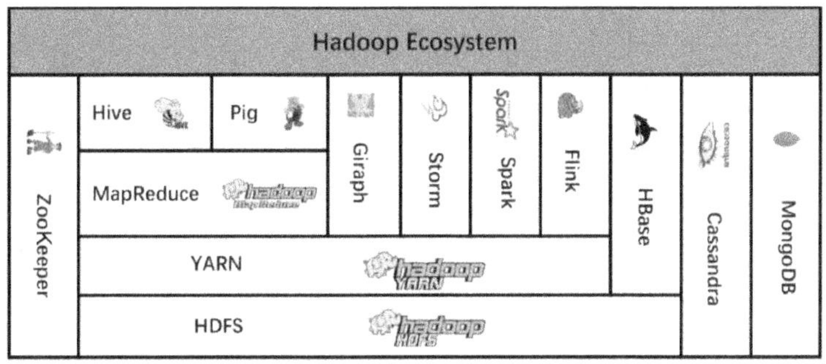

图 4.2　Hadoop 生态系统

在图 4.2 中列出了常见的 Hadoop 生态系统的组件。

- HDFS：Hadoop 分布式文件系统，Hadoop 四大核心组件之一。
- YARN：资源管理与调度器，Hadoop 四大核心组件之一。
- MapReduce：基于编程的数据处理框架，Hadoop 四大核心组件之一。
- Spark：一种内存数据处理计算框架。
- Pig：一种基于查询的数据处理服务。
- Hive：一种基于 Hadoop 的数据仓库系统。
- HBase、MongoDB：一种非关系型数据库（NoSQL）。
- Storm：Witter 开源的分布式实时大数据计算框架。它最早开源于 GitHub，从 0.9.1 版本之后，隶属于 Apache，被业界称为实时版 Hadoop。
- Giraph：一个可伸缩的分布式迭代图处理系统。其灵感来自 BSP（Bulk Synchronous Parallel）和 Google 的 Pregel。Giraph 区别于其他项目的是开源、基于 Hadoop 架构等特点。
- Flink：由 Apache 开发的开源流处理框架。其核心是使用 Java 和 Scala 编写的分布式流数据引擎。Flink 以数据并行和流水线方式执行任意流数据程序，其流水线运行时系统可以执行批处理和流处理程序。
- Cassandra：一套开源分布式 NoSQL 数据库系统。它最初由 Facebook 开发，用于存储收件箱等简单格式数据，集 Google Big Table 的数据模型与 Amazon Dynamo 的完全分布式架构于一身。Facebook 于 2008 年将 Cassandra 开源，此后，由于 Cassandra 良好的可扩展性，它被 Digg、Twitter 等知名 Web 2.0 网站所采纳，成为一种流行的分布式结构化数据存储方案。
- ZooKeeper：分布式服务框架，主要用来解决分布式应用中经常遇到的一些数据管理问题，如统一命名服务、状态同步服务、集群管理、分布式应用配置项的管理等。

从 Hadoop 框架建立到逐渐成熟，越来越多的相关工具使得 Hadoop 得到了广泛应用。目前，Hadoop 已经成为大数据领域非常重要的集数据存储、数据处理等功能为一体的平台，而且越来越多的基于 Hadoop 的应用和工具也在推动 Hadoop 应用的进一步发展。

4.1.4 Hadoop 的核心组件

在 Hadoop 1.0 中，核心组件包括 MapReduce、HDFS（Hadoop 分布式文件系统）、Common Utilities/Hadoop Common（用于支持 Hadoop 模块的程序）3 部分。之后，Hadoop 2.0 对体系结构进行了重新构造，特别是加强了其中的资源管理功能，其体系结构的核心组件在 MapReduce、HDFS、Common Utilities/Hadoop Common 的基础上新增了 YARN （资源管理框架）。Hadoop 体系结构核心组件的对比和演化如图 4.3 所示。

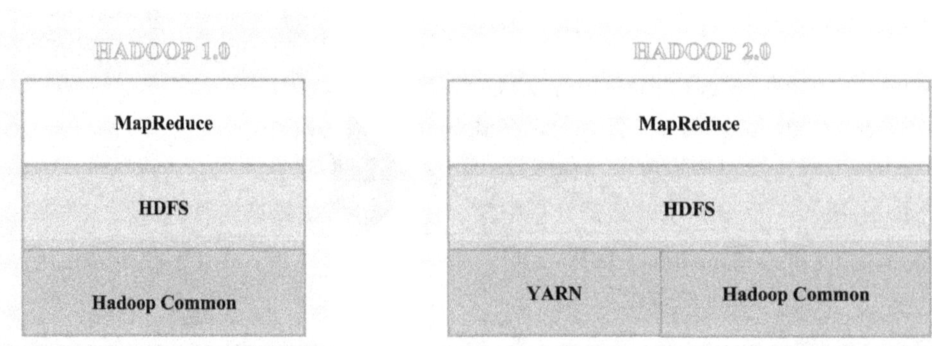

图 4.3 Hadoop 体系结构核心组件的对比和演化

1. HDFS

HDFS 是 Hadoop 的核心组件之一，它是在 GFS（Google File System）的基础上开发的。HDFS 允许平台访问分散的存储设备，同时使用基本工具读取可用数据并执行所需要的分析操作。

HDFS 可以支持数据的分布式存储、访问，使得由分布式异构计算机组成的网络集群可以提供更加强大的服务。HDFS 还允许连接其他核心组件，如 MapReduce。HDFS 将文件分成块存储在分布式体系结构的节点中，并通过冗余存储的方式来提高整个文件系统的容错能力。

2. MapReduce

MapReduce 是 Hadoop 的核心组件之一，它结合了两个独立的功能——Map 和 Reduce，并使用键/值对实现数据并行计算。Map 接收输入数据并将其转换为可以在键/值对中计算的数据集；Map 的输出可作为 Reduce 的输入，经 Reduce 运算后得到期望的结果。

从本质上来看，Map 允许一个平台以一种通用格式为进一步进行数据分析提供数据支持；Reduce 则将可用的映射关系数据简化为一组定义良好的统计值。

3. YARN

YARN 是一个在 Hadoop 2 中引入的核心组件，它是一个管理网络集群中可用资源的系统（资源管理器），并为系统中的每个大数据需求调度处理任务，以提出一个智能调度方案。

4. Hadoop Common

Hadoop Common 由其他 Hadoop 模块调用，用于支持 Hadoop 的运行，也是 Hadoop 的

核心组件之一。Hadoop Common 带来的应用和工具使得任何计算机都可以成为 Hadoop 网络的一部分，从而消除了可能在任何给定时间连接网络的不同硬件节点之间的差异。这个模块使用 Java 工具和组件来创建一个类似于虚拟机的系统，并允许 Hadoop 在其特定的文件系统下存储数据。

虽然还有其他组件正在成为 Hadoop 核心组件的一部分，但是这 4 个组件仍然是这个优秀的大数据技术平台上最基本的核心单元。

4.1.5　Hadoop 集群与资源管理

为了更好地理解 Hadoop 集群的工作原理，我们首先介绍 Hadoop 1.0 集群的节点组成和 MapReduce 任务调度机制。

1. Hadoop 1.0 资源管理

Hadoop 1.0 集群由一个主节点（Master）和多个从节点（Slave）组成，主节点包括 JobTracker、TaskTracker、NameNode 和 DataNode，而从节点包括 TaskTracker 和 DataNode，如图 4.4 所示。

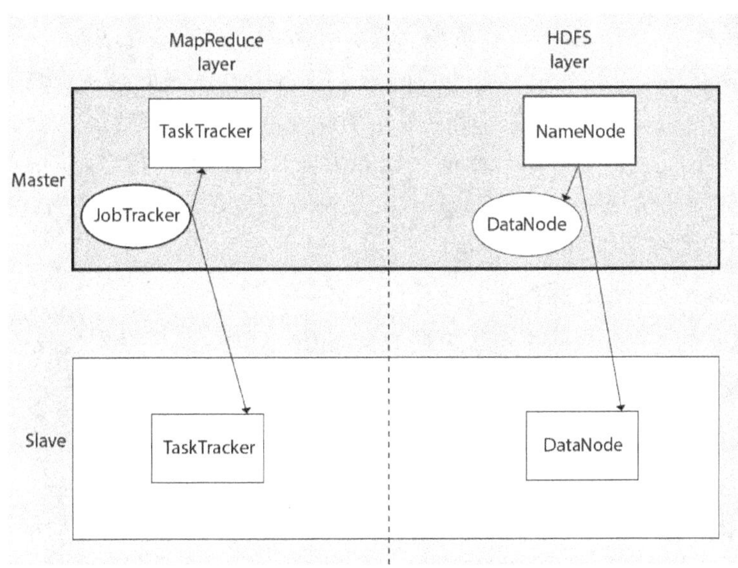

图 4.4　Hadoop 主/从体系结构

HDFS 是一种主/从体系结构。该体系结构包含一个 NameNode，用于执行 Master 角色；多个 DataNode，用于执行 Slave 角色。NameNode 和 DataNode 都能在普通计算机上运行，并且 HDFS 的开发使用的是 Java，因此，任何支持 Java 的机器都可以轻松地运行 NameNode 和 DataNode。NameNode 和 DataNode 在许多教材、书籍中有不同的翻译方法，例如，NameNode 可以被翻译为主节点、管理节点、名字节点等；DataNode 则可以被翻译为工作节点、数据节点等。这些翻译方法大多基于特定的 Hadoop 应用场景，本书直接使用 NameNode 和 DataNode。

（1）NameNode

- NameNode 通常被称为名字节点、元数据节点、主节点等，它是 HDFS 集群中的主服务器。
- NameNode 是单节点，因此它可能产生单点故障，从而导致整个系统不能正常运行。为了解决这一问题，Hadoop 集群通常还会设立备用 NameNode，称为 Secondary NameNode。一旦 NameNode 不能使用，就可以使用备用 NameNode 提供服务支持。
- NameNode 通过执行打开、重命名和关闭文件等操作来管理文件系统命名空间。
- NameNode 统一提供系统的对外窗口，因此它简化了整个系统的体系结构和使用模式。

（2）DataNode

- HDFS 集群可以包含多个 DataNode。
- 每个 DataNode 包含多个数据块，这些数据块用于存储数据。
- DataNode 负责根据文件系统客户端的请求读取和写入数据。
- DataNode 根据 NameNode 的指令执行块创建、删除和复制等操作。

MapReduce 想要完成资源管理和任务调度，需要引进两个新的角色：JobTracker 和 TaskTracker。其中，JobTracker 负责资源管理、任务调度；TaskTracker 负责管理被分配到 DataNode 的计算任务、资源汇报（TaskTracker 与 JobTracker 之间维持心跳，实时汇报当前 DataNode 中资源所剩情况）。当客户端应用程序将 MapReduce 作业提交给 JobTracker 时，MapReduce 将会介入工作。JobTracker 向相应的 TaskTracker 发送请求，并分配具体任务。在部分节点存在故障的情况下，TaskTracker 会返回失败或超时信息，然后这部分工作将被 JobTracker 重新分配给其他 TaskTracker。

（1）JobTracker（作业追踪器）

- JobTracker 的作用是接收来自客户端的 MapReduce 作业，并使用 NameNode 处理数据。
- 作为响应，NameNode 向 JobTracker 提供元数据。

（2）TaskTracker（任务追踪器）

- TaskTracker 作为 JobTracker 的从属节点。
- TaskTracker 从 JobTracker 处接收任务和代码，并将这些代码用于处理文件数据，这个过程也可以称为 Mapper。

2. Hadoop 2.0 资源管理

Hadoop 1.0 的 JobTracker 在应用中逐渐暴露出一些问题：首先，JobTracker 是单点的，因此必然存在单点故障问题；其次，由于 JobTracker 集成了资源管理和任务调度功能，因此存在压力过大的问题；最后，若有新的非 MapReduce 计算框架，则不能复用资源管理功能，而新的计算框架必将各自实现自己的资源管理，从而造成资源竞争。基于上述原因，在 Hadoop 2.x 中引入了全新的资源调度方案——YARN。YARN 将资源管理和任务调度分开，解耦了 JobTracker 的功能。YARN 与 MapReduce 无关，它是独立的资源层。除了支持 MapReduce 计算框架，YARN 还支持 Spark 等其他计算框架，从而增强了资源的统一管理和调度。Hadoop 2.0 中 YARN 模型的结构如图 4.5 所示。

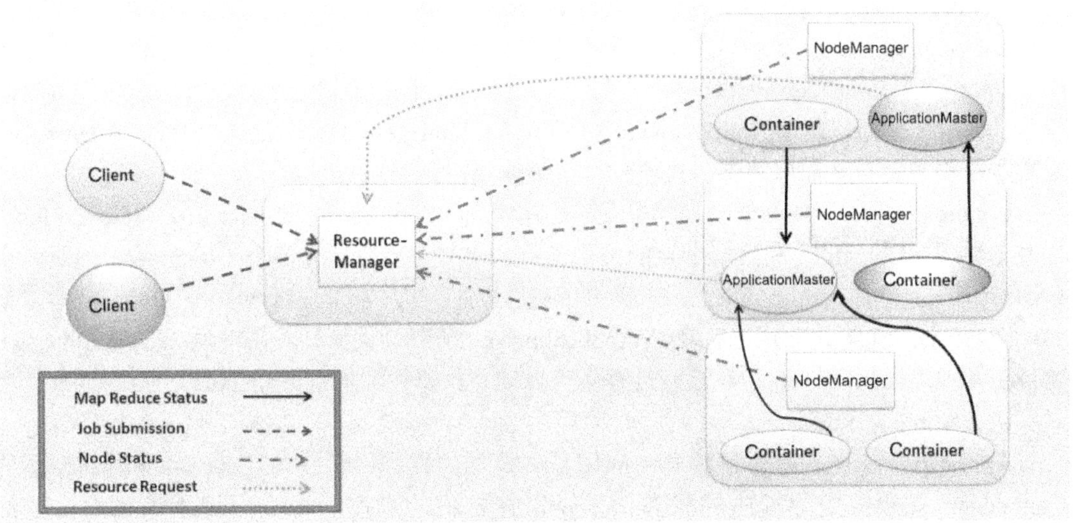

图 4.5　Hadoop 2.0 中 YARN 模型的结构

从整体上来看，YARN 也属于 Master/Slave 模型，主要依赖于 ResourceManager、NodeManager、ApplicationMaster 这 3 个组件来实现功能。下面将分别介绍这 3 个组件。

（1）ResourceManager

ResourceManager 拥有系统所有资源分配的决定权，负责集群中所有应用程序的资源分配。它拥有集群资源的全局视图，不仅可以为用户提供公平的、基于容量的、本地化的资源调度，还可以根据程序的需求、调度优先级及可用资源情况动态地分配特定节点运行应用程序。它可以与每个节点上的 NodeManager 和每个应用程序的 ApplicationMaster 协同工作。

ResourceManager 的主要职责是调度，即在竞争的应用程序之间分配系统中的可用资源。它并不关注每个应用程序的状态管理，从而可以从具体的应用程序管理中解脱出来，避免出现由于其自身任务过重而产生过载的情况。

ResourceManager 主要包含两个组件：Scheduler 和 ApplicationManager。

Scheduler 是一个可插拔的插件，负责运行中的各个应用程序的资源分配，受资源容量、队列及其他因素的影响。它是一个纯粹的调度器，既不负责应用程序的监控和状态追踪，也不负责在应用程序失败或硬件失败的情况下重启 Task，而是负责根据应用程序的资源需求执行其调度功能。它使用了资源 Container 的概念，其中包括多种资源，如 CPU、内存、磁盘、网络等。在 Hadoop 的 MapReduce 框架中主要有 FIFO Scheduler、Capacity Scheduler 和 Fair Scheduler 等调度器。

ApplicationManager 主要负责接收 Job 的提交请求，为应用程序分配第一个 Container 来运行 ApplicationMaster，并负责监控 ApplicationMaster，在遇到失败时重启 ApplicationMaster 运行的 Container 等功能。

（2）NodeManager

NodeManager 是 YARN 节点的一个工作代理，用于管理 Hadoop 集群中独立的计算节点。它主要负责与 ResourceManager 通信，启动和管理应用程序的 Container 的生命周期，监控它们的资源使用情况（CPU 和内存），跟踪节点的监控状态、管理日志等，并将这些信息报告给 ResourceManager。

NodeManager 在启动时需要向 ResourceManager 注册，然后发送心跳包来等待 ResourceManager 的指令，其主要职责就是管理 ResourceManager 分配给它的应用程序的 Container。NodeManager 只负责管理自身的 Container，它并不知道运行在其上的应用程序的信息。在运行期间，通过 NodeManager 和 ResourceManager 的协同工作，集群节点的资源信息会不断被更新，从而保障整个集群发挥出最佳状态。

Container 是 YARN 框架的计算单元，是具体执行应用 Task（如 Map Task、Reduce Task）的基本单位。Container 和集群节点的关系是：一个节点上会运行多个 Container，但是一个 Container 只会运行在一个节点上。对于每个应用程序，从 ApplicationMaster 开始，它本身就是一个 Container(第 0 个)。一旦启动，ApplicationMaster 就会根据任务需求与 ResourceManager 协商更多的 Container，并且在运行过程中可以动态地释放和申请 Container。

（3）ApplicationMaster

ApplicationMaster 是协调集群中应用程序执行的进程，负责与 Scheduler 协商合适的 Container，并跟踪应用程序的状态，以及监控它们的进度。每个应用程序都有自己的 ApplicationMaster，负责与 ResourceManager 协商资源（Container），与 NodeManager 协同工作以执行和监控任务。

当一个 ApplicationMaster 被启动后，它会周期性地向 ResourceManager 发送心跳报告来确认其是否健康和所需的资源情况。在建好的需求模型中，ApplicationMaster 在发往 ResourceManager 的心跳信息中封装偏好和限制，在随后的心跳中，ApplicationMaster 会通过心跳与集群节点进行交互。根据 ResourceManager 发来的 Container，ApplicationMaster 可以更新它的执行计划以适应资源不足或过剩的情况，而 Container 可以动态地分配和释放资源。

4.1.6 Hadoop 命令结构

在完成 Hadoop 框架的部署后，可以通过一些命令验证部署是否成功，并通过 Web 查看部分模块的状态及进行简单的系统管理。除此之外，Hadoop 框架还提供了丰富的命令行交互接口（CLI），用于使用和管理该系统。从总体上来看，所有的 Hadoop 命令都遵循相同的命令格式：

```
Usage:shellcommand [SHELL_OPTIONS] [COMMAND] [GENERIC_OPTIONS] [COMMAND_OPTIONS]
```

Hadoop 命令的各个部分的对应描述如下。

- shellcommand：不同的 Hadoop 子项目有不同的命令名称，例如，Hadoop Common 对应 hadoop，HDFS 对应 hdfs，YARN 对应 yarn。
- SHELL_OPTIONS：Shell 在执行 Java 程序前需要执行的选项，如加载配置文件，其可以设置的参数如表 4.2 所示。
- COMMAND：具体的命令。
- GENERIC_OPTIONS：多数命令都支持的一些可选设置项。
- COMMAND_OPTIONS：各种命令特有的一些可选设置项。

对于不同版本的 Hadoop，其命令格式基本相同。但是在具体使用时，有些命令的

shellcommand 会有所变化，因此在具体使用时需要根据版本的不同加以区别。

表 4.2　SHELL_OPTIONS 可以设置的参数

参　　数	描　　述
--buildpaths	设置开发者版本对应的 jar 路径
--config confdir	设定配置文件目录替代默认目录设置，默认 Hadoop 配置文件目录为$HADOOP_HOME/etc/hadoop
--daemon mode	在支持守护进程模式的情况下，以守护进程模式启动进程
--debug	设定 Shell 层的 debug 配置
--help	查看帮助信息
--loglevel loglevel	设定日志记录级别，可选项有 FATAL、ERROR、WARN、INFO、DEBUG、TRACE，默认为 INFO
--workers	在所有 workers 文件设定的主机上执行该命令

部分常用的可选 COMMAND 命令如表 4.3 所示，更加详细的命令使用及选项可进一步查看 Hadoop 帮助文档。

表 4.3　部分常用的可选 COMMAND 命令

命　　令	命令功能描述
hadoop archive -archiveName name	创建 Hadoop 存档文件
hadoop checknative [-a] [-h]	检查 Hadoop 原生代码的可用性，在默认情况下仅检查 libhadoop 的可用性
hadoop classpath [--glob |--jar <path> |-h |--help]	打印获取 Hadoop jar 和所需类库的类路径。如果不带参数调用，则打印命令脚本设置的类路径
hadoop credential <subcommand> [options]	用于管理凭据、密码等
hadoop distcp	以递归方式复制文件目录
hadoop fs	文件系统管理。当使用 HDFS 时，hadoop fs 与 hdfs dfs 命令的功能是相同的。关于该部分内容更详细的解释请参考本书 HDFS 的命令行使用部分
hadoop jar <jar> [mainClass] args...	运行 jar 文件
hadoop key <subcommand> [options]	通过 KeyProvider 管理密钥
hadoop trace	查看和修改 Hadoop trace 的设置，用于跟踪、记录程序的执行情况
hadoop version	打印 Hadoop 的版本信息
hadoop CLASSNAME	运行 CLASSNAME 指定的类
hadoop daemonlog -getlevel <host:httpport> <classname>	获取/设置守护进程中由限定类名标识的日志的级别
hadoop daemonlog -setlevel <host:httpport> <classname> <level>	

GENERIC_OPTIONS 的一些常用设置项如表 4.4 所示。

表 4.4　GENERIC_OPTIONS 的常用设置项

设　置　项	描　　述
-archives <comma separated list of archives>	指定计算机上以逗号分隔的存档列表，该选项只适用于 job
-conf <configuration file>	指定应用程序的配置文件

续表

设置项	描述
-D <property>=<value>	给定属性指定值
-files <comma separated list of files>	指定要复制到 MapReduce 集群的文件仅逗号分隔的文件。只适用于 job
-jt <local> or <resourcemanager:port>	指定资源管理器（ResourceManager）。只适用于 job
-libjars <comma seperated list of jars>	指定要包含到类路径中的 jar 文件的逗号分隔的列表。只适用于 job

hadoop 脚本是最基础的集群管理脚本，用户可以通过该脚本完成各种功能，如 HDFS 文件管理、MapReduce 作业管理等。$HADOOP_HOME/bin/目录包含了各种子项目的脚本，若已经将该目录加入 PATH 中，则可以直接运行命令脚本。若没有添加任何参数，直接运行 hadoop 脚本，则将打印所有可用的命令信息，具体操作过程及结果如下：

```
[root@Node01 hadoop]#hadoop
Usage:hadoop [OPTIONS] SUBCOMMAND [SUBCOMMAND OPTIONS]
 or    hadoop [OPTIONS] CLASSNAME [CLASSNAME OPTIONS]
  where CLASSNAME is a user-provided Java class
  OPTIONS is none or any of:
uildpaths                          attempt to add class files from build tree
--config dir                       Hadoop config directory
--debug                            turn on shell script debug mode
--help                             usage information
hostnames list[,of,host,names]     hosts to use in slave mode
hosts filename                     list of hosts to use in slave mode
loglevel level                     set the log4j level for this command
workers                            turn on worker mode
  SUBCOMMAND is one of:
…
```

在不确定具体命令的使用方式时，可以使用--help 命令查看帮助信息。例如，对于常用的 archive 命令，可以通过如下方式查看帮助信息：

```
    [root@Node01 hadoop]#hadoop archive --help
    Usage:archive <-archiveName <NAME>.har> <-p <parent path>> [-r <replication
factor>] <src>* <dest>
     -archiveName <arg>    Name of the Archive. This is mandatory option
     -help                 Show the usage
     -p <arg>              Parent path of sources. This is mandatory option
     -r <arg>              Replication factor archive files
```

本节阐述了 Hadoop 命令的基本结构，具体操作命令的使用将在对应章节中详细介绍。

4.2 HDFS 的体系结构

HDFS 是一种运行在通用硬件（Commodity Hardware）上的分布式文件系统。虽然它与现有的分布式文件系统有许多相似之处，但是也有显著的差异。HDFS 通常部署在低成本硬件上，具有高容错性。HDFS 提供了对应用程序数据的高吞吐量访问，适合用于处理超大数据集上的应用程序。HDFS 放宽了一些 POSIX（Portable Operating System Interface，可移植操作系统接口）要求，以支持对文件系统数据的流式访问。HDFS 最初是作为 Apache Nutch Web 搜索引擎项目的基础架构而开发的，目前是 Apache Hadoop 核心项目的一部分。

4.2.1 HDFS 的设计目标

为了满足特定的应用需求，HDFS 的设计目标主要体现在以下 6 个方面。

1. 克服硬件故障

对一个计算机系统而言，硬件故障是常态而不是例外。一个 HDFS 实例可能由成百上千台服务器组成，且每台服务器都存储文件系统的部分数据，而每台服务器都是由大量的组件组成的，且每个组件都有一定的故障概率，这就意味着 HDFS 实例中总是有一些组件可能产生故障。因此，检测故障并快速、自动地从故障中恢复是 HDFS 架构的核心目标。

2. 支持流数据访问

运行在 HDFS 上的应用程序与运行在普通文件系统上的应用程序不同，它通常需要以流的方式访问其数据集。HDFS 更多的是为批处理而设计的，不采用通常的用户交互使用方式，其设计的重点是数据访问的高吞吐量，而不是数据访问的低延迟。HDFS 应用程序在许多方面不满足 POSIX 的规定，因此 HDFS 抛弃了 POSIX 的一些硬性要求，以提高数据访问的吞吐量。

3. 支持大数据集

运行在 HDFS 上的应用程序通常都以处理大数据集为目标，HDFS 中的文件大小一般为 GB 到 TB 的级别，因此 HDFS 被设计为具有支持大文件的功能。HDFS 应该提供高聚合数据带宽（High Aggregate Data Bandwidth），并且可以扩展到单个集群中的数百个节点，一个 HDFS 实例应当可以支持数千万个文件。

4. 简单一致性模型

HDFS 应用程序需要满足单次写多次读（write-once-read-many）的文件存取模型。文件一旦被创建、写入后，除扩展文件和截断文件外，不需要使用其他更改方式。扩展文件是指将内容附加到文件末尾，而不是更新文件任意位置的数据，这种设定简化了数据一致性问题，并实现了高吞吐量的数据访问。这种文件存取模型非常符合 MapReduce 应用程序或 Web 爬虫应用程序的需求。

5. 计算移动或数据移动

如果应用程序能够离它的需要的数据更近一些，则其执行效率会高得多，而当数据集非常大时，这种优势会更加明显。这种将计算移动到离数据更近位置的模式可以最大限度地减少网络拥塞，并提高系统的总体吞吐量。通常将计算移动到离数据更近的位置，而不是将数据移动到离应用程序运行更近的位置。HDFS 为应用程序提供接口，使它们能够更靠近它们所需要的数据所在的位置。

6. 异构硬件的兼容性和软件平台的可移植性

HDFS 被设计为易于从一个平台移植到另一个平台，这种设计有助于推动应用程序采用 HDFS 作为平台。

4.2.2 HDFS 中的 NameNode 和 DataNode

HDFS 是一种主/从体系结构，如图 4.6 所示。HDFS 集群由一个 NameNode 作为主服务器，用于管理文件系统命名空间和控制客户端对文件的访问。此外，集群中还有若干个 DataNode。在一般情况下，集群中的每个节点都有一个 DataNode，它们负责管理连接到它们所在节点上的存储。HDFS 通过一个统一的文件系统命名空间展示系统文件结构，并允许用户提交数据并将其存储到文件中。在系统内部，文件会被分为一个或多个块，这些块被存储在一组 DataNode 中。NameNode 执行文件系统命名空间的相关操作，如打开、关闭和重命名文件和目录等；除此之外，它还可以确定文件块与 DataNode 的映射。DataNode 负责处理来自文件系统客户端的读/写请求，并根据 NameNode 的指令执行块创建、删除和复制等操作。

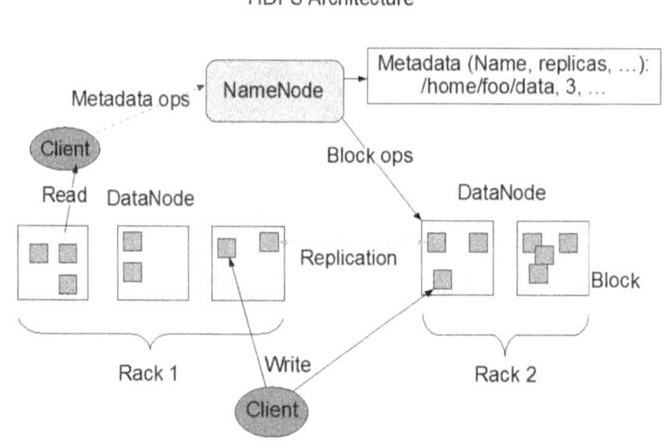

图 4.6　HDFS 的体系结构示意图

NameNode 和 DataNode 运行在通用计算机上，而这些计算机通常运行 GNU/Linux 操作系统。HDFS 是使用 Java 构建的，因此任何支持 Java 的计算机都可以运行 NameNode 和 DataNode。使用高度可移植的 Java 意味着 HDFS 可以部署在各种计算机上。典型的部署模式是：集群中有一台只运行 NameNode 的专用计算机，而集群中的其他计算机都运行 DataNode。该体系结构不排除在同一台计算机上运行多个 DataNode，但是在实际部署中很少出现这种情况。

集群中单个 NameNode 的设计极大地简化了系统的体系结构，NameNode 是所有 HDFS 元数据的仲裁者和存储库。同时，为了减轻 NameNode 的负担，HDFS 的系统设计使用户存取数据不需要通过 NameNode，直接建立与 DataNode 的连接进行数据存取即可。

图 4.7 所示为 HDFS 客户端进行数据读取的过程，其基本步骤如下。

①：HDFS Client 利用 DistrubutedFileSystem 对象请求打开指定 HDFS 位置的文件。

②③：由于 NameNode 拥有所有块的地址，因此 DistrubutedFileSystem 首先与指定的 NameNode 进行通信，并获取所指定文件的元数据信息，包括数据文件的具体存储位置、大小等信息。

④：客户端使用 open()方法进行初始化，并利用“FSDataInputStream in = fs.open(inFile);”请求打开文件。

⑤⑥：根据文件的具体存储信息，由 FSDataInputStream 对象从具体的 DataNode 中读取数据。

⑦：在读取所有文件数据后，关闭 FSDataInputStream，断开与系统的连接。

从上述过程可以看出，客户端软件通过 DistrubutedFileSystem 和 FSDataInputStream 实现与 HDFS 的交互，从而隔离了用户程序与 HDFS 的复杂交互过程，大大简化了 Hadoop 分布式文件系统的应用。

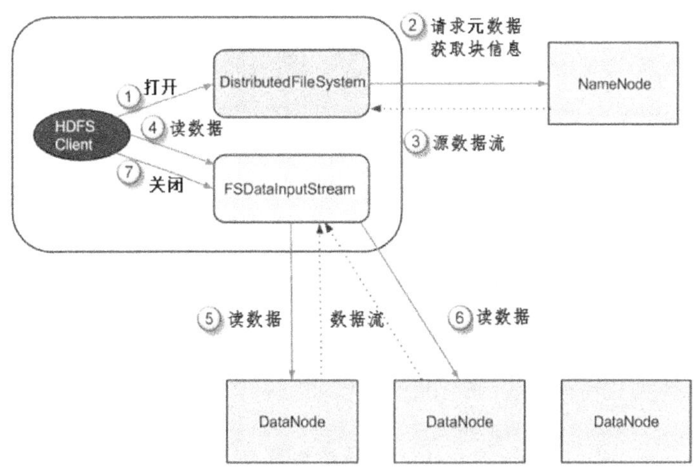

图 4.7　HDFS 客户端进行数据读取的过程

图 4.8 所示为 HDFS 客户端进行数据写入的过程，其基本步骤如下。

①：HDFS Client 创建 DistrubutedFileSystem 对象，通过该对象实现与 NameNode 的交互。

②：DistrubutedFileSystem 与指定的 NameNode 进行通信，由该 NameNode 创建对应的文件，并将该新文件的元数据信息返回给 DistrubutedFileSystem。

③：根据 DistrubutedFileSystem 返回的新创建文件的元数据信息，构造 FSDataOutputStream 对象，实现数据的具体写入操作。

④⑤⑥⑦⑧⑨⑩：由 FSDataOutputStream 负责与 HDFS 进行写入数据的交互。在这一过程中，FSDataOutputStream 建立数据写入队列，并通过 DataStreamer 与 NameNode 进行交互，获取由 NameNode 指定的写入数据的具体位置。在向具体的 DataNode 中写入数据后，DataNode 之间将会利用 HDFS 的同步机制实现多个副本的复制，使得文件备份数量满足副本要求。

⑪⑫：在数据写入完成后，关闭 FSDataOutputStream 对象，由 DistributedFileSystem 发送信息给 NameNode，说明数据写入完成。

从上述过程中可以看出，在将数据写入 HDFS 时，客户端只是在开始和结束时需要与 NameNode 交互，这样可以大大减轻 NameNode 的负担。在具体的数据写入过程中，由 FSDataOutputStream 实现与各 DataNode 的交互，从而为用户实现数据操作建立了良好的隔离性，大大简化了用户对数据的操作过程。

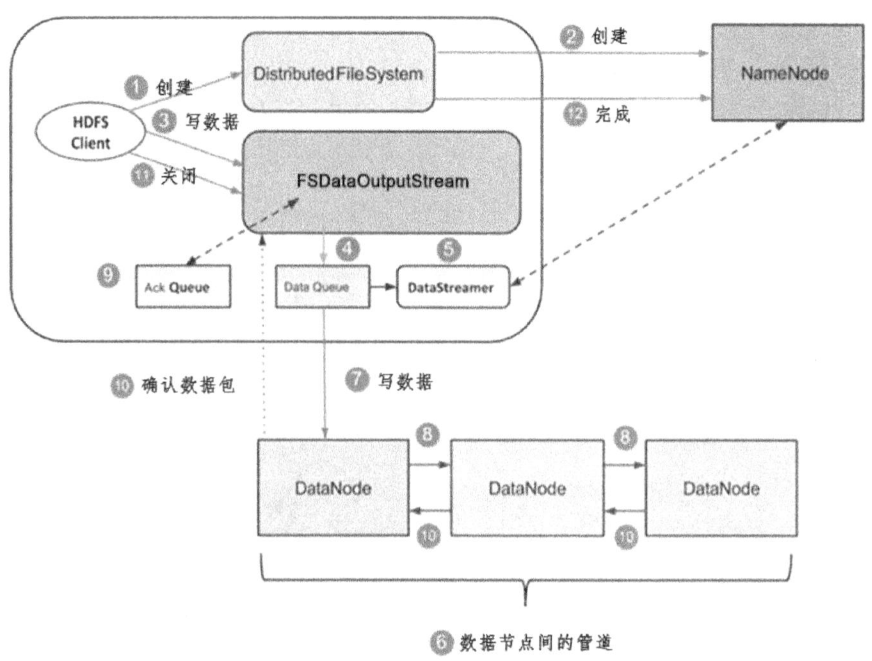

图 4.8 HDFS 客户端进行数据写入的过程

4.2.3 文件系统命名空间

HDFS 支持传统的文件分层组织，用户或应用程序可以创建目录并在这些目录中存储文件。文件系统命名空间（The File System Namespace）的层次结构与大多数现有文件系统相似，可以创建和删除文件、将文件从一个目录移动到另一个目录中或重命名文件。HDFS 支持空间配额和用户访问权限设置，目前不支持硬链接或软链接，但是 HDFS 的体系结构可能会在将来满足这些需求。

HDFS 遵循文件系统的命名约定，但是一些路径和名称（如/.reserved 和.snapshot）是保留的，如透明加密和快照等功能使用的就是保留路径。

NameNode 维护文件系统命名空间，对文件系统命名空间或其属性的任何更改都进行记录。文件副本数被称为该文件的复制因子，应用程序可以指定由 HDFS 维护的文件副本数，这些信息由 NameNode 存储和维护。

4.2.4 数据容错

HDFS 用于在一个大型集群中跨机器、可靠地存储大型文件。它将每个文件都存储为一个块序列，并通过复制文件块来实现数据容错功能。一个文件中除最后一个块以外的所有块都具有相同的大小，而在添加了对可变长度块的支持后，用户可以不将最后一个块填充到配置的块大小即可启用一个新的块。

每个文件都可以配置块大小和复制因子。复制因子可以在文件创建时指定，并且可以在后续使用时被更改。HDFS 中的文件只需要写一次，之后可以利用 appends 和 truncates 对文件进行扩展和截断。HDFS 严格限定在同一时刻只能有一个应用程序实现文件的写入操作（包括 appends 和 truncates 等对内容修改的操作）。

NameNode 做出了关于块复制的所有决策，可以定期从集群中的每个 DataNode 接收心跳（Heartbeat）和文件数据块报告（BlockReport）。收到心跳意味着 DataNode 运行正常，BlockReport 则包含 DataNode 上所有块的列表。

4.2.5 副本的管理与使用

副本的放置对 HDFS 的可靠性和性能至关重要。优化副本的放置可以将 HDFS 与大多数其他分布式文件系统区分开，这需要丰富的经验和持续的优化调整。基于机架感知的副本放置策略可以提高数据可靠性、可用性和网络带宽利用率。为了更好地实施这一策略，我们需要在系统运行过程中了解它的行为，并加以验证，从而为测试和研究更复杂的策略打下基础。

大型 HDFS 实例通常运行于分布在多个机架上的计算机集群上。不同机架上的两个节点之间必须通过交换机进行通信。在大多数情况下，同一机架上计算机之间的网络带宽大于不同机架上计算机之间的网络带宽。

NameNode 通过 Hadoop 机架感知过程确定每个 DataNode 所属的机架 id。一个简单但非最佳的策略是将副本放在不同的机架上，这样可以防止在整个机架发生故障时丢失数据，并允许在读取数据时使用多个机架的带宽。此策略可以在集群中均匀分配副本，在组件发生故障时很容易地平衡负载。但是，此策略会增加写入成本，因为写入操作需要将块传输到多个机架上。

当复制因子为 3 时，HDFS 的放置策略是：如果 writer 位于 DataNode 上，则将一个副本放在本地计算机上，否则将一个副本放在与 writer 相同机架（机架 A）的随机 DataNode 上；将另一个副本放在与 writer 不同机架（机架 B）的节点上；将最后一个副本放在与 writer 不同机架（机架 B）的不同节点上。此策略可以减少机架间的写入流量，从而提高写入性能。由于机架故障的概率远小于节点故障的概率，因此该策略不会影响数据可靠性和可用性。但是，同一数据块只放在两个而不是三个不同的机架上，并没有减少读取数据时需要的总网络带宽。在使用该策略时，块的副本不会被均匀分布在机架上，而是两个副本位于同一个机架的不同节点上，另一个副本位于另一个机架的节点上，所以，该策略在不影响数据可靠性和读取性能的情况下提高了写入性能。

如果复制因子大于 3，则随机确定第 4 个和后续副本的位置，同时将每个机架的副本数保持在上限以下，如（副本数-1）/机架+2。由于 NameNode 不允许一个 DataNode 拥有同一块的多个副本，因此创建的最大副本数就是此时 DataNode 的总数。

将存储介质（ARCHIVE、DISK、SSD、RAM_DISK）和存储策略（Hot、Warm、Cold、All_SSD、One_SSD、Lazy_Persist、Provided）的支持添加到 HDFS 后，除了上面描述的机架感知策略，NameNode 还将考虑副本的放置。NameNode 首先根据机架感知候选节点，然后检查候选节点是否具有与文件关联的存储策略所需的存储介质，如果候选节点没有对应存储介质，则 NameNode 将查找另一个节点。如果在第一条路径中找不到足够的节点来放置副本，则 NameNode 会在第二条路径中查找具有后备存储介质的节点。

为了最小化全局带宽消耗和读取延迟，HDFS 首先尝试最接近读请求位置的副本。如果在与读请求节点相同的机架上存在一个副本，则首选该副本来满足读取请求。如果 HDFS 集群跨越了多个数据中心，则存储在本地数据中心的副本相比于任何远程副本都要优先考虑。

4.3 HDFS 初探

4.3.1 开始 HDFS 旅程

在使用 HDFS 前，需要先对文件系统进行格式化。在 NameNode（HDFS 服务器）上输入并执行 hadoop namenode -format 命令，执行过程如下：

```
$ hadoop namenode -format
WARNING: Use of this script to execute namenode is deprecated.
WARNING: Attempting to execute replacement "hdfs namenode" instead.
2021-01-11 10:02:11,846 INFO namenode.NameNode: STARTUP_MSG:
/************************************************************
STARTUP_MSG: Starting NameNode
STARTUP_MSG:   host = Node01/192.168.18.201
STARTUP_MSG:   args = [-format]
STARTUP_MSG:   version = 3.3.0
```

在格式化 HDFS 后，即可启动 Hadoop 分布式文件系统，同时执行如下命令将会启动 NameNode 及 DataNode：

```
$ start-dfs.sh
Starting namenodes on [Node01]
Starting datanodes
Starting secondary namenodes [Node02]
```

从上述执行过程中可以看到，我们启动了 NameNode，且 NameNode 的名字为 Node01。若 Hadoop 包含多个 DataNode，则该过程还将显示多个 DataNode 的启动信息。在该启动信息中可以看到，当前的 NameNode 也是 DataNode。

在启动 HDFS 后，NameNode 会加载相关信息。接下来，可以使用 ls 命令查看文件系统中的文件信息。使用 ls 命令可以通过在参数位置输入想要查看的目录或文件名的方式来查看指定目录或文件的信息。ls 命令的简单语法格式如下：

```
$ HADOOP_HOME/bin/hadoop fs -ls <args>
```

例如，利用 hdfs dfs -ls 命令查看根目录信息，执行过程如下：

```
[hadoop@Node01 ~]$ hdfs dfs -ls /
Found 3 items
drwxr-xr-x   - root supergroup          0 2020-11-24 21:00 /in
drwxr-xr-x   - root supergroup          0 2020-11-24 22:10 /output
drwx------   - root supergroup          0 2020-11-24 21:42 /tmp
```

查看/data 目录下的相关信息，执行过程如下：

```
[hadoop@Node01 ~]$ hdfs dfs -ls /output
Found 2 items
-rw-r--r--   3 root supergroup          0 2020-11-24 22:10 /output/_SUCCESS
-rw-r--r--   3 root supergroup         25 2020-11-24 22:10 /output/part-r-00000
```

需要注意的是，$HADOOP_HOME 是 Hadoop 的安装目录。用户也可以将 $HADOOP_HOME/bin 目录加入$PATH 中，即可直接执行 Hadoop 命令。

本章下面的内容假设已经将$HADOOP_HOME/bin 目录加入 Linux 系统的$PATH 中。

4.3.2 添加数据文件

假设本地文件系统中有一个数据文件 file.txt，现在打算将该文件存储到 HDFS 中。按照下面的操作就可以将该文件存储到 HDFS 的/user/input 目录下。

创建存储目录，命令如下：

```
$ hadoop fs -mkdir /user/input
```

利用 put 命令上传文件，命令如下：

```
$ hadoop fs -put /home/file.txt /user/input
```

查看操作是否成功，命令如下：

```
$ hadoop fs -ls /user/input
```

下面先创建一个目录，再利用 touch 命令创建一个空的文件，之后向该文件中写入“hello world”，最后上传文件并查看，执行过程如下：

```
$ hadoop fs -mkdir -p /user/input
$ touch /home/file.txt
$ echo "hello world" > /home/file.txt
$ hadoop fs -put /home/file.txt /user/input
$ hadoop fs -ls /user/input
Found 1 items
-rw-r--r--   3 root supergroup         12 2021-01-11 10:21 /user/input/file.txt
```

从最终的文件中可以看到，我们已经成功创建了一个文件，并将该文件上传到了 HDFS 的指定文件中。

4.3.3 从 HDFS 中下载文件

假设在 HDFS 中存在一个数据文件/user/output/outfile，下面的步骤演示了如何查看并从 HDFS 中将该文件下载到本地文件系统中。

使用 cat 命令查看该文件，命令如下：

```
$ hadoop fs -cat /user/output/outfile
```

利用 get 命令将该文件从 HDFS 中下载到本地文件系统中，命令如下：

```
$ hadoop fs -get /user/output/ /home/hadoop_tp/
```

4.3.4 关闭 HDFS

若想要关闭 HDFS，则可以使用 stop -dfs.sh 命令，执行过程如下：

```
$ stop -dfs.sh
Stopping namenodes on [Node01]
Stopping datanodes
Stopping secondary namenodes [Node02]
```

4.3.5 利用 Web Console 访问 HDFS

在安装完 Hadoop 后，启动 HDFS，命令如下：

```
$ start -dfs.sh
```

在 HDFS 启动后，可以直接通过 Web Console 访问 HDFS。如图 4.9 所示，在浏览器的地址栏中输入“http://ip:50070”（对于本地情况，IP 地址可以为 localhost），如果修改了端口号，则利用修改后的端口号访问。Web 控制台提供了最基本的文件操作。

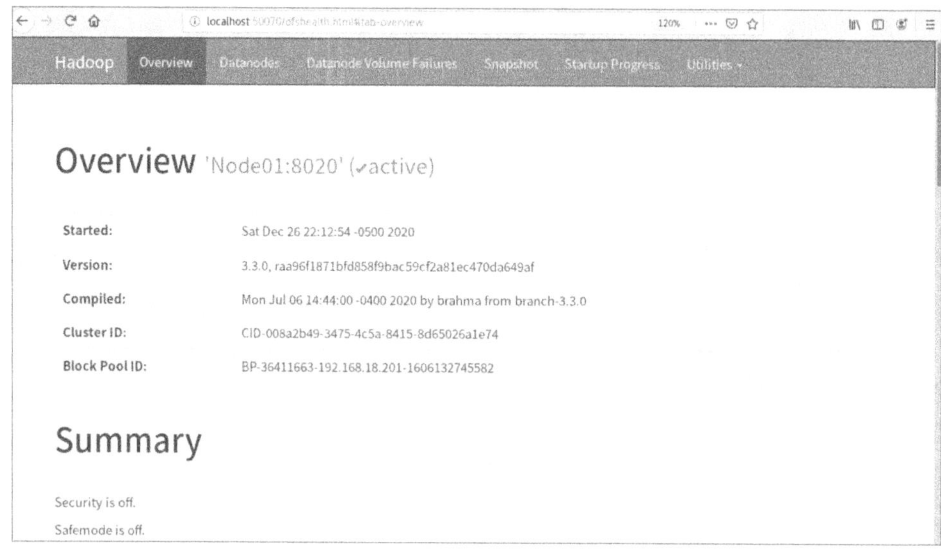

图 4.9　Hadoop Web 控制台主界面

选择“Utilities”→“Browse the file system”命令，如图 4.10 所示，可以进入 HDFS 文件管理主界面，进行文件的查看和管理操作，如图 4.11 所示。

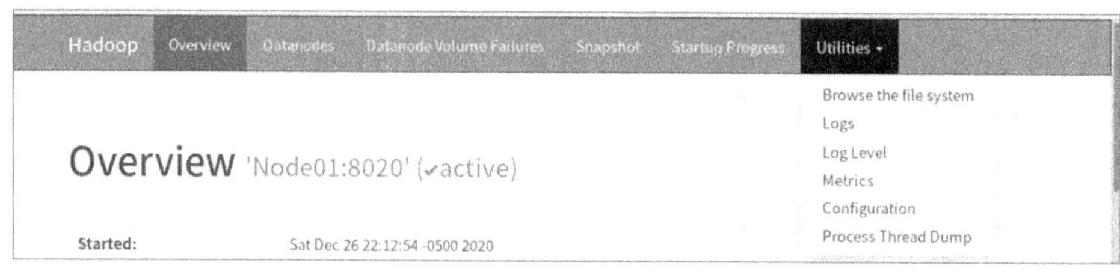

图 4.10　选择浏览文件系统命令

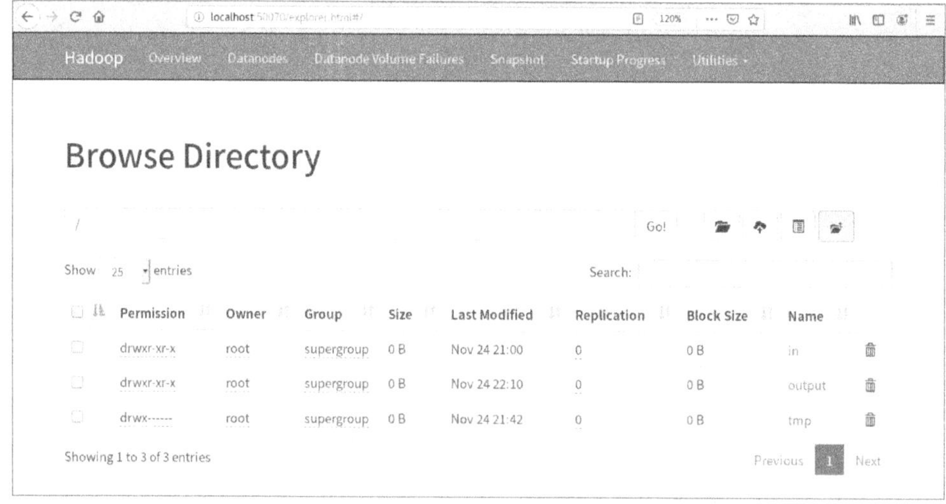

图 4.11　HDFS 文件管理主界面

在 HDFS 文件管理主界面中列出了根目录下所有文件及目录的信息。该界面提供了图形化的基本文件操作方式，如新建目录、上传文件、剪切文件、返回上一层目录、删除文件等，也可以通过直接输入文件路径来查看和访问目录信息。单击所要查看的目录，即可进入该目录；单击所要查看的文件，即可显示该文件的详细信息，如图 4.12 所示。在展示文件详细信息的对话框中可以下载文件、浏览文件的大小、查看块情况等。

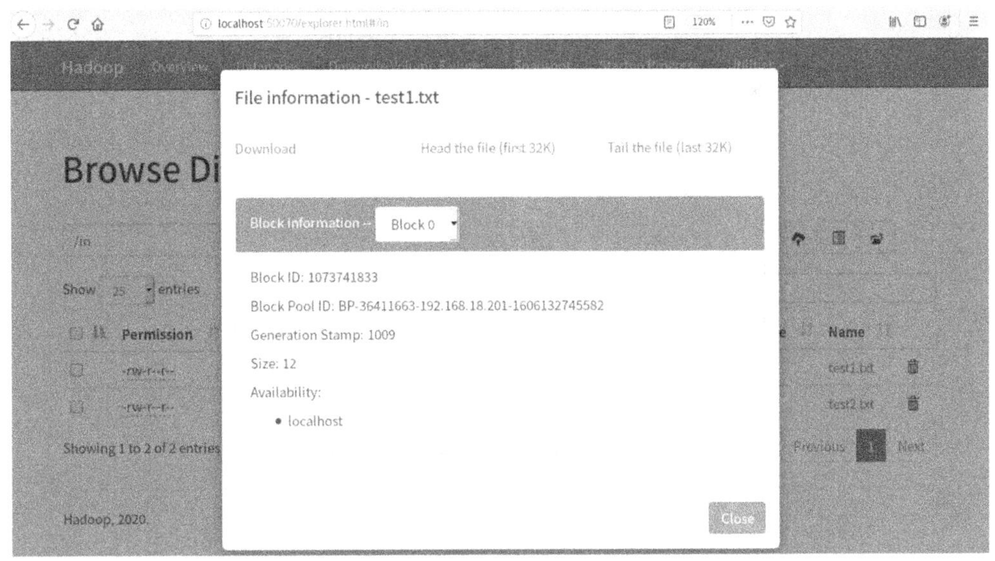

图 4.12　HDFS 中的文件详细信息

4.4　HDFS 常用 CLI 命令

4.4.1　HDFS CLI 总览

在 CLI（命令行界面）下，用户可以通过命令行直接连接 HDFS，并通过命令方式实现文件系统的各种操作。命令行交互方式是访问和操作 HDFS 时使用得最多的一种方式。

所有 FS Shell 命令都将路径 URI 作为参数。URI 格式为 scheme://权限/路径。对 HDFS 而言，scheme 为 hdfs；对本地文件系统而言，scheme 为 file。scheme 和权限是可选的，在未被指定的情况下，则使用配置中指定的默认 scheme 设置。用户可以将 HDFS 中的文件或目录（如/parent/child）指定为 hdfs://namenodehost/parent/child，或者简单地使用/parent/child（假设配置设置为指向 hdfs://namenodehost）。FS Shell 中大多数命令的含义类似于相应的 UNIX 命令，且执行后产生的错误信息会被发送到 STDERR，输出会被发送到 STDOUT。

在本书中，将访问 HDFS 的端口定义为 9000，具体内容可以在 core-site.xml 文件中查看。该端口可以在配置文件中进行修改，并且在修改完成后，只需重新启动 HDFS 即可生效。代码如下：

```
<property>
        <name>fs.defaultFS</name>
        <value>hdfs://Node01:9000</value>
</property>
```

下面是几种等效的查看 HDFS 中/data 目录的方式。在本机中进行访问时，默认的端口号，甚至 HDFS 服务器地址都可以被自动补全。命令如下：

```
$ hadoop fs -ls hdfs://localhost:9000/data
$ hadoop fs -ls hdfs://localhost/data
$ hadoop fs -ls /data
```

在 HDFS 根目录存在/data 目录的情况下，执行结果如下：

```
$ hadoop fs -ls /data
Found 1 items
drwxr-xr-x   - root supergroup          0 2021-01-11 20:12 /data/test
```

此外，本书中的 hadoop fs 命令等同于 hdfs dfs 命令，它们在系统中的执行效果是一致的。文件系统操作命令的帮助信息可以使用 hadoop fs -help 命令查看，操作示例如下：

```
[BigData@localhost ~]$ hadoop fs -help
Usage: hadoop fs [generic options]
        [-appendToFile <localsrc> … <dst>]
        [-cat [-ignoreCrc] <src> …]
        [-checksum <src> …]
        [-chgrp [-R] GROUP PATH…]
        [-chmod [-R] <MODE[,MODE]… | OCTALMODE> PATH…]
        [-chown [-R] [OWNER][:[GROUP]] PATH…]
        [-copyFromLocal [-f] [-p] <localsrc> … <dst>]
        [-copyToLocal [-p] [-ignoreCrc] [-crc] <src> … <localdst>]
        [-count [-q] <path> …]
        [-cp [-f] [-p | -p[topax]] <src> … <dst>]
        [-createSnapshot <snapshotDir> [<snapshotName>]]
        [-deleteSnapshot <snapshotDir> <snapshotName>]
        [-df [-h] [<path> …]]
        [-du [-s] [-h] <path> …]
        [-expunge]
        [-get [-p] [-ignoreCrc] [-crc] <src> … <localdst>]
        [-getfacl [-R] <path>]
        [-getfattr [-R] {-n name | -d} [-e en] <path>]
        [-getmerge [-nl] <src> <localdst>]
        [-help [cmd …]]
        [-ls [-d] [-h] [-R] [<path> …]]
        [-mkdir [-p] <path> …]
        [-moveFromLocal <localsrc> … <dst>]
        [-moveToLocal <src> <localdst>]
        [-mv <src> … <dst>]
        [-put [-f] [-p] <localsrc> … <dst>]
        [-renameSnapshot <snapshotDir> <oldName> <newName>]
        [-rm [-f] [-r|-R] [-skipTrash] <src> …]
        [-rmdir [--ignore-fail-on-non-empty] <dir> …]
        [-setfacl [-R] [{-b|-k} {-m|-x <acl_spec>} <path>]|[--set <acl_spec>
<path>]]
        [-setfattr {-n name [-v value] | -x name} <path>]
        [-setrep [-R] [-w] <rep> <path> …]
        [-stat [format] <path> …]
        [-tail [-f] <file>]
        [-test -[defsz] <path>]
        [-text [-ignoreCrc] <src> …]
        [-touchz <path> …]
        [-usage [cmd …]]
```

从上述帮助信息中可以看出 hadoop fs 所支持的文件操作命令。

4.4.2　常用 HDFS 文件操作命令

本小节将介绍常用 HDFS 文件操作命令，而更加完整的交互命令及其应用示例可以参考本书附录 A 中的内容。

需要注意的是，在访问本地文件时可以使用直接路径访问方式，如/home/Hadoop/localfile；也可以显式指明该文件为本地文件，如 file:///home/Hadoop/localfile。利用 SSH 登录目标节点后，访问 HDFS 中的文件可以使用直接路径访问方式，如/user/Hadoop/hdfsfile；若想要访问远程的 HDFS 中的文件，则可以增加主机名和端口号，如 hdfs://Node01:9000/user/Hadoop/hdfsfile。

常用 HDFS 文件操作命令如下。

1．appendToFile

语法：hadoop fs -appendToFile <localsrc> ... <dst>。

说明：用于将本地文件系统的一个或若干个文件附加到目标文件系统的指定文件后。其输入源也可以是 STDIN 中的输入数据。下面分别是使用 appendToFile 命令实现的多种附加操作模式。

附加单个本地文件到 HDFS 中的文件后，此时远程 HDFS 文件可以利用主机名加端口号的方式指定，Node01 表示 NameNode 的 IP 地址或主机名，命令如下：

```
$ hadoop fs -appendToFile localfile /user/hadoop/hadoopfile
$ hadoop fs -appendToFile localfile hdfs://Node01:port/hadoop/hadoopfile
```

附加多个文件命令模式，此时远程文件采用简单表示模式，命令如下：

```
$ hadoop fs -appendToFile localfile1 localfile2 /user/hadoop/hadoopfile
```

将本地文件名指定为“-”，表示从 STDIN 输入数据并附加到 HDFS 文件中，在输入结束后按“Ctrl+C”组合键表示输入结束，命令如下：

```
$ hadoop fs -appendToFile - hdfs://Node01:port /hadoop/hadoopfile
```

【例 4.1】展示使用 appendToFile 命令附加多个文件的应用，命令如下：

```
#查看 HDFS 中的/usr/Hadoop/hadoopfile 文件、本地当前目录下的 localfile1、localfile2 文件
$ hadoop fs -cat /user/hadoop/hadoopfile
this is hadoopfile
$ cat localfile1
this is localfile1
$ cat localfile2
this is localfile2

#向 hadoopfile 文件后同时附加多个文件的内容，并查看目标文件
$ hadoop fs -appendToFile localfile1 localfile2 /user/hadoop/hadoopfile
$ hadoop fs -cat /user/hadoop/hadoopfile
this is hadoopfile
this is localfile1
this is localfile2
```

2．cat

语法：hadoop fs -cat [-ignoreCrc] URI [URI ...]。

说明：用于将指定的文件输出到 STDOUT 中，在没有其他设定的情况下，STDOUT 对应屏幕输出。

-ignoreCrc：用于指定是否进行 CRC 校验。

其中，URI 默认为 HDFS 中的文件，若想要指定本地文件系统中的文件，则需要利用 file://来表示文件为本地文件。

【例 4.2】在终端显示 HDFS 中根目录下的 file1 和 file2 文件，命令如下：

```
$ hadoop fs -cat hdfs://Node01:9000/file1 hdfs://Node01:9000/file2
```

【例 4.3】在终端显示本地文件系统中的/usr/home/localfile 文件和 HDFS 中的/usr/hadoop/hadoopfile 文件。需要注意的是，hadoop fs -cat 命令默认目标文件系统为 HDFS，若使用该命令打印输出本地文件系统文件，则需要完整的 URI，命令如下：

```
$ hadoop fs -cat file:///usr/home/localfile  /user/hadoop/ hadoopfile
```

3. copyFromLocal

语法：hadoop fs -copyFromLocal [-f] [-P] [-1] [-d] <localsrc> URI。

说明：用于将本地文件系统中的文件复制到 HDFS 中。其功能类似于 put 命令，只是要求源文件来自本地文件系统。

-f：设定当目标文件已经存在时，强行覆盖该文件。

-p：保持存取和修改的时间、文件拥有者及各种权限等属性。

-l：允许 DataNode 采用惰性存储方式（延迟将文件持久化写入磁盘中），强制重复因子为 1，该参数可能导致文件的容错性降低。

-d：跳过创建临时文件的步骤，该临时文件以“._COPYING_”为后缀。

【例 4.4】将本地文件系统当前目录下的 localfile1 文件复制到 HDFS 的/user/hadoop/目录中，命令如下：

```
$ hadoop fs -copyFromLocal localfile1 /user/hadoop/
```

4. cp

语法：hadoop fs -cp [-f] [-p | -p[topax]] URI [URI ...] <dest>。

说明：用于复制文件。当<dest>是文件路径时，源文件可以是多个文件，或者通配符匹配的文件列表。

-f：设定当目标文件已经存在时，强行覆盖该文件。

-p：设定在目标文件中保持源文件的一些属性，包括时间、拥有者、权限等。

【例 4.5】将 HDFS 中的/user/hadoop/file1 文件复制到指定目录下，目标文件名为 file2，命令如下：

```
$ hadoop fs -cp /user/hadoop/file1 /user/hadoop/file2
```

5. df

语法：hadoop fs -df [-h] URI [URI ...]

说明：用于显示可用空间的大小。

-h：设定空间大小的显示方式是否为适合人类阅读的模式。

【例 4.6】显示/user/hadoop/dir1 目录下的相关信息，命令如下：

```
$ hadoop fs -df /user/hadoop/dir1
```

运行例 4.6 中的命令，从中可以看出其基本信息，包括目录位置、目录大小、目录已经使用的空间大小、目录还可使用的空间大小、利用率。在默认情况下，系统并没有为单个目录或单个用户设置空间配额，因此这里显示的可用空间大小是所有可用空间。操作命令及结果如下：

```
$ hadoop fs -df /user/hadoop/dir1
Filesystem              Size         Used      Available     Use%
$ hdfs://Node01:9000  18238930944  1486848  10312704000    0%
```

6. du

语法：hadoop fs -du [-s] [-h] URI [URI ...]。

说明：用于显示指定目录中包含的文件和目录的大小，如果指定目录中包含的是文件，则显示文件的长度。

-s：显示文件总体摘要，而不仅仅是单个文件信息。

-h：设定空间大小的显示方式是否为适合人类阅读的模式。

【例 4.7】展示 HDFS 中/user/hadoop/dir1 目录的信息，命令如下：

```
$ hadoop fs -du hdfs://Node01:9000/user/hadoop/dir1
```

7. find

语法：hadoop fs -find <path> ... [-name]-iname <pattern>] -print <expression> ...。

说明：用于查找与指定表达式匹配的所有文件，并对其执行选定的操作。如果未指定路径，则默认为当前工作目录。如果未指定表达式，则默认为-print。

-name pattern：对查找的文件指定匹配模式，将能够匹配的文件加入找到的文件列表中。

-iname pattern：同上，不过不区分文件名称大小写。

-print：在标准输出上输出查找结果。

expression：表达式<expression>可以是多个表达式的与操作表达式，以加强过滤条件。

【例 4.8】查找 HDFS 中/user 目录下是否存在 myhadoop.cfg 文件，命令如下：

```
$ hadoop fs -find /user -name "myhadoop.cfg" -print
```

8. get

语法：hadoop fs -get [-ignoreCrc] [-crc] [-p] [-f] <src> <localdst>。

说明：用于将文件复制到本地文件系统中。

-p：保持存取和修改的时间、文件所有者、权限等属性。

-f：设定当目标文件已经存在时，强行覆盖该文件。

-ignoreCrc：在复制文件到本地文件系统中时不进行 CRC 校验。对于 CRC 校验失败的文件，可以使用此选项进行复制。

-crc：同时进行 CRC 校验。

【例 4.9】将 HDFS 中/user/hadoop/目录下的 file4 文件下载到本地，并将本地文件命名为 localfile，其中第二条命令详细指定了 HDFS 的节点名称和端口号：

```
$ hadoop fs -get /user/hadoop/file4 localfile
$ hadoop fs -get hdfs://Node01:9000/user/hadoop/file4 localfile
```

9. help

语法：hadoop fs -help。

说明：用于查看命令的帮助信息。

【例 4.10】查看 ls 命令的帮助信息，命令如下：

```
$ hadoop fs -help ls
```

该命令是一个常用命令，可以为用户提供有效的帮助信息。其执行过程如下：

```
$ hadoop fs -help ls
-ls [-C] [-d] [-h] [-q] [-R] [-t] [-S] [-r] [-u] [-e] [<path> …] :
  List the contents that match the specified file pattern. If path is not
  …
```

10. ls

语法：hadoop fs -ls [-d] [-h] [-R] <args>。

说明：用于查看文件信息。

若是文件，则输出信息为 permissions（权限）、number_of_replicas（副本数）、userid（所属用户）、groupid（所属组）、filesize（文件大小）、modification_date（最近修改日期）、modification_time（最近修改时间）、filename（文件名）；若是目录，则输出信息为 permissions（权限）、userid（所属用户）、groupid（所属组）、modification_date（最近修改日期）、modification_time（最近修改时间）、dirname（目录名称）。

-d：将目录当成普通文件列出。

-h：设定空间大小的显示方式是否为适合人类阅读的模式。

-R：递归地列出所有文件和目录。

【例 4.11】 列出 HDFS 中/user/hadoop/file1 文件的信息，命令如下：

```
$ hadoop fs -ls /user/hadoop/file1
```

11. mkdir

语法：hadoop fs -mkdir [-p] <paths>。

说明：用于创建目录。

-p：设定是否创建目标路径 path 中的目录。

【例 4.12】 创建两个目录，命令如下：

```
$ hadoop fs -mkdir /user/hadoop/dir1 /user/hadoop/dir2
```

【例 4.13】 创建/user/hadoop/dir/subdir 目录。由于设置了参数-p，因此在/user/hadoop/dir 目录不存在的情况下，会先自动创建该目录，再创建 subdir 目录，命令如下：

```
$ hadoop fs -mkdir -p hdfs://Node01:9000/user/hadoop/dir/subdir
```

12. mv

语法：hadoop fs -mv URI [URI ...] <dest>。

说明：用于将文件从源移动到目标。当源包含多个文件时，目标应当是一个目录。不允许跨文件系统移动文件。若目标文件和源文件在同一目录中，则执行 mv 命令实际上实现了文件的改名操作。

【例 4.14】 将 HDFS 中的 file1 文件重命名为 file2，命令如下：

```
$ hadoop fs -mv /user/hadoop/file1 /user/hadoop/file2
```

【例 4.15】 将 HDFS 中的/user/hadoop/file1 文件移动到/dir1 目录下，命令如下：

```
$ hadoop fs -mv hdfs://Node01:9000/user/hadoop/file1 hdfs://Node01:9000/dir1/
```

13. put

语法：hadoop fs -put [-f] [-p] [-l] [-d] [- | <localsrc1> ..]. <dst>。

说明：用于将单个文件或多个文件从本地文件系统复制到目标文件系统中。如果源设置为“-”，则从 STDIN 读取输入并写入目标文件系统中。

-p：保持存取和修改的时间、文件所有者、权限等属性。

-f：设定当目标文件已经存在时，强行覆盖该文件。

-l：允许 DataNode 采用惰性存储方式（延迟将文件持久化写入磁盘中），强制重复因子为 1，该参数可能导致文件的容错性降低。

-d：跳过创建临时文件的步骤，该临时文件以“._COPYING_”为后缀。

【例 4.16】将本地文件 localfile 上传到 HDFS 的/user/hadoop/目录中，并命名为 hadoopfile，命令如下：

```
$ hadoop fs -put localfile /user/hadoop/hadoopfile
```

14. rm

语法：hadoop fs -rm [-f] [-r |-R] [-skipTrash] URI [URI ...]。

说明：用于删除指定文件。如果启用了垃圾箱，则文件系统会将删除的文件移动到垃圾箱目录中。在默认情况下，垃圾箱已经被禁用。用户可以通过 core-site.xml 文件设置大于零的间隔值来启用垃圾箱。

-f：关闭一些错误信息的显示，如文件不存在等。

-R：递归删除目录中的内容。

-r：等价于参数-R。

-skipTrash：若设置该参数，则直接删除该文件，否则在启用垃圾箱的情况下，将会把要删除的文件放入垃圾箱中。

【例 4.17】删除 HDFS 中的/dir1/file1 文件及/user/dir2 目录下的所有文件，命令如下：

```
$ hadoop fs -rm hdfs://Node01:9000/dir1/file1 /user/dir2/*
```

15. rmdir

语法：hadoop fs -rmdir [--ignore-fail-on-non-empty] URI [URI ...]。

说明：用于删除指定目录。

--ignore-fail-on-non-empty：在使用通配符时，如果一个目录中包含文件，则忽略错误信息。

【例 4.18】删除 HDFS 中的/user/hadoop/emptydir 目录，命令如下：

```
$ hadoop fs -rmdir /user/hadoop/emptydir
```

4.5　利用 pyhdfs 实现对 HDFS 文件的访问

除了使用 CLI 界面，还可以通过编写程序对 HDFS 进行访问和管理，以便 HDFS 应用的二次开发。为了便于用户编写程序，Hadoop 提供了丰富的 API 供用户在编写程序时调用。

Hadoop 本身是利用 Java 编写的，因此，它首先提供了 Java API 供 Java 程序调用，这也是最重要的一种方式，大量二次开发的底层都采用这种方式。当然，Hadoop 也针对其他语言开发了其他的 API，如官方提供的 C API 的 libhdfs。

对于 Python 来说，也有用来支持 Python 程序开发的 pyhdfs 等，本节便是利用 pyhdfs 实现对 HDFS 文件的访问等操作。pyhdfs 是 libhdfs 的 Python 封装库。它提供了一些常用方法来处理 HDFS 上的文件和目录，如读/写文件、枚举目录文件、显示 HDFS 可用空间、显示文件的复制块数等。pyhdfs 使用 Swig 技术对 libhdfs 提供的绝大多数函数进行了封装，目的是提供更简单的调用方式。

4.5.1 pyhdfs 的安装与应用实例

本节介绍 pyhdfs 的安装，并通过一个简单的应用实例介绍其应用方法。

1. 安装 pyhdfs

pyhdfs 可以直接通过 pip 进行安装，操作命令如下：

```
pip3 install pyhdfs
```

在安装完成后，可以启动 Python，通过 import pyhdfs 命令验证 pyhdfs 是否安装成功。

2. 编写 Python 程序

新建 HDFS 的客户端程序文件 hello-pyhdfs.py，并添加如下代码：

```
import pyhdfs
client= pyhdfs.HdfsClient(hosts="Localhost:9870",user_name="root")
client.mkdirs("/data")
for file in client.listdir("/"):
    print(file)
```

该程序首先引入 pyhdfs 库，然后利用主机地址、端口号和用户名构建 HDFS 的客户端，在这之后便可以利用 Client 进行各种文件的操作。

该程序实现了两个操作，首先创建根目录/data，之后列出根目录下的所有内容，并逐一打印输出。

3. 执行 Python 程序

在运行程序前，首先查看 HDFS 的根目录下的已有文件，之后执行 Python 程序文件 hello-pyhdfs.py，查看程序的运行输出，并使用 hadoop fs -ls /命令查看目录的情况。

具体执行过程如下：

```
[hadoop@Node01 ~]$ hadoop fs -ls /
Found 3 items
drwxr-xr-x   - root supergroup          0 2020-11-24 21:00 /in
drwxr-xr-x   - root supergroup          0 2020-11-24 22:10 /output
drwx------   - root supergroup          0 2020-11-24 21:42 /tmp
[hadoop@Node01 pyhdfsDemo]$ python3 hello-pyhdfs.py
data
in
output
tmp
[hadoop@Node01 ~]$ hadoop fs -ls /
Found 4 items
drwxr-xr-x   - root supergroup          0 2020-12-28 02:05 /data
drwxr-xr-x   - root supergroup          0 2020-11-24 21:00 /in
drwxr-xr-x   - root supergroup          0 2020-11-24 22:10 /output
drwx------   - root supergroup          0 2020-11-24 21:42 /tmp
```

从中可以看出，根目录下原本有 3 个目录——/in、/output 和/tmp，在运行程序后，程序会输出 4 个目录，此时利用 ls 命令查看，其结果是一致的，说明新建/data 目录成功。

4.5.2　pyhdfs 的 HdfsClient 类

pyhdfs 中包含了 HdfsClient 类和其他相关类。其中，HdfsClient 类是整个 pyhdfs 的核心，是最关键的类。连接 HDFS 的 NameNode，对 HDFS 上的文件进行查询、读取、写入等操作都是通过 HdfsClient 类的实例完成的。因此，本小节主要介绍 HdfsClient 类，其他相关辅助类，包括异常定义、返回结果的类定义将在附录 B 中单独列出。若读者有需要，则可以查阅附录 B。

除了一些关键字参数，所有函数都会将任意查询参数直接传递给 WebHDFS。特别地，任何函数都将接受用户名 user.name 或 user_name。

对 Python 而言，其函数经常使用"**kwarg"来传递不常用且个数可变的参数。在本节的剩余部分，部分函数参数说明中列出了可用的关键参数，其用法为"参数名=参数值"的模式。

HdfsClient 类对象的构造函数的定义格式如下：

```
    pyhdfs.HdfsClient(hosts: Union[str, Iterable[str]] = 'localhost',
                      randomize_hosts: bool = True,
                      user_name: Optional[str] = None,
                      timeout: float = 20,
                      max_tries: int = 2,
                      retry_delay: float = 5,
                      requests_session: Optional[requests.sessions.Session] =
None,
                      requests_kwargs: Optional[Dict[str, Any]] = None)
```

参数说明如下。

- hosts：表示 NameNode 的 HTTP 主机列表。主机名或 IP 地址与端口号之间需要使用“,”隔开，如 hosts= "45.91.43.237:9870"（需要注意的是，Hadoop 2 的默认端口号为 50070，Hadoop 3 的默认端口号为 9870）。当有多台主机时，可以传入字符串列表，如["47.95.45.254:9870", "47.95.45.253:9870"]。
- randomize_hosts：表示是否可以随机选择主机进行连接，默认为 True。
- user_name：表示连接 Hadoop 的用户名。如果设置了环境变量 HADOOP_USER_NAME，则默认使用该变量，否则调用 getpass.getuser()方法获取用户名。
- timeout：表示每个 NameNode 的 HTTP 主机连接等待的时间，默认为 20 秒。该设置是为了避免有些主机在没有响应的情况下导致的阻塞。
- max_tries：表示每个 NameNode 节点尝试连接的次数，默认为 2 次。
- retry_delay：表示在尝试连接一个 NameNode 节点失败后，尝试连接下一个 NameNode 的时间间隔，默认为 5 秒。
- requests_session：表示连接 HDFS 的 HTTP Request 请求使用的 Session，默认为 None，为每个 HTTP 请求使用一个新的 Session，调用者需要负责 Session 的关闭。
- requests_kwargs：表示其他需要传递给 WebHDFS 的参数。

【例 4.19】 在如下语句中利用 HdfsClient 类构造一个客户端对象 client，并设置可连接主机为 namenode 及 second_namenode。这两台主机按照顺序建立连接，先连接主机 namenode，在连接不成功的情况下，再连接候选主机 second_namenode，连接用户名为 root。该操作将返回一个 HdfsClient 对象。

```
client= pyhdfs.HdfsClient(hosts=["namenode,9870", "second_namenode,9870"], \
    randomize_hosts= False, user_name="root")
```

下面对该类库中的一些常用方法进行介绍。

1. append()方法

语法：append(path: str, data: Union[bytes, IO[bytes]], **kwargs) → None。

说明：该方法的功能是向一个文件的末尾追加内容。

参数说明如下。

- path：表示目标文件名。
- data：表示需要追加的数据，可以是 bytes 列表数据，也可以是类似 file 的对象。
- buffersize：表示在进行数据传输时利用的缓冲区大小。

下面将通过几个应用实例展示如何通过调用 append()方法编写程序，实现向初始文件 file 中追加内容的功能。假设/dir/file 文件中的初始内容如下：

```
$ hadoop fs -cat /dir/file
this is file
```

【例 4.20】 编写程序 Append1.py，实现将本地文件/home/hadoop/bigdata/pyhdfsTest/file1 中的内容追加到 HDFS 中的/dir/file 文件末尾的功能，程序代码如下：

```
#!/usr/bin/python3.6
import pyhdfs
client = pyhdfs.HdfsClient(hosts="localhost:9870", user_name="hadoop")

with open('/home/hadoop/bigdata/pyhdfsTest/file1','r') as line:   #打开并读取本地文件
    client.append("/dir/file",line.read())                        #调用 append()方法
```

需要说明的是，关于程序中的第一条语句“#!/usr/bin/python3.6”的具体写法，可以查看 Linux 系统的/usr/bin 目录中关于 Python 的软链接。该语句的具体写法会依照 Linux 系统中安装的 Python 版本进行相应调整。

执行程序 Append1.py，查看追加后的文件，其执行过程如下：

```
$ python3 Append1.py
$ hadoop fs -cat /dir/file
this is file
this is file1
```

从程序运行结果可见，file1 文件中的内容已经被追加到 file 文件的末尾。

【例 4.21】 编写程序 Append2.py，实现将列表 L 中的内容追加到 file 文件末尾的功能，其程序源代码如下：

```
#!/usr/bin/python3.6
import pyhdfs
client = pyhdfs.HdfsClient(hosts="localhost:9870", user_name="hadoop")

L = [["20200101","北京","AQI","89"],["20200102","北京","AQI","83"]]
for i in L:
    inputs=str(i).encode("UTF-8")
    client.append("/dir/file", inputs)
```

2. concat()方法

语法：concat(target: str, sources: list[str], **kwargs) → None。

说明：该方法的功能是将源文件列表中的文件合并为一个文件，并将合并后的数据存放在目标文件中。若目标文件不存在，则抛出 FileNotFoundException 异常；若源文件列表为空，则抛出 IllegalArgumentException 异常；所有的源文件都必须和目标文件在同一个目录中，否则抛出 IllegalArgumentException 异常；所有源文件的块大小都必须与目标文件的块大小一致；除最后一个文件外，其余所有源文件必须是一个完整的块；源文件不能重复。

参数说明如下。

- target：表示目标文件，用于存放合并后的最终数据。
- source：表示需要合并的源文件列表。

下面通过应用实例展示如何通过调用 concat()方法编写程序，实现将源文件列表中的文件合并后存放到目标文件中的功能。

【例 4.22】编写程序 hdfs_concat.py，实现将 file1 文件和 file2 文件中的内容合并后存放到 newfile 文件中的功能，其程序源代码如下：

```
import pyhdfs
client = pyhdfs.HdfsClient(hosts="localhost:9870", user_name="hadoop")

client.concat("/dir/newfile",["/dir/file1","/dir/file2"])
```

假设 HDFS 中的/dir 目录下包含 file1 文件和 file2 文件。在执行程序 hdfs_concat.py 后，查看文件 newfile 中的内容可知，前述 file1 文件和 file2 文件中的内容合并后已经被存放在 newfile 文件中，同时，源文件被删除。执行过程如下：

```
$ hadoop fs -touchz /dir/newfile2
$ python3 hdfs_concat.py
$ hadoop fs -cat /dir/newfile
this is file1
this is file2
$ hadoop fs -ls /dir
Found 1 items
-rw-r--r--   1 hadoop supergroup        31 2021-01-13 20:43 /dir/newfile
//源文件 file1 和 file2 消失了
```

3. copy_from_local()方法

语法：copy_from_local(localsrc: str, dest: str, **kwargs) → None。

说明：该方法的功能是从本地文件系统复制一个文件到目标文件系统的指定目录下。

参数说明如下。

- localsrc：表示本地文件系统中的文件名。
- dest：表示目标文件系统中的文件名。

下面将通过应用实例展示如何通过调用 copy_from_local()方法编写程序，实现将本地文件系统中的文件复制到目标文件系统中的功能。

【例 4.23】编写程序 copy_from_local1.py，实现将本地文件系统中的/home/hadoop/bigdata/pyhdfsTest/file1 文件复制到目标文件系统中的/dir/目录下的功能，目标文件名为 file1，

其程序源代码如下：

```
import pyhdfs
client = pyhdfs.HdfsClient(hosts="localhost:9870", user_name="hadoop")
client.copy_from_local("/home/hadoop/bigdata/pyhdfsTest/file1","/dir/file1")
```

4．copy_to_local()方法

语法：copy_to_local(src: str, localdest: str, **kwargs) → None。

说明：该方法的功能是从源文件系统复制一个文件到本地文件系统的指定目录下。

参数说明如下。

- src：表示源文件系统中的文件名。
- localdest：表示本地文件系统中的文件名。
- data：可以是一个文件对象，也可以是字节列表（bytes）等。
- overwrite：表示当目标文件已经存在时，是否覆盖该目标文件。
- blocksize：表示文件的块大小。
- replication：表示副本数设置。
- permission：表示文件/目录的权限，使用八进制数表示，如 700 表示文件的所有者拥有文件的读、写、执行权限，而所在组和其他用户则没有任何权限。
- buffersize：表示在传输数据过程中的缓冲区大小。

在本节剩余部分中，我们将简化应用实例：部分简单应用实例将不再保留客户端对象 client 的构造，只给出方法应有的示例程序语句。

【例 4.24】 把 HDFS 中的/dir/file1 文件复制到本地，并存储为/home/hadoop/bigdata/pyhdfsTest/file1 文件。

```
client.copy_to_local("/dir/file1","/home/hadoop/bigdata/pyhdfsTest/file1")
```

5．create()方法

语法：create(path: str, data: Union[IO[bytes], bytes], **kwargs) → None。

说明：该方法的功能是在指定的路径位置创建一个文件。

参数说明如下。

- path：表示目标文件名。
- data：可以是一个文件对象，也可以是字节列表（bytes）等。
- overwrite：表示当目标文件已经存在时，是否覆盖该目标文件。
- blocksize：表示文件的块大小。
- replication：表示副本数设置。
- permission：表示文件/目录的权限，使用八进制数表示，如 700 表示文件的所有者拥有文件的读、写、执行权限，而其他用户没有任何权限。
- buffersize：表示在传输数据过程中的缓冲区大小。

下面将通过应用实例展示如何通过调用 create()方法编写程序，实现在指定的路径位置创建一个文件的功能。

【例 4.25】 编写程序 hdfs_create.py，实现在指定目录/dir 下创建一个新文件 newfile，并

将 file1 文件中的数据写入新文件 newfile 中的功能。如果 newfile 文件已经存在，则覆盖该文件。其具体源代码如下：

```
#!/usr/bin/python3.6
import pyhdfs
client = pyhdfs.HdfsClient(hosts="localhost:9870", user_name="hadoop")
with open('/home/hadoop/bigdata/pyhdfsTest/file1','r') as line:
    client.create("/dir/newfile",line.read(), \
overwrite=True,permission='700',buffersize=10)
```

执行程序 hdfs_create.py，然后再次查看指定/dir 目录下的文件列表，可以发现已经创建了新文件 newfile，其内容大小与 file1 文件相同，说明在创建文件的过程中写入了 file1 文件的内容。执行过程如下：

```
$ python3 hdfs_create.py
$ hadoop fs -ls /dir
Found 2 items
-rw-r--r--   1 hadoop supergroup         14 2021-01-14 16:12 /dir/file1
-rwx------   1 hadoop supergroup         14 2021-01-14 16:49 /dir/newfile
```

在利用 create()方法创建文件时，若对应的路径所指的目录不存在，则 create()方法将会自动创建路径所指的目录。若所要创建的文件已经存在，则程序会抛出 pyhdfs.HdfsFileAlreadyExistsException 异常，提示所要创建的文件已经存在。

6. create_snapshot()方法

语法：create_snapshot(path: str, **kwargs) → str。

说明：该方法的功能是创建快照。

参数说明如下。

- path：表示需要创建快照的目录。
- snapshotname：表示快照名称。
- 返回值(str)：表示快照的路径。

【例 4.26】为 HDFS 中的/dir 目录创建一个快照，设置快照名称为 s0。执行如下语句，将会在/dir 目录下增加一个.snapshot 子目录，其中将会存储一个/dir 目录的快照 s0。返回的 path 指向该快照，代码如下：

```
path=client.create_snapshot("/dir",snapshotname='s0')
print(path)
```

7. create_symlink()方法

语法：create_symlink(link: str, destination: str, **kwargs) → None。

说明：该方法的功能是创建一个符号链接，用于指向目标。若系统不支持该功能，则会抛出 HdfsUnsupportedOperationException 异常。

参数说明如下。

- link：表示需要创建的符号链接。
- destination：表示符号链接指向的目标。
- createParent：表示当符号链接的路径中部分路径不存在时，是否创建该部分路径。

【例 4.27】创建一个符号链接/dir/ln_file，用于指向/dir/file 文件，若指定位置的路径不存在，则补充创建完整路径，代码如下：

```
client.create_symlink("/dir/ln_file",destination='/dir/file',createParent=True)
```

8. delete()方法

语法：delete(path: str, **kwargs) → bool。

说明：该方法的功能是删除文件。

参数说明如下。

- path：表示目标文件名。
- recursive：表示若 path 是一个目录，是否递归删除该目录中的所有文件和子目录；若 path 是一个文件名，将该变量设置为 True 或 False 都可以。
- 返回值(bool)：表示操作结果是否正常完成。

【例 4.28】 编写程序 hdfs_delete.py，实现删除指定目录/data 中的所有文件与子目录的功能。其具体源代码如下：

```
import pyhdfs
client = pyhdfs.HdfsClient(hosts="localhost:9870", user_name="hadoop")
flag=False
rootdir="/data/"
for file in client.listdir(rootdir):
    flag=client.delete(rootdir+file,recursive=True)
    if(flag):
        print('delete '+ rootdir+file+' successfully')
    else:
        print('delete '+ rootdir+file+' failed')
```

首先查看目录下的现有文件，之后执行程序 hdfs_delete.py 以删除文件，若继续查看目录，则会发现该目录已经成为空目录，执行过程如下：

```
$ hadoop fs -ls /data/files
Found 2 items
-rw-r--r--   1 hadoop supergroup        14 2021-01-14 19:53 /data/file1
-rw-r--r--   1 hadoop supergroup        14 2021-01-14 19:53 /data/file2
$ python3 hdfs_delete.py
Delete /data/files/file1 successfully
Delete /data/files/file2 successfully
```

9. delete_snapshot()方法

语法：delete_snapshot(path: str, snapshotname: str, **kwargs) → None。

说明：该方法的功能是删除目录的快照。

参数说明如下。

- path：表示需要删除快照的目录。
- snapshotname：表示快照名称。

【例 4.29】 删除/dir 目录的快照 s0，该操作将会自动删除该目录下隐藏目录.snapshot 中对应的快照文件，代码如下：

```
client.delete_snapshot('/dir','s0')
```

10．exists()方法

语法：exists(path: str, **kwargs) → bool。

说明：该方法的功能是检测文件/路径是否存在。

参数说明如下。

- path：表示文件路径。
- 返回值(bool)：表示若文件存在，则返回 True，否则返回 False。

【例 4.30】检测是否存在/user/hadoop/file1 文件，若存在，则返回 True，否则返回 False。代码如下：

```
flag=client.exists('/user/hadoop/file1')
```

11．get_active_namenode()方法：

语法：get_active_namenode(max_staleness: Optional[float] = None) → str。

说明：该方法的功能是返回当前活动的 NameNode。在无法找到活动的 NameNode 时，会抛出 HdfsNoServerException 异常。

参数说明如下。

- max_staleness：此函数用于缓存活动的 NameNode。如果此缓存的时间小于 max_staleness，则返回该 NameNode。如果缓存时间不小于 max_staleness 秒，或者此参数为“无”，则进行查找。
- 返回值(str)：表示返回当前活动 NameNode 的地址。

【例 4.31】编写程序 get_active_namenode.py。在利用 HdfsClient 类创建客户端对象 client 后，pyhdfs 会自动从地址中选择一个可用的 NameNode 并加以连接，若要查看具体是哪一个地址和端口号有效，则可以使用该方法获取 NameNode 的地址和端口信息。程序源代码如下：

```
import pyhdfs
client = pyhdfs.HdfsClient(hosts="localhost:9870, master:9870", \
   user_name="hadoop")
namenodePath=client.get_active_namenode()
print(namenodePath)
```

由于程序利用 localhost:9870 最先连接上 NameNode 服务器，因此其返回结果为 localhost:9870。在存在备用 NameNode 的情况下，若无法连接 NameNode，则会返回备用 NameNode 的地址和端口号。其执行结果如下：

```
$ python3 get_active_namenode.py
localhost:9870
```

12．get_content_summary()方法

语法：get_content_summary(path: str, **kwargs) → pyhdfs.ContentSummary。

说明：该方法的功能是返回指定文件/路径的内容概览。

参数说明如下。

- path：表示需要访问并返回内容概览的文件/路径。
- 返回值(pyhdfs.ContentSummary)：pyhdfs.ContentSummary 类对象，详见后续说明。

【例 4.32】分别使用路径和文件作为该函数的参数，代码如下：

```
content=client.get_content_summary('/dir')
content=client.get_content_summary('/dir/file')
```

在该方法执行后，可能的返回结果分别如下。

当参数为路径时：

```
ContentSummary(directoryCount=1, fileCount=5, length=112, quota=-1,
spaceConsumed=112, spaceQuota=-1, typeQuota={})
```

当参数为文件时：

```
ContentSummary(directoryCount=0, fileCount=1, length=15, quota=-1,
spaceConsumed=15, spaceQuota=-1, typeQuota={})
```

13. get_file_checksum()方法

语法：get_file_checksum(path: str, **kwargs) → pyhdfs.FileChecksum。

说明：该方法的功能是获取文件的校验码。

参数说明如下。

- path：表示需要返回校验码的数据文件。
- 返回值(pyhdfs.FileChecksum)：pyhdfs.FileChecksum 类对象，详见后续说明。

【例 4.33】获取指定文件的 CRC 校验码，代码如下：

```
file_checksum=client.get_file_checksum('/dir/file')
print(file_checksum)
```

构建客户端对象 client，并执行程序，其可能的输出如下：

```
$ python3 get_file_checksum.py
FileChecksum(algorithm='MD5-of-0MD5-of-512CRC32C',
bytes='0000020000000000000000000ae1f0976b4bbb6174d5a87817704736e00000000', length=28)
```

14. get_file_status()方法

语法：get_file_status(path: str, **kwargs) → pyhdfs.FileStatus。

说明：该方法的功能是获取文件状态信息。

参数说明如下。

- path：表示需要返回状态信息的数据文件。
- 返回值(pyhdfs.FileStatus)：pyhdfs.FileStatus 类对象，详见后续说明。

【例 4.34】调用 get_file_status()方法获取/dir/file 文件的信息，代码如下：

```
file_status=client.get_file_status('/dir/file')
print(file_status)
```

构建客户端对象 client，并执行程序，其可能的输出如下：

```
$ python3 get_file_status.py
FileStatus(accessTime=1610628093625, blockSize=134217728, childrenNum=0,
fileId=17812, group='supergroup', length=15, modificationTime=1610617926646,
owner='hadoop', pathSuffix='', permission='644', replication=1, storagePolicy=0,
type='FILE')
```

15. get_home_directory()方法

语法：get_home_directory(**kwargs) → str。

说明：该方法的功能是返回当前用户在文件系统中的 home 目录。

参数说明如下。

- 返回值(str)：表示当前用户的 home 目录。

【例 4.35】 返回当前用户的 home 目录，代码如下：

```
home_directory=client.get_home_directory()
```

16. get_xattrs()方法

语法：get_xattrs(path: str, xattr_name: Union[str, list[str], None] = None, encoding: str = 'text', **kwargs) → Dict[str, Union[bytes, str, None]]。

说明：该方法的功能是获取指定文件/目录的指定属性信息。

参数说明如下。

- path：表示指定的文件/目录。
- xattr_name：若想要单独获取一个文件/目录的属性，则输入字符串；若想要访问并获取多个属性信息，则需要输入字符串列表；在默认情况下表示获取指定文件/目录的所有属性。
- encoding：可以是 text 、hex、Base64 类型，在默认情况下是 text 类型。
- 返回值(dict)：将 xattr_name 映射到值的字典。对于文本编码来说，返回值是 Unicode 字符串；对于十六进制或 Base64 编码来说，返回值是字节数组。

【例 4.36】 获取 HDFS 中/dir/file 文件的 user.path、user.owner 属性，返回的结果为字典。需要注意的是，若查询一些用户自定义的属性时，这些属性不存在，则会抛出 pyhdfs.HdfsIOException 异常。添加属性可使用 hadoop fs -setfattr 命令。代码如下：

```
xattrs=client.get_xattrs('/dir/file',xattr_name=['user.path','user.owner'],encodin
g='text')
```

17. list_status()方法

语法：list_status(path: str, **kwargs) → list[pyhdfs.FileStatus]。

说明：该方法的功能是返回文件信息。若 path 指定的是目录，则返回该目录中所有文件/子目录的信息。

参数说明如下。

- path：表示目标文件/目录。
- 返回值(list[pyhdfs.FileStatus])：表示文件/子目录的信息列表，列表中的元素为 pyhdfs.FileStatus 对象。

【例 4.37】 列出 HDFS 中/dir 目录的状态信息，代码如下：

```
L=client.list_status("/dir")
```

构建客户端对象 client，并执行程序，其可能的输出如下：

```
$ python3 list_status.py
[FileStatus(accessTime=1610628093625, … , type='FILE'),
 FileStatus(accessTime=1610611975480, … , type='FILE'),
 …]
```

在输出中，目录中的每一项都是一个 Python 的 list 元素。

18. list_xattrs()方法

语法：list_xattrs(path: str, **kwargs) → list[str]。

说明：该方法的功能是获取文件/目录的属性名列表。

参数说明如下。

- path：表示目标文件/目录。
- 返回值(list[str])：表示目标文件/目录的属性名列表。

【例 4.38】列出 HDFS 中/dir/file 文件的属性信息，代码如下：

```
L=client.list_xattrs("/dir/file")
```

19. listdir()方法

语法：listdir(path: str, **kwargs) → list[str]。

说明：该方法的功能是返回指定路径中包含的文件名称列表。

参数说明如下。

- path：表示目标目录。
- 返回值(list[str])：表示指定路径中包含的文件名称列表。

【例 4.39】查询 HDFS 的/dir 目录中包含的文件、目录的列表信息，代码如下：

```
L=client.listdir("/dir")
```

其返回结果为一个 Python 的 list，且返回文件/目录的信息不包含完整的路径信息。

构建客户端对象 client，并执行程序，直接输出列表 L，其可能的输出如下：

```
$ python3 hdfs_listdir.py
['file', 'file1', 'file2', 'newfile', 'newfile1']
```

20. mkdirs()方法

语法：mkdirs(path: str, **kwargs) → bool。

说明：该方法的功能是创建目录，同时设置该目录的权限。

参数说明如下。

- path：表示目标目录名称。
- permission：表示目录的属性，使用八进制数表示，无须前导 0。
- 返回值(bool)：表示创建目录是否成功。

【例 4.40】在 HDFS 中创建/dir/newdir 目录，并设置用户控制权限为 700，即文件的所有者拥有文件的读、写和执行权限，而其他用户没有任何权限。代码如下：

```
flag=client.mkdirs("/dir/newdir",permission='700')
```

21. open()方法

语法：open(path: str, **kwargs) → IO[bytes]。

说明：该方法的功能是返回一个类似文件的对象，并读取指定 HDFS 文件的内容。

参数说明如下。

- path：表示目标文件。
- offset：表示需要读取文件的起始位置。

- length：表示需要读取的文件数据长度。
- buffersize：表示数据缓冲区大小。
- 返回值(IO[bytes])：表示文件对象。

【例 4.41】打开 HDFS 中的/dir/file 文件，并在打开成功后返回文件对象，用于读/写文件数据。该方法返回的对象让用户可以像操作本地文件一样操作 HDFS 上的文件，进行文件的读/写操作。利用 pyhdfs 打开文件并读/写文件的示例程序如下：

```
import pyhdfs
client = pyhdfs.HdfsClient(hosts="localhost:9870", user_name="hadoop")
#打开文件，设置需要读取文件的起始位置和读取的文件数据长度
f=client.open("/dir/file",offset=2,length=5)
print(f.read())                                    #读取数据并打印
f.close()                                          #关闭文件
```

在打开文件后得到文件对象，其使用方法与本地 Python 读/写数据文件类似，这里不再详细展开叙述。

22. remove_xattr()方法

语法：remove_xattr(path: str, xattr_name: str, **kwargs) → None。

说明：该方法的功能是删除文件/目录的一个指定属性。

参数说明如下。

- path：表示目标文件/目录。
- xattr_name(str)：表示需要删除的属性名称。

【例 4.42】移除/dir/file 文件的指定属性 user.owner，代码如下：

```
client.remove_xattr("/dir/file",xattr_name=['user.owner'])
```

23. rename()方法

语法：rename(path: str, destination: str, **kwargs) → bool。

说明：该方法的功能是为文件/目录重命名。

参数说明如下。

- path：表示目标文件/目录，即原名称。
- destination：表示文件/目录的新名称。
- 返回值(bool)：表示命名是否成功。

【例 4.43】将 HDFS 的/dir 目录重命名为/dir1。若执行成功，则返回真，代码如下：

```
flag=client.rename('/dir','/dir1')
```

24. rename_snapshot()方法

语法：rename_snapshot(path: str, oldsnapshotname: str, snapshotname: str, **kwargs) → None。

说明：该方法的功能是为快照重命名。

参数说明如下。

- path：表示目标目录。
- oldsnapshotname：表示快照的原名称。

- snapshotname：表示快照的新名称。

【例 4.44】将/dir 目录中的快照 s0 重命名为 s001。在重命名后，/dir/.snapshot 目录下的快照 s0 被重命名为 s001。代码如下：

```
client.rename_snapshot('/dir1/','s0','s001')
```

需要注意的是，修改快照的名称无须使用完整的路径，只需要填写快照所在的目录即可，否则会引发如下异常信息：

```
pyhdfs.HdfsHttpException: SnapshotAccessControlException - Modification on a read-
only snapshot is disallowed
```

25．set_owner()方法

语法：set_owner(path: str, **kwargs) → None。

说明：该方法的功能是设置文件/目录的所有者，参数 owner 和 group 不能同时为空。

参数说明如下。

- path：表示目标文件/目录。
- owner：表示文件的所有者。
- group：表示文件的所属组。

【例 4.45】为 HDFS 的/dir/file 文件设置新的所有者及新的所属组，代码如下：

```
client.set_owner('/dir1/file',owner='hadoop',group='supergroup')
```

26．set_permission()方法

语法：set_permission(path: str, **kwargs) → None。

说明：该方法的功能是设置文件/路径的存取访问权限。

参数说明如下。

- path：表示目标文件/目录。
- permission：表示用于设定权限的八进制数，不需要八进制的前导 0。

【例 4.46】为 HDFS 的/dir1 目录设置文件的存取访问权限为 777，即允许文件拥有者、所属组及其他所有用户拥有文件的读、写和执行权限。代码如下：

```
client.set_permission('/dir1',permission='777')
```

27．set_replication()方法

语法：set_replication(path: str, **kwargs) → bool。

说明：该方法的功能是设置文件的副本数。

参数说明如下。

- path：表示目标文件。
- replication：表示副本数。
- 返回值(bool)：表示设置是否成功。若成功，则返回 True；若不成功（包括文件不存在），则返回 False。

【例 4.47】将 HDFS 的/dir/file 文件的副本数设置为 2。在设置成功后，将会返回 True，可以利用 ls 命令查看该文件的副本数修改结果。代码如下：

```
flag=client.set_replication('/dir/file1',replication=2)
```

28．set_times()方法

语法：set_times(path: str, **kwargs) → None。

说明：该方法的功能是设置文件的存取时间。

参数说明如下。

- path：表示目标文件。
- modificationtime：表示设置文件的修改时间，时间为从 1970-01-01 到当前时间的毫秒数。
- accesstime：表示设置文件的存取时间，时间格式同上。

【例 4.48】设置 HDFS 中的/dir/file 文件的修改时间，以及最近一次的存取时间。在 Python 中，可以通过 time 包中的相关函数实现时间格式的转换。代码如下：

```
client.set_times('/dir1/file',modificationtime='1599461998',accesstime='1599461998')
```

上述存取时间的毫秒值对应的时间约为“1970-01-19 20:17”。

29．set_xattr()方法

语法：set_xattr(path: str, xattr_name: str, xattr_value: Optional[str], flag: str, **kwargs) → None。

说明：该方法的功能是设置文件/目录的属性。

参数说明如下。

- path：表示目标文件/目录属性。
- xattr_name：该属性需要带有 namespace 前缀，如 user.attr。
- flag：其值可以是 CREATE 或 REPLACE，分别表示创建属性或替换现有属性。

【例 4.49】将 HDFS 中的/dir/file 文件的 user.owner 属性设置为 hadoop。代码如下：

```
client.set_xattr('/dir1/file','user.owner','hadoop','CREATE')
```

如果该文件在修改前只有一个属性值对为{'user.path': '/dir/file'}，则在利用 set_xattr()方法修改成功后，该文件将会新增属性 user.owner，此时利用 get_xattrs()方法获取该文件的属性值对，结果为{'user.owner': 'hadoop', 'user.path': '/dir/file'}。

30．walk()方法

语法：walk(top: str, topdown: bool = True, onerror: Optional[Callable[[pyhdfs. HdfsException], None]] = None, **kwargs) → Iterator[Tuple[str, list[str], list[str]]]。

说明：该方法与 os.walk()方法相同，用于在目录树中遍历目录中的文件名。该方法是一个简单且易用的文件和目录遍历器，可以帮助我们高效地遍历文件和目录。

参数说明如下。

- top：表示所要遍历的目录的地址。
- topdown：可选，如果为 True，则优先遍历 top 目录，否则优先遍历 top 目录的子目录。
- onerror：可选，需要一个 Callable 对象，当 walk()方法异常时，会调用该参数。
- followlinks：可选，如果为 True，则会遍历目录下的快捷方式（Linux 系统下是软链接 symbolic link）实际所指的目录；如果为 False，则优先遍历 top 目录的子目录。

- 返回值(Iterator[Tuple[str, list[str], list[str]]])：三元组(root,dirs,files)包含了根路径、子目录路径、文件路径的列表。root 是指当前正在遍历的这个目录本身的地址；dirs 是一个列表，内容是该目录中所有目录的名字（不包括子目录的）；files 同样是一个列表，内容是该目录中所有文件的名字（不包括子目录中的）。

【例 4.50】编写程序 hdfs_walk.py，在该程序中首先构造 HdfsClient 对象，然后利用 walk()方法逐一返回该目录及其子目录的内容。HdfsClient 类的 walk()方法类似于 Python OS 模块的 walk()方法，可以用于遍历目录中的所有文件、目录。代码如下：

```
import os
import pyhdfs
client = pyhdfs.HdfsClient(hosts="localhost:9870", user_name="hadoop")

for root,dirs,files in client.walk('/data',topdown=False):
    for name in files:
        print(os.path.join(root, name))
    for name in dirs:
        print(os.path.join(root, name))
```

for 语句中的 root、dirs、files 分别对应 root 目录、root 目录下的所有子目录名称列表 dirs，以及 root 目录下的所有文件列表 files。若 walk()方法中指定的/data 目录下有子目录，则会递归地访问其子目录。例如，当前/data 目录下包含 data1 文件和 dataset 子目录，dataset 子目录又包含 data01 和 data02 文件，该程序执行输出如下：

```
$ python3 hdfs_walk.py
/data/dataset/data01
/data/dataset/data02
/data/data1
/data/dataset
```

walk()方法是一个非常重要且常用的方法，常被用于遍历、查找指定目录下的文件、递归处理目录下的文件数据等。

4.6 pyhdfs 应用实战

数据中心在接收各数据采集站的数据时，通常不会直接将数据写入 HDFS 对应的文件中，这是因为频繁打开 HDFS 文件进行小规模数据的读/写工作会极大地降低 Hadoop 数据处理的效率，所以，数据中心首先将各数据采集站发送的数据存储在文件中，使每个文件对应一个数据采集站，然后在当天 24 时接收完所有数据采集站发送的数据，最后统一将数据与 HDFS 的数据文件进行整合。现在我们完成这一数据整合的过程。

输入：每个数据采集站上报的数据都被统一存储在一个本地系统的文件夹中，该文件夹中的每个文件对应一个数据采集站上报的当天数据信息。例如，今天是 2021 年 1 月 1 日，那么当天所有上报的数据都被存储在名称为 20210101 的文件夹中，如图 4.13 所示；文件夹中的每个文件都是以一个逗号隔开的 CSV 文件，如图 4.14 所示。在 HDFS 中，专门用来存储数据的文件为/user/Hadoop/CityAQ/city-data.csv。

20200101	2021/1/18 20:39	文件夹
20200102	2021/1/18 20:39	文件夹

图 4.13　数据存储文件夹

北京.csv	2021/1/15 20:07	XLS 工作表	11 KB
成都.csv	2021/1/15 20:07	XLS 工作表	11 KB
广州.csv	2021/1/15 20:07	XLS 工作表	11 KB
昆明.csv	2021/1/15 20:07	XLS 工作表	11 KB
拉萨.csv	2021/1/15 20:07	XLS 工作表	11 KB
上海.csv	2021/1/15 20:07	XLS 工作表	11 KB
深圳.csv	2021/1/15 20:07	XLS 工作表	11 KB
沈阳.csv	2021/1/15 20:07	XLS 工作表	11 KB
乌鲁木齐.csv	2021/1/15 20:07	XLS 工作表	13 KB
武汉.csv	2021/1/15 20:07	XLS 工作表	11 KB

图 4.14　存储数据的文件

输出：将指定日期对应的文件夹中的数据整合到 HDFS 的/city-data.csv 文件中。

思路分析：基于上述要求，我们将通过以下几个步骤完成指定任务。

（1）根据输入的日期确定对应文件夹，并利用 pyhdfs 建立 HDFS 客户端。

（2）获取文件夹内的文件列表，逐个读取文件的内容，并利用 append()方法将数据添加到指定文件的末尾。

（3）在完成上述任务后，断开与 HDFS 的连接。

参考程序 MergeAQData.py 的内容如下：

```
#!/usr/bin/python3.6
import pyhdfs
import os
client = pyhdfs.HdfsClient(hosts="localhost:9870", user_name="hadoop")
def read(dir):
    root=r'/home/hadoop/bigdata/pyhdfsTest/data/CityAQ'
    dir=os.path.join(root,dir)
    for files in os.listdir(dir):
        files=os.path.join(dir,files)
        with open(files,'r',encoding='utf-8') as data:
            for line in data.readlines():
                client.append('/user/Hadoop/CityAQ/city-data.csv',\
line.encode("utf-8").decode("latin-1"))
def main():
    dir='20200101'    #指定的日期
    read(dir)

if __name__ == "__main__":
    main()
```

在编写完上述 Python 程序后，利用 Python 命令执行该程序。之后将 HDFS 上的数据文件下载到本地，查看部分数据信息。具体执行过程如下：

```
$ python3 MergeAQData.py
$ hadoop fs -get /user/Hadoop/CityAQ/city-data.csv ./tmp1.csv
2021-01-19 17:33:32,149 INFO sasl.SaslDataTransferClient: SASL encryption trust check: localHostTrusted = false, remoteHostTrusted = false

$less tmp1.csv
20200101,0,AQI,武汉,65
20200101,0,PM2.5,武汉,41
```

```
20200101,0,PM2.5_24h,武汉,72
20200101,0,PM10,武汉,79
20200101,0,PM10_24h,武汉,108
20200101,0,SO2,武汉,9
20200101,0,SO2_24h,武汉,10
20200101,0,NO2,武汉,62
20200101,0,NO2_24h,武汉,48
20200101,0,O3,武汉,8
20200101,0,O3_24h,武汉,36
20200101,0,O3_8h,武汉,15
20200101,0,O3_8h_24h,武汉,29
20200101,0,CO,武汉,0.79
20200101,0,CO_24h,武汉,1.10
```

4.7 本章小结

Hadoop 是一个由 Apache 基金会开发的分布式处理框架。它以 HDFS（Hadoop Distributed File System）为文件系统，并支持 MapReduce 分布式程序设计和运行框架，让用户可以在不了解分布式底层细节的情况下开发分布式程序，从而充分利用集群的功能进行高速运算和存储。Hadoop 具有高容错性的特点，可以部署在成本低廉的硬件上，并提供高吞吐量来访问应用程序的数据，非常适合处理超大规模数据集。

本章首先介绍了 Hadoop 的发展历史、优势、生态系统、核心组件和 Hadoop 命令结构；然后以 HDFS 为重点介绍了其体系结构和特点，并详细介绍了 HDFS 的交互式命令。基于 Python 的广泛应用，本章介绍了利用 Python 实现对 HDFS 文件的访问，并详细介绍了 pyhdfs 的类库和相关方法。最后，通过一个具体的实例展示了 pyhdfs 应用的便捷性。

4.8 习题

一、简答题

1．和传统的分布式文件系统相比，HDFS 有哪些特性？

2．NameNode 和 DataNode 的功能分别是什么？

3．Hadoop 平台需要高可靠计算机保证其可靠性，这种说法对吗？请分析具体原因。

4．简要叙述 Hadoop 1.0 和 Hadoop 2.0 的区别。

5．机架（Rack）在 Hadoop 中是一个非常重要的概念，请简要叙述它可能在哪些方面对系统的部署和使用造成影响。

6．简要叙述 HDFS 文件数据读取的基本步骤。

7．小明说，HDFS 的 NameNode 会在向 HDFS 中写入数据时承担很大的负载，这种说法是否正确？请进一步分析。

二、实验题

【实验 4.1】利用 pyhdfs 编写 Python 程序，实现基于 HDFS 文件内容的检索。

数据中心搭建了一个 Hadoop 平台，该平台具有巨大的存储空间。为此，学校打算为每一位老师都提供一定的数据存储空间，这样不但可以有效利用闲置资源，还可以给老师的数据提供多份存储保障。但是若为每一位老师都开设一个 Hadoop 账户显然是不合适的，除了会造成管理混乱，最重要的是大多数非专业教师不知道如何使用该系统。为此，数据中心打算构建一个 Web 平台供老师使用，以提供可视化的数据操作方式。在实现该 Web 平台的过程中，需要使用 Python 构造一个 HDFSHelper 类。该类可以为 Web 前端提供调用支持。除了基本的上传和下载功能，数据中心还希望该类提供一个方法，该方法可以实现基于文件内容的文件检索。

例如，张高深老师的数据都存储在/user/ZhangGS 目录下，他想要在该目录下的 txt 文件中进行检索，将所有包含"score"的文件都找出来。

现在请你帮忙完成这项工作，实现 findByText(username, compString)→string[]方法。

提示： 该方法需要使用 HdfsClient 类的 walk()方法实现对指定用户目录（/user/ZhangGS）下所有文件的遍历；在得到每个文件后，通过字符匹配的方式实现文件文本内容与 compString 的对比，从而返回包含指定字符串的文件。

第 5 章 HBase 基础与应用

本章学习目标

- 了解 HBase 的产生背景、与 Hadoop 其他组件的关系及生态环境。
- 了解 HBase 的体系结构、核心组件和工作原理。
- 掌握 HBase 的常用命令，能够灵活地使用命令对 HBase 进行操作。
- 掌握利用 Jython 实现 HBase 的各种操作。

本章假定在前面章节中已经安装好了 Hadoop 平台，并配置好了各个节点，则平台上至少包含 HDFS、Hive、HBase。本章将向读者介绍 HBase 大数据存储技术及其应用。首先，介绍了 HBase 的背景，以及 HBase 在 Hadoop 中所处的位置；其次，通过一个简单的 HBase 应用实例说明了 HBase 的基本用法；再次，详细介绍了 HBase 交互式命令及其应用；最后，通过 Jython 实现与 HBase 的交互操作。

5.1 HBase 简介

HBase 是一个分布式的、面向列的开源数据库，该技术来源于 Fay Chang 所撰写的 Google 论文——*Bigtable: A Distributed Storage System for Structured Data*。HBase 在 Hadoop 上提供了类似于 Bigtable 的功能。总体而言，HBase 是 Apache Hadoop 项目的子项目，它介于 NoSQL 和 RDBMS 之间，能通过行键（Row Key）来检索数据，支持单行事务。HBase 是一个基于列存储模式的、适用于非结构化数据存储的数据库，主要用来存储非结构化和半结构化的松散数据。与 Hadoop 相同，HBase 的目标是依靠横向扩展，通过不断增加廉价的服务器来增加计算和存储能力。

HBase 的体系结构如图 5.1 所示。从图 5.1 中可以看出，HBase 将 HDFS 作为其文件存储系统，利用 ZooKeeper 进行协同服务，最终实现提供高可靠性、高性能、列存储、可伸缩、实时读/写等功能的数据库系统。

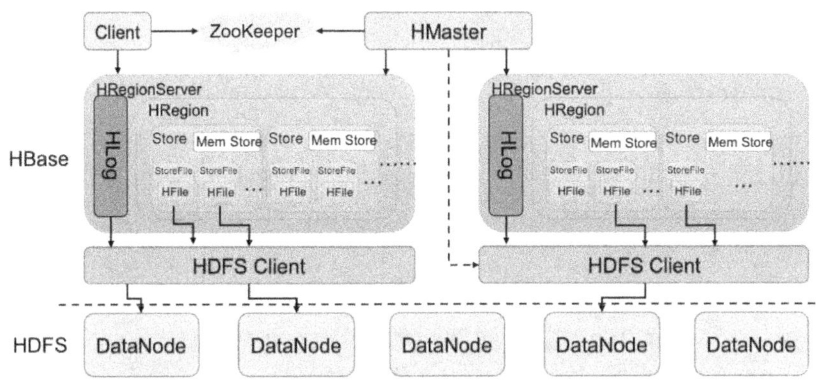

图 5.1　HBase 的体系结构

HBase 通过 ZooKeeper 来保证集群中只有 1 个 HMaster 在运行，如果 HMaster 发生异常，则会通过竞争机制产生新的 HMaster；ZooKeeper 监控 HRegionServer 的状态，当 HRegionServer 发生异常时，会通过回调的形式通知 HMaster 相关信息。HBase 通过 ZooKeeper 存储元数据的统一入口地址，因此在编写程序实现与 HBase 交互时，需要利用 ZooKeeper 的端口号来获取相关连接信息。

与 HDFS 类似，HBase 由中心节点 HMaster 存储元数据，为 HRegionServer 分配 HRegion，维护整个集群的负载均衡。在每个分布式节点中运行的 HRegionServer 可以实现本地 HBase 数据的管理，直接对接用户的读/写请求，HRegionServer 管理 HMaster 为其分配的 HRegion，处理来自客户端的读/写请求，负责与底层 HDFS 的交互和存储数据。

访问 HBase 最直接的方式是通过 HBase 的 Shell 实现与 HBase 的交互操作，除此之外，Pig 和 Hive 还为 HBase 提供了高层语言支持，使在 HBase 上进行数据统计处理变得非常简单。Sqoop 则为 HBase 提供了方便的 RDBMS 数据导入功能，使传统数据库的数据向 HBase 中迁移变得非常方便。HBase 为 Java 提供了丰富的类库以实现与 HBase 的交互操作，为了适应更加广泛的程序语言支持，HBase 还提供了 C/C++语言的类库支持，提供了 Jython 与 HBase 的交互支持。

5.2　HBase 安装

在安装 HBase 之前，需要确保已经安装好 JDK 环境。若读者是按照本书内容顺序阅读的，则已经安装好对应的 JDK 环境。之后，登录 Apache 网站下载 HBase，在网站上可以选择具体的版本，并下载 HBase。其中，文件名以 src.tar.gz 结尾的文件表示 HBase 的源代码。若用户仅仅需要使用 HBasc，而不进行 HBase 的改进和开发，则只需要下载文件名以 tar.gz 结尾的文件即可。

若读者单独学习本章内容，则可以按照如下步骤安装及配置一个单机版本的 HBase。

1．下载并解压缩文件

在官方网站上选择要下载的 HBase 版本。例如，要下载 HBase 3.0，则其对应的文件为 HBase-3.0.0-SNAPSHOT-bin.tar.gz，可以利用下面的命令进行解压缩：

```
$ tar xzvf HBase-3.0.0-SNAPSHOT-bin.tar.gz
$ cd HBase-3.0.0-SNAPSHOT/
```

2. 配置 HBase 环境

配置 HBase 环境，首先需要确认 Java 的安装位置。假设 Java 的安装路径为/usr/local/servers/jdk，则修改 HBase 的配置文件 conf/hbase-env.sh，代码如下：

```
#The java implementation to use.
export JAVA_HOME=/usr/local/servers/jdk
```

3. 启动 HBase

在完成 HBase 的环境配置后，运行 HBase 的启动脚本文件/bin/start-hbash.sh，启动 HBase。在启动完成后，HBase 将会显示成功运行信息。用户也可以登录 http://localhost:16010，查看 HBase 的运行信息，如图 5.2 所示。

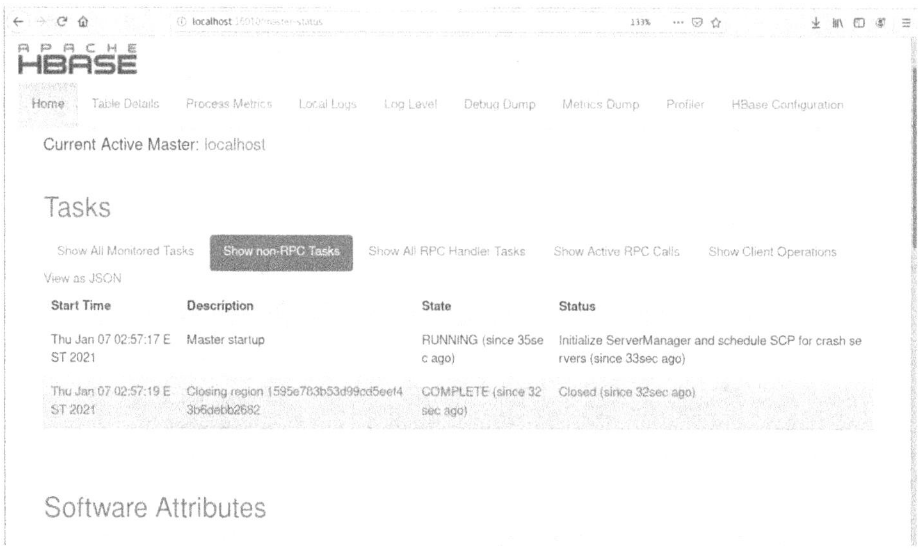

图 5.2　HBase 的运行信息

需要注意的是，这种简单的方法适用于单机模式，若采用的是安全分布模式或伪分布模式，则需要进一步配置 HBase。各类操作命令在单机模式和分布模式下的使用方法基本相同。但是对于不同的 HBase 版本，其命令运行后返回的提示信息通常会有一些不同。

本章的重点在于介绍 HBase 的数据模型、数据表的操作和简单的应用，因此对于 HBase 在伪分布模式和完全分布模式下的安装与配置不进行介绍。如果读者有兴趣，则可以查阅相关文档自行试验。

5.3 HBase 初探

在完成 HBase 的安装和配置后，下面将通过一个简单的示例展示 HBase 与用户的交互过程，初步了解 HBase 的简单应用。为了叙述方便，假设 HBase 的安装目录为$HBase_HOME，该示例的具体操作步骤包括连接到 HBase、创建数据表、查看数据表信息和添加数据等。

1. 连接到 HBase

为了连接到 HBase，首先进入$HBase_HOME/bin 目录，启动 HBase 的命令行交互程序，当然也可以将$HBase_HOME/bin目录加入$PATH 中，从而不需要在每次运行命令时都指定具体的目录。具体操作命令及运行结果如下：

```
[root@Node01 bin]#./hbase shell
HBase Shell
Use "help" to get list of supported commands.
Use "exit" to quit this interactive shell.
For Reference, please visit: http://HBase.apache.org/2.0/book.html#shell
Version 2.3.3, r3e4bf4bee3a08b25591b9c22fea0518686a7e834, Wed Oct 28 06:36:25 UTC 2020
Took 0.0174 seconds
HBase:001:0>.
```

从上述交互过程可见，HBase 接受连接并返回了一些相关信息。至此已经成功建立了与 HBase 的连接。

在与 HBase 的交互过程中，若需要查看帮助信息，则可以直接运行 help 命令。运行 help 命令将会返回帮助信息。在帮助信息中，将命令分为不同的 group，且每个 group 下都列出了对应的命令，具体操作命令及运行结果如下：

```
HBase:001:0> help
HBase Shell, version 2.4.0, r282ab70012ae843af54a6779543ff20acbcbb629, Thu Dec 3 09:58:52 PST 2020
Type 'help "COMMAND"', (e.g. 'help "get"' -- the quotes are necessary) for help on a specific command.
Commands are grouped. Type 'help "COMMAND_GROUP"', (e.g. 'help "general"') for help on a command group.
#省略部分信息
```

若想要获取某个命令的帮助信息，则可以通过输入“help COMMAND”命令的方式查看该命令的详细帮助信息。例如，想要获取 create 命令的帮助信息，则可以运行 help "create"命令查看其详细帮助信息。需要注意的是，这里的命令参数需要使用双引号引起来，否则运行将会出错。create 命令的详细帮助信息如下：

```
HBase:003:0> help "create"
Creates a table. Pass a table name, and a set of column family specifications (at least one), and, optionally, table configuration. Column specification can be a simple string (name), or a dictionary (dictionaries are described below in main help output), necessarily including NAME attribute.
#省略部分信息
```

2. 创建数据表

在连接到 HBase 后，可以使用 create 命令创建一个新的数据表。例如，需要创建一个表名为 tbl1 且包含一个数据列族 cf1 的数据表。需要注意的是，在利用 CLI 与 HBase 进行交互时，create 命令中的两个参数（表名和数据列族）均需要使用单引号引起来。具体操作命令及返回结果如下：

```
HBase(main):001:0> create 'tbl1', 'cf1'
Created table tbl1
Took 0.8146 seconds
=> HBase::Table - tbl1
```

3. 查看数据表信息

在数据表创建完成后，可以使用 list 命令查看所创建的数据表信息。例如，查看步骤 2 中创建的数据表 tbl1 的信息，具体操作命令及返回结果如下：

```
HBase(main):002:0>list 'tbl1'
TABLE
tbl1
1 row(s)
Took 0.0808 seconds
=> ["tbl1"]
```

使用 list 命令只能查看数据表的简要信息，如果需要进一步查看数据表的详细信息，则可以使用 describe 命令。例如，查看数据表 tbl1 的详细信息，具体操作命令及返回结果如下：

```
HBase(main):003:0> describe 'tbl1'
Table tbl1 is ENABLED
tbl1
COLUMN FAMILIES DESCRIPTION
{NAME => 'cf1', BLOOMFILTER => 'ROW', IN_MEMORY => 'false', VERSIONS => '1',
KEEP_DELETED_CELLS => 'FALSE', DATA_BLOCK_ENCODING => 'NONE', COMPRESSION => 'NONE',
TTL => 'FOREVER', MIN_VERSIONS => '0', BLOCKCACHE => 'true', BLOCKSIZE => '65536',
REPLICATION_SCOPE => '0'}
1 row(s)
QUOTAS
0 row(s)
Took 0.4453 seconds
```

从 describe 命令返回的结果中可以看到更加详细的数据表信息，包括数据列族的参数详细设置，如数据列族 cf1 的参数 VERSION 规定了该数据列族版本数为 1 等。

4. 添加数据

在创建数据表后，可以使用 put 命令向数据表中添加数据。例如，向数据表 tbl1 中添加 3 条数据记录，具体操作命令如下：

```
HBase(main):002:0> put 'tbl1', 'rid-1', 'cf1:a', 'value1'
Took 0.1386 seconds
HBase(main):003:0> put 'tbl1', 'rid-2', 'cf1:b', 'value2'
Took 0.0244 seconds
HBase(main):004:0> put 'tbl1', 'rid-3', 'cf1:c', 'value3'
Took 0.0257 seconds
```

从上述添加数据的过程可以看出，虽然我们在创建数据表时只定义了一个数据列族 cf1，并没有定义数据列族中的具体列，但是在添加数据时可以为添加的数据指定更具体的数据列限定符。由此可见，HBase 的数据模型不同于传统的关系型数据库，它采用了新的数据模型。有关数据模型的详细信息，将在下一节中展开叙述。

5. 查看数据

使用 scan 命令可以查看数据表中的数据，例如，查看数据表 tbl1 中的数据，具体操作命令及返回结果如下：

```
HBase(main):006:0> scan 'tbl1'
ROW   COLUMN+CELL
rid-1  column=cf1:a,      timestamp=2021-01-08T12:59:15.123, value=value1
rid-2  column=cf1:b,      timestamp=2021-01-08T12:59:32.223, value=value2
rid-3  column=cf1:c,      timestamp=2021-01-08T12:59:43.331, value=value3
3 row(s)
```

```
Took 0.1388 seconds  3 row(s) in 0.0230 seconds
```

由返回结果可见，当前数据表 tbl1 中已经包含了步骤 4 中添加的 3 条数据记录。记录返回信息显示了每行对应列族的值及时间（时间戳）。

6. 步骤 6：获取一行数据

使用 get 命令可以获取指定行数据。例如，为了获取数据表 tbl1 中指定行 rid-1 的数据，具体操作命令及返回结果如下：

```
HBase(main):007:0> get 'tbl1', 'rid-1'
COLUMN      CELL
cf1:a        timestamp=2021-01-08T12:59:15.123, value=value1
1 row(s)
Took 0.9699 seconds
```

7. 停用数据表

当用户需要删除数据表，或者修改数据表的一些设置时，需要先停用该数据表。停用数据表的命令是 disable。例如，停用数据表 test，具体操作命令如下：

```
HBase(main):008:0> disable 'test'
0 row(s) in 1.1820 seconds
```

在数据表停用并进行设置修改后，如果需要再次启动数据表，则可以使用 enable 命令，具体操作命令如下：

```
HBase(main):009:0> enable 'test'
0 row(s) in 0.1770 seconds
```

8. 删除数据表

如果需要删除数据表，则可以使用 drop 命令。需要注意的是，在删除数据表前，需要先停用该数据表。例如，删除数据表 test 的具体操作为先执行 disable 命令停用该数据表，再执行 drop 命令删除该数据表，命令如下：

```
HBase(main):010:0> disable 'test'
0 row(s) in 1.1820 seconds
HBase(main):011:0> drop 'test'
0 row(s) in 0.1370 seconds
```

9. 退出 HBase

在完成与 HBase 的交互后，用户可以利用 quit 命令退出命令行交互模式。在退出命令行交互模式后，HBase 仍然在后台运行，因此，退出操作并不会影响其他用户正常访问 HBase。

10. 停止 HBase 的运行

若想要停止 HBase 的运行，则可以运行脚本文件/bin/stop-HBase.sh。该脚本文件与/bin/start-HBase.sh 文件的作用是相对的。在停止 HBase 的运行后，所有用户及程序对 HBase 的访问都将被断开。停止 HBase 运行的操作示例如下：

```
$ ./bin/stop-HBase.sh
stopping HBase…
```

在执行停止 HBase 运行的脚本文件后，可能需要等待一定的时间后才能关闭 HBase。具体关闭的时间取决于 HBase 的运行模式、节点数量、连接数量等因素。

HBase 除了可以通过命令行交互模式执行操作命令，也可以将脚本存放在文件中，然后通过运行脚本文件的方式执行操作命令，以达到批处理的目的。将上述实例中构造数据表、添加数据的相关语句集成到一个脚本文件 HBase_shell_demo1.bat 中，文件内容如下：

```
#HBase_shell_demo1.bat
create 'tbl1', 'cf1'
put 'tbl1', 'rid-1', 'cf1:a', 'value1'
put 'tbl1', 'rid-2', 'cf1:b', 'value2'
put 'tbl1', 'rid-3', 'cf1:c', 'value3'
scan 'tbl1'
```

保存该文件，将该文件设置为可执行，并通过 HBase Shell 命令执行该批处理操作，其权限设置与操作命令如下：

```
$ chmod +x HBase_shell_demo1.bat
$ HBase shell HBase_shell_demo1.bat
```

5.4 HBase 数据模型

在 HBase 中，数据被存储在有行和列的数据表中，且这部分的基本结构和基本概念与关系型数据库是相同的。但是，HBase 在此基础上又进行了很多改进，增强了其存储非结构化数据的功能，因此，应该将 HBase 数据表视为一个多维映射关系，这将有助于用户理解 HBase 数据模型。

5.4.1 HBase 数据模型的相关术语

本节将对 HBase 数据模型的相关术语进行简单介绍。HBase 数据模型涉及的相关术语有数据表（Table）、行（Row）、列（Column）、列族（Column Family）、列限定符（Column Qualifier）、单元（Cell）等。为了便于理解，我们利用类似关系型数据模型展示一个 HBase 数据模型，如图 5.3 所示。

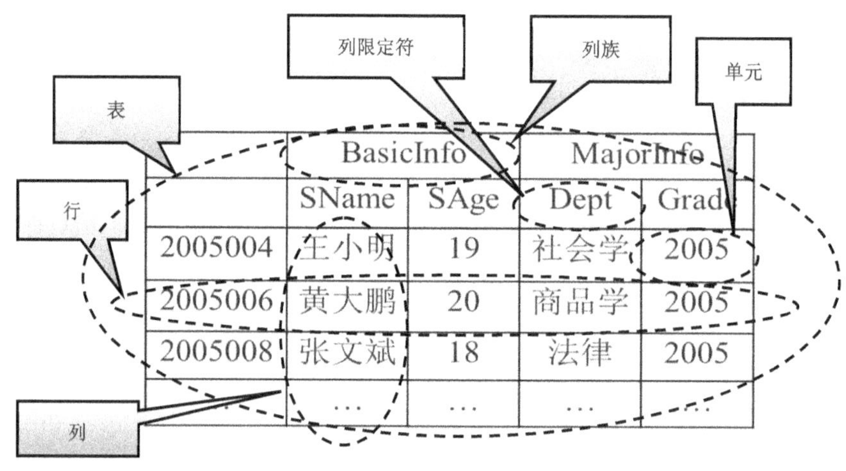

图 5.3　HBase 数据模型

1．数据表（Table）

HBase 中的数据表是由多行数据组成的。

2．行（Row）

HBase 中的行由一个行关键字和一个或多个列族组成。在图 5.3 中，行由行关键字及 BasicInfo、MajorInfo 两个列族组成。由于行在存储时按照行关键字的字典顺序排列，因此行关键字的设计非常重要。行关键字（以下简称行键）的设计目标是让具有一定相关性的行彼此靠近。

例如，要存储 Web 网站内容的快照，则需要存储的内容有地址、快照内容。在该应用中，可以使用的行键通常是网站域名。当使用网站域名作为行键时，应该将它们反向存储（例如，WWW 服务器地址 www.apache.org 的行键存储为 org.apache.www，Mail 服务器地址的行建存储为 org.apache.mail 等）。这样一来，所有 Apache 域在表中的存储位置将会彼此相邻，而不是根据子域的第一个字母展开，从而使得数据的检索更加方便。

3．列（Column）

HBase 中的列由列族和列限定符组成。它们采用冒号分隔，如 BasicInfo:SName 表示列族 BasicInfo 中的 SName 限定符对应的列，用于存储姓名。需要明确的是，由于 HBase 的列族中可以有不限定数量的列限定符，因此一个列族下可能存在多个列。

4．列族（Column Family）

出于性能的考虑，列族在物理上包含一组列及其值。每个列族都有其存储属性可供设置，例如，是否应将其值缓存在内存中、如何压缩其数据及如何编码其行键等。虽然给定的行可能在列族中不存储任何具体的值，但是表中的每一行都有相同的列族。

因此从简单、直观的角度来看，我们可以将列族看作列的组合，即列族由多个列组成，同时在具体的应用中，并不是所有的列都需要有对应的赋值。

5．列限定符（Column Qualifier）

列限定符被添加到列族中以提供给定数据字段的索引，而列族中的数据通过列限定符或列来定位。尽管列族在创建数据表时是固定的，但是列限定符是可变的，并且不同的行可能有不同的列限定符。列限定符可以不必事先定义，且不同行的列限定符不必保持一致。

6．单元（Cell）

一个单元由行键、列族、列限定符和时间戳 4 个元素唯一确定，用于存储具体的值或时间戳。

7．时间戳（Timestamp）

时间戳与每个值一起被写入数据表，用于表示值的版本信息。在默认情况下，时间戳为写入数据时区域服务器上的时间，用户也可以自定义不同的时间戳。

在 HBase 数据表中，存储数据使用的是四维坐标系统，依次是行键、列族、列限定符和时间版本。HBase 按照时间戳降序排列各时间版本，其他映射键按照升序排列，以方便数据的检索和查看。在图 5.3 中并没有显示时间戳的概念，我们可以认为，每个行键所确定的值都带有一个版本号，时间戳便是该版本号，由此，便可以通过版本号的方式确定数据的最新版本。

为了更直观地理解 HBase 数据模型及其与关系型数据库的区别，我们通过表 5.1 对两者进行对比。理解上述概念将有助于用户对 HBase Shell 命令的理解与使用。

表 5.1 HBase 数据模型与关系型数据库的对比

项　目	关系型数据库	HBase
数据模型	关系型数据模型	键/值对
数据类型	丰富的数据类型	简单的数据类型
数据操作	丰富的数据操作，含多表连接操作；可以进行数据更新操作	只有简单的单表增加、删除、查询等操作；没有更新操作，只能插入新键/值对版本
存储模式	基于行存储	基于列存储，多文件，列族文件分离
数据索引	可以包含复杂索引	只有一个键值（行键）索引
可伸缩性	横向扩展难，特别是在数据量大时；纵向扩展有限	具有良好的可伸缩性

5.4.2 概念视图（Conceptual View）

为了更好地理解 HBase 的概念视图，我们利用一个类似于之前所提到的 Fay Chang 论文中的实例来解释相关概念，具体如表 5.2 所示。该数据表包含了两行、3 个列族（contents、anchor、people）。其中，第一行数据的行键是"com.cnn.www"，共包含 contents:html 和 anchor:cnnsi.com 两列；第二行数据的行键是"com.example.www"，共包含 contents:html 和 people:author 两列。第一行数据（行键为"com.cnn.www"）一共有 5 个版本，其对应时间戳分别是 t3、t5、t6、t8、t9，且按照逆序进行排序。

表 5.2 HBase 中的数据表 webTable

行　键	时间戳	列族 contents	列族 anchor	列族 people
"com.cnn.www"	t9		anchor:cnnsi.com = "CNN"	
"com.cnn.www"	t8		anchor:my.look.ca = "CNN.com"	
"com.cnn.www"	t6	contents:html = "<html>…"		
"com.cnn.www"	t5	contents:html = "<html>…"		
"com.cnn.www"	t3	contents:html = "<html>…"		
"com.example.www"	t5	contents:html = "<html>…"		people:author = "John Doe"

从上述数据表可以看出，该数据表中的单元格存在许多空值，使得 HBase 数据表中存储的数据显示为稀疏矩阵模式。在实际的存储中，这些空单元格并不会占用空间。表格视图并不是 HBase 中查看数据的唯一可行的方法，甚至不是最精确的方法。下面通过多维视图展示上述表格数据，代码如下：

```
{
  "com.cnn.www": {
    contents: {
      t6: contents:html: "<html>…"
      t5: contents:html: "<html>…"
      t3: contents:html: "<html>…"
    }
    anchor: {
      t9: anchor:cnnsi.com = "CNN"
      t8: anchor:my.look.ca = "CNN.com"
    }
    people: {}
```

```
    }
    "com.example.www": {
      contents: {
        t5: contents:html: "<html>…"
      }
      anchor: {}
      people: {
        t5: people:author: "John Doe"
      }
    }
  }
```

从上述多维视图中可以看出，HBase 并不是以行的方式存储的，而是以列族为依据分开存储的，然后在列族内再以行的方式存储，具体的物理视图将在下一小节中展开介绍。

5.4.3 物理视图（Physical View）

虽然数据表在 HBase 的概念视图上展现为一个稀疏的行集，但是它们不是以行的方式存储的，而是以列族的方式构建物理视图。在该视图下，可以在任意时间将一个新的列限定符加入列族中。

表 5.3 和表 5.4 所示为数据表 webTable 中行键为"com.cnn.www"的数据的物理视图。

表 5.3 数据表 webTable 的物理视图（列族 anchor）

列族 anchor		
行键（Row Key）	时间戳（Timestamp）	列族（Column Family）：anchor
"com.cnn.www"	t9	anchor:cnnsi.com = "CNN"
"com.cnn.www"	t8	anchor:my.look.ca = "CNN.com"

表 5.4 数据表 webTable 的物理视图（列族 contents）

列族 contents		
行键（Row Key）	时间戳（Timestamp）	列族（Column Family）：contents
"com.cnn.www"	t6	contents:html = "<html>…"
"com.cnn.www"	t5	contents:html = "<html>…"
"com.cnn.www"	t3	contents:html = "<html>…"

从上述物理视图中可以看出，以表格方式展现的概念视图中的空数据单元并没有在物理视图中列出。这也就意味着，若有一个请求访问以“行键+时间戳”的方式查询单元数据，则空数据单元将不会返回任何值。然而，若在检索过程中没有指定时间戳，则查询将会返回特定列族元素的最近值。在存在多个版本数据的情况下，由于物理视图是按照时间戳降序排列的，因此最近的元素值总是最先被发现并返回为检索结果。从这里也可以看出，HBase 的概念视图中的行在物理视图中并不存在。

5.4.4 命名空间（Namespace）

命名空间是一个数据表的逻辑组织结构，用来对应关系型数据库中数据库的概念。这一抽象概念也为即将推出的多租户概念提供基础支持，包括命名空间的配额管理、安全性管理、区域服务器组等。

命名空间可以被创建、移除和修改；命名空间与数据表的所属关系是在数据表创建期间通过指定完全限定表名来确定的。其形式如下：

```
<table namespace>:<table qualifier>
```

下面展现了创建命名空间 my_ns，并创建命名空间表 my_table 的基本过程。从这里可以看出，命名空间实际上是一个数据表的逻辑组织结构，用于将数据表等基本元素进行归类。

创建命名空间 my_ns：create_namespace 'my_ns'。

在命名空间 my_ns 中创建数据表 my_table：create 'my_ns:my_table', 'fam'。

删除命名空间 my_ns：drop_namespace 'my_ns'。

在 HBase 数据库中，有两个预定义的命名空间，分别是 HBase 和 default。

- HBase：系统命名空间，用于包含 HBase 内部数据表。
- default：默认命名空间。若所创建的数据表没有指定命名空间，则数据表将被自动分配到 default 命名空间中。

【例 5.1】 下面创建两个表名均为 bar 的数据表，其中一个指定了命名空间 foo，另一个未指定命名空间，那么我们可以看到这两个数据表可以被同时创建而不会出现命名冲突。具体操作命令及结果如下：

```
HBase(main):007:0> create_namespace 'foo'
Took 0.2549 seconds
HBase(main):008:0> create 'foo:bar', 'fam'
Created table foo:bar
Took 1.2045 seconds
=> HBase::Table - foo:bar
HBase(main):001:0> create 'bar', 'fam'
Created table bar
Took 92.6124 seconds
=> HBase::Table - bar
```

在 HBase 的应用中，数据表等数据对象都可以使用<table namespace>:<table qualifier>的方式表示，若需要对当前命名空间进行操作，则可以省略命名空间。

5.5 HBase Shell

5.5.1 HBase Shell 概述

HBase Shell 是与 HBase 进行交互的主要模式之一。它提供了丰富的交互命令，并且其命令按照功能又可以分为若干组，分别如下。

通用组（General Group）：processlist, status, table_help, version, whoami。

数据定义组（DDL Group）：alter, alter_async, alter_status, clone_table_schema, create, describe, disable, disable_all, drop, drop_all, enable, enable_all, exists, get_table, is_disabled, is_enabled, list, list_regions, locate_region, show_filters。

命名空间组(**Namespace Group**)：alter_namespace, create_namespace, describe_namespace, drop_namespace, list_namespace, list_namespace_tables。

数据操纵组（**DML Group**）：append, count, delete, deleteall, get, get_counter, get_splits, incr, put, scan, truncate, truncate_preserve。

工具组（**Tools Group**）：assign, balance_switch, balancer, balancer_enabled, catalogjanitor_enabled, catalogjanitor_run, catalogjanitor_switch, cleaner_chore_enabled, cleaner_chore_run, cleaner_chore_switch, clear_block_cache, clear_compaction_queues, clear_deadservers, clear_slowlog_responses, close_region, compact, compact_rs, compaction_state, compaction_switch, decommission_regionservers, flush, get_balancer_decisions, get_largelog_responses, get_slowlog_responses, hbck_chore_run, is_in_maintenance_mode, list_deadservers, list_decommissioned_regionservers, major_compact, merge_region, move, normalize, normalizer_enabled, normalizer_switch, recommission_regionserver, regioninfo, rit, snapshot_cleanup_enabled, snapshot_cleanup_switch, split, splitormerge_enabled, splitormerge_switch, stop_master, stop_regionserver, trace, unassign, wal_roll, zk_dump。

备份组（**Replication Group**）：add_peer, append_peer_exclude_namespaces, append_peer_exclude_tableCFs, append_peer_namespaces, append_peer_tableCFs, disable_peer, disable_table_replication, enable_peer, enable_table_replication, get_peer_config, list_peer_configs, list_peers, list_replicated_tables, remove_peer, remove_peer_exclude_namespaces, remove_peer_exclude_tableCFs, remove_peer_namespaces, remove_peer_tableCFs, set_peer_bandwidth, set_peer_exclude_namespaces, set_peer_exclude_tableCFs, set_peer_namespaces, set_peer_replicate_all, set_peer_serial, set_peer_tableCFs, show_peer_tableCFs, update_peer_config。

快照组（**Snapshots Group**）：clone_snapshot, delete_all_snapshot, delete_snapshot, delete_table_snapshots, list_snapshots, list_table_snapshots, restore_snapshot, snapshot

配置组（**Configuration Group**）：update_all_config, update_config。

配额组（**Quotas Group**）：disable_exceed_throttle_quota, disable_rpc_throttle, enable_exceed_throttle_quota, enable_rpc_throttle, list_quota_snapshots, list_quota_table_sizes, list_quotas, list_snapshot_sizes, set_quota。

安全设置组（**Security Group**）：grant, list_security_capabilities, revoke, user_permission。

过程组（**Procedures Group**）：list_locks, list_procedures。

可见性标签（**Visibility Labels Group**）：add_labels, clear_auths, get_auths, list_labels, set_auths, set_visibility。

服务器管理组（**Rsgroup Group**）：add_rsgroup, alter_rsgroup_config, balance_rsgroup, get_rsgroup, get_server_rsgroup, get_table_rsgroup, list_rsgroups, move_namespaces_rsgroup, move_servers_namespaces_rsgroup, move_servers_rsgroup, move_servers_tables_rsgroup, move_tables_rsgroup, remove_rsgroup, remove_servers_rsgroup, rename_rsgroup, show_rsgroup_config。

在后续小节中将重点介绍 DML、DDL 组的若干交互式命令的基本用法。更多交互式命令的使用方法及详细信息可以通过 help 命令得到。

5.5.2 创建表（create）

create 命令用于创建数据表，在使用该命令创建新的数据表时需要指定数据表名及列族序列。其中，数据表名必不可少，且至少需要指定一个列族序列，其基本格式如下：

```
create '<name of table>','<name of column family>'
```

关于数据表的其他设置是可选的。列族的设置可以是简单的字符串，也可以是字典模式的输入。对列族而言，其常用的可选参数如下。

- BlockSize：数据块大小（BlockSize）是指每次读请求时所读取的最小数据块大小，其默认值为 64KB 或 65 536 字节。将数据块设置为较大的值可以提高数据表扫描的性能；将数据块设置为较小的值可以增加随机读取数据的速度。具体而言，如果业务请求以 Get 请求为主，则可以考虑将数据块大小设置为较小的值；如果业务请求以 Scan 请求为主，则可以将数据块大小设置为较大的值。
- BlockCache：数据块缓存（BlockCache）可以被设置为 True 或 False，对于一些常用的数据表，可以将其设置为 True，以应对数据经常被访问的情况，从而提高效率；若数据并不是经常被访问的，则可以将其设置为 False。目前，对数据块缓存的使用，HBase 采用的是 LRU 页面管理策略。LRU（Least Recently Used）即最近最少使用，是一种常用的页面置换算法，会选择最近最久未使用的页面予以淘汰。
- BloomFilter：布隆过滤器（BloomFilter）包含 3 种不同的可选项，即 NONE（默认）、ROW、ROWCOL。NONE 表示不使用布隆过滤器，ROW 表示使用行级布隆过滤器，ROWCOL 表示使用行+列级布隆过滤器。
- Compression：压缩（Compression）表示数据的存储方式是否压缩，其可选值有 NONE（默认不进行数据压缩）、GZip、LZO 等。
- Data Block Encoding：数据块编码/解码（Data Block Encoding）方式可选参数有 Prefix、Diff、Fast Diff 等。
- Version：版本（Version）是指 HBase 中的数据最多可以存储的版本数。若大于该版本数，则删除旧的数据，保存较新版本的数据。
- TTL：生存时间（TTL）用于设置单元格的生存周期。如果单元格过期，则会将其删除。其设置单位是秒，默认值为 FOREVER（永不过期）。
- IS_MOB：MOB 是指中等大小对象存储（Medium Object Storage），常常是一些文本、图片等数据对象（对象大小为 100KB～10MB）。若对象是 MOB，则 HBase 将会采用特定的存储策略，以使 HBase 更加高效地处理这些对象。IS_MOB 参数用于设定该列族中存储的对象是否为中等大小对象，其可选值为 True 和 False。
- MOB_THRESHOLD：用于设定对象被认为是 MOB 的字节数。若设置 IS_MOB 为 True，则在未指定 MOB_THRESHOLD 时，其默认阈值为 100 KB。
- MOB_COMPACT_PARTITION_POLICY：用于 MOB 数据的压缩分区存储策略的设置，可选值有 DAILY（将每天的 MOB 文件压缩为一个文件）、MONTHLY（按照月份将 MOB 文件压缩为一个文件）、WEEKLY（按照星期将 MOB 文件压缩为一个文件）。
- CONFIGURATION：CONFIGURATION 中可以进行更多的列族应用设置，在此不再赘述。

下面通过几个应用实例进一步了解 create 命令的使用。

【例 5.2】创建命名空间 ns1 下的数据表 t1，并为该数据表指定一个列族 f1。列族采用字典模式进行设置，其名称为 f1，列族数据同时存在的版本最多为 2 个。

在例 5.2 的实现中，首先使用 create 命令创建名称为 t1 的数据表，然后使用 put 命令向行键为 rowkey1 的行添加 3 条数据记录，并分别使用 scan 命令查看数据和使用 get 命令获取数据，具体操作及执行结果如下：

```
HBase(main):003:0> create_namespace 'ns1'
Took 0.1476 seconds
HBase(main):004:0> create 'ns1:t1', {NAME => 'f1', VERSIONS => 2}
Created table ns1:t1
Took 1.1622 seconds
=> HBase::Table - ns1:t1
HBase(main):037:0> put 'ns1:t1','rowkey1','f1:name','kkk'
Took 0.0843 seconds
HBase(main):038:0> put 'ns1:t1','rowkey1','f1:name','www'
Took 0.0034 seconds
HBase(main):040:0> put 'ns1:t1','rowkey1','f1:name','yyy'
Took 0.0052 seconds
HBase(main):041:0> scan 'ns1:t1'
ROW     COLUMN+CELL
rowkey1   column=f1:name, timestamp=2021-01-13T13:55:51.339, value=yyy
1 row(s)
Took 0.0120 seconds
HBase(main):043:0>  get 'ns1:t1','rowkey1',{COLUMN=>'f1:name',VERSIONS=>2}
COLUMN          CELL
 f1:name           timestamp=2021-01-13T13:55:51.339, value=yyy
 f1:name           timestamp=2021-01-13T13:53:33.949, value=www
1 row(s)
Took 0.0141 seconds
```

从上述操作过程及显示结果可见，使用 scan 命令查看数据时只显示最新的数据；而因为创建该数据表时设置的 VERSIONS 参数值为 2，即同时存在的版本不能超过 2 个，所以虽然该操作过程添加了 3 条数据记录，但是最后在使用 get 命令获取行键为 rowkey1 的数据时，其结果显示只有最近的两条数据记录。

【例 5.3】创建一个数据表 t2，并为其设定 3 个列族，分别为 f1、f2、f3。对于具有多个列族的数据表，我们可以通过简单字符串的方式，也可以通过字典的方式进行创建。下面两种方式具有相同的效果，不过在以字典的方式进行列族设置时，可以更加详细地指定列族的相关属性。操作命令如下：

```
HBase(main):003:0> create 't1', {NAME => 'f1'}, {NAME => 'f2'}, {NAME => 'f3'}
HBase(main):005:0> create 't1', 'f1', 'f2', 'f3'
```

我们以简单字符串的方式指定要创建的列族，并通过 describe 命令进行数据表的查看，其执行结果如下：

```
HBase(main):005:0> create 't1', 'f1', 'f2', 'f3'
Created table t1
Took 0.6787 seconds
=> HBase::Table - t1
HBase(main):001:0> describe 't1'
Table t1 is ENABLED
t1 COLUMN FAMILIES DESCRIPTION
```

```
{NAME => 'f1', VERSIONS => '1', EVICT_BLOCKS_ON_CLOSE=> 'false', … }
{NAME => 'f2', VERSIONS => '1', EVICT_BLOCKS_ON_CLOSE => 'false', … }
{NAME => 'f3', VERSIONS => '1', EVICT_BLOCKS_ON_CLOSE => 'false', … }
3 row(s)
QUOTAS
0 row(s)
Took 91.9909 seconds
```

【例 5.4】 列族参数的使用。

在创建数据表时，列族参数的设置将会对数据表的性能和数据的存储产生重要影响，因此在进行数据表的创建时，通常会同时指定列族的相关参数。列族及其参数的设定通常是以字典的方式进行的。例如，创建数据表 t2，并在创建该数据表时设置列族参数：列族名为 f1，最多版本数为 1，生存时间为 2 592 000 秒，数据块缓存为真。创建命令与执行结果如下：

```
    HBase(main):002:0> create 't2', {NAME => 'f1', VERSIONS => 1, TTL => 2592000,
BLOCKCACHE => true}
    Created table t2
    Took 1.2113 seconds
    => HBase::Table - t2
    HBase(main):011:0> describe 't2'
    Table t2 is ENABLED
    t2 COLUMN FAMILIES DESCRIPTION
    {NAME => 'f1' （列族名）, VERSIONS => '1' （版本数）, …, TTL => '2592000 SECONDS (30
DAYS)' （生存时间）, …, BLOCKCACHE => 'true' （数据块缓存）, …}
    1 row(s)
    QUOTAS
    0 row(s)
    Took 0.0803 seconds
```

再如，创建数据表 t3，并在创建该数据表时设置其列族 f1 的参数：列族名为 f1，存储的对象为中等大小对象，判断依据为大于 1 000 000 字节，将 MOB 文件压缩为一个特定分区的文件，周期为 WEEKLY。创建命令与执行结果如下：

```
    HBase(main):003:0> create 't3', {NAME => 'f1', IS_MOB => true, MOB_THRESHOLD =>
1000000, MOB_COMPACT_PARTITION_POLICY => 'WEEKLY'}
    Created table t3
    Took 0.6377 seconds
    => HBase::Table - t3
    HBase(main):012:0> describe 't3'
    Table t3 is ENABLED
    t3 COLUMN FAMILIES DESCRIPTION
    {NAME => 'f1', MOB_THRESHOLD => '1000000',…, IS_MOB => 'true', … , BLOCKCACHE =>
'true', … , MOB_COMPACT_PARTITION_POLICY => 'WEEKLY'}
    1 row(s)
    QUOTAS
    0 row(s)
    Took 91.2634 seconds
```

【例 5.5】 创建数据表，并预定义其切分策略。

在创建数据表的过程中，除了可以对列族进行相关的参数设置，还可以对数据表中的数据进行参数设置，并将其参数设置放在 create 语句末尾部分。

在 HBase 中的切分是一个非常重要的功能，HBase 是通过将数据分配到一定数量的 Region 中来达到负载均衡的。一个数据表（Table）会被分配到一个或多个 Region 中，这些 Region 会再被分配到一个或多个 RegionServer 中。在自动切分策略中，当一个 Region 达到一定的大小时，就会自动分成两个 Region。

HBase 的存储对象层次关系如下：

```
Table              (HBase 数据表)
Region             (数据表的分区)
  Store            (Store 针对数据表分区的列族而言)
    MemStore       (数据表每个分区存储中的内存存储)
    StoreFile      (数据表每个分区存储中的文件存储)
      Block        (数据文件存储中的基本单位为 Block)
```

例如，HBase 的 create 语句在创建数据表时设定了切分策略，操作命令如下：

```
HBase> create 't1', 'f1', SPLITS => ['10', '20', '30', '40']
```

除了设定固定的切分策略，HBase 还允许在创建数据表时指定具体的数据切分算法。如下两个实例便通过设置 SPLITALGO 参数指定切分算法，前者指定切分算法为 HexStringSplit；后者指定一个定义的 Java 类名，以其中包含的算法作为数据表的切分策略。其操作命令分别如下：

```
    HBase> create 't1', 'f1', {NUMREGIONS => 15, SPLITALGO => 'HexStringSplit'}
    HBase> create 't1', 'f1', {NUMREGIONS => 15, SPLITALGO => 'HexStringSplit',
REGION_REPLICATION=>2,CONFIGURATION=>'HBase.hregion.scan.loadColumnFamiliesOnDemand'
=> 'true'}}
```

【例 5.6】在创建数据表的同时设置自定义元数据。

对于 HBase 中的数据表和列族，除了可以设置系统预定义的一些选项，还可以通过自定义的方式为数据表和列族设置自定义元数据，从而实现数据表的灵活定义。

在例 5.6 中指定一个 mykey 关键字，并为其赋值，这一赋值将作为数据表的元数据存在。数据表的创建和查看数据表创建结果的操作命令如下：

```
    HBase(main):027:0> create 't1', {NAME => 'f1', VERSIONS => 5}, METADATA =>
{ 'mykey' => 'myvalue' }
    Created table t1
    Took 0.6275 seconds
    => HBase::Table - t1
    HBase(main):029:0> describe 't1'
    Table t1 is ENABLED
    t1, {TABLE_ATTRIBUTES => {METADATA => {'mykey' => 'myvalue'}}}
    COLUMN FAMILIES DESCRIPTION
    {NAME => 'f1', VERSIONS => '5', …}
    …
```

同样地，在创建数据表的列族时也可以为其指定多个自定义元数据。

5.5.3 修改表/列族（alter）

在创建 HBase 数据表后，HBase 还可以对数据表进行修改。对数据表的修改包括增加、修改、删除列族，以及修改数据表的配置信息。其中修改列族的参数设置与创建数据表时进行列族的参数设置具有相同的格式和参数，其参数也可以通过字符串的方式进行设置，或者通过字典的方式进行设置。下面将通过一些具体的实例展示利用 alter 命令修改数据表的方法，一些参数的设置可以参考创建数据表时的相关叙述。

【例 5.7】在数据表创建完成后，若想要将列族 f1 的存储版本数量修改为 5，则可以利用如下命令，这里只对一个列族进行属性修改操作，因此可以使用简单字符串的方式。

```
HBase> alter 't1', NAME => 'f1', VERSIONS => 5
```

例 5.7 演示了包含列族 f1 的数据表 t1 的创建，并向其中添加数据的过程。由于在默认情况下，其数据有效版本数为 1，因此后续添加的数据会覆盖原有的数据。具体操作命令及执行结果如下：

```
HBase(main):046:0> create 't1','f1'
Created table t1
Took 0.6229 seconds
=> HBase::Table - t1
HBase(main):007:0>  put 't1','rowkey1','f1:name','yyy'
Took 0.0324 seconds
HBase(main):009:0>  put 't1','rowkey1','f1:name','www'
Took 0.0066 seconds
HBase(main):011:0> get 't1','rowkey1',{COLUMN=>'f1:name',VERSIONS=>3}
COLUMN          CELL
 f1:name          timestamp=2021-01-13T14:15:30.793, value=www
1 row(s)
Took 0.0437 seconds
```

在使用过程中，为了增加存储版本数量，将列族 f1 的 VERSIONS 参数值修改为 3，继续向数据表 t1 中添加数据，并使用 get 命令获取数据。可以看出，在修改 VERSIONS 参数后，数据表 f1 中存储和展示了更多版本的数据。具体操作命令及显示结果如下：

```
HBase(main):013:0>  alter 't1', NAME => 'f1', VERSIONS => 5
Updating all regions with the new schema…
1/1 regions updated.
Done.
Took 2.0665 seconds
HBase(main):015:0>  put 't1','rowkey1','f1:name','xxx'
Took 0.0077 seconds
HBase(main):016:0>  put 't1','rowkey1','f1:name','kkk'
Took 0.0127 seconds
HBase(main):017:0> get 't1','rowkey1',{COLUMN=>'f1:name',VERSIONS=>3}
COLUMN         CELL
 f1:name          timestamp=2021-01-13T14:19:44.557, value=kkk
 f1:name          timestamp=2021-01-13T14:19:40.073, value=xxx
 f1:name          timestamp=2021-01-13T14:15:30.793, value=www
1 row(s)
Took 0.0148 seconds
```

【例 5.8】与创建数据表的操作类似，利用 alter 命令也可以一次性对多个列族进行修改，这时需要采用字典的方式列出各个列族的参数项。例如，分别修改数据表 t1 的列族 f2 和 f3 的相关属性，命令如下：

```
    HBase> alter 't1', 'f1', {NAME => 'f2', IN_MEMORY => true}, {NAME => 'f3',
VERSIONS => 5}
```

【例 5.9】如果想要删除指定列族，则需要指定对列族的操作方法 METHOD 为 delete，或者直接指定 delete 的列族，两种操作方法如下：

```
HBase> alter 't1', NAME => 'f1', METHOD => 'delete'
HBase> alter 't1', 'delete' => 'f1'
```

下面展示了例 5.9 的操作过程：利用 describe 命令查看前面已经创建的数据表 t1(f1,f2,f3)；在删除指定列族后利用 describe 命令查看数据表的结构信息，从显示结果可以看出，列族 f1 已经被删除。具体操作命令及结果如下：

```
HBase(main):001:0> describe 't1'
Table t1 is ENABLED
```

```
t1 COLUMN FAMILIES DESCRIPTION
{NAME => 'f1', …}
{NAME => 'f2', …}
{NAME => 'f3', …}
…
HBase(main):026:0> alter 't1', 'delete' => 'f1'
Updating all regions with the new schema…
1/1 regions updated.
Done.
Took 1.6832 seconds
HBase(main):001:0> desc 't1'
Table t1 is ENABLED
t1  COLUMN FAMILIES DESCRIPTION
{NAME => 'f2', …}
{NAME => 'f3', …}
…
Took 92.0342 seconds
```

【例 5.10】同样地，我们也可以将指定参数放置于数据表的最后，实现对数据表参数的修改。可修改的参数包括 MAX_FILESIZE、READONLY、MEMSTORE_FLUSHSIZE、NORMALIZATION_ENABLED、NORMALIZER_TARGET_REGION_COUNT、NORMALIZER_TARGET_REGION_SIZE(MB)、DURABILITY 等。

例如，将数据表 t1 的文件容量修改为 128MB，操作命令如下：

```
HBase> alter 't1', MAX_FILESIZE => '134217728'
```

【例 5.11】取消/删除数据表的指定参数设置。

下面的操作命令通过设置 METHOD 值为'table_att_unset'，NAME 值为'MAX_FILESIZE'，从而取消 MAX_FILESIZE 属性的设置：

```
HBase> alter 't1', METHOD => 'table_att_unset', NAME => 'MAX_FILESIZE'
```

【例 5.12】在一些情况下，我们希望在一条 HBase Shell 语句中同时执行设置、修改和删除数据表、列族属性等操作，这时可以通过使用字典的方式对数据表进行相应的修改。

例如，同时实现对列族和数据表的修改，操作命令如下：

```
HBase> alter 't1', { NAME => 'f1', VERSIONS => 3 },  { MAX_FILESIZE =>
'134217728' }, { METHOD => 'delete', NAME => 'f2' },  OWNER => 'johndoe', METADATA =>
{ 'mykey' => 'myvalue' }
```

首先，我们利用 desc 命令打印目标数据表的信息，其中包含列族 f2 和 f3，操作命令如下：

```
HBase(main):001:0> desc 't1'
Table t1 is ENABLED
t1  COLUMN FAMILIES DESCRIPTION
{NAME => 'f2', …}
{NAME => 'f3', …}
2 row(s)
QUOTAS
0 row(s)
Took 92.0342 seconds
```

执行操作，同时设置、修改和删除数据表、列族属性，其操作前后的数据表信息对比展示如下：

```
HBase(main):005:0> alter 't1', { NAME => 'f1', VERSIONS => 3 },  { MAX_FILESIZE
=> '134217728' }, { METHOD => 'delete', NAME => 'f2' },  OWNER => 'johndoe', METADATA
=> { 'mykey' => 'myvalue' }
```

```
Updating all regions with the new schema…
1/1 regions updated.
Done.
Took 1.7454 seconds
HBase(main):006:0> desc 't1'
Table t1 is ENABLED
t1, {TABLE_ATTRIBUTES => {MAX_FILESIZE => '134217728', METADATA => {'OWNER' =>
'johndoe', 'mykey' => 'myvalue'}}}
COLUMN FAMILIES DESCRIPTION
{NAME => 'f1', VERSIONS => '3', …}
{NAME => 'f3', …}
…
```

从上述操作结果中可以看出，利用 desc 命令可显示修改后的数据表信息，不仅增加了对其文件大小 MAX_FILESIZE 的设置、OWNER 属性的设置、自定义属性 mykey 的设置，还增加了列族 f1，并且删除了原来的列族 f2。

5.5.4 添加数据（put）

put 命令用于向指定的单元中添加数据值。其中，数据表单元需要由表名、行键、列、列限定符共同确定。系统将会自动确定时间戳，在省略时间戳的情况下，系统将会自动为 put 命令添加的单元数据指定时间戳。

下面几个实例展示了几种为数据表 ns1:t1 或 t1 中行键为 r1 的行对应的列 c1（列 c1 由列族和列限定符共同组成，如 c1:cn）进行赋值的方法，其时间戳可以是默认系统值，也可以是指定的时间 ts1。

- 向命名空间 ns1 的数据表 t1 中添加数据，对应单元格行键为 r1，列为 c1，具体值为 value1，命令如下：

```
HBase> put 'ns1:t1', 'r1', 'c1', 'value1'
```

- 向默认命名空间的数据表 t1 中添加数据，对应单元格行键为 r1，列为 c1，具体值为 value2，命令如下：

```
HBase> put 't1', 'r1', 'c1', 'value2'
```

- 首先设置一个时间戳 ts1，然后向默认命名空间的数据表 t1 中添加数据，对应单元格行键为 r1，列为 c1，具体值为 value3，操作命令如下：

```
HBase> ts1= 1599461998485
HBase> put 't1', 'r1', 'c1', 'value3', ts1
```

- 向默认命名空间的数据表 t1 中添加数据，对应单元格行键为 r1，列为 c1，具体值为 value4。在添加数据的同时为数据设置属性，属性关键字为 mykey，值为 myvalue。操作命令如下：

```
HBase> put 't1', 'r1', 'c1', 'value4', {ATTRIBUTES=>{'mykey'=>'myvalue'}}
```

- 向默认命名空间的数据表 t1 中添加数据，对应单元格行键为 r1，列为 c1，具体值为 value5，时间戳为 ts1。同时为数据设置 VISIBILITY 属性值为 PRIVATE|SECRET，以控制用户对该数据单元的访问权限。操作命令如下：

```
HBase> put 't1', 'r1', 'c1', 'value5', ts1, { VISIBILITY=>'PRIVATE|SECRET'}
```

5.5.5 获取行或单元（get）

get 命令用于获取行或指定单元的值，其传入的参数为数据表名、行键。若需要获取的是单元的值，则需要进一步提交列族名。此外 get 命令也可以通过增加时间戳、时间范围、版本号等方式实现对数据的过滤。

【例 5.13】下面展示了 get 命令的常用模式。

● 获取数据表 t1 中行键为 r1 的数据值，操作命令如下：

```
HBase> get 't1', 'r1'
```

● 获取数据表 t1 中行键为 r1、列为 c1 的指定时间戳的数据，操作命令如下：

```
HBase(main):027:0> get 't1', 'r1', {COLUMN => 'c1', TIMESTAMP => ts1}
```

● 获取数据表 t1 中行键为 r1 的指定时间戳范围内的数据，操作命令如下：

```
HBase>  get 't1', 'r1', {TIMERANGE => [ts1, ts2]}
```

【例 5.14】利用字典方式指定列族。

利用 get 命令获取数据表 t1 中行键为 r1、列为 c1 的数据值，其中，列族利用字典的方式进行设定，通过该方式还可以以列表的方式设定多个需要返回的列族。下面是利用该方式访问列族数据的两个实例，其操作命令与执行过程如下：

```
HBase(main):016:0> get 't1', 'r1', {COLUMN => 'c1'}
COLUMN          CELL
 c1:           timestamp=2021-01-15T16:02:37.409, value=value2
1 row(s)
Took 0.0318 seconds
HBase(main):026:0> get 't1', 'r1', {COLUMN => ['c1', 'c2', 'c3']}
COLUMN          CELL
 c1:           timestamp=2021-01-15T16:02:37.409, value=value2
 c2:           timestamp=2021-01-15T16:08:27.374, value=value2
 c3:           timestamp=2021-01-15T16:08:19.470, value=value2
1 row(s)
Took 0.0160 seconds
```

【例 5.15】为输出数据指定过滤器。

利用 get 命令可以实现简单的数据过滤操作。除了上述方法，还可以通过设置过滤器的方式对需要获取的数据进行过滤。例如，下面的例子便通过指定选择值的方式进行数据的过滤操作，命令如下：

```
HBase(main):075:0> put 't1', 'r1', 'c1', 'abc'
Took 0.0087 seconds
HBase(main):076:0>  get 't1', 'r1', {FILTER => "ValueFilter(=, 'binary:abc')"}
COLUMN               CELL
 c1:                timestamp=2021-01-15T16:31:23.163, value=abc
1 row(s)
Took 0.0089 seconds
```

【例 5.16】为输出数据指定格式。

当使用 get 命令获取数据时，默认情况下数据会以 toStringBinary 的方式显示。若需要使用格式化方式显示数据，则可以在 get 操作中设定 FORMATTER 参数，其可选参数值包括：（1）org.apache.hadoop.HBase.util.Bytes 方法（如 toInt、toString）；（2）用户定义的类中的指定方法，如 c(MyFormatterClass).format。

下面的命令分别为 cf 列的两个列限定符 qualifier1 和 qualifier2 指定了输出格式化函数。两种设定都指定为"转换为整数（toInt）"，但是前者利用默认转换类，后者则完整指定了类名和 toInt 方法名，操作命令如下：

```
HBase>get 't1','r1' {COLUMN=>['cf:qualifier1:toInt',
'cf:qualifier2:c(org.apache.hadoop.HBase.util.Bytes).toInt'] }
```

在为具体数据进行格式化方法的设定时，除了可以利用上述方法为特定数据列指定格式化，也可以使用 FORMATTER 和 FORMATTER_CLASS 方法为所有的列指定一个格式化方法。在默认情况下，FORMATTER_CLASS 设定为 org.apache.hadoop.HBase.util.Bytes。

下面通过为所有列统一指定格式化类的方法进行数据格式化设定，具体操作命令及获取数据的显示结果如下：

```
HBase(main):048:0>  get 't1', 'r1', {FORMATTER => 'toString'}
COLUMN                CELL
 c1:                 timestamp=2021-01-15T16:02:37.409, value=value2
 c2:                 timestamp=2021-01-15T16:08:27.374, value=value2
 c3:                 timestamp=2021-01-15T16:08:19.470, value=value2
1 row(s)
Took 0.0315 seconds
HBase(main):049:0> get 't1', 'r1', {FORMATTER_CLASS =>
'org.apache.hadoop.HBase.util.Bytes', FORMATTER => 'toString'}
COLUMN                CELL
 c1:                 timestamp=2021-01-15T16:02:37.409, value=value2
 c2:                 timestamp=2021-01-15T16:08:27.374, value=value2
 c3:                 timestamp=2021-01-15T16:08:19.470, value=value2
1 row(s)
Took 0.0144 seconds
```

5.5.6 扫描并输出数据（scan）

scan 命令用于扫描数据表的数据，并将满足条件的数据返回。scan 命令可以通过自定义的方式进行参数的设定，其中可指定的参数包括 TIMERANGE、FILTER、LIMIT、STARTROW、STOPROW、ROWPREFIXFILTER、TIMESTAMP、MAXLENGTH、COLUMNS、CACHE、RAW、VERSIONS、ALL_METRICS、METRICS、REGION_REPLICA_ID、ISOLATION_LEVEL、READ_TYPE、ALLOW_PARTIAL_RESULTS、BATCH、MAX_RESULT_SIZE 等。

在不指定列的情况下，scan 命令将返回所有列。若想要利用 scan 命令获取特定的列族，则可以通过 col_family 进行指定。下面将通过一些具体的实例演示 scan 命令的具体用法。

【例 5.17】 利用 scan 命令扫描 HBase 中数据表 meta 的数据，操作命令如下：

```
HBase(main):061:0>  scan 'HBase:meta'
ROW              COLUMN+CELL          …
column=table:state, timestamp=2021-01-13T12:29:34.053, value=\x08\x00   …
…
16 row(s)
```

可以更进一步指定所要扫描的 info 列的限定符 regioninfo 中的数据，操作命令如下：

```
HBase(main):062:0> scan 'HBase:meta', {COLUMNS => 'info:regioninfo'}
ROW                   COLUMN+CELL        bar,,1610512173476.7c
column=info:regioninfo, timestamp=2021-01-13T12:29:34.033, …
…
8 row(s)
Took 0.0179 seconds
```

scan 还可以使用列表的方式设置 COLUMNS，通过 LIMIT 设置扫描返回的数据行数，通过 STARTROW 设置数据行键的起始值，利用 REVERSED 设置顺序，利用 MAX_RESULT_SIZE 设置最大返回行数等。下面展示了相关参数设置的几个应用实例，操作命令如下：

```
HBase> scan 'ns1:t1', {COLUMNS => ['c1', 'c2'], LIMIT => 10, STARTROW => 'xyz'}
HBase> scan 't1', {COLUMNS => ['c1', 'c2'], LIMIT => 10, STARTROW => 'xyz'}
HBase> scan 't1', {COLUMNS => 'c1', TIMERANGE => [1303668804000, 1303668904000]}
HBase> scan 't1', {REVERSED => true}
HBase> scan 't1', {MAX_RESULT_SIZE => 123456}
```

【例 5.18】过滤器的使用。

scan 命令也可以使用过滤器对数据进行过滤，在扫描结果中仅显示满足过滤条件的数据。下面的命令通过 ROWPREFIXFILTER 设置行键，通过过滤器 FILTER 设置列族的限定符为 binary:xyz，并且利用时间戳过滤器 TimestampsFilter 设置时间戳的范围，操作命令如下：

```
HBase> scan 't1', {ROWPREFIXFILTER => 'row2', FILTER => " (QualifierFilter (>=,
'binary:xyz')) AND (TimestampsFilter ( 123, 456))"}
```

【例 5.19】隔离设置。

由于 HBase 具有并发性，允许多个用户、应用同时保持与 HBase 的交互，因此可以在 scan 命令中指定其隔离级别。ISOLATION_LEVEL 可以有两种选项：READ_COMMITTED、READ_UNCOMMITTED，前者指 scan 命令只能访问并返回已经提交的数据，而后者则允许访问尚未提交的数据。设置 ISOLATION_LEVEL 值为 READ_UNCOMMITTED，表示该扫描过程将会对尚未提交的数据进行扫描、过滤，并输出满足条件的数据，操作命令如下：

```
HBase> scan 't1', {ISOLATION_LEVEL => 'READ_UNCOMMITTED'}
```

除了默认的 toStringBinary 输出格式，scan 命令还支持用户自定义输出格式，使用户可以设置每一列的 FORMATTER。具体的有关 FORMATTER 的设置可以参考 get 命令中的相关叙述。

HBase 还包含了一些更高级的设置，包括 scan 读操作使用的缓冲、数据块大小等，具体内容可以通过 HBase 的官方文档来进一步查看。

5.5.7　统计表的行数（count）

count 命令用于统计数据表的行数，可能需要较长时间，在等待期间，当前的行数在默认情况下会每 1000 行更新一次，当然，也可以对这一数值进行设置。在统计过程中，更需要使用数据缓存，默认的缓存大小为 10 行数据。

【例 5.20】几种简单的 count 命令的应用。

统计数据表的行数，其中的参数 INTERVAL 和 CACHE 可以用于设置计数更新间隔和缓存大小。下面列出了 count 命令的简单应用，操作命令如下：

```
HBase> count 't1'          #统计数据表 t1 的数据行数
```

同样是统计数据表 t1 的数据行数，下面几种用法分别指定了不同的参数设置，操作命令如下：

```
HBase> count 't1', INTERVAL => 100000
HBase> count 't1', CACHE => 1000
HBase> count 't1', INTERVAL => 10, CACHE => 1000
```

【例 5.21】利用 FILTER 进行 count 条件的设置。

当我们需要对满足条件的数据行数进行统计时，可以使用 FILTER 进行条件的设置。下面的实例利用指定列限定符条件，以及指定时间戳的方式进行数据的过滤统计，操作命令如下：

```
    HBase> count 't1', FILTER => " (QualifierFilter (>=, 'binary:xyz')) OR
(TimestampsFilter (123, 456))"
```

【例 5.22】通过指定行键范围进行数据统计。

使用 count 命令也可以针对指定列的数据行数进行统计，并且可以通过参数 STARTROW 和 STOPROW 来设置统计数据的行键范围。通过指定列族列表，以及行键的起始值和终止值来确定数据的范围，操作命令如下：

```
    HBase(main):001:0> count 't1', COLUMNS => ['c1', 'c2'], STARTROW => 'abc', STOPROW
=> 'xyz'
```

同样地，count 命令也可以通过 table-ref.count 的方式进行调用，其应用类似于对象方法的调用。其中，table-ref 是表的引用。与上述命令等效的应用如下：

```
    HBase> t=get_table 't1'
    HBase> t.count
    HBase> t.count INTERVAL => 100000
    HBase> t.count CACHE => 1000
    HBase> t.count INTERVAL => 10, CACHE => 1000
    HBase> t.count FILTER => " (QualifierFilter (>=, 'binary:xyz')) AND
(TimestampsFilter ( 123, 456))"
    HBase> t.count COLUMNS => ['c1', 'c2'], STARTROW => 'abc', STOPROW => 'xyz'
```

5.5.8 删除指定值（delete）

通过指定数据表、行键、列或时间戳，delete 命令可以用于删除所指定的数据单元。

【例 5.23】下面展示了几个命令实例，用于删除数据单元：

```
    HBase> ts1= 1599461998485                    #设置时间戳 ts1
    HBase> delete 'ns1:t1', 'r1', 'c1', ts1#删除数据表 t1 中行键为 r1、列为 c1、时间戳为 ts1 的数据
    HBase> delete 't1', 'r1', 'c1', ts1     #同上
    HBase> delete 't1', 'r1', 'c1', ts1, {VISIBILITY=>'PRIVATE|SECRET'}#同上，同时指定单元属性
```

delete 命令也可以通过数据表引用调用对象的方式使用。假设通过 get_table()方法获取了数据表引用 t，那么可以使用如下命令调用方式删除对应的数据：

```
    HBase> t.delete 'r1', 'c1',  ts1
    HBase> t.delete 'r1', 'c1',  ts1, {VISIBILITY=>'PRIVATE|SECRET'}
```

【例 5.24】deleteall 命令的应用。

在执行数据删除操作时，除了可以使用 delete 命令删除指定对象的数据单元，还可以使用 deleteall 命令删除指定的行。可以通过数据表、行键的方式对行进行定位，也可以通过增加时间戳的方式确定具体某个版本的数据行。此外，deleteall 命令也支持使用行键前缀的方式删除一个具体范围的行数据。

下面分别通过组合不同的行键、列的方式确定所要删除的数据，用于删除数据表中指定行的数据，操作命令如下：

```
    HBase> deleteall 'ns1:t1', 'r1'
    HBase> deleteall 't1', 'r1'
    HBase> deleteall 't1', 'r1', 'c1'
```

【例 5.25】时间戳在 deleteall 命令中的应用。

若指定具体的时间戳，则将会删除满足定位条件的列单元；比较特殊的是，若未指定列单元，则 deleteall 命令将会删除所有满足时间戳小于当前时间点条件的数据列单元。具体操作命令如下：

```
HBase> deleteall 't1', 'r1', 'c1', ts1
HBase> deleteall 't1', 'r1', '', ts1
```

【例 5.26】行键前缀（ROWPREFIXFILTER）的应用。

若在 deleteall 命令中指定了 ROWPREFIXFILTER，则其含义为删除行键为指定前缀的所有行的数据单元。也就是说，执行该命令将会删除满足定位条件的所有数据单元。具体操作命令如下：

```
HBase> deleteall 't1', {ROWPREFIXFILTER => 'prefix'}
HBase> deleteall 't1', {ROWPREFIXFILTER => 'prefix'}, 'c1'
HBase> deleteall 't1', {ROWPREFIXFILTER => 'prefix'}, 'c1', ts1
HBase> deleteall 't1', {ROWPREFIXFILTER => 'prefix'}, '', ts1
```

5.5.9 其他常用 Shell 命令

1. describe：显示数据表的详细信息

使用 describe 命令可以查看数据表的详细信息。在查看数据表的详细信息时，可以使用 <namespace>:<table-name>的方式，也可以直接使用数据表名作为参数进行查看。在省略命名空间时所查看的数据表为当前命名空间下的数据表。例如：

```
HBase> describe 't1'
HBase> describe 'ns1:t1'
```

此外，也可以使用简写的 desc 替代 describe，从而简化命令的使用，例如：

```
HBase> desc 't1'
HBase> desc 'ns1:t1'
```

该命令已经在 5.5.2 节的应用实例中使用，具体使用方法和查看结果可以参见 5.5.2 节的相关内容。

2. disable：停用数据表

使用 disable 命令可以停用指定的数据表，而被停用的数据表仍然存在于 HBase 系统中，只是不再允许用户对该数据表进行数据的操作。

如果数据表属于当前命名空间，则可以直接使用数据表名指定需要停用的数据表，也可以使用“命名空间：数据表名”的方式指定停用特定命名空间的数据表。下面通过 disable 命令停用数据表 t1，并在停用数据表 t1 后使用 scan 命令进行扫描，根据返回信息可知数据表不能使用了。具体操作命令及结果如下：

```
HBase(main):046:0> disable 't1'
Took 0.6859 seconds
HBase(main):047:0> scan 't1'
ROW              COLUMN+CELL
org.apache.hadoop.HBase.TableNotEnabledException: t1 is disabled.
```

3. enable：使数据表有效

对于已经停用的数据表，可以使用 enable 命令重新启用该数据表。例如，使用 enable 命令恢复数据表 t1 的应用，其执行过程如下：

```
HBase(main):049:0> enable 't1'
Took 0.6673 seconds
HBase(main):050:0> scan't1'
ROW                  COLUMN+CELL
0 row(s)
Took 0.0210 seconds
```

4．drop：删除数据表

使用 drop 命令可以删除指定的数据表。需要注意的是，在删除数据表前需要先停用该数据表，具体操作命令如下：

```
HBase> drop 't1'
```

5．exists：检测数据表是否存在

使用 exists 命令可以检测数据表是否存在，具体操作命令如下：

```
HBase> exists 't1'
```

6．incr：增加指定单元格的值

incr 命令用于增加数据表、行、列所指定的单元格的值。下面演示了利用 incr 命令设置数据表 t1 中的 r1 行、c1 列的值的操作。在默认情况下，其单元格增加值默认为 1，具体操作命令及执行结果如下：

```
HBase(main):053:0> incr 't1', 'r1', 'c1'
COUNTER VALUE = 1
Took 0.0087 seconds
HBase(main):054:0> incr 't1', 'r1', 'c1', 1
COUNTER VALUE = 2
Took 0.0149 seconds
HBase(main):055:0> incr 't1', 'r1', 'c1', 10
COUNTER VALUE = 12
Took 0.0070 seconds
HBase(main):056:0> incr 't1', 'r1', 'c1', 10, {ATTRIBUTES=>{'mykey'=>'myvalue'}}
COUNTER VALUE = 22
Took 0.0072 seconds
```

同样地，该命令也可以通过“数据表.incr”的方式执行。例如：

```
HBase> t = get_table 't1'
HBase> t.incr 'r1', 'c1'
HBase> t.incr 'r1', 'c1', 1
HBase> t.incr 'r1', 'c1', 10, {ATTRIBUTES=>{'mykey'=>'myvalue'}}
```

7．list：列出 HBase 中的用户数据表

list 命令用于列出 HBase 中所有的用户数据表。使用该命令时也可以指定正则表达式作为 list 命令的参数，从而实现数据表的过滤。

下面是 4 个 list 命令应用实例，其操作结果分别是列出所有数据表、列出名称以 abc.开头的数据表、列出命名空间 ns 中名称以 abc.为开头的数据表，以及列出命名空间 ns 中的数据表。操作命令如下：

```
HBase> list
HBase> list 'abc.*'
HBase> list 'ns:abc.*'
HBase> list 'ns1:.*'
```

8．truncate：重新创建指定数据表

truncate 命令用于重新创建指定数据表，其效果相当于 disable、drop 和 recreate 命令的组合。

5.5.10　HBase Shell 中的对象引用

HBase Shell 中命令交互的本质是一种脚本语言，因此在创建数据表时还可以利用变量来存储创建的引用。

例如，下面的语句创建了数据表 tbll，并使用 t1 来指向该数据表，之后利用 scan 命令查看数据表的数据信息。在下面的实例中，创建数据表后返回的 t1 就是数据表的引用，其执行过程如下：

```
HBase(main):001:0> t1 = create 'tbl1', 'cf1'
Created table tbl1
Took 0.8146 seconds
=> HBase::Table - tbl1
HBase(main):002:0> put 't1', 'rid-1', 'cf1:a', 'value1'
Took 0.1386 seconds
HBase(main):003:0> t1.scan
ROW         COLUMN+CELL
rid-1         column=cf1:a, timestamp=2021-01-08T13:28:40.962, value=value1
1 row(s)
Took 0.3489 seconds
```

那么在之后的交互中，就可以使用 t1.<method>的方式调用该数据表的方法。若想要了解数据表对象更多的方法，还可以使用 t1.methods 的方式列出所有数据表对象所支持的方法，以获得更多的帮助。

5.6　利用 Jython 实现对 HBase 的交互访问

利用程序实现与 HBase 的交互的方式有许多种，例如，HBase 提供了 Java 与 HBase 交互操作的 API 支持。虽然目前也有一些 Python 的模块库支持与 HBase 的交互，如 HBase-python，但是该项目所提供的库及文档资料不够完整，也就限制了其进一步的使用。在使用 Python 访问 HBase 时，HBase 的官方文档建议使用 Jython 实现与数据库的交互操作。

Jython 是一种完整的语言，而不是一个 Java 翻译器，也不仅仅是一个 Python 编译器，它是一种利用 Java 实现的 Python 语言。Jython 包含了很多从 CPython（Python）中继承的模块库，同时提供了所有的 Java 类库，从而使得 Jython 可以方便地使用所有的 Java 类库。

5.6.1　Jython 环境设置

在下载 Jython 的 bin 文件后，运行该程序可以指导用户进行 Jython 的安装。在安装完成后，为了在 Jython 中能够访问 HBase，需要在 CLASSPATH 中包含 HBase 的类库路径及 Jython 的 jar 包路径。

jython.jar 文件存储在 Jython 的根目录下，我们可以通过设置$JYTHON_HOME 环境变

量包含该 jar 包路径，具体命令如下：

```
$ export HBase_CLASSPATH=/directory/jython.jar
```

还需要设置 Jython 运行所需 jar 包的 classpath，编辑 Jython/bin 下的 jython 文件（脚本文件），添加如下内容：

```
    if [ ! -z "$CLASSPATH" ];then
    CLASSPATH=$CLASSPATH:$HBASE_HOME/lib/*:$HADOOP_HOME/share/hadoop/common/lib/*
    CP=$CP:$CLASSPATH
Fi
```

假设 Jython 安装在/opt/jython 目录中，我们可以用以下方式运行 Jython 编写的程序：

```
/opt/bin/jython helloHBase.py
```

5.6.2 通过 Jython 程序访问 HBase

利用 HBase 提供的类库编写一个 Jython 程序，以实现数据表 test 的创建，并在创建成功后，利用 put 命令向数据表中添加一行数据。将该程序存储为 createTable.py 文件，其源代码如下：

```
import java.lang
from org.apache.hadoop.hbase import HBaseConfiguration, HTableDescriptor
from org.apache.hadoop.hbase import HColumnDescriptor, TableName
from org.apache.hadoop.hbase.client import Admin, Connection, ConnectionFactory
from org.apache.hadoop.hbase.client import Get, Put, Result, Table
from org.apache.hadoop.conf import Configuration

#首先获取 conf 下 HBase 的配置文件，并利用配置文件中的 HBase 的配置信息进行连接的设置，建立
#与 HBase Master 节点的连接
conf = HBaseConfiguration.create()
connection = ConnectionFactory.createConnection(conf)
admin = connection.getAdmin()

#创建数据表对象 test
tableName = TableName.valueOf("test")
table = connection.getTable(tableName)
#将列族 content 添加到 test 对象中
desc = HTableDescriptor(tableName)
desc.addFamily(HColumnDescriptor("content"))

#判断数据表是否存在，若存在，则先删除该数据表
if admin.tableExists(tableName):
   admin.disableTable(tableName)
   admin.deleteTable(tableName)

#调用 createTable()方法创建数据表，即将 test 对象提交到 HBase 数据库中
admin.createTable(desc)

#构造所要添加的数据单元，并利用 table 的 put()方法实现添加数据的操作
row = 'row_x'      #设置行键值
put = Put(row)     #利用行键构造 put 对象
put.addColumn("content", "qual", "some content")  #指定列族、列限定符和单元值
table.put(put)     #提交数据
```

```
#利用行键值构造 get 对象
get = Get(row)

result = table.get(get)   #利用 table 的 get()方法获取行键对应数据，数据格式为 bytes
data = java.lang.String(result.getValue("content", "qual"), "UTF8")  #获取其中值

#最后打印结果
print "The fetched row contains the value '%s'" % data
```

需要注意的是，Linux 系统通常不能很好地支持中文数据，因此，上述程序中的注释信息可能会引起 Jython 程序执行异常，在运行程序时可以忽略其中的注释信息。

在运行该程序前，首先需要启动 HBase，在启动完成后，运行该程序，其具体操作过程及结果如下：

```
[root@localhost HBase-2.3.3]#/usr/HBase-2.3.3/bin/HBase org.python.util.jython
/home/hadoop/jython/createTable.py
hello HBase
#省略部分信息，包括一些警告信息
zookeeper.ClientCnxn: Session establishment complete on server
localhost/127.0.0.1:2181, sessionid = 0x1000074194b0005, negotiated timeout = 40000
2021-01-12 11:22:03,253 INFO  [main] client.HBaseAdmin: Operation: CREATE, Table
Name: default:test, procId: 44 completed
The fetched row contains the value 'some content'
[root@localhost HBase-2.3.3]#
```

从程序源代码中可以看出，该程序通过自动读取 HBase 安装目录下的./conf/HBase-site.xml 文件实现连接的配置。在运行输出中可以看出，HBase 是通过 ZooKeeper 实现与 HBase 的交互操作的。运行结果的最后几行提示数据表 test 创建成功，并利用 get()方法得到了返回的数据 some content，说明创建数据表、添加数据、通过 get()方法获取数据等操作得到了成功执行。

接下来，通过运行 HBase Shell 来查看刚才的操作对 HBase 中数据的影响。首先启动 HBase Shell，然后通过 list 命令列出所有数据表，最后利用 scan 命令查看数据表中的数据，可以看到刚才添加的数据表，以及添加的数据已经被存储在 HBase 中了。具体操作过程及结果如下：

```
[root@localhost bin]#./HBase shell        #启动 HBase Shell
HBase Shell
Use "help" to get list of supported commands.
Use "exit" to quit this interactive shell.
For Reference, please visit: http://HBase.apache.org/2.0/book.html#shell
Version 2.3.3, r3e4bf4bee3a08b25591b9c22fea0518686a7e834, Wed Oct 28 06:36:25 UTC
2020
Took 0.0015 seconds
HBase(main):001:0> list                   #利用 list 命令列出所有数据表
TABLE
test
1 row(s)
Took 1.5871 seconds
=> ["test"]
HBase(main):004:0> scan 'test'            #利用 scan 命令查看数据表 test 中的所有数据
ROW        COLUMN+CELL
 row_x    column=content:qual, timestamp=2021-01-12T11:22:03.776, value=some content
1 row(s)
Took 0.6766 seconds
```

5.6.3 利用 scan 遍历 HBase 中的数据

在通常情况下，在对 HBase 中的数据进行访问时，按照指定行键获取唯一一条记录，可以使用 get()方法（org.apache.hadoop.HBase.client.Get）。get()方法可以保证数据操作的 ACID。

与之不同，scan()方法（org.apache.Hadoop.HBase.client.Scan）通常用于按照指定条件获取一批数据，并且可以通过设置过滤器的方式进行数据的过滤操作，因此更加适用于在获取一批满足条件的数据后，逐一对数据进行进一步的访问和处理的情况。

scan 可以通过 setFilter()方法添加过滤器，这也是分页、多条件查询的基础。下面是一个 scan 的应用程序，通过遍历具体的数据表返回满足特定列族限定符的数据，其源代码如下：

```
import java.lang
from org.apache.hadoop.hbase import TableName, HBaseConfiguration
from org.apache.hadoop.hbase.client import Connection, ConnectionFactory, Result
from org.apache.hadoop.hbase.client import ResultScanner, Table, Admin
from org.apache.hadoop.conf import Configuration

conf = HBaseConfiguration.create()
connection = ConnectionFactory.createConnection(conf)
admin = connection.getAdmin()

tableName = TableName.valueOf('wiki')
table = connection.getTable(tableName)

cf = "title"                      #列族名称
attr = "attr"                     #列限定符
scanner = table.getScanner(cf) #利用 table 的 getScanner()方法获取数据
while 1:
    result = scanner.next()       #利用 scanner 的 next()方法进行数据的逐条访问
    if not result:                #在访问结束后跳出循环
       break
    #打印数据，包括行键值和具体“列族:列限定符”指定的数据值
    print java.lang.String(result.row), java.lang.String(result.getValue(cf, attr))
```

5.7 本章小结

HBase 是 Apache Hadoop 项目的子项目。不同于一般的关系型数据库，它是一个适用于非结构化数据存储的数据库。HBase 是一个分布式的、面向列的开源数据库。它提供了一种非结构化和半结构化数据的分布式存储方案。本章首先介绍了大数据环境下非结构化数据的存储工具——HBase 数据模型，然后针对 HBase Shell 的交互式命令及其应用展开详细叙述，最后介绍了如何使用 Python 的“孪生兄弟”——Jython 实现对 HBase 的交互式访问。

5.8　习题

一、简答题

1．简要叙述 HBase 与一般关系型数据库管理系统的区别。

2．结合你的认知，说出至少 3 种 HBase 的应用场景。

3．对比关系型数据模型，简要说明 HBase 数据模型与其不同之处。

4．为了定位一个 HBase 的单元数据，需要从哪几个维度才能确定？

5．创建命名空间 ns1 下的数据表 tbl1，该表包含列族 cf1、cf2，请写出创建该数据表的命令。

6．简要叙述 Jython 与 Python 的区别。

二、实验题

【实验 5.1】 实现用户访问网站时间的统计分析。

数据中心需要存储大量的网站访问日志信息，主要包括用户 ID、访问链接地址、访问时间等。这些信息的存储将会有利于网站对用户行为进一步分析，从而能够为用户提供更加精准的服务。现在请你帮忙完成如下工作。

1．设计、创建 HBase 数据表来存储相关访问信息，要求设计具体的列族、说明可能的列限定符，并说明这一设计的原因。

2．利用 HBase Shell 实现对 HBase 中数据的访问，编写查询语句实现统计指定用户访问网站的时间，以便了解该用户的作息习惯。最终结果示例如下：

```
UserID   Hour    VisitTimes
Zhang    0       0
Zhang    1       10
…
```

3．利用 Jython 实现对所有用户访问网站时间的统计，得到网站每个小时的访问次数。

提示： 实现用户访问网站时间的统计需要利用 group by 子句，将访问网站时间中的“小时”作为 group by 子句的依据，从而达到统计的目的。而在统计每个小时中用户访问网站的数据的过程中，可以通过 getScanner()方法获取 Table 对象的 scanner，再利用 scanner 实现对数据的逐条访问和统计。

第 6 章 Hive 基础与应用

本章学习目标

- ↘ 了解数据库与数据仓库的区别，了解 Hive 在 Hadoop 平台中的位置和特征。
- ↘ 掌握 Hive 存储模型，掌握 Hive 数据表的组织方式。
- ↘ 掌握 Hive 的常用命令，能够结合数据模型理解和灵活使用 DDL 实现 Hive 数据仓库的数据表构建、分区设置和应用等操作。
- ↘ 能够灵活使用 DML，实现对 Hive 数据仓库的表数据的操纵。
- ↘ 掌握 HiveQL 命令，实现对 Hive 数据仓库的数据表构建、分区应用、数据操纵和数据查询等操作。

本章假定在前面章节中已经安装好了 Hadoop 平台，并配置好了各个节点，则平台上至少包含 HDFS、Hive、HBase。本章将向读者介绍大数据存储——Hive 的相关技术及其应用，主要包括数据仓库的概念、数据仓库与数据库的区别、Hive 应用场景、Hive 的存储模型、Hive 数据表的组织方式等。在 Hive 数据仓库的基础上，将介绍 DDL、DML、HiveQL 的应用。

6.1 Hive 简介

Apache Hive 是一款构建在 Hadoop 平台上的数据仓库软件，使用类 SQL（HiveQL）语言进行数据的读取、写入、检索等操作，以便对分布式存储中的大型数据集进行各种操作。Hive 提供了命令行工具（CLI）、JDBC 驱动程序来连接用户到配置单元，还提供了一些扩展连接应用的方法以支持灵活应用。

基于 Hadoop 平台的 Hive 具有如下特征。

- 通过类 SQL 语言进行数据操作，允许对数据仓库进行查询（Extract）、转换（Transform）、加载（Load），简称 ETL 操作，以及数据分析操作。

- 提供一种可以加载各种类型数据的机制。
- 数据仓库对应文件的存储位置灵活，可以是 HDFS 中的文件，也可以是 HBase 中的数据。
- 可以通过 Apache Tez、Apache Spark、MapReduce 执行查询操作。
- 支持过程查询语言 HPL-SQL。
- 可以借助 Hive LLAP、Apache YARN、Apache Slider 实现亚秒级的检索。

6.1.1　数据库与数据仓库

普通关系型数据库主要用于在线事务处理，对数据的实时性要求高。与之不同，数据仓库（Data Warehouse）是一个面向主题的、集成的、相对稳定的、能够反映历史变化的数据集合，主要用于支持管理决策。普通关系型数据库与数据仓库的对比如表 6.1 所示。

表 6.1　普通关系型数据库与数据仓库的对比

对比角度	数　据　库	数 据 仓 库
目的	目的在于记录	目的在于分析应用
处理方法	在线事务处理（OLTP）	在线分析处理（OLAP）
应用范围	数据库用于支持业务过程的日常基础操作	数据仓库用于帮助用户对业务进行分析
表与连接	数据库的表与连接是复杂的，但是它们是规范化的	数据仓库的表与连接比较简单，它们是非规范化的
面向	面向应用的数据集	面向主题的数据集
存储限制	通常被限制应用于单个应用中	所存储数据通常被应用于多个应用中
可用性	数据是实时可用的	数据只有在需要时才进行更新，是非实时性的
模型	使用 ER 模型进行数据库的设计	使用数据建模技术进行模型的构建
技能	捕获实时在线数据	分析数据
数据类型	数据库中存储的总是最新的数据记录	当前和历史数据都存储在数据仓库中，通常情况下都不是最新数据
数据存储	利用扁平的关系方法进行数据存储	利用空间规范化方法进行数据存储，如采用星型、雪花型存储模式
查询类型	简单的事务查询	以分析数据为目的的复杂检索
数据汇总	存储数据的明细信息	存储数据的汇总信息

6.1.2　Hive 的体系结构与接口

Hive 的体系结构如图 6.1 所示。Hive 本身主要用于存储数据仓库中的元数据，其数据可以分布存储在 Hadoop 系统的各个节点中，这种模式不仅大大减轻了中心服务器的压力，也为大数据处理和数据仓库数据的快速分析提供了保障。由其体系结构可以看出，Hive 提供了多种数据访问方式，可以通过命令行的方式直接进行数据的访问，也可以通过 Thrift 客户端/服务器的模式进行数据的存取和访问。

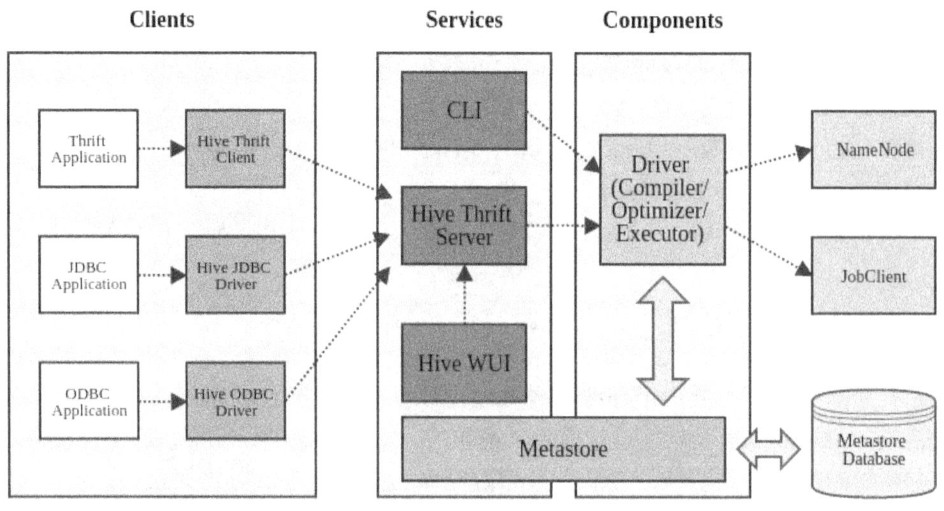

图 6.1 Hive 的体系结构

无论采用何种访问方式，HiveQL 作为 Hive 数据仓库的重要操作语言都提供了类 SQL 语言的数据操作方式。从总体上来看，HiveQL 提供了如下功能。

- 能够使用 WHERE 子句从表中筛选某些行。
- 能够使用 SELECT 子句从表中选择某些列。
- 能够在两个表之间进行相等连接。
- 能够评估多个“分组依据”列上存储在表中的数据聚合。
- 能够将查询结果存储到另一个表中。
- 能够将表的内容下载到本地目录中。
- 能够将查询结果存储在 hadoop dfs 目录中。
- 能够管理表和分区（创建、删除和更改）。
- 能够以所选语言插入自定义脚本，用于自定义映射/缩减作业。

下面首先介绍 Hive 的存储模型，然后分别从 DML、DDL、HiveQL 这 3 个方面介绍 Hive 的操纵、定义和检索。

6.2 Hive 的存储模型

与现有数据库管理系统不同，Hive 的存储模型具有其自身的特点。通过对其存储模型的学习，将会有助于用户理解 Hive 的数据组织方式、Hive 的交互操作，并设计高效的 Hive 数据仓库。首先，我们按照由粗到细的粒度顺序介绍 Hive 的数据组织单位，各个数据组织单位之间的关系如图 6.2 所示。

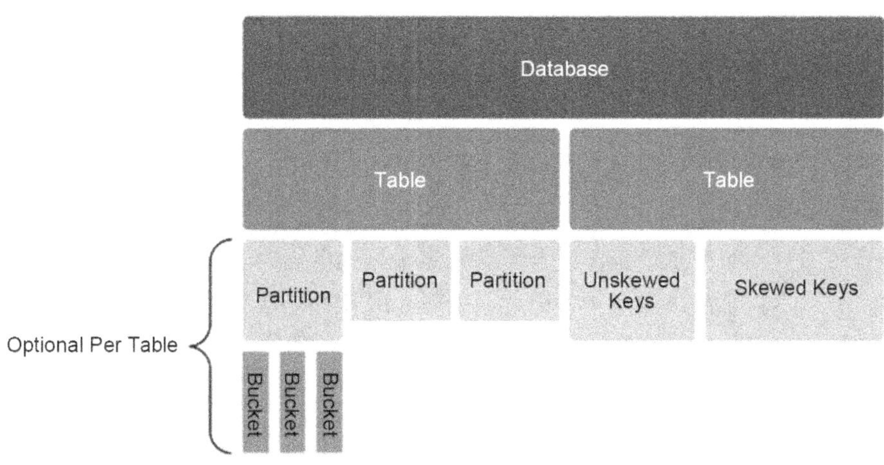

图 6.2　Hive 的数据组织单位之间的关系

1. 数据库（Database）

这里的数据库具有命名空间的作用，主要用于避免表、视图、分区、列等基本元素的命名冲突。同时，数据库在概念上会对基本元素进行隔离，因此还可以为用户或用户组实施安全性定义提供支持。

2. 表（Table）

表是具有相同模式的同构数据单位，但是表的具体数据存储可以有不同的方式。Hive 表的概念与关系型数据库中表的概念具有相似之处。下面以本章将会用到的数据表实例说明表的概念。

表 1：城市空气质量数据表（tbl_City_AQ），其中每一行可以由以下列组成。

- cdate：字符串类型，表示日期（YYYYMMDD）。
- hour：INT 类型，表示空气质量数据对应的时刻。
- aq_type：字符串类型，表示空气质量类型，如 PM2.5、AQI 等。
- City：字符串类型，用于存储城市名称。
- Value：INT 类型，表示具体指标对应的数值。

城市空气质量数据表中导入的 CSV 文件数据是以逗号分隔的文本数据，其片段内容如下：

```
20140513,0,AQI,北京,81
20140513,0,AQI,上海,109
20140513,0,AQI,广州,94
20140513,0,AQI,深圳,48
```

表 2：网站用于记录页面被访问历史的页面访问视图（page_views）数据表，其中每一行可以由以下列组成。

- dt：INT 类型，对应于查看页面时的时间戳。
- userid：BIGINT 类型，用于标识查看页面的用户。
- page_url：字符串类型，表示当前页面的位置。
- referer_url：字符串类型，表示用户通过哪个页面到达当前页面位置。
- IP：字符串类型，表示发出页面请求的 IP 地址。

- Country：字符串类型，表示访问者来自哪个国家。

为了便于读者理解，我们给出 page_views 数据表的一个片段，内容如下：

```
dt                   userid             page_url         referrer_urlip   country
2020-12-12 10:01:03  Guest/index.htm    None             8.8.8.8          cn
2020-12-12 10:01:58  Guest/news/1.htm   /index.html      8.8.8.8          cn
```

3．分区（Partition）

每个表可以有一个或多个分区键，用于确定数据的存储方式。分区除了作为存储单元，还允许用户有效地识别满足指定条件的行。例如，STRING 类型的 date_partition 和 STRING 类型的 country_partition，其分区键的每个唯一值定义了表的一个分区，例如，所有日期为 2009-12-23、国家为 US 的数据都是 page_views 表的一个分区。因此，如果只对日期为 2009-12-23、国家为 US 的数据进行分析，则只需要在表的相关分区上运行该查询即可，可以大大加快分析速度。

需要注意的是，一个分区被命名为 2009-12-23 并不意味着该分区包含所有或仅包含该日期的数据，分区以日期命名是为了方便进行数据的组织和识别，但是 Hive 并不确保数据的分区组织。分区列是虚拟列，它们不是数据本身的一部分，而是在加载数据时派生的。这也就要求数据仓库在进行系统设计和导入分区数据前能够对数据进行一定的检查，从而确保数据能够在逻辑上满足分区的设置要求。

4．桶或集群（Bucket 或 Cluster）

每个分区中的数据可以根据表中某一列的哈希函数值被依次分配到桶中。例如，page_views 表可以由 userid 来分隔，userid 是 page_view 表的一列，而不是分区列。桶的应用会大大加快数据的检索速度。

需要注意的是，可以不对表进行分区或装箱，但是这些抽象数据模型允许系统在查询处理期间排除大量数据，从而加快查询执行的速度。

6.3 Hive 初探

在 Hive 安装完成后，首先将$HIVE_HOME 设置到当前的 Hive 安装目录中，然后将$HIVE_HOME/bin 加入$PATH 中。在设置完成后便可以在命令行直接运行 hive 命令启动 Hive。下面开始构造第一个 Hive 数据库。

首先通过 ssh 命令连接到 Hive 服务器上，然后运行 hive 命令，即可进入 Hive 的命令行交互程序，其运行过程如下：

```
[hadoop@Master ~] $ ssh localhost
Welcome to …
Last login:Tue Jan 19 11:26:22 2021 from 127.0.0.1
[hadoop@Master ~]$ hive
hive>
```

需要注意的是，若在本机上，则无须使用 ssh 命令进行连接。

在确保前面成功连接并启动 Hive 后，本节的剩余部分将通过一个案例展示 Hive 的命令行交互（CLI）应用的完整流程。需要注意的是，对于不同的 Hive 版本，其返回的结果信息可能会有所不同，因此在查看命令输出时，需要注意其具体语义信息。

1. 创建数据库

在创建数据库之前，利用 SHOW DATABASES 命令查看现有的数据库，可以看到其中有两个默认的数据库，分别是 hive 和 default。然后利用 CREATE DATABASE 命令创建数据库 DB_CITY_AQ。在创建成功后，再次利用 SHOW 命令查看数据库，可以发现现在的 Hive 中包含了 3 个数据库。由于 Hive 中数据库名称是不区分大小写的，因此查询返回的数据库名称都是小写字母。其完整的执行过程如下：

```
hive> SHOW DATABASES;
OK
default
hive
Time taken: 0.119 seconds, Fetched: 2 row(s)
hive> CREATE DATABASE DB_CITY_AQ;
OK
Time taken: 0.723 seconds
hive> SHOW DATABASES;
OK
db_city_aq
default
hive
Time taken: 0.119 seconds, Fetched: 3 row(s)
```

在数据库创建完成后，Hive 将会在 HDFS 中建立相应的目录，用于存取数据库中的数据。此时，可以查看 HDFS 中的数据文件变化情况：可以通过命令行的方式进行查看，也可以通过 Web 方式进行查看。在 Web 方式下，登录 Hadoop Web 界面，可以发现在 HDFS 的 user 目录下存在/user/hive/warehouse/db_city_aq.db 目录，该目录便对应上述创建的数据库的默认存储位置。

下面分别使用 CLI 和 Web 方式查看所创建的数据库目录，其中 db_city_aq.db 虽然以.db 为后缀，但它实际上是一个目录。当前并未向数据库中添加任何数据表，因此目录为空。具体操作过程及结果如下：

```
[hadoop@Master:~/hive-data]$ hadoop fs -ls /user/hive/warehouse
Found 1 items
drwxr-xr-x   - hadoop supergroup  2021-01-19 09:03
/user/hive/warehouse/db_city_aq.db
```

采用 Web 方式查看数据库目录，如图 6.3 所示。

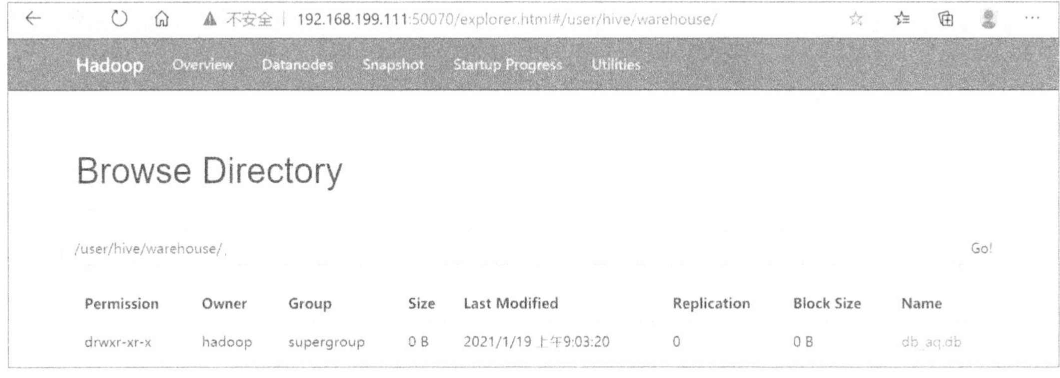

图 6.3　采用 Web 方式查看数据库目录

2. 创建数据表

首先利用 USE 命令将 db_city_aq 设置为当前的数据库，以保证所创建的数据表包含在该数据库中。如果未设置当前数据库，则在默认情况下，数据表将会被存放在 Hive 的默认数据库中。之后，利用 CREATE TABLE 命令创建一个数据表，该数据表包含日期、时刻、城市名、空气指标类型和具体值。在数据表创建完成后，利用 SHOW 命令查看数据库中的数据表，可以看到刚刚创建的数据表。关于创建数据表的一些具体参数，我们将在 6.4.2 节中详细介绍。具体创建过程如下：

```
hive> use db_city_aq;
OK
Time taken: 0.01 seconds
hive> CREATE TABLE city_aq (
    >     cdate string,
    >     chour int,
    >     aq_type string,
    >     city string,
    >     value int)
    > row format serde 'org.apache.hadoop.hive.serde2.OpenCSVSerde'
    > with SERDEPROPERTIES ("separatorChar"=",") ;
OK
Time taken: 0.059 seconds
hive> SHOW TABLES;
OK
city_aq
Time taken: 0.017 seconds, Fetched: 1 row(s)
```

同样地，也可以在 HDFS 中查看 db_city_aq.db 目录下的内容，发现其中多了一个 city_aq 目录，且该目录存储着所创建的数据表。具体操作过程及结果如下：

```
[hadoop@Master ~]$ /hive-data$ hadoop fs -ls /user/hive/warehouse/db_city_aq.db
Found 1 items
drwxr-xr-x   - hadoop supergroup          0 2021-01-19 09:30
/user/hive/warehouse/db_city_aq.db/city_aq
```

3. 加载数据文件

在加载数据文件前，首先需要确认数据文件 city_data_part.csv 的存储位置，然后利用 LOAD DATA 命令将本地的 CSV 文件数据加载到数据表 city_aq 中。在加载完成后，利用 SELECT 子句查看该数据表的前 10 条数据，具体操作过程及结果如下：

```
hive (db_city_aq) > LOAD DATA local inpath 'file:///home/hadoop/hive-
data/city_data_part.csv' into table city_aq;
Loading data to table default.city_aq
OK
Time taken: 0.808 seconds
hive (db_city_aq) > SELECT * FROM city_aq LIMIT 10;
OK
20140513        0       AQI     北京        81
20140513        0       AQI     上海        109
20140513        0       AQI     广州        94
20140513        0       AQI     深圳        48
20140513        0       AQI     昆明        61
20140513        0       AQI     成都        187
20140513        0       AQI     拉萨        64
20140513        0       AQI     乌鲁木齐    113
```

```
20140513       0      AQI     沈阳        69
20140513       0      AQI     武汉        93
Time taken: 0.076 seconds, Fetched: 10 row(s)
```

此时，利用 ls 命令查看数据表 city_aq 在 HDFS 中的存放位置，可以看到对应的数据文件 city_data_part.csv 被存放在 city_aq 目录中。具体操作过程及结果如下：

```
[hadoop@Master:~]$ /hive-data$ hadoop fs -ls /user/hive/warehouse/db_city_aq.db
/city_aq
Found 1 items
-rwxr-xr-x   1 hadoop supergroup  238006558 2021-01-19 10:19
/user/hive/warehouse/db_city_aq.db/city_aq/city_data_part.csv
```

4. 插入数据

在插入数据时，首先通过 INSERT 命令向数据表 city_aq 中插入一条数据，从执行过程中可以看出，插入数据耗费的时间较长。这也说明了 Hive 适合批量导入数据的方式，不适合像一般关系型数据库那样一条一条添加数据的方式。在插入数据后，通过 SELECT 子句可以查看刚刚插入的数据，其操作过程及结果如下：

```
hive (db_city_aq) > INSERT INTO city_aq values('20210101',0, 'AQI', 'fuzhou',40);
#略去部分处理过程信息
Total MapReduce CPU Time Spent: 780 msec
OK
Time taken: 16.87 seconds
hive (db_city_aq) > SELECT * FROM city_aq WHERE city='fuzhou';
OK
20210101       0      fuzhou  AQI     40
Time taken: 0.309 seconds, Fetched: 1 row(s)
```

5. 查询数据

在查询数据时，将对城市空气质量指数（AQI）按照城市分组求平均值，其运行过程如下：

```
hive (db_city_aq) > SELECT city, aq_type, AVG(value)
    > FROM city_aq
    > WHERE aq_type='AQI'
    > GROUP BY city, aq_type;
#略去部分处理过程信息
Hadoop job information for Stage-1: number of mappers: 1; number of reducers: 1
2021-01-19 11:06:12,158 Stage-1 map = 0%,  reduce = 0%
2021-01-19 11:06:30,807 Stage-1 map = 38%,  reduce = 0%, Cumulative CPU 14.44 sec
2021-01-19 11:06:35,965 Stage-1 map = 100%,  reduce = 0%, Cumulative CPU 19.65 sec
2021-01-19 11:06:41,118 Stage-1 map = 100%,  reduce = 100%, Cumulative CPU 20.4
sec
MapReduce Total cumulative CPU time: 20 seconds 400 msec
Ended Job = job_1611016079161_0004
MapReduce Jobs Launched:
Stage-Stage-1: Map: 1  Reduce: 1   Cumulative CPU: 20.4 sec   HDFS Read: 238019948
HDFS Write: 530 SUCCESS
Total MapReduce CPU Time Spent: 20 seconds 400 msec
OK
上海        AQI     62.54074378928465
乌鲁木齐    AQI     96.84304328291148
北京        AQI     89.42976951056332
广州        AQI     53.41558368600427
成都        AQI     78.40917760574442
```

```
拉萨      AQI     46.838303847233924
昆明      AQI     48.40195894823582
武汉      AQI     80.3323347687699
沈阳      AQI     80.79109787839634
深圳      AQI     42.24969109222301
Time taken: 36.653 seconds, Fetched: 10 row(s)
```

从运行过程中可以看出，Hive 调用了 MapReduce 进行数据处理，因此其处理过程展示了 Map 和 Reduce 的处理进度。最后的数据展示也基本符合直观上对空气质量的判断，例如，北京市的空气质量指数平均值为 89，明显不如昆明（平均值为 48）。

本节内容完整地展示了一个创建数据库、创建数据表、加载数据文件、插入数据及查看数据的流程，希望这个简单的 Hive 应用过程能够让读者对 Hive 形成直观认识，使其不再是抽象的概念。下面将对 Hive 的数据定义、数据操纵和数据检索逐一展开介绍。

6.4 Hive 的数据定义

Hive 的数据定义主要是通过数据定义语言（Data Definition Language，DDL）完成的。DDL 中的主要操作命令包括 CREATE、DROP、SHOW、TRUNCATE、DESCRIBE、ALTER 等，其操作对象可以是 DATABASE、SCHEME、TABLE、VIEW 等。下面列出了 DDL 中包含的主要操作命令：

```
    CREATE DATABASE/SCHEMA, TABLE, VIEW, FUNCTION, INDEX
    DROP DATABASE/SCHEMA, TABLE, VIEW, INDEX
    TRUNCATE TABLE
    ALTER DATABASE/SCHEMA, TABLE, VIEW
    MSCK REPAIR TABLE (or ALTER TABLE RECOVER PARTITIONS)
    SHOW DATABASES/SCHEMAS, TABLES, TBLPROPERTIES, VIEWS, PARTITIONS, FUNCTIONS,
INDEX[ES], COLUMNS, CREATE TABLE
    DESCRIBE DATABASE/SCHEMA, table_name, view_name, materialized_view_name
```

本节将主要介绍 DDL 中有关 DATABASE 和 TABLE 的部分操作命令，其他更多的命令应用可以在 Hive 的官方网站上，或者可以通过帮助查看其语法与应用信息。

6.4.1 数据库的相关操作

由于数据库在这里更多的是起到命名空间的作用，因此对其进行创建、删除、修改和使用的操作都相对简单。此外，需要注意的是，这里的 DATABASE 和 SCHEMA 表示的是相同的概念，因此它们之间可以互相替换使用。

1. 创建数据库

创建数据库的操作命令是 CREATE，其语法定义如下：

```
CREATE (DATABASE|SCHEMA) [IF NOT EXISTS] database_name
    [COMMENT database_comment]
    [LOCATION hdfs_path]
    [MANAGEDLOCATION hdfs_path]
    [WITH DBPROPERTIES (property_name=property_value, …)]
```

CREATE DATABASE 是从 Hive 0.6 开始被加入命令中的；WITH DBPROPERTIES 是从 Hive 0.7 开始被加入命令中的；MANAGEDLOCATION 则是从 Hive 4.0.0 开始才被加入命令

中的，因此在具体使用该操作命令时，需要关注 Hive 的版本。

LOCATION 是指外部表的默认目录；MANAGEDLOCATION 则是指内部表的默认目录。在通常情况下，建议将 MANAGEDLOCATION 设置在 metastore.warehouse.dir 所指定的目录下，这样可以确保所有内部表具有相同的公共根目录，以及公共的管理策略。

【例 6.1】 通过指定外部表存储位置的方法建立城市空气质量数据库 db_city_aq，同时为该数据库增加说明文字。

该数据库的创建过程如下：

```
hive (default)> CREATE DATABASE IF NOT EXISTS db_city_aq
              > COMMENT "Nine cities"
              > LOCATION '/hive/db_city_aq';
OK
Time taken: 0.28 seconds
```

在上述程序执行完成后，返回 OK，说明数据库已经创建成功。然后通过 SHOW 命令查看 Hive 中的数据库，从查询结果中可以看到刚刚创建的数据库 db_city_aq，执行过程如下：

```
hive (default)> SHOW DATABASES;
OK
database_name
db_city_aq
default
Time taken: 0.138 seconds, Fetched: 3 row(s)
```

最后通过 HDFS 查看数据库对应的文件生成情况，利用 ls 命令查看 HDFS 上的目录，发现数据库 db_city_aq 对应的目录，其执行过程如下：

```
hadoop@Master:/usr/local/hadoop$ hadoop fs -ls /hive
Found 2 items
drwxr-xr-x   - hadoop supergroup          0 2020-12-28 21:51 /hive/data
drwxr-xr-x   - hadoop supergroup          0 2021-01-19 17:16 /hive/db_city_aq
```

2. 删除数据库

删除数据库的命令是 DROP，其语法定义如下：

```
DROP (DATABASE|SCHEMA) [IF EXISTS] database_name [RESTRICT|CASCADE];
```

[RESTRICT|CASCADE]选项在没有明确指定时，其默认值是 RESTRICT，表示数据库不为空时不能删除数据库。若指定其值为 CASCADE，则会级联删除数据库中的所有数据表，因此应慎重使用。

下面将分别通过实例演示删除空的数据库及删除包含数据表的非空数据库的操作方法及执行结果。

【例 6.2】 首先删除空数据库 db_city_aq，然后利用 SHOW 命令查看现有数据库，发现删除成功。具体操作命令及执行结果如下：

```
hive (default)> DROP DATABASE IF EXISTS db_city_aq;
OK
Time taken: 0.353 seconds
hive (default)> SHOW DATABASES;
OK
database_name
db_city_aq
default
Time taken: 0.028 seconds, Fetched: 2 row(s)
```

【例 6.3】 首先为当前数据库 db_city_aq 创建一个数据表，然后使用[RESTRICT|CASCADE]

选项的默认值 RESTRICT 执行删除操作，从执行结果可见，删除非空数据库失败。接下来设置[RESTRICT|CASCADE]选项的值为 CASCADE，即可成功删除非空数据库。具体操作过程及执行结果如下：

```
#创建一个数据表 tbl1，并查看
hive (db_city_aq)> CREATE TABLE tbl1(col_value STRING);
OK
Time taken: 0.463 seconds
hive (db_city_aq)> SHOW TABLES;
OK
tab_name
tbl1
Time taken: 0.03 seconds, Fetched: 1 row(s)
#使用[RESTRICT|CASCADE]选项的默认值，删除非空数据库失败
Hive > DROP DATABASE IF EXISTS db_city_aq;
FAILED: Execution Error, return code 1 from
org.apache.hadoop.hive.ql.exec.DDLTask. InvalidOperationException(message:Database
db_city_aq is not empty. One or more tables exist.)
#设置[RESTRICT|CASCADE]选项的值为 CASCADE，删除非空数据库成功
hive > DROP DATABASE IF EXISTS db_city_aq CASCADE;
OK
Time taken: 0.367 seconds
hive (default)> SHOW DATABASES;
OK
database_name
default
Time taken: 0.026 seconds, Fetched: 2 row(s)
```

3. 使用数据库

使用数据库的命令是 USE。在交互操作过程中，使用该命令可设置指定数据库为当前数据库，则后续的操作命令将对该数据库有效。

其语法定义如下：

```
USE database_name;
USE DEFAULT;
```

DEFAULT 在默认情况下特指某个数据库，可以使用 DEFAULT 代替具体的 DATABASE 名称，以便使用。

6.4.2 数据表的创建

Hive 的数据组织采用目录、文件的方式进行，其数据文件的存储格式可以具体指定，例如，文件存储格式可以是 SEQUENCEFILE、TEXTFILE、RCFILE、ORC、PARQUET、AVRO、JSONFILE、INPUTFORMAT input_format_clsname、OUTPUTFORMAT output_format_clsname。其中，TEXTFILE 为默认文件存储格式，具体默认值由 hive.default.fileformat 指定；JSONFILE 文件存储格式只有 Hive 4.0.0 及以上版本才能支持。

数据表创建的大多数功能在 Hive 1.0.0 后都得到了支持。为了简化说明，我们假定所有读者都使用 Hive 1.0.0 或以上版本，对于个别特殊情况，我们将会具体指出。

内部表（Managed Table）与外部表（External Table）：在默认情况下，Hive 创建的数据表都是内部表（也称托管表），即文件、元数据和相关统计信息由 Hive 进行管理和处理，且

内部表在被删除后，相关数据文件也将被删除；外部表表示所创建的数据表被存放在非 Hive 的默认存储位置，Hive 维护会指向该外部数据文件的链接，同时外部表常被多个应用共享，从而避免数据表被误删除。删除内部表会直接删除元数据及存储数据，而删除外部表则仅仅删除元数据，HDFS 上的文件并不会被删除；对内部表的修改会将修改直接同步给元数据，而对外部表的表结构和分区进行修改，则需要进行修复操作（MSCK REPAIR TABLE table_name）。

接下来，将会对 Hive 的多种创建数据表的方式展开详细叙述。

1. 创建数据表

在 Hive 中，数据表的创建对应着丰富的语法设置，这里只给出其核心的部分语法定义。创建数据表的核心的部分语法定义如下：

```
    CREATE [TEMPORARY] [EXTERNAL] TABLE [IF NOT EXISTS] [db_name.]table_name
    [(col_name data_type [column_constraint_specification], …
[constraint_specification])]
    [COMMENT table_comment]
    [PARTITIONED BY (col_name data_type [COMMENT col_comment], …)]
    [CLUSTERED BY (col_name, …) [SORTED BY (col_name [ASC|DESC], …)]INTO num_buckets
BUCKETS]
    [SKEWED BY (col_name,…) ON ((col_value,…),…) [STORED AS DIRECTORIES] ]
    [LOCATION hdfs_path]
    [TBLPROPERTIES (property_name=property_value, …)]
    [AS select_statement];
```

CREATE TABLE 语句用于创建一个新的数据表，若所要创建的数据表名与现有数据表名冲突，则会返回错误信息。当然，我们也可以在语句中增加 IF NOT EXISTS 选项，从而跳过错误信息。

在使用中需要注意：数据表名是大小写无关的，而数据表的属性名则是大小写相关的。若数据表、列的说明信息为字符串，则要求将其放置在单引号内。

不使用 EXTERNAL 子句创建的数据表称为内部表，由 Hive 管理其数据。若想要确定数据表是托管的还是外部的，则可以通过 DESCRIBE EXTENDED table_name 命令输出数据表的信息，并在其中查找 tableType 以确定数据表的类型。

【例 6.4】下面的实例将创建一个内部表，并在创建完成后查看其对应的文件。若在创建数据表时没有使用关键字 EXTERNAL，则说明其创建的是内部表。创建内部表的操作命令及查看对应文件的结果如下：

```
#在不指定数据表类型的情况下表示创建内部表
hive (db_city_aq)> CREATE TABLE city_aq(
          > cdate string,
          > chour int,
          > aq_type string,
          > city string,
          > value int) ;
OK
Time taken: 0.534 seconds
#查看该内部表对应的文件
hadoop@Master:/usr/local/hadoop$ hadoop fs -ls /user/hive/warehouse/db_city_aq.db
Found 1 items
drwxr-xr-x   - hadoop supergroup          0 2021-01-19 18:28
/user/hive/warehouse/db_city_aq.db/city_aq
```

2. 创建带分区的数据表

创建带分区的数据表要求在创建命令中包含 PARTITIONED BY 子句。一个数据表可以有一个或多个分区列，并且可以为分区列中每个不同的值组合创建一个单独的数据目录。此外，数据表或分区可以使用 CLUSTERED BY 子句，从而实现依据特定数据列集合的分区、桶的应用；通过增加 SORT BY 子句还可以实现桶中数据的有序存储，从而提高查询的性能。

【例 6.5】 假设数据表包含 5 列（cdate4query, chour, aq_type, city, value），为了创建基于 cdate 的分区表，在数据表中以 cdate4query 作为列名，确保 cdate 属性可以同时用于分区和查询。

若在数据表中没有以 cdate4query 作为列名对日期进行存储设置，那么在对该数据表进行查询时，将不会返回对应的日期值。若查询包含条件“WHERE date = '...'”，则 Hive 将会利用分区加快查询速度，同时 cdate4query 列将会返回 date 的原有值。

创建带分区的数据表的示例如下：

```
#创建带分区的数据表，由于数据由 CSV 文件提供，因此指定导入数据格式
hive (db_city_aq)> CREATE TABLE city_aq_with_partition (
          > cdate4query string,
          > chour int,
          > aq_type string,
          > city string,
          > value int)
          > PARTITIONED BY (cdate string)
          > row format serde 'org.apache.hadoop.hive.serde2.OpenCSVSerde'
          > with SERDEPROPERTIES ("separatorChar"=",") ;
OK
Time taken: 0.294 seconds
```

3. 利用 SELECT 子句查询创建数据表

Hive 数据表也可以通过查询创建（Create-Table-As-Select，CTAS）操作进行创建。通过 CTAS 操作创建数据表的过程是一个执行事务的过程，无论该数据表有多大，都只有在生成所有查询结果并创建数据表完成后才对其他用户可见，即这一执行过程对其他用户而言是透明的。

CTAS 包含两个步骤：SELECT 和 CREATE。其中，SELECT 是指 HiveQL 支持的选择操作，而 CREATE 则是将选择的数据模式及数据集存储到创建的目标数据表中。通过 CTAS 操作创建的数据表有如下限制：（1）目标数据表不能是外部表；（2）目标数据表不能是桶表。

使用 CTAS 操作创建一个目标数据表 new_key_value_store，该数据表的模式与 SELECT 子句的选择结果相对应，其模式为(new_key DOUBLE, key_value_pair STRING)。若 SELECT 子句没有指定列名，则列名会被自动命名为_col0、_col1、_col2……新创建的数据表通过 SerDe 的方式来读/写数据，其存储格式与源数据表无关。

SerDe（Serializer and Deserializer）是序列化和反序列化的缩写。Hive 使用 SerDe 的方式来读/写数据表中的行数据，其序列化和反序列化的过程如下。

HDFS 文件→输入文件格式→<key, value>→反序列化（Deserializer）→行对象。

行对象→Serializer（序列化）→<key, value>→输出文件格式→HDFS 文件。

从一个数据表中选择数据并生成另一个数据表的过程是 Hive 非常强大的功能之一，在执行查询时，实现了从源格式到目标格式的数据转换。

【例 6.6】 以 6.3 节中的 city_aq 数据表为蓝本，所导入的数据为全部城市空气质量数据，使用 CTAS 操作创建一个 chour=10 的数据表 city_aq_hour10，其执行过程如下：

```
hive (db_city_aq)> CREATE TABLE city_aq_hour10
           > AS
           > SELECT cdate, chour, aq_type, city, value FROM city_aq
           > WHERE chour=10;
…
Total MapReduce CPU Time Spent: 0 msec
OK
city    value
Time taken: 1.695 seconds
```

查看数据表 city_aq_hour10 中的数据，其执行过程如下：

```
Hive (db_city_aq)> SELECT * FROM city_aq_hour10 LIMIT 5;
OK
20140513        10      AQI     北京    123
20140513        10      AQI     天津    100
20140513        10      AQI     石家庄  150
20140513        10      AQI     唐山    100
20140513        10      AQI     秦皇岛  89
Time taken: 0.156 seconds, Fetched: 10 row(s)
```

4. 利用 LIKE 选项创建数据表

CREATE TABLE 语句中的 LIKE 选项让用户可以用源数据表结构为模板创建一个具有相同表结构的新数据表，而不复制源数据表中的数据。

【例 6.7】 利用 LIKE 选项复制 city_aq 数据表结构，新建的 tbl_create_like 数据表结构与之相同，但不复制源数据表中的数据。利用 Like 选项创建新数据表，并利用 DESC 命令查看新建数据表的结构，其执行过程如下：

```
hive (db_city_aq)> CREATE TABLE tbl_create_like
    >            LIKE city_aq;
OK
Time taken: 0.085 seconds
hive (db_city_aq)> DESC tbl_create_like;
OK
cdate                   string                  from deserializer
chour                   string                  from deserializer
aq_type                 string                  from deserializer
city                    string                  from deserializer
value                   string                  from deserializer
Time taken: 0.039 seconds, Fetched: 5 row(s)
```

在创建完该数据表后，可以使用 SELECT 子句进行数据的检索，查看结果可知，该数据表的结构与 city_aq 数据表的结构相同，但是没有复制其数据。

5. 创建临时表

若一个数据表是作为临时表（Temporary Table）被创建的，则该数据表只在当前会话期间可见，其数据被存储于用户的临时目录中，并在会话结束后被删除。若临时表的表名与数据库中已有的永久表的表名相同，则在这一会话期间，用户将无法访问已有的永久表，并且所有对同名表的访问都会被导向临时表。当临时表被删除后，才能恢复对永久表的访问指向。

与永久表相比，临时表有其自身特征：（1）不支持分区；（2）不支持索引。临时表的存储位置可以通过 hive.exec.temporary.table.storage 配置参数进行设置。

【例 6.8】创建临时数据表，具体操作命令如下：

```
hive (db_city_aq)> CREATE TEMPORARY TABLE tbl_external
    > (col1 STRING, col2 int, col3 STRING);
OK
Time taken: 0.047 seconds
```

在创建临时表后，可以使用 SHOW TABLES 语句查看临时表，该临时表被存储在数据库中。若此时利用 exit 命令退出 Hive 会话，并重新利用 hive 命令建立会话，则此时再使用 SHOW TABLES 语句查看，将会发现刚才创建的临时数据表已经不存在了。

6．表的约束

Hive 包括未验证的主键约束和外键约束的支持。当存在约束时，一些 SQL 工具将会实现更加高效的查询。同时，由于这些约束未经验证，因此相关系统需要确保数据在被载入 Hive 前的完整性。在对 Hive 进行数据检索时，Hive 的约束将会被用于优化 Hive 数据的查询，从而提高数据检索的效率。

列约束定义包含主键约束、唯一值约束、非空约束等，相关约束及其定义如下：

```
column_constraint_specification
    : [ PRIMARY KEY|UNIQUE|NOT NULL|DEFAULT [default_value]
          |CHECK [check_expression] ENABLE | DISABLE NOVALIDATE RELY/NORELY ]
```

下面通过几个具体的例子展示部分约束的定义。

【例 6.9】创建数据表 tbl_pk，其中包含的(id1, id2)共同组成该表的 PRIMARY KEY。创建该数据表的执行过程如下：

```
hive (db_city_aq)> CREATE TABLE tbl_pk(id1 integer, id2 integer,
          >   PRIMARY KEY (id1, id2) DISABLE NOVALIDATE);
OK
Time taken: 0.265 seconds
```

此时，利用 INSERT 语句插入 3 条数据(1,1)、(1,2)、(1,1)，在数据插入成功后，查询结果如下：

```
hive (db_city_aq)> SELECT * FROM tbl_pk;
OK
1       1
1       2
1       1
Time taken: 0.126 seconds, Fetched: 3 row(s)
```

从上述操作中可以看出，Hive 的主键约束并没有在插入数据时进行数据的唯一性检查，因此要求用户在插入数据前做好数据的各种检查。

【例 6.10】创建数据表 tbl_fk，其中包含的外键约束关联到数据表 tbl_pk。创建带外键约束的数据表的执行过程如下：

```
hive (db_city_aq) > CREATE TABLE tbl_fk(id1 integer, id2 integer,
  > CONSTRAINT c1 foreign key(id1, id2)
  > REFERENCES tbl_pk(id1, id2) DISABLE NOVALIDATE);
```

【例 6.11】创建数据表 tbl_constraints1，并设置 id1 的值满足唯一性；id2 的值为非空；usr 的默认值为当前用户；价格约束为大于 0，小于或等于 1000。创建该数据表的执行过程如下：

```
hive (db_city_aq) > CREATE TABLE tbl_constraints1(
    > id1 integer UNIQUE DISABLE NOVALIDATE,
    > id2 integer NOT NULL,
    > usr string DEFAULT current_user(),
```

```
    > price double CHECK (price > 0 AND price <= 1000));
OK
Time taken: 0.11 seconds
```

在创建数据表后，从插入部分数据的过程中可以发现，CHECK 约束在起作用，它限制了用户插入的数据必须满足特定的范围。插入数据示例如下：

```
hive (db_city_aq)> INSERT INTO tbl_constraints1 values(1,2,'kkk',50);
…Stage-Stage-1:  HDFS Read: 1088 HDFS Write: 1126 SUCCESS
hive (db_city_aq)> INSERT INTO tbl_constraints1 values(1,2,'kkk',1001);
…Error during job, obtaining debugging information…
```

【例 6.12】创建数据表 tbl_constraints2，其中约束 c1_unique 要求 id1 的值满足唯一性，其执行过程如下：

```
hive (db_city_aq)> CREATE TABLE tbl_constraints2(id1 integer, id2 integer,
             >   CONSTRAINT c1_unique UNIQUE(id1) DISABLE NOVALIDATE);
OK
Time taken: 0.093 seconds
```

但是由于 UNIQUE 约束需要检查大量数据，这对数据仓库而言几乎是不可能完成的任务，因此在插入数据时，其并没有检查数据的唯一性。

从上述实例可以发现，若表的约束需要扫描表数据，会产生大量的时间开销，则该约束通常没有进行实质性的检查；而对于 CHECK 约束，在无须对表、其他表数据进行扫描时，Hive 会进行 CHECK 约束检查。

6.4.3　数据表和分区的修改

通过 ALTER 命令可以修改现有数据表的结构，具体包括增加数据列、增加分区、修改 SerDe、增加数据表属性、修改数据表名等。类似地，利用 ALTER 命令可以修改数据表的分区属性。

这部分将重点介绍修改表结构、修改分区、修改列属性等操作。对于视图等其他 Hive 数据对象的修改，读者可以进一步查看 Hive 的官方文档。

1. 数据表的修改

用法 1　修改数据表名

通过 ALTER TABLE 操作命令可以修改数据表的名称。数据表的更名操作不但会修改数据表在 Hive 中的元数据信息，而且会修改该数据表在 HDFS 中的存储位置。操作命令如下：

```
ALTER TABLE table_name RENAME TO new_table_name;
```

【例 6.13】将数据表 tbl1 更名为 tbl2，操作过程如下：

```
hive (db_city_aq)> ALTER TABLE tbl1 rename to tbl2;
OK
Time taken: 0.108 seconds
```

用法 2　修改数据表的属性

通过 ALTER TABLE 操作命令可以修改数据表的属性，其中数据表属性的定义为(property_name = property_value, ...)，因此可以一次性更改多个数据表的属性值。当然，也可以为数据表增加新的属性。所有数据表的扩展属性都可以通过 DESCRIBE EXTENDED TABLE 操作命令查看。操作命令如下：

```
ALTER TABLE table_name SET TBLPROPERTIES ('db_pro1'='pro1_value');
```

【例 6.14】修改数据表属性值，操作过程如下：

```
hive (db_city_aq)> ALTER TABLE tbl2 SET TBLPROPERTIES
('property_name'='new_value');
OK
Time taken: 0.34 seconds
```

查看修改数据表属性值的结果如下：

```
hive (db_city_aq)> DESCRIBE FORMATTED tbl2;
…
 property_name          new_value
```

用法 3 修改数据表的说明信息

通过 ALTER TABLE 操作命令可以修改/设置数据表的说明信息。操作命令如下：

```
ALTER TABLE table_name SET TBLPROPERTIES ('comment' = new_comment);
```

【例 6.15】对数据表 tbl2 的属性进行修改/设置，操作过程如下：

```
hive (db_city_aq)> ALTER TABLE tbl2 SET TBLPROPERTIES ('comment'='new_comment');
OK
Time taken: 0.08 seconds
```

在修改完成后，利用 DESCRIBE 命令查看数据表：

```
hive (db_city_aq)> DESCRIBE FORMATTED tbl2;
OK
…
 comment                new_comment
       id1                   id3
       id2                   id3
```

2. 修改数据表约束

用法 1 修改数据表的主键约束（PRIMARY KEY）

```
ALTER TABLE table_name ADD CONSTRAINT constraint_name
   PRIMARY KEY (column, …) DISABLE NOVALIDATE;
```

【例 6.16】首先创建一个数据表，然后利用 ALTER TABLE 操作命令增加主键约束，操作过程如下：

```
hive (db_city_aq)> CREATE TABLE tbl1
          >   (product_id        INTEGER,
          >   product_vendor_id INTEGER);
OK
Time taken: 0.143 seconds
hive (db_city_aq)> ALTER TABLE tbl1 ADD CONSTRAINT product_id
          > PRIMARY KEY (product_vendor_id) DISABLE NOVALIDATE;
OK
Time taken: 0.109 seconds
```

用法 2 修改数据表的外键约束（FOREIGN KEY）

```
ALTER TABLE table_name ADD CONSTRAINT constraint_name
   FOREIGN KEY (column, …) REFERENCES table_name(column, …)
   DISABLE NOVALIDATE RELY;
```

【例 6.17】创建两个数据表，并建立它们之间的 FOREIGH KEY 约束，操作过程如下：

```
hive (db_city_aq)> CREATE TABLE test_main (
          > id   INT,
          > value   string,
          > PRIMARY KEY(id)DISABLE NOVALIDATE
          > );
OK
Time taken: 0.167 seconds
hive (db_city_aq)> CREATE TABLE test_sub (
          > id  INT,
```

```
          > main_id INT,
          > value  string,
          > PRIMARY KEY(id) DISABLE NOVALIDATE
          > );
OK
Time taken: 0.086 seconds
hive (db_city_aq)> ALTER TABLE test_sub
          >ADD CONSTRAINT main_id_cons FOREIGN KEY (main_id)
          >REFERENCES test_main (id) DISABLE NOVALIDATE RELY;
…
OK
Time taken: 0.035 seconds
```

用法 3　修改数据表的唯一性设置（UNIQUE）

```
ALTER TABLE table_name ADD CONSTRAINT constraint_name
   UNIQUE (column, …) DISABLE NOVALIDATE;
```

【例 6.18】首先创建一个数据表，然后修改该数据表的唯一性约束，操作过程如下：

```
hive (db_city_aq)> CREATE TABLE t_user(
          > id int,
          > id2 int not null);
OK
Time taken: 0.112 seconds
hive (db_city_aq)> ALTER TABLE t_user
          > ADD CONSTRAINT uc_user_id UNIQUE (id)
          >DISABLE NOVALIDATE;
OK
Time taken: 0.039 seconds
```

用法 4　修改数据表的非空值约束（NOT NULL）

```
ALTER TABLE table_name CHANGE COLUMN column_name column_name data_type
   CONSTRAINT constraint_name NOT NULL ENABLE;
```

【例 6.19】修改例 6.18 中数据表 t_user 的 NOT NULL 约束，操作过程如下：

```
hive (db_city_aq)> ALTER TABLE t_user
          > CHANGE column id id int CONSTRAINT id NOT NULL ENABLE;
OK
Time taken: 0.106 seconds
```

用法 5　修改数据表的默认值约束（DEFAULT）

```
ALTER TABLE table_name CHANGE COLUMN column_name column_name data_type
   CONSTRAINT constraint_name DEFAULT default_value ENABLE;
```

【例 6.20】修改例 6.18 中数据表 t_user 的 DEFAULT 约束，操作过程如下：

```
hive (db_city_aq)> ALTER TABLE t_user
          >CHANGE COLUMN id2 id2 int
          >CONSTRAINT du_user_id2 DEFAULT 0 ENABLE ;
OK
Time taken: 0.115 seconds
```

用法 6　修改数据表的检查约束（CHECK）

```
ALTER TABLE table_name CHANGE COLUMN column_name column_name data_type
   CONSTRAINT constraint_name CHECK check_expression ENABLE;
```

【例 6.21】修改例 6.18 中数据表 t_user 的 CHECK 约束，操作过程如下：

```
hive (db_city_aq)> ALTER TABLE t_user
          >CHANGE COLUMN id2 id2 int
          >CONSTRAINT cu_user_id2 CHECK (id2>0) ENABLE;
OK
Time taken: 0.085 seconds
```

用法 7 删除数据表的约束（DROP CONSTRAINT）

```
ALTER TABLE table_name DROP CONSTRAINT constraint_name;
```

【例 6.22】实现例 6.21 中数据表 t_user 的 CHECK 约束的删除操作，操作过程如下：

```
hive (db_city_aq)> ALTER TABLE t_user DROP CONSTRAINT cu_user_id2;
OK
Time taken: 0.145 seconds
```

3. 修改分区设置

使用 ALTER TABLE 操作命令的 PARTITION 子句可以对数据表的分区进行修改、增加、改名、移动、删除、存档等操作。若想要将元存储添加到 HDFS 的分区中，则可以使用元存储检查命令（MSCK）进行数据刷新。

下面将按照具体的分区修改功能分别介绍修改分区的主要操作。

用法 1 添加新分区

使用 ALTER TABLE ADD PARTITION 操作命令可以增加数据表的分区。当其中的分区值是字符串类型时，需要使用单引号将其引起来，且分区存储位置必须是数据文件所在目录。添加分区操作会修改数据表的元数据，但是不会实现已有数据的重新分区。如果在指定分区位置不存在对应数据，则查询将不会返回任何结果。操作命令如下：

```
ALTER TABLE table_name ADD [IF NOT EXISTS]
    PARTITION partition_spec [LOCATION 'location']
    [, PARTITION partition_spec [LOCATION 'location'], …];
partition_spec : (partition_column = partition_col_value, …)
```

【例 6.23】首先创建一个数据表 page_view，并在该数据表中设置基于日期 dt 和国家 country 的分区。然后使用 ALTER TABLE ADD PARTITION 操作命令在该数据表中手动添加多个分区，并设置其对应的目录。其操作过程如下：

```
hive (db_city_aq)> CREATE TABLE page_view(uid int,
                   >page_url string,
                   >referrer_url string,
                   >ip string)
                   >partitioned by(dt string,country string);
OK
Time taken: 0.144 seconds
hive (db_city_aq)> ALTER TABLE page_view2 ADD
> PARTITION (dt='2008-08-08', country='us') location '/path/to/us/part080808'
> PARTITION (dt='2008-08-09', country='us') location '/path/to/us/part080809';
OK
Time taken: 0.21 seconds
```

需要注意的是，在 Hive 0.8 及以下版本中，每次只能添加一个分区。

除了上述添加分区的方法，Hive 还支持使用 INSERT 命令添加分区，支持使用 Pig 的 STORE 命令添加分区。

用法 2 修改分区名

使用下述操作命令可以修改分区名，同样地，也可以修改分区列的值。用户可以利用该操作命令规范分区列的值以符合其类型。

```
ALTER TABLE table_name PARTITION partition_spec
RENAME TO PARTITION partition_spec;
```

【例 6.24】对例 6.23 中创建的数据表 page_view 的分区(dt='2008-08-08', country='us')进行修改，设置修改后的分区名为(dt='2018-08-08', country='us')，操作过程如下：

```
hive (db_city_aq)> Alter table page_view partition(dt='2008-08-08', country='us')
rename to partition(dt='2018-08-08', country='us');
OK
Time taken: 0.589 seconds
```

用法 3 分区交换/移动（EXCHANGE/MOVE）

通过 ALTER TABLE 操作命令可以实现数据表间分区的交换/移动操作。将一个分区从数据表 table_name_1 中移动到数据表 table_name_2 中，操作命令如下：

```
ALTER TABLE table_name_2 EXCHANGE PARTITION (partition_spec)
    WITH TABLE table_name_1;
```

对多个分区进行移动操作，操作命令如下：

```
ALTER TABLE table_name_2 EXCHANGE PARTITION (partition_spec, partition_spec2, …)
    WITH TABLE table_name_1;
```

该操作命令允许用户实现数据表间的分区移动操作，但是要求目标数据表与源数据表具有相同的模式，同时目标数据表中不存在该分区。

用法 4 分区的自动发现

在一些情况下，分区的设置依赖于 Hive 自动完成。例如，按照日期设置分区，当新数据被加入数据表时，若对应新的日期，则 Hive 将自动建立该日期的对应分区。为了能够满足这一要求，需要设置数据表的属性"discover.partitions"="True"。

当 Hive 元存储服务（Hive Metastore Service，HMS）启动后，后台线程将定期（300 秒）检查 discover.partitions 属性，在其值为 True 的情况下，调用 MSCK 命令进行数据表的元存储数据维护。若该参数被设置为 False，则需要手动运行 MSCK 命令，实现分区更新，以维护数据表的元存储数据。

用法 5 分区保留设置

数据表的 partition.retention.period 属性可以用于设置分区表的分区保留时间。当设置了分区保留时间后，HMS 的后台线程将会自动检查分区的存续时长，若超过设置的保留时间，则该分区将会被删除。

例如，如果外部分区表设置了 date 分区，并且数据表的属性"discover.partitions"="True", "partition.retention.period"="7d"，则该数据表会自动创建新的日期分区，同时删除存续时长已经超过 7 天的数据表分区。

用法 6 分区的修复（利用 MSCK 命令修复数据表）

Hive 将每个数据表的分区列表存储于它的元存储数据中。若通过文件系统（利用 hadoop fs 命令）直接将一个新的分区加入 HDFS 中，或者从 HDFS 中移除，则元存储数据不会自动感知该变化，因此用户需要运行 ALTER TABLE table_name ADD/DROP PARTITION 操作命令进行分区的添加或删除操作。

Hive 还提供了一种方法，可以让 Hive 自动发现对分区的修改，从而修复数据表的属性。其语法定义如下：

```
MSCK [REPAIR] TABLE table_name [ADD/DROP/SYNC PARTITIONS];
```

该命令将会更新 Hive 元存储数据中当前不存在分区的元数据，MSCK 命令默认选项为 ADD PARTITIONS。在默认情况下，或者在指定 ADD PARTITIONS 选项的情况下，MSCK 命令将会扫描 HDFS 并自动将相关分区的信息添加到分区元数据中。DROP PARTITIONS 选项将会检查 HDFS 中已经被移除的分区，并将相关分区的数据从元存储数据中移除。SYNC PARTITIONS 选项用于同步 HDFS 和 Hive 元存储数据，它的效果等同于同时设置 ADD 和

DROP PARTITIONS 选项的效果。

当系统中存在大量的未跟踪分区（Untracked Partition）时，运行 MSCK REPAIR TABLE 操作命令可以避免发生内存不足的错误（Out of Memory Error）。通过设置属性 hive.msck.repair.batch.size，MSCK 命令可以在内部批量运行以维护数据表分区。不带 REPAIR 选项的 MSCK 命令可以用于发现元数据与元存储数据不匹配的详细信息。

用法 7 删除数据表的分区

使用 ALTER TABLE DROP PARTITION 操作命令可以删除数据表的分区。该操作命令会同时移除该分区对应的数据和元数据信息。其中，分区数据在配置了垃圾箱的情况下将被移入垃圾箱中，若设置了 PURGE 选项，则直接移除数据；也可以通过设置数据表的 auto.purge 属性值为 True 使 PURGE 选项默认生效。而元数据将会被直接删除，不会被移入垃圾箱中。其操作命令如下：

```
ALTER TABLE table_name DROP [IF EXISTS] PARTITION partition_spec
    [, PARTITION partition_spec, …] [IGNORE PROTECTION] [PURGE];
```

对于一些被设置为 NO_DROP CASCADE 的数据表，可以通过设置 IGNORE PROTECTION 选项删除分区或分区集。不过 IGNORE PROTECTION 选项在 Hive 2.0.0 及以上版本中不再可用。

【例 6.25】指定 PURGE 选项，可直接删除数据表的分区，同时指定 IF EXISTS 选项可以确保在指定分区不存在的情况下不会返回错误信息。其操作过程如下：

```
    hive (db_city_aq)> ALTER TABLE page_view DROP PARTITION (dt='2011-08-08',
country='us') PURGE;
    Dropped the partition dt=2011-08-08/country=us
    OK
    Time taken: 0.161 seconds
    hive (db_city_aq)> ALTER TABLE page_view DROP if exists PARTITION (dt='2011-08-
08', country='us') PURGE;
    OK
    Time taken: 0.092 seconds
```

通过文件系统查看执行结果，可以看出被删除的分区已经被移除了，具体操作过程及结果如下：

```
    hadoop@Master:/usr/local/hadoop$ hadoop fs -ls
/user/hive/warehouse/db_city_aq.db/page_view2
    Found 1 items
    drwxr-xr-x   - hadoop supergroup          0 2021-01-21 22:35
/user/hive/warehouse/db_city_aq.db/page_view2/dt=2018-08-08
```

用法 8 分区数据的存档

ARCHIVE 命令用于将数据表中的分区数据移动到 Hadoop 存档（Hadoop Archive，HAR）中。HAR 不会进行数据的压缩，但是会大大减少 Hadoop 中的文件数量，从而节省 HDFS 的内存开销。UNARCHIVE 命令则用于将存档文件恢复。

若将 Hive 的分区数据存档，则会降低对部分数据的检索效率，因此该命令常被用于存档一些不常用的数据。

分区数据存档的操作命令如下：

```
ALTER TABLE table_name ARCHIVE PARTITION partition_spec;
ALTER TABLE table_name UNARCHIVE PARTITION partition_spec;
```

4. 修改数据表/分区

上述内容介绍了适用于修改和修改数据表分区的操作命令，这里介绍的操作命令既适用于数据表的修改，也适用于分区的修改。

用法 1　修改数据表/分区的文件存储格式

该命令用于修改数据表/分区的文件存储格式，其可用的 file_format 选项可以参考 CREATE TABLE 操作命令中的文件类型。该命令的修改仅作用于数据表的元数据，对文件的实际数据格式的修改需要在 Hive 外进行数据转换。具体操作命令如下：

```
ALTER TABLE table_name [PARTITION partition_spec] SET FILEFORMAT file_format;
```

用法 2　修改数据表/分区的存储位置

当需要修改数据表/分区的存储位置时，可以使用如下操作命令：

```
ALTER TABLE table_name [PARTITION partition_spec] SET LOCATION "new location";
```

用法 3　修改数据表/分区的保护机制

对数据的保护可以设置为数据表级别，也可以设置为分区级别。NO_DROP 选项将会确保数据表不被删除，OFFLINE 选项则使得数据表/分区中的数据被检索，而它们的元数据仍可被存取或访问。

若某个分区被设置为 NO_DROP，则该分区所在的数据表也将是不可被删除的；若数据表被设置为 NO_DROP，则其包含的分区可以被删除；若数据表被设置为 NO_DROP CASCADE，则其包含的分区不能被删除；若想要强制删除分区，则可以使用 IGNORE PROTECTION 选项。

修改数据表/分区的保护机制的操作命令如下：

```
ALTER TABLE table_name [PARTITION partition_spec] ENABLE|DISABLE
    NO_DROP [CASCADE];
ALTER TABLE table_name [PARTITION partition_spec] ENABLE|DISABLE OFFLINE;
```

5. 修改数据列

需要注意的是，Hive 中的列名是大小写敏感的。在早期的 Hive 版本中，列名只能由字母、数字和下画线组成。目前，Hive 可以在“`”之间包含任何 Unicode 字符作为列名，不过“.”和“:”在检索时可能会引起错误。若想在“`”之间包含“`”符号，则可以使用“``”。“`”的引入使得保留字、关键字、表名等都可以成为列名的一部分。

用法 1　修改列名/列数据类型/存储位置/说明文字

下述命令允许用户修改列名、列数据类型、存储位置、说明文字或者上述属性的组合。CASCADE 关键字使得数据表元数据中的列属性同时传递变化到所有分区元数据中。RESTRICT 为默认值，限制列的改变只作用于数据表的元数据。

```
ALTER TABLE table_name [PARTITION partition_spec]
    CHANGE [COLUMN] col_old_name col_new_name column_type
    [COMMENT col_comment] [FIRST|AFTER column_name] [CASCADE|RESTRICT];
```

无论数据表或分区的保护模式如何设置，ALTER TABLE CHANGE COLUMN CASCADE 操作命令都将覆盖数据表分区的列元数据。

列属性的修改命令只是修改 Hive 元数据，并不会对已有数据进行改变和转换，用户需要确保实际数据表/分区中的数据符合 Hive 元数据的定义。

【例 6.26】 首先创建一个简单的数据表，然后修改该数据表的属性，并调整位置。该实例按照如下步骤进行。

创建一个数据表，操作命令如下：

```
CREATE TABLE test_change (a int, b int, c int);
```

修改数据表的属性 a 为 a1，类型为 INT，操作命令如下：

```
ALTER TABLE test_change CHANGE a a1 INT;
```

将 a1 列名改为 a2，类型改为 STRING，并将该列放于 b 列之后。执行该命令后，数据表的结构变成 test_change (b int, a2 string, c int)。其操作命令如下：

```
ALTER TABLE test_change CHANGE a1 a2 STRING AFTER b;
```

其执行过程如下：

```
hive (db_city_aq)> CREATE TABLE test_change (a int, b int, c int);
OK
Time taken: 0.082 seconds
hive (db_city_aq)> ALTER TABLE test_change CHANGE a a1 INT;
OK
Time taken: 0.138 seconds
hive (db_city_aq)> ALTER TABLE test_change CHANGE a1 a2 STRING AFTER b;
OK
Time taken: 0.084 seconds
```

用法 2 添加/替换数据列

当需要添加/替换数据列时，可以使用如下操作命令：

```
ALTER TABLE table_name [PARTITION partition_spec]
  ADD|REPLACE COLUMNS (col_name data_type [COMMENT col_comment], …)
  [CASCADE|RESTRICT]
```

ADD COLUMNS 选项用于添加新的列。新加入的列位于数据列与分区列之间。

REPLACE COLUMNS 选项用于移除所有的列，并添加新的列集。该选项只能被应用于原生的 SerDe（DynamicSerDe、MetadataTypedColumnsetSerDe、LazySimpleSerDe 和 ColumnarSerDe）数据表。

REPLACE COLUMNS 选项也可以用于删除列，例如，在例 6.26 中，通过“ALTER TABLE test_change REPLACE COLUMNS (a int, b int);”语句将删除数据表 test_change 的 b 列。

在 ALTER TABLE ADD|REPLACE COLUMNS 操作命令中使用 CASCADE 关键字，将修改数据表的元数据，并且会传递相同的列修改到所有分区元数据中。默认值为 RESTRICT，用于把列修改限定在数据表的元数据中。

ALTER TABLE ADD | REPLACE COLUMNS CASCADE 操作命令用于覆盖数据表的分区列元数据，而不考虑数据表/分区的保护模式。

与其他对数据表、分区、列所进行的修改相同，列属性的修改命令只是修改 Hive 的元数据，并不会对已有数据进行改变和转换，用户需要确保实际数据表/分区中的数据符合 Hive 元数据的定义。

6.4.4 数据表的其他操作

1. 数据表的删除

DROP TABLE 操作命令用于删除数据表及相关元数据，其中，数据表会被移除到垃圾箱中（在系统设定垃圾箱的前提下），而元数据将会被直接从 Hive 中删除。若在删除数据表时指定了 PURGE 选项，则会将数据文件直接清除，不可恢复。删除数据表的操作命令如下：

```
DROP TABLE [IF EXISTS] table_name [PURGE];
```

【例 6.27】本例将演示删除数据表的操作，并通过 SHOW 命令查看删除前与删除后数据库中数据表的对比情况。具体操作过程及结果如下：

```
hive (db_city_aq)> SHOW TABLES;
OK
tab_name
city_aq
Time taken: 0.04 seconds, Fetched: 1 row(s)
hive (db_city_aq)> DROP TABLE IF EXISTS city_aq PURGE;
OK
Time taken: 0.402 seconds
hive (db_city_aq)> SHOW TABLES;
OK
tab_name
Time taken: 0.027 seconds
```

若删除的是外部表，则数据文件不会被从文件系统中删除，只是会从 Hive 系统中移除相关的元数据信息。在 Hive 4.0.4 及以上版本中，若设置外部表属性 external.table.purge=True，则在删除外部表时也将同时删除外部表对应的数据文件。

在系统设置了垃圾箱但未指定 PURGE 选项的情况下，删除的数据表文件数据将被移除到垃圾箱（.Trash 目录）中，并未被真正删除。因此，当误删除了某个数据表时，可以使用相同的模式重新创建数据表、重新创建任何必要的分区，然后使用 Hadoop 手动将数据移回原位来恢复丢失的数据。当然，该解决方案可能会随着新版本的不同而发生变化，因此，强烈建议用户不要随意删除数据表。

2．数据表的截断

与删除数据表不同，截断数据表用于删除数据表或分区中的全部数据。若设定了垃圾箱，则数据会被移除到垃圾箱中，否则会被直接删除。被截断的数据表要求为内部表，用户也可以通过设置 partition_spec 选项来截断特定的分区，移除指定的分区。在默认情况下，TRUNCATE 命令用于删除所有数据，其定义如下：

```
TRUNCATE [TABLE] table_name [PARTITION partition_spec];
partition_spec:
  : (partition_column = partition_col_value, partition_column =
partition_col_value, …)
```

【例 6.28】本例通过 TRUNCATE 命令删除了数据表中的所有数据，通过在执行截断操作之前及之后分别使用 SELECT 子句查看数据表中的数据，可以看到执行截断数据表操作后删除了数据表中的所有数据。其操作过程如下：

```
hive (db_city_aq)> SELECT * FROM city_aq_hour10 LIMIT 2;
OK
20140513        10      AQI     北京    123
20140513        10      AQI     天津    100
Time taken: 0.156 seconds, Fetched: 10 row(s)
hive (db_city_aq)> TRUNCATE TABLE city_aq_hour10;
OK
Time taken: 0.093 seconds
hive (db_city_aq)> SELECT * FROM city_aq_hour10;
OK
Time taken: 0.357 seconds
```

3. SHOW 命令

SHOW 命令提供了一种查看 Hive 中数据的元存储信息及元数据的方法。

用法 1 SHOW DATABASES

```
SHOW (DATABASES|SCHEMAS) [LIKE 'identifier_with_wildcards'];
```

SHOW DATABASES 或 SHOW SCHEMAS 操作命令用于列出所有元存储信息中的数据库信息。LIKE 选项允许用户通过设置正则表达式为过滤器匹配符合条件的数据库。正则表达式中常用的通配符都可以在 LIKE 表达式中使用，如*表示匹配任意字符，|表示选择关系。例如，数据库名 employees 符合'employees'，或 'emp*'，或 'emp*|*ees'。

需要注意的是，从 Hive 4.0.0 开始，Hive 仅接受 SQL 类型的正则表达式，%表示匹配任意字符，_表示匹配单个字符，因此上述的 empleyees 符合'employees'，或 'emp%'，或 'emplo_ees'。

用法 2 SHOW TABLES/PARTITIONS

```
SHOW TABLES [IN database_name] ['identifier_with_wildcards'];
```

SHOW TABLES 操作命令用于列出当前数据库中的所有基本表及视图，若使用 IN 子句，则列出指定数据库中的所有满足正则表达式的基本表和视图。其中，通配符的使用方法与 SHOW DATABASES 操作命令中通配符的使用方法相同。若没有设置正则表达式匹配满足条件的基本表名或视图名，则会列出数据库下包含的所有基本表和视图。

用法 3 SHOW PARTITIONS

```
SHOW PARTITIONS table_name;
```

SHOW PARTITIONS 操作命令用于列出指定数据表的所有分区，且分区列表按照字典顺序列出。也可以通过指定分区列或列值列出满足条件的数据表分区。

SHOW PARTITIONS 操作命令允许指定数据库，其语法定义如下：

```
SHOW PARTITIONS [db_name.]table_name [PARTITION(partition_spec)];
```

从 Hive 4.0.0 开始，SHOW PARTITIONS 操作命令允许使用 WHERE/ORDER BY/LIMIT 等子句来过滤/排序/限定返回的结果列表，它们的用法类似于 SELECT 子句的用法，语法定义如下：

```
SHOW PARTITIONS [db_name.]table_name [PARTITION(partition_spec)]
[WHERE where_condition] [ORDER BY col_list] [LIMIT rows];
```

用法 4 SHOW TABLE/PARTITION EXTENDED

```
SHOW TABLE EXTENDED [IN|FROM database_name]
LIKE 'identifier_with_wildcards' [PARTITION(partition_spec)];
```

SHOW TABLE EXTENDED 操作命令用于列出匹配给定正则表达式的数据表信息。若指定了 PARTITION 选项，则不能再为数据表设定正则表达式。该命令将输出基本表信息和文件系统信息，如总文件数（/totalNumberFiles）、总文件大小（/totalFileSize）、最大文件大小（/maxFileSize）、最小文件大小（/minFileSize）、最近存取时间（/lastAccessTime）、最近更新时间（/lastUpdateTime）等。若指定了分区，则输出分区的相关信息和文件系统信息，而不再输出数据表的相关信息。

相比于 SHOW 命令，该操作命令列出了更多关于数据表的详细信息。

【例 6.29】利用 SHOW TABLE EXTENDED 操作命令列出数据表 city_aq 的扩展信息，结果如下：

```
hive (db_city_aq)> SHOW TABLE EXTENDED like city_aq ;
OK
```

```
tableName:city_aq
owner:hadoop
location:hdfs://localhost:9001/user/hive/warehouse/db_city_aq/city_aq
inputformat:org.apache.hadoop.mapred.TextInputFormat
outputformat:org.apache.hadoop.hive.ql.io.HiveIgnoreKeyTextOutputFormat
columns:struct columns { string cdate, string chour, string aq_type, string city,
string value}
partitioned:false
partitionColumns:
totalNumberFiles:1
totalFileSize:1933616
maxFileSize:1933616
minFileSize:1933616
lastAccessTime:1611986912922
lastUpdateTime:1611986913391
Time taken: 0.098 seconds, Fetched: 15 row(s)
```

用法 5 SHOW TBLPROPERTIES

```
SHOW TBLPROPERTIES tblname;
```

SHOW TBLPROPERTIES 操作命令用于列出数据表 tblname 的所有属性信息，相关信息以制表符分隔。

【例 6.30】利用 SHOW TBLPROPERTIES 操作命令列出数据表 city_aq 的属性信息，结果如下：

```
hive (db_city_aq)> SHOW TBLPROPERTIES city_aq;
OK
bucketing_version: 2
numFiles: 1
numRows: 0
rawDataSize: 0
totalSize: 1933616
transient_lastDdlTime:1611986913
Time taken:0.053 seconds, Fetched:6 row(s)
```

用法 6 SHOW CREATE TABLE

```
SHOW CREATE TABLE ([db_name.]table_name|view_name);
```

SHOW CREATE TABLE 操作命令显示创建给定数据表的 CREATE TABLE 语句是一个非常实用的命令。在进行数据表的创建过程中，我们经常会修改数据表的一些属性、设置，以致忘记如何重建该数据表。该命令会自动生成创建该数据表的完整 CREATE TABLE 语句，既可以用于重建数据表，也可以用于重建数据仓库。

【例 6.31】利用 SHOW CREATE TABLE 操作命令生成数据表 city_aq 的完整 CREATE TABLE 命令，具体操作过程及结果如下：

```
hive (db_city_aq)> SHOW CREATE TABLE city_aq;
OK
CREATE TABLE `city_aq`(
  `cdate` string COMMENT 'from deserializer',
  `chour` string COMMENT 'from deserializer',
  `aq_type` string COMMENT 'from deserializer',
  `city` string COMMENT 'from deserializer',
  `value` string COMMENT 'from deserializer')
ROW FORMAT SERDE
  'org.apache.hadoop.hive.serde2.OpenCSVSerde'
WITH SERDEPROPERTIES (
  'separatorChar'=',')
```

```
STORED AS INPUTFORMAT
  'org.apache.hadoop.mapred.TextInputFormat'
OUTPUTFORMAT
  'org.apache.hadoop.hive.ql.io.HiveIgnoreKeyTextOutputFormat'
LOCATION
  'hdfs://localhost:9001/user/hive/warehouse/db_city_aq/city_aq'
TBLPROPERTIES (
  'bucketing_version'='2',
  'transient_lastDdlTime'='1611986913')
Time taken: 0.181 seconds, Fetched: 19 row(s)
```

用法 7 SHOW COLUMNS

```
SHOW COLUMNS (FROM|IN) table_name [(FROM|IN) db_name];
```

SHOW COLUMNS 操作命令用于显示数据表中的所有数据列，包括分区列信息。

在 Hive 3.0 及以上版本中，该命令扩展为如下格式：

```
SHOW COLUMNS (FROM|IN) table_name [(FROM|IN) db_name]
   [ LIKE 'pattern_with_wildcards'];
```

SHOW COLUMNS 操作命令用于列出所有数据表中名称符合正则表达式的列信息。通配符*表示匹配任意长度字符，|表示选择关系。所有匹配的列按照字典顺序列出。

4．DESCRIBE 命令

DESCRIBE 命令也可用于显示数据库、数据表等基本元素的相关信息。但是与 SHOW 命令不同，DESCRIBE 命令更加侧重从更高的层次上查看总体的数据情况。

（1）描述数据库信息

DESCRIBE 命令用于展示数据库信息，用法如下：

```
DESCRIBE DATABASE | SCHEMA [EXTENDED] db_name;
```

其中，DATABASE 和 SCHEMA 表示相同的含义，可以互相替换使用。该命令用于显示数据库的名称、说明信息、数据库在文件系统中的根目录。若在该命令中添加了关键字 EXTENDED，则该命令将会显示所有数据库的扩展属性设置。

（2）描述数据表/列信息

DESCRIBE 命令用于描述数据表/列信息，用法如下：

```
DESCRIBE [EXTENDED | FORMATTED]
    [db_name.]table_name [PARTITION partition_spec]
    [col_name ( [.field_name] | [.'$elem$'] | [.'$key$'] | [.'$value$'] )* ];
```

该命令用于显示指定数据表的所有列信息。若指定了 EXTENDED 关键字，则将以 Thrift 序列的形式显示所有元数据信息。若指定了 FORMATED 关键字，则将以数据表的方式显示相关元数据信息。

若数据表的某一列是复杂数据类型，则可以通过 table_name.complex_col_name.[.'$elem$'] | [.'key'] | [.'$value$']的方式显示指定列的某一具体属性信息。

【例 6.32】使用 DESCRIBE FORMATTED 操作命令输出数据表 city_aq 的基本信息，具体操作过程及结果如下：

```
hive (db_city_aq)> DESCRIBE FORMATTED city_aq;
OK
#col_name           data_type           comment
cdate               string              from deserializer
chour               string              from deserializer
aq_type             string              from deserializer
city                string              from deserializer
```

```
value                string              from deserializer

#Detailed Table Information
Database:              default
OwnerType:             USER
Owner:                 hadoop
CreateTime:            Sat Jan 30 14:08:12 CST 2021
LastAccessTime:        UNKNOWN
Retention:             0
Location:              hdfs://Master:9001/user/hive/warehouse/db_city_aq/city_aq
Table Type:            MANAGED_TABLE
Table Parameters:
      bucketing_version        2
       numFiles                1
       numRows                 0
       rawDataSize             0
       totalSize               1933616
       transient_lastDdlTime   1611986913

#Storage Information
SerDe Library:         org.apache.hadoop.hive.serde2.OpenCSVSerde
InputFormat:           org.apache.hadoop.mapred.TextInputFormat
OutputFormat:          org.apache.hadoop.hive.ql.io.HiveIgnoreKeyTextOutputFormat
Compressed:            No
Num Buckets:           -1
Bucket Columns:        []
Sort Columns:          []
Storage Desc Params:
       separatorChar           ,
       serialization.format    1
Time taken: 0.109 seconds, Fetched: 35 row(s)
```

（3）显示列统计信息

列统计信息的显示包含两个步骤：首先进行列信息的统计，然后进行列信息的显示。其中列信息的统计命令如下，该命令将会统计所有的列信息：

```
ANALYZE TABLE table_name COMPUTE STATISTICS FOR COLUMNS
```

在完成列信息的统计后，可以使用如下命令实现列统计信息的显示：

```
DESCRIBE FORMATTED [db_name.]table_name column_name;
```

6.5 Hive 的数据操纵

Hive 的数据操纵主要是通过数据操作语言（Data Manipulation Language，DML）完成的，DML 中的主要操作命令包括 LOAD、INSERT、UPDATE、DELETE、IMPORT/EXPORT 等。下面将对其中一些常用命令进行介绍。

1．加载数据文件到数据表中（LOAD）

Hive 在将数据文件加载到数据表中时不进行任何转换，其加载操作是一种复制/移动操作，即将数据文件移动到与 Hive 数据表对应的位置。其语法格式如下：

```
LOAD DATA [LOCAL] INPATH 'filepath' [OVERWRITE]
INTO TABLE tablename [PARTITION (partcol1=val1, partcol2=val2 …)]
```

```
[INPUTFORMAT 'inputformat' SERDE 'serde']
```

其中，INPUTFORMAT 选项只适用于 Hive 3.0 及以上版本。

filepath：指相关文件/目录的位置，如 project/data1 表示当前用户目录下 project 目录中的 data1 文件；也可以使用绝对路径表示相关文件，如/user/hive/project/data1；或者使用 URI 表示 HDFS 上的一些数据文件，如 hdfs://namenode:9000/user/hive/project/data1。当 filepath 设定的值为目录时，则该操作将把指定目录中的所有文件移动到数据表/分区中。

若设定了 LOCAL 选项，则在本地目录中查找文件，也可以使用目录/文件的全路径指定文件位置，如 file:///user/hive/project/data1。

tablename：目标可以是数据表，在数据表中存在分区的情况下，也可以指定目标为数据表中的分区。若目标数据表中没有分区，则 LOAD 命令将转换为 INSERT AS SELECT 命令，并且假定最后一列为分区列（以最后一列数据为分区依据）。

输入文件的格式可以是任何 Hive 输入格式，如文本类型、ORC 等。

如果没有给出关键字 LOCAL，则 filepath 必须引用与数据表（或分区）位置相同的文件系统中的文件。

Hive 按照最小的检查原则执行，以确保加载的文件与目标数据表匹配。目前，它会检查数据表是否是以 SequenceFile 格式进行存储的，正在加载的文件是否也是以 SequenceFile 格式进行存储的，反之亦然。

ORC 格式：ORC（Optimized Row Columnar）不是一个单纯的列式存储格式，它首先根据行组分割整个数据表，然后在每个行组内按列进行存储。该文件格式为 Hive 提供了一种高效的方法进行数据的存储。使用 ORC 格式可以提高 Hive 的读、写及处理数据的性能。

ORC 格式本质上对 RC 格式进行了优化，与之相比，ORC 格式有以下优点：

- 每个 Task 只输出单个文件，这样可以减少 NameNode 的负载。
- 支持各种复杂的数据类型，如 datetime、decimal、struct、list、map、union 等。
- 在文件中存储了一些轻量级的索引数据。
- 基于数据类型的块模式压缩，具有很高的压缩比。
- 使用多个互相独立的 RecordReaders 并行读取相同的文件。
- 无须扫描 Markers 就可以分割文件。
- 支持添加和删除列。

在本章的 Hive 初探部分，已经给出了一个完整的数据加载实例，需要注意的是，其分隔符需要在数据表定义语句中定义。

2. 将检索结果插入数据表中（INSERT）

除了可以直接将文件加载到数据表中，Hive 还提供将检索结果插入数据表中的操作（INSERT），该操作的语法定义如下。

标准语法格式：

```
INSERT OVERWRITE TABLE tablename1
    [PARTITION (partcol1=val1, partcol2=val2 …)
    [IF NOT EXISTS]] select_statement1 FROM from_statement;
```

Hive 扩展语法格式（多表插入语句）：

```
FROM from_statement
    INSERT INTO TABLE tablename1
```

```
    [PARTITION (partcol1=val1, partcol2=val2 …)]
    select_statement1
  [INSERT INTO TABLE tablename2 [PARTITION …]
    select_statement2]
  [INSERT OVERWRITE TABLE tablename2 [PARTITION … [IF NOT EXISTS]]
    select_statement2] …;
```

INSERT OVERWRITE 操作命令用于将新的待插入数据覆盖数据表和分区中的现有数据。对于 Hive 2.3，如果设置 Hive 的数据表属性为 TBLPROPERTIES("auto.purge"="true")，则 INSERT OVERWRITE 操作命令也不会移除现有数据。

INSERT INTO 语句则在保留现有数据的情况下将新的数据扩展到数据表、分区中。在 Hive 中，当将数据表的不可变属性设置为真，即 TBLPROPERTIES ("immutable"="True")时，该命令有效，而在默认情况下，该属性为假。不可变数据表（Immutable Table）可以避免数据表在无意中被更新或因脚本导致数据多次被写入的情况。不可变数据表允许第一次向数据表中插入数据，若重复插入该数据，则会被拒绝，从而保证数据表中数据的唯一性，避免数据的多重复制。

INSERT INTO 操作命令可以指定具体的数据表或分区。如果数据表中包含分区，则必须指定插入的具体分区。在 hive.typecheck.on.insert 属性被设置为真的情况下，Hive 还将进一步验证插入值，并进行数据类型的转换、匹配。

多表插入模式是指在一个数据插入语句中关联多个目标数据表/分区，每个 SELECT 子句的输出都将被写入指定的多个目标数据表/分区中。数据覆盖是强制的，也就是说，指定的数据表/分区中的内容将被完全覆盖，数据表/分区的数据格式和序列化类将由查询数据表的元数据类型所确定。

在 Hive 1.2 以上的版本中，INSERT INTO T 可以被扩展为 INSERT INTO T (z, x, c1)，即可以在插入数据表时指定具体的列名。

多表插入模式可以最小化数据扫描的需求，Hive 只需要扫描一次输入的数据即可将数据插入多个数据表中，从而提高数据处理的效率。

用户可以利用 PARTITION 选项指定分区列名。若指定了分区列名，则将该分区称为静态分区，否则将其称为动态分区。每个动态分区列都对应着 SELECT 子句的输入列名，也就是说，动态分区的创建由输入列名指定。动态分区列必须是 SELECT 子句中的最后几个列名，且在 PARTITION 选项中按照相同的顺序出现。在 Hive 3.0 中，可以无须指定动态分区列名，在未指定的情况下，Hive 将自动生成分区规范。

【例 6.33】本例首先利用 CREATE LIKE 操作命令创建一个与数据表 city_aq 具有相同结构的数据表 tbl_create_like，然后利用 FROM INSERT 操作命令将数据插入该新建数据表中。其具体操作过程及结果如下：

```
hive> CREATE TABLE tbl_create_like LIKE city_aq;
OK
Time taken: 0.122 seconds
hive (db_city_aq)> FROM city_aq
    > insert overwrite table tbl_create_like
    > SELECT cdate, chour, aq_type, city, value
    > WHERE chour=0;
Query ID = hadoop_20210130163129_36415dc2-0619-4c1e-be1a-f81a1a1bef10
…
```

```
OK
Time taken: 6.809 seconds
hive> SELECT * FROM tbl_create_like LIMIT 5;
OK
20140513        0       AQI     北京      81
20140513        0       AQI     天津      69
20140513        0       AQI     石家庄    125
20140513        0       AQI     唐山      82
20140513        0       AQI     秦皇岛    66
Time taken: 0.182 seconds, Fetched: 5 row(s)
```

3. 将检索结果导出到文件中（INSERT）

Hive 的检索结果可以被导出到文件系统中并保存成文件，其具体命令与将检索结果插入数据表中的命令类似，其语法定义如下。

标准语法格式：

```
INSERT OVERWRITE [LOCAL] DIRECTORY directory1
    [ROW FORMAT row_format] [STORED AS file_format]
    SELECT … FROM …
```

Hive 扩展语法格式：

```
FROM from_statement
    INSERT OVERWRITE [LOCAL] DIRECTORY directory1 select_statement1
    [INSERT OVERWRITE [LOCAL] DIRECTORY directory2 select_statement2] …
```

命令中检索结果导出的目录可以是完整的 URI，在未指定具体模式和授权时，Hive 将利用 Hadoop NameNode 中的配置变量 fs.default.name 指定设置。

在指定关键字 LOCAL 时，Hive 将把数据导出到本地目录中。

导出到文件系统中的数据将被序列化为 TXT 文件，其中，每一列使用^A（\001）进行分隔，每一行则表示一个记录信息。若列不是基础类型，则这些列将被序列化为 JSON 格式输出。

INSERT OVERWRITE 语句可以同时指定输出目录为本地目录、HDFS 目录、数据表/分区。在输出大量数据的情况下，由于在输出到 HDFS 目录时可以并行执行数据输出操作，因此此时数据处理的效率最高。

若在命令中指定关键字 OVERWRITE，且指定的目录存在，则指定的目录将会被清空，然后用于保存查询得到的结果。

在默认情况下，列之间的分隔符为^A（\001），在 Hive 0.11 后续版本中，其输出数据的列之间的分隔符可以由用户指定。

【例 6.34】在下面的示例中，利用 INSERT OVERWRITE LOCAL 操作命令将数据表 city_aq 中 chour=0 的数据导出到/home/hadoop/city_aq 目录中，查看该目录，可显示部分数据。具体操作过程及结果如下：

```
hive> INSERT OVERWRITE LOCAL DIRECTORY '/home/hadoop/city_aq'
    > SELECT cdate, chour, aq_type, city, value
    > FROM city_aq
    > WHERE chour=0;
Query ID = hadoop_20210130165746_a1323ecb-6629-457a-adce-20fc13a7b596
Total jobs = 1
Launching Job 1 out of 1
Number of reduce tasks is set to 0 since there's no reduce operator
Job running in-process (local Hadoop)
```

```
2021-01-30 16:57:48,131 Stage-1 map = 100%,  reduce = 0%
Ended Job = job_local807359181_0003
Moving data to local directory /home/hadoop/city_aq
MapReduce Jobs Launched:
Stage-Stage-1:  HDFS Read: 5805094 HDFS Write: 107946 SUCCESS
Total MapReduce CPU Time Spent: 0 msec
OK
Time taken: 1.447 seconds
```

在 HDFS 中查看 city_aq 目录，其中只包含一个文件，查看该文件，其所包含的数据正是从数据表中导出的数据。具体操作过程及结果如下：

```
hadoop@Master:~/hadoop$ ls ./city_aq
000000_0
hadoop@ Master:~/hadoop$ more /home/hadoop/city_aq/000000_0
201405130AQI 北京 81
201405130AQI 天津 69
201405130AQI 石家庄 125
…
```

4．利用 SQL 的 INSERT INTO 操作命令将数据插入数据表中

除了支持将数据文件及 Hive 检索结果数据插入数据表中，Hive 还支持利用 SQL 的 INSERT INTO 操作命令实现 Hive 数据的插入。其语法定义如下：

```
INSERT INTO TABLE tablename
    [PARTITION (partcol1[=val1], partcol2[=val2] …)]
    VALUES values_row [, values_row …]
values_row=( value [, value …] )
```

其中，value 可以为 null 或任意有效值，VALUES 子句中列出的每一行都会被插入数据表 tablename 中。

另外，必须为数据表中的每一列提供值，该命令尚不支持仅在某些列中插入值的标准 SQL 语法。为了模仿标准 SQL，可以为不希望赋值的列提供 null 值。

动态分区的支持方式与 INSERT…SELECT 子句相同。

由于配置单元不支持复杂类型（array、map、struct、union）的文本，因此无法在 INSERT INTO…VALUES 子句中使用它们。这意味着用户不能使用 INSERT INTO…VALUES 子句将数据插入复杂的数据类型列中。

【例 6.35】创建数据表 students，该数据表的每一列都是基础数据类型，同时要求数据按照 age 进行聚类，并存储到两个桶中。在数据表创建后，插入两行简单的数据。具体操作过程及结果如下：

```
hive> CREATE TABLE students (name VARCHAR(64),
    > age INT,
    > gpa DECIMAL(3, 2))
    > CLUSTERED BY (age) INTO 2 BUCKETS STORED AS ORC;
OK
Time taken: 0.532 seconds
hive> INSERT INTO TABLE students
    > VALUES ('fred flintstone', 35, 1.28),
    > ('barney rubble', 32, 2.32);
Query ID = hadoop_20210130171135_b7faaf9f-6c1c-4534-87a6-807211c2b888
…
OK
Time taken: 9.315 seconds
```

查看 HDFS 可知，Hive 在数据表 students 对应的目录中创建了两个数据文件，它们分别对应两个桶。但是从桶的文件大小可以看出，当前的两个数据文件都位于桶 1 中。具体操作过程及结果如下：

```
hadoop@Master:~$ hadoop fs -ls /user/hive/warehouse/students
Found 2 items
-rw-r--r--   1 hadoop supergroup          0 2021-01-30 17:11
/user/hive/warehouse/students/000000_0
-rw-r--r--   1 hadoop supergroup        529 2021-01-30 17:11
/user/hive/warehouse/students/000001_0
```

【例 6.36】首先创建数据表 pageviews，使该数据表按照日期进行分区，按照 userid 聚类到 256 个桶中，这种设置方式便于用户检索具体日期某用户浏览页面的记录信息。然后插入两条数据，日期 2014-09-23 可以作为分区的依据。在插入数据的过程中，可以采用直接指定分区 PARTITION (datestamp = '2014-09-23')的方式，也可以由 Hive 把插入数据的最后一列作为分区依据。该实例的具体操作过程如下：

```
hive> CREATE TABLE pageviews (userid VARCHAR(64),
    > link STRING, came_from STRING)
    > PARTITIONED BY (datestamp STRING)
    > CLUSTERED BY (userid) INTO 256 BUCKETS STORED AS ORC;
OK
Time taken: 0.218 seconds
hive> INSERT INTO TABLE pageviews PARTITION (datestamp = '2014-09-23')
    > VALUES ('jsmith', 'mail.com', 'sports.com'),
    > ('jdoe', 'mail.com', null);
…
Total MapReduce CPU Time Spent: 0 msec
OK
Time taken: 40.936 seconds
hive> set hive.exec.dynamic.partition.mode=nonstrict ;
hive> INSERT INTO TABLE pageviews
    > VALUES ('tjohnson', 'sports.com', 'finance.com', '2014-09-23'),
    > ('tlee', 'finance.com', null, '2014-09-21');
Query ID = hadoop_20210130171854_468d6f3f-4baf-49cf-8f19-940d2be10f9b
Total jobs = 2
Launching Job 1 out of 2
Total MapReduce CPU Time Spent: 0 msec
OK
Time taken: 42.587 seconds
```

在执行过程中，若需要由 Hive 把插入数据的最后一列作为分区依据，则需要设置其分区模式为 nonstrict，否则会产生异常信息 FAILED: SemanticException [Error 10096]。可以通过“set hive.exec.dynamic.partition.mode=nonstrict;”语句将其设置为 nonstrict。

在执行完上述命令，并插入数据后，查看该数据表对应的目录，可以看到 Hive 创建了两个分区文件，分别对应不同的日期。查看过程及结果如下：

```
hadoop@Master:~$ hadoop fs -ls /user/hive/warehouse/pageviews
Found 2 items
drwxr-xr-x   - hadoop supergroup          0 2021-01-30 17:19
/user/hive/warehouse/pageviews/datestamp=2014-09-21
drwxr-xr-x   - hadoop supergroup          0 2021-01-30 17:19
/user/hive/warehouse/pageviews/datestamp=2014-09-23
```

5. 数据更新操作（UPDATE）

Hive 数据表的数据更新操作只能应用于支持 ACID 的数据表中。其语法定义如下：

```
UPDATE tablename SET column = value [, column = value …]
[WHERE expression]
```

在赋值时，必须采用配置单元在 SELECT 子句中支持的表达式，并且赋值支持算术运算符、自定义项、强制转换、文本等，但不支持子查询。

该更新操作只更新与 WHERE 子句匹配的行，无法更新分区列，也无法更新桶列。在成功完成此操作后，将会自动提交更改。

对 Hive 数据仓库而言，一般不进行数据的更新和删除操作，因为这两种操作会极大地影响数据仓库的性能和可用性。

6. 数据删除操作（DELETE）

与数据更新操作相同，数据删除操作只能应用于支持 ACID 的数据表中。其语法定义如下：

```
DELETE FROM tablename [WHERE expression]
```

该操作将删除满足 WHERE 条件的数据，在执行该操作后，将会自动提交更改。

7. 数据合并操作（MERGE）

数据合并操作是指利用源数据表中的数据更新目标数据表中的数据的操作，该操作也只能应用于支持 ACID 的数据表中，其语法定义如下：

```
MERGE INTO <target table> AS T
USING <source expression/table> AS S ON <boolean expression1>
WHEN MATCHED [AND <boolean expression2>]
    THEN UPDATE SET <set clause list>
WHEN MATCHED [AND <boolean expression3>]
    THEN DELETE
WHEN NOT MATCHED [AND <boolean expression4>] THEN
    INSERT VALUES<value list>
```

在数据合并过程中，需要根据匹配数据是否满足特定条件来决定后续的操作。后续操作可以是更新目标数据表，可以是删除目标数据表对应的数据，也可以是在目标数据表中插入对应的元素。在成功执行该操作后，将会自动提交更改。

WHEN 子句至少应该出现一次，其对应的操作为 UPDATE/DELETE/INSERT 之一。

WHEN NOT MATCHED 必须是最后一个 WHEN 子句。

如果 UPDATE 和 DELETE 都在语句中出现，则前一个 WHEN 子句中必须包含[AND <boolean expression>]。

【例 6.37】本例将创建两个数据表，分别为数据合并操作的目标数据表和源数据表，其中，目标数据表必须被设置为支持桶、支持事务和以 ORC 格式进行数据存储。其操作步骤如下。

创建数据库，操作命令如下：

```
CREATE DATABASE merge_data;
```

创建两个数据表，分别作为数据合并操作的目标数据表和源数据表，其中，目标数据表需要支持事务，操作命令如下：

```
CREATE TABLE merge_data.transactions(
    ID int,
    TranValue string,
```

```
    last_update_user string)
    PARTITIONED BY (tran_date string)
    CLUSTERED BY (ID) into 5 buckets
    STORED AS ORC TBLPROPERTIES ('transactional'='true');
CREATE TABLE merge_data.merge_source(
    ID int,
    TranValue string,
    tran_date string)
    STORED AS ORC;
```

向两个数据表中添加部分数据作为示例，操作命令如下：

```
INSERT INTO merge_data.transactions PARTITION (tran_date) VALUES
    (1, 'value_01', 'creation', '20170410'),
    (2, 'value_02', 'creation', '20170410'),
    (3, 'value_03', 'creation', '20170410'),
    (4, 'value_04', 'creation', '20170410'),
    (5, 'value_05', 'creation', '20170413'),
    (6, 'value_06', 'creation', '20170413'),
    (7, 'value_07', 'creation', '20170413'),
    (8, 'value_08', 'creation', '20170413'),
    (9, 'value_09', 'creation', '20170413'),
    (10, 'value_10','creation', '20170413');

INSERT INTO merge_data.merge_source VALUES
    (1, 'value_01', '20170410'),
    (4, null, '20170410'),
    (7, 'value_77777', '20170413'),
    (8, null, '20170413'),
    (8, 'value_08', '20170415'),
    (11, 'value_11', '20170415');
```

数据表的合并操作，即利用源数据表中的数据更新目标数据表中的部分数据。查看这两个数据表，我们希望在合并之后，目标数据表的第 1 行数据保持不变，第 4 行数据被删除（表示一个业务规则：null 值表示删除），第 7 行数据被更新，第 11 行被插入新值。

比较特殊的是第 8 行数据，源数据表中 ID 值为 8 的数据一共有两行，且它们具有不同的日期值。在查看数据表的创建过程中，是以日期作为分区依据的，也就是说，日期值为 20170413 和 20170415 的数据将被放在不同的分区中。因此在最终更新后，ID 值为 8 的数据将会从一个分区移动到另一个分区。由于 Hive 目前还不支持动态更改分区的值，因此首先需要在旧分区中删除对应的分区值，然后在新分区中插入对应的值。在实际应用中，需要基于这个临界值构建源数据表，以达到先删除再添加的目的。

在构造 MERGE 语句时，并不是所有的 3 个 WHEN 子句都需要存在，只需要有两个甚至一个 WHEN 子句就可以了。可以为数据标记 last_update_user 标签，操作命令如下：

```
MERGE INTO merge_data.transactions AS T
    USING merge_data.merge_source AS S
    ON T.ID = S.ID and T.tran_date = S.tran_date
    WHEN MATCHED AND (T.TranValue != S.TranValue
        AND S.TranValue IS NOT NULL)
        THEN UPDATE SET TranValue = S.TranValue,
        last_update_user = 'merge_update'
    WHEN MATCHED AND S.TranValue IS NULL
        THEN DELETE
WHEN NOT MATCHED
        THEN INSERT VALUES (S.ID, S.TranValue, 'merge_insert',
```

```
    S.tran_date);
```

需要注意的是，在上述设置值的语句中不包含目标数据表的别名 T，而是直接设置其数据字段的值，若是增加数据表的别名 T 作为前缀，将会导致错误。

使用 SELECT 检索语句检查合并后的数据，操作命令如下：

```
SELECT * FROM merge_data.transactions ORDER BY ID;
```

其结果展示如下：

```
 1  value_01        creation        20170410
 2  value_02        creation        20170410
 3  value_03        creation        20170410
 5  value_05        creation        20170413
 6  value_06        creation        20170413
 7  value_77777     merge_update    20170413
 8  value_08        merge_insert    20170415
 9  value_09        creation        20170413
10  value_10        creation        20170413
11  value_11        merge_insert    20170415
```

这个简单的例子提供了在 Hadoop 2.6 及以上版本中进行数据表的数据合并操作。当然，与这个简单的例子相比，真实世界中的实例要复杂得多，但是它们都遵循相同的原则。

6.6 Hive 的数据检索

在学习本节内容前，我们新增两个数据表到数据库中，分别对应空气质量监测站点信息，以及站点采集数据的原始数据。创建数据表和导入数据的过程如下。

创建空气质量监测站点信息的数据表 tbl_sites，操作命令如下：

```
CREATE TABLE tbl_sites(
    siteid string,
    siteName string,
    city string,
    longitude float,
    latitude float,
    cpoint string)
    row format serde 'org.apache.hadoop.hive.serde2.OpenCSVSerde'
    with SERDEPROPERTIES ("separatorChar"=",") ;
```

创建空气质量监测站点采集数据的数据表 tbl_site_data，操作命令如下：

```
CREATE TABLE tbl_site_data(
    cdate string,
    chour int,
    aq_type string,
    siteid string,
    value int)
    row format serde 'org.apache.hadoop.hive.serde2.OpenCSVSerde'
    with SERDEPROPERTIES ("separatorChar"=",") ;
```

导入站点信息，操作命令如下：

```
load data local inpath 'file:///home/hadoop/bigdata/site_all.csv' into table
tbl_sites;
```

导入站点空气质量采集数据，操作命令如下：

```
load data local inpath 'file:///home/hadoop/bigdata/site_data_part.csv' into table
tbl_site_data;
```

查看两个数据表的部分导入数据，操作命令如下：

```
hive> SELECT * FROM tbl_sites LIMIT 5;
OK
1001A   万寿西宫    北京   116.366 39.8673 N
1002A   定陵        北京   116.17  40.2865 Y
1003A   东四        北京   116.434 39.9522 N
1004A   天坛        北京   116.434 39.8745 N
1005A   农展馆      北京   116.473 39.9716 N
Time taken: 0.123 seconds, Fetched: 5 row(s)
hive> SELECT * FROM tbl_site_data LIMIT 5;
OK
20140513        0       AQI     1013A   77
20140513        0       AQI     1014A   72
20140513        0       AQI     1015A   62
20140513        0       AQI     1016A   67
20140513        0       AQI     1017A   53
Time taken: 0.129 seconds, Fetched: 5 row(s)
```

HiveQL 提供了数据检索的功能，还提供了部分特有的检索功能。我们将结合该操作命令的语法进行介绍。其语法定义如下：

```
SELECT [ALL | DISTINCT] select_expr, select_expr, …
  FROM table_reference
  [WHERE where_condition]
  [GROUP BY col_list]
  [ORDER BY col_list]
  [CLUSTER BY col_list | [DISTRIBUTE BY col_list] [SORT BY col_list] ]
  [LIMIT [offset,] rows]
```

（1）SELECT FROM

SELECT 检索语句中的 FROM table_reference 表示查询操作的输入，这些输入除了可以是一般的数据表，还可以是一个视图、一个 JOIN 构造，或者一个子查询。需要注意的是，Hive 查询语句中的数据表名和列名是大小写相关的。

首先来看一个最简单的查询，该查询将会返回数据表 city_aq 中的所有数据，并且为了限定显示元素的数量，增加了 LIMIT 来限制输出数据的行数。SELECT 后的*表示返回所有数据列。其操作命令如下：

```
SELECT * FROM city_aq LIMIT 3;
```

若当前数据库为 database_A，则在进行数据检索时，或者在当前环境下检索数据库 database_B 中的表数据时，需要在数据表前增加数据库的引用。例如，在初始进入 Hive 时，其默认数据库为 DEFAILT，这时如果想要访问数据库 db_city_aq 中的数据表 city_aq，则可以使用如下命令进行数据查询：

```
SELECT * FROM db_city_aq.city_aq
```

若只想查询数据表中的部分数据列，则可以将数据列名列在 SELECT 检索语句后；若想要选择所有数据列，则可以使用 SELECT *，表示选择所有数据列。例如，如下检索只返回 PM2.5 的相关测量数值，并指定了返回列：

```
hive> SELECT cdate, chour, aq_type, value, city
    > FROM city_aq
    > WHERE aq_type='PM2.5' LIMIT 3;
OK
20140513        0       PM2.5   49      北京
20140513        0       PM2.5   44      天津
20140513        0       PM2.5   66      石家庄
```

（2）WHERE

WHERE 表示查询条件，其后连接的是一个布尔表达式，例如，如下查询将会返回数据表 tbl_sites 中所有经度大于 130 度的监测站点：

```
hive> SELECT * FROM tbl_sites WHERE longitude>130 LIMIT 3;
OK
2240A   环保局        鸡西    130.962   45.2924  N
2241A   自来水公司    鸡西    130.9817  45.305   Y
2242A   白酒厂        鸡西    131.0103  45.2948  Y
Time taken: 0.153 seconds, Fetched: 3 row(s)
```

在 Hive 中，WHERE 子句还支持子查询的应用。例如，下面是一个简单的带子查询的检索，该检索选择所有经度大于 100 度区域的站点监测数据，并输出站点监测数据、站点编号等信息。其操作命令及结果如下：

```
hive> Select * FROM tbl_site_data
    > WHERE tbl_site_data.siteid in (SELECT siteid FROM tbl_sites WHERE
longitude>100)
    > LIMIT 5;
Query ID = hadoop_20210130204157_737a6b13-ac6d-4de4-8a57-a99f8cc06275
…
Total MapReduce CPU Time Spent: 0 msec
OK
20140513        0       AQI     1013A   77
20140513        0       AQI     1014A   72
20140513        0       AQI     1015A   62
20140513        0       AQI     1016A   67
20140513        0       AQI     1017A   53
Time taken: 11.084 seconds, Fetched: 5 row(s)
```

WHERE 中的子查询需要结合 IN/NOT IN 和 EXISTS/NOT EXISTS 使用。IN/NOT IN 需要选择单个的数据列，用来查看数据是否在所选择列的数据集中；而 EXTSTS/NOT EXISTS 则无须选择单个数据列，其判断的依据是子查询返回的结果是否为空。下面是一个子查询与 NOT IN 的结合实例，用于判断哪些站点监测的 PM2.5 数据值从未超过 100。我们只采用了部分城市部分时段的数据，其监测结果如下：

```
hive> SELECT * FROM tbl_sites
    > WHERE tbl_sites.siteid NOT IN
    >  (SELECT siteid FROM tbl_site_data
    >  WHERE aq_type='PM2.5' and value>100)
    > LIMIT 5;
…
Total MapReduce CPU Time Spent: 0 msec
OK
1002A   定陵        北京    116.17   40.2865 Y
1004A   天坛        北京    116.434  39.8745N
1007A   海淀区万柳  北京    116.315  39.9934N
1008A   顺义新城    北京    116.72   40.1438 N
1009A   怀柔镇      北京    116.644  40.3937N
Time taken: 49.243 seconds, Fetched: 5 row(s)
```

（3）ALL 和 DISTINCT

ALL 和 DISTINCT 用于说明返回值中重复行的数据处理方式。ALL 为默认情况，表示返回所有数据行；而 DISTINCT 则表示需要进一步过滤，以消除重复数据行。

（4）基于分区的检索

在一般情况下，SELECT 检索语句会扫描整个数据表。若一个 Hive 的数据表包含分区，则 SELECT 检索语句有可能无须检索整个数据表，而只检索数据表的部分分区即可完成查询操作。Hive 支持分区检索，也就是说，Hive 会利用分区与 WHERE 子句，或者与 JOIN 中的 ON 子句进行综合判断，从而避免没有必要的分区数据检索。

假设空气质量监测数据按照日期进行分区，那么在下面的例子中查询从 20180301 到 20180331 的数据，其查询语句如下：

```
SELECT *
FROM tbl_site_data
WHERE cdate >= '20180301' AND cdate <= '20180331'
```

若数据表 tbl_site_data 在日期上进行了分区，Hive 的查询就可以只在对应的分区中进行数据扫描。若将数据表 tbl_site_data 与数据表 tbl_sites 进行了连接操作，也可以通过在 ON 子句中指定分区范围来加快检索的速度。查询语句如下：

```
SELECT tbl_site_data.*
FROM tbl_site_data JOIN tbl_sites
  ON tbl_site_data.siteid = tbl_sites.siteid
  AND cdate >= '20180301'
  AND cdate <= '20180331')
```

（5）GROUP BY 与 HAVING 子句

GROUP BY 子句用于设定数据检索的分组依据，也可以用于查询聚合数据的结果，例如，查询数据的平均值、求和，或者求分组元素个数等。GROUP BY 子句的语法定义如下，其中分组表达式用于设定具体的分组依据，在通常情况下，分组依据为数据列名或列名的表达式：

```
groupByClause: GROUP BY groupByExpression (, groupByExpression)*
```

例如，下面是一个简单的 GROUP BY 子句的应用，该查询要求检索每个监测站点测量 PM2.5 数据的平均值。具体操作过程及结果如下：

```
hive> SELECT siteid, avg(value)
    > FROM tbl_site_data
    > WHERE aq_type='PM2.5'
    > group by siteid LIMIT 5;
…
Total MapReduce CPU Time Spent: 0 msec
OK
1001A   47.5
1002A   33.63636363636363
1003A   65.2
1004A   30.6
1005A   51.90909090909091
Time taken: 28.302 seconds, Fetched: 5 row(s)
```

除了上述应用，GROUP BY 子句还可以在子查询中应用，例如，下面是一个 GROUP BY 子句在 INSERT OVERWRITE 子查询中的应用实例。在该实例中，首先创建一个数据表，用于存储统计数据，然后统计每个城市监测站点的数量，并将结果写入该数据表中。其具体操作过程及结果如下：

```
hive> CREATE TABLE tbl_site_num(city string, site_num int);
OK
Time taken: 0.719 seconds
hive> INSERT OVERWRITE TABLE tbl_site_num
```

```
    > SELECT tbl_sites.city, count (DISTINCT tbl_sites.siteid)
    > FROM tbl_sites
    > GROUP BY tbl_sites.city;
…
OK
Time taken: 3.519 seconds
hive> SELECT * FROM tbl_site_num LIMIT 5;
OK
七台河  4
三亚    2
三明    4
三沙    1
三门峡  5
Time taken: 0.155 seconds, Fetched: 5 row(s)
```

在 Hive 0.7.0 及以上版本中增加了对 HAVING 子句的支持，在之前的版本中，若想要获得相同的查询效果，则可以使用子查询的方法实现。与 SQL 中的查询相同，HAVING 子句主要应用于聚合信息的条件过滤。

（6）ORDER BY 与 LIMIT 子句

ORDER BY 子句用于指定返回结果的排序依据，其语法定义如下：

```
orderBy: ORDER BY colName ( ASC | DESC )? (NULLS FIRST | NULLS LAST)?
   (colName ( ASC | DESC )? (NULLS FIRST | NULLS LAST)?)*
```

对于每个 colName 的排序，(ASC|DESC)用于指定是升序方式还是降序方式，(NULLS FIRST|NULLS LAST)则用于指定空值在排序结果中的位置。

由于 Hive 中的数据量通常都非常大，因此 ORDER BY 子句通常会配合 LIMIT 子句一起使用，从而避免大批量数据排序和输出造成的长时间等待。在 hive.mapred.mode=strict 的情况下，强制要求 ORDER BY 子句与 LIMIT 子句共同使用，而在 hive.mapred.mode=nonstrict 的情况下，ORDER BY 子句可以单独使用。

LIMIT 子句已经在本章前面的内容中被大量使用了。LIMIT 子句用于设置查询返回结果的数量，其参数可以是一个或两个非负整数，第一个整数表示所要返回结果的起始位置，第二个整数表示返回结果的数量。若 LIMIT 子句只指定了一个非负整数，则表示从第 0 个满足条件的元素开始返回，返回结果的数量由 LIMIT 指定的非负整数确定。

LIMIT 子句结合 ORDER BY 子句，将可以返回最大或最小的若干个数据。例如，检索所有监测站点的 PM2.5 数据，要求返回 PM2.5 数据中出现的 5 次最大值。该实例的具体操作过程及结果如下（具体最大值与导入数据有关）：

```
hive> SELECT * FROM tbl_site_data
    > WHERE aq_type='PM2.5'
    > ORDER BY cast(value as float) DESC LIMIT 5;
Query ID = hadoop_20210130212029_78763dfd-4466-4052-a66c-97ba62aa0aa3
… …
Total MapReduce CPU Time Spent: 0 msec
OK
20140513        8       PM2.5   1846A   467
20140513        9       PM2.5   1846A   461
20140513        10      PM2.5   1845A   457
20140513        11      PM2.5   1845A   455
20140513        10      PM2.5   1846A   446
Time taken: 6.978 seconds, Fetched: 5 row(s)
```

若利用 LIMIT 子句指定所要返回数据的起始位置和返回数据的数量，则可以查询到指定位次的结果。例如，按照站点进行统计，统计各个站点监测到的 PM2.5 数据的平均值，并以该平均值进行降序排序，返回 6～10 位数据。在执行查询语句时，如果 LIMIT 子句设置了两个参数 5 和 5，则该查询将返回第 6～第 10 个元素作为查询结果。需要注意的是，LIMIT 子句中的元素以 0 作为起始行序号，因此起始位 5 表示查询到的第 6 个查询结果。其具体操作过程及结果如下：

```
hive> SELECT siteid, avg(cast(value as float))
    >FROM tbl_site_data
    >WHERE aq_type='PM2.5'
    >group by siteid
    >ORDER BY avg(cast(value as float)) DESC
    >LIMIT 5,5;
…
Total MapReduce CPU Time Spent: 0 msec
OK
1883A   146.82608695652175
1882A   145.1818181818182
1885A   141.1818181818182
1898A   131.95652173913044
1077A   124.34782608695652
Time taken: 26.003 seconds, Fetched: 5 row(s)
```

在 Hive 的检索语句中除了 ORDER BY 子句，还有 SORT BY 子句。ORDER BY 子句用于规定输出数据的顺序，而 SORT BY 子句则要求数据在 Reducer 中进行排序操作。两者的区别在于，如果查询结果是由一个 Reducer 进行规约操作的，则两者得到的结果都是有序的；如果查询过程中用到了多个 Reducer，则 ORDER BY 子句得到的结果是整体有序的，而 SORT BY 子句得到的结果是局部有序的。也就是说，SORT BY 子句只要求在一个 Reducer 内对数据进行排序，若数据来自多个 Reducer，则其得到的结果是局部有序的。

6.7 本章小结

Hive 是基于 Hadoop 平台的一个数据仓库工具，用来进行数据提取、转化、加载，是一种可以存储、查询和分析存储在 Hadoop 中的大规模数据的工具。Hive 能将结构化的数据文件映射为一个数据库表，并提供 SQL 查询功能，还能将 SQL 语句转变成 MapReduce 任务来执行。由于 Hive 本身基于 HDFS 和 MapReduce 计算框架，因此用户可以无须开发专门的 MapReduce 应用程序，就可以达到分布式处理大规模数据的效果。本章简要介绍了数据库与数据仓库的区别，介绍了 Hive 的存储模型，并以一个简单的实例展示了创建数据库、创建数据表、加载数据文件、插入数据和查询数据的全过程。最后，本章详细介绍了 Hive 的数据定义、数据操纵和数据检索，并提供了大量实例供读者学习。

6.8 习题

一、简答题

1．简要叙述数据库与数据仓库的区别。

2．若公司 A 打算构建一个网上商城，则该公司应该选择 Hive 还是 MySQL 作为数据存储工具呢？说明具体原因。

3．简要叙述 Hive 中 Table 的概念。

4．分区会使数据分别存储于不同的文件，请简要叙述分区的作用。

5．现有一个数据表 A(A1, A2, A3)，请使用 Hive 的 DDL 实现该数据表的创建操作。

二、实验题

【实验 6.1】利用 Hive 构建简单的数据仓库。

某大学想要存储历年来所有学生的选课记录和历史成绩等信息，该大学选择使用 Hive 来存储这些历史信息，现在请你帮忙构建一个简单的数据仓库来实现这些数据的存储。该大学提出的一些基本信息要求如下。

（1）学生表 Student(S,Sname,Sage,Ssex)，其中各列含义如下：

S 学生编号

Sname 学生姓名

Sage 学生出生年月

Ssex 学生性别

（2）课程表 Course(C,Cname,T)，其中各列含义如下：

C 课程编号

Cname 课程名称

T 教师编号

（3）教师表 Teacher(T,Tname)，其中各列含义如下：

T 教师编号

Tname 教师姓名

（4）成绩表 SC(S,C,score)，其中各列含义如下：

S 学生编号

C 课程编号

score 分数

现在请你完成数据仓库的构建，并实现下面的查询要求。

（1）按照上述数据存储要求进行数据仓库的构建。

（2）按年级统计每届学生的人数。

（3）查询 Bill 的选课信息，具体要求包括所选课程名，以及最终成绩。

（4）查询 01 课程历年的选课学生信息。

（5）查询平均成绩大于或等于 60 分的学生的学生编号、学生姓名和平均成绩。

（6）查询所有学生的学生编号、学生姓名、选课总数、所有课程的总成绩。

第 7 章 分布式计算框架 MapReduce

- 掌握 MapReduce 的基本工作原理。
- 掌握 MapReduce 各步骤输入/输出的衔接关系。
- 理解 Hadoop Streaming 的基本工作原理，掌握 Hadoop Streaming 命令的基本用法。
- 理解 MapReduce 作业管理的基本方法。
- 掌握利用 Hadoop Streaming 进行代码测试的基本思路与方法。
- 掌握利用 Python 设计 MapReduce 程序的思路和方法。
- 掌握 MapReduce 程序设计模式的基本概念，理解常见的几种设计模式。
- 理解 MRJob 库的工作原理，并能够进行简单的 MRJob 程序设计应用。

本章将向读者介绍基于 Hadoop 环境的 MapReduce 计算框架。该计算框架能够支持分布式大数据的计算，使用户可以在无须深入了解分布式系统结构的情况下编程实现分布式大数据处理。本章首先介绍了 MapReduce 的基本工作原理，然后以当前在大数据处理中常用的语言——Python 为实现语言，详细介绍了利用 Python 实现 MapReduce 程序的整个过程。程序设计模式可以为软件开发人员在软件开发过程中面临的一些共性问题提供有效的解决方案。本章介绍了 3 种 MapReduce 中常见的程序设计模式，并通过 Python 为读者呈现其解决思路。最后，本章介绍了一种 Hadoop Streaming 的封装——MRJob 库。MRJob 库极大地简化了 Hadoop Streaming 的应用，成为一种利用 Python 设计 MapReduce 程序的可选方案。

7.1 MapReduce 概述

MapReduce 是一个分布式计算框架，其目的是方便编写具有高可靠性、高容错性的，能在大型集群（数千个节点）上并行地处理大量数据（数 TB 级别的数据集）的应用程序。该计算框架可以管理数据传递的所有细节，如发起任务、验证任务完成情况及在节点之间复制数据等。

7.1.1　第一个利用 Python 实现的 MapReduce 程序

利用 Python 实现 MapReduce 程序有两种方法：（1）先使用 Python 编写代码，再利用 Jython 将 Python 代码翻译成 jar 文件，并提交运行；（2）直接使用 Python 编写代码，并提交运行。在介绍 MapReduce 的工作原理之前，我们先通过一个简单的 Python 程序认识一下 MapReduce。

Hadoop 自带计算圆周率 PI 的示例 jar 包，程序使用随机数的方式计算 PI 值。该程序是一个 Java 程序，通过执行以下命令调用集群进行计算：

```
[root@localhost hadoop]#hadoop jar /usr/local/hadoop/share/hadoop/mapreduce
/hadoop-mapreduce-examples-3.2.1.jar pi 10 10
```

这里截取执行结果的最后几行，输出结果如下：

```
File Output Format Counters
    Bytes Written=97
Job Finished in 3.106 seconds
Estimated value of Pi is 3.20000000000000000000
```

为了展示如何利用 Python 实现 MapReduce 程序，这里的第一个 Python 程序也是实现 PI 的计算。从利用 Python 实现计算 PI 的 MapReduce 程序中可以看出，利用 Python 实现的 MapReduce 程序更加容易理解，也更加简洁。该程序包含一个 Mapper 程序 pi_mapper.py，以及一个 Reducer 程序 pi_reducer.py。

pi_mapper.py 文件代码如下：

```
#!/usr/bin/python3
#-*- coding: UTF-8 -*-
import sys
from random import random
times=100
hits=0
for i in range(times):
    x=random()
    y=random()
    if x*x+y*y<=1:
        hits+=1
print("1\t%f"%(4.0*hits/times))
```

pi_reducer.py 文件代码如下：

```
#!/usr/bin/python3
#-*- coding: UTF-8 -*-
import sys
counter=0
sum_value=0
for line in sys.stdin:
    idx, v=line.strip().split('\t',1)
    try:
        v=float(v)
    except valueError:
        continue
    counter+=1
```

```
    sum_value+=v
pi=sum_value/counter
print(pi)
```

因为 Python 程序在 Hadoop 上运行需要设定参数以指定输入文件，且不能省略，所以我们需要在 HDFS 上创建一个空文件，然后以该空文件作为输入文件，就可以运行计算 PI 的程序了。在运行完成后，可以在 HDFS 中可以查看输出文件的内容。假设把程序对应的 Mapper 和 Reducer 存放在/codes/Pi 目录中，把 HDFS 上用作输入的数据存放在 HDFS 的/data 目录中，把输出的结果存放在/data_rlt 目录中。其具体操作步骤如下所述。

- 创建一个空文件 tmp.txt，操作命令如下：

```
[root@localhost Pi]#echo > tmp.txt
```

- 在 HDFS 上创建/data 目录，操作命令如下：

```
[root@localhost Pi]#hadoop fs -mkdir /data
```

- 将 tmp.txt 文件上传到 HDFS 的/data 目录中，操作命令如下：

```
[root@localhost Pi]#hadoop fs -put tmp.txt /data
```

- 为 Python 程序添加执行权限，操作命令如下：

```
chmod +x pi_mapper.py
chmod +x pi_reducer.py
```

- 运行该程序，若是在多节点环境下运行的，则需要增加-file 或-files 参数，用于设定提交的文件。更加详细的 Hadoop Streaming 应用将在本章后续内容中介绍。若使用的版本，以及 Hadoop 的安装位置与本文有所不同，则 Hadoop Streaming 的存放位置也会有所不同，在使用时可以先使用 find 命令查找并确定其位置，再使用实际路径和版本替换 hadoop-streaming-3.2.1.jar。具体操作命令如下：

```
[root@localhost Pi]#hadoop jar \
 $HADOOP_HOME/share/hadoop/tools/lib/hadoop-streaming-3.2.1.jar \
 -input /data/tmp.txt \
 -output /data_rlt \
 -mapper "/codes/Pi/pi_mapper.py" \
 -reducer "/codes/Pi/pi_reducer.py"
```

运行结果的最后几行显示如下：

```
File Input Format Counters
    Bytes Read=5
File Output Format Counters
    Bytes Written=6
20/10/03 21:45:56 INFO streaming.StreamJob: Output directory: /data_rlt
```

- 查询结果所在的目录，操作命令如下：

```
[root@localhost Pi]#hadoop fs -ls /data_rlt
```

输出结果如下，说明程序已经成功运行，结果被存储在 part-00000 文件中：

```
Found 2 items
-rw-r--r--   1 root supergroup          0 2020-10-03 21:45 /data_rlt/_SUCCESS
-rw-r--r--   1 root supergroup          6 2020-10-03 21:45 /data_rlt/part-00000
```

- 查看文件内容，操作命令如下：

```
[root@localhost Pi]#hadoop fs -cat /data_rlt/part-00000
```

输出文件内容如下：

```
3.32
```

现在，我们已经完成了第一个利用 Python 实现的 MapReduce 程序并成功运行。接下来我们将具体了解 MapReduce 的基本工作原理。

7.1.2　MapReduce 的基本工作原理

MapReduce 程序分 3 个阶段执行，即 Map 阶段、Shuffle 阶段和 Reduce 阶段，其中，Shuffle 阶段可以由 MapReduce 框架自动完成。因此，在通常情况下，MapReduce 算法包括两个阶段的任务：Map 和 Reduce。

1．Map 阶段

Map 阶段的任务是对输入数据进行处理，在通常情况下，MapReduce 作业的输入和输出都被存储在文件系统中，MapReduce 作业将输入数据集拆分为独立的块，这些块由 Map 任务以完全并行的方式处理，并转换为一种(key, value)集的数据模式。

2．Reduce 阶段

Reduce 阶段的任务是将 Map 阶段生成的(key, value)集整合处理，并输出最终结果到 HDFS 中。在两阶段的任务完成后，集群会收集并缩减数据以形成最后结果，并将其返回 Hadoop 服务器。

MapReduce 程序还可以包含 Combiner。Combiner 在 Map 阶段之后执行，在通常情况下，用于实现对 Map 阶段输出数据的简单归纳，从而减少数据传输。在多数应用中，Combiner 都是能够大幅提高程序效率的关键步骤。

为了减少通信和数据传输所花费的时间，大多数计算都发生在节点的本地磁盘上。计算节点和存储节点通常是相同的。在 MapReduce 作业期间，Hadoop 将 Map 和 Reduce 任务发送到集群中的相应服务器上，MapReduce 框架和 Hadoop 分布式文件系统在同一组节点上运行。此配置允许框架在已有数据的节点上有效地调度任务，从而在整个集群中产生非常高的聚合带宽。

MapReduce 框架包含一个主资源管理器（ResourceManager），每个簇节点包含一个工作节点管理器（NodeManager），每个应用程序包含一个 MapReduce 应用程序管理器（MRAppMaster）。应用程序通过实现适当的接口/抽象类来指定输入/输出的位置，并提供映射和规约函数。这些输入/输出接口和作业参数共同构成作业配置。然后，Hadoop 作业客户端将作业（jar 包、可执行程序等）和配置提交给 ResourceManager，由 ResourceManager 负责将作业和配置分发给工作节点，调度任务并对其进行监控，向作业客户端提供状态和诊断信息。

虽然 Hadoop 框架是使用 Java 实现的，但是 MapReduce 应用程序却可以不使用 Java 编写。例如，Hadoop 流（Hadoop Streaming）是一个工具应用程序（Utility），它允许用户使用任何可执行文件（如 Shell 实用程序）作为 Mapper 或 Reducer 来创建和运行作业；此外，Hadoop 管道（Hadoop Pipe）是一种 SWIG 兼容的 C++ API，它可以支持编写非 JNI（Java Native Interface）的 MapReduce 应用程序。

7.1.3　MapReduce 作业的工作流程

MapReduce 作业的工作流程如图 7.1 所示。当用户程序调用 Map 或 Reduce 函数时，其执行动作将按照顺序发生。

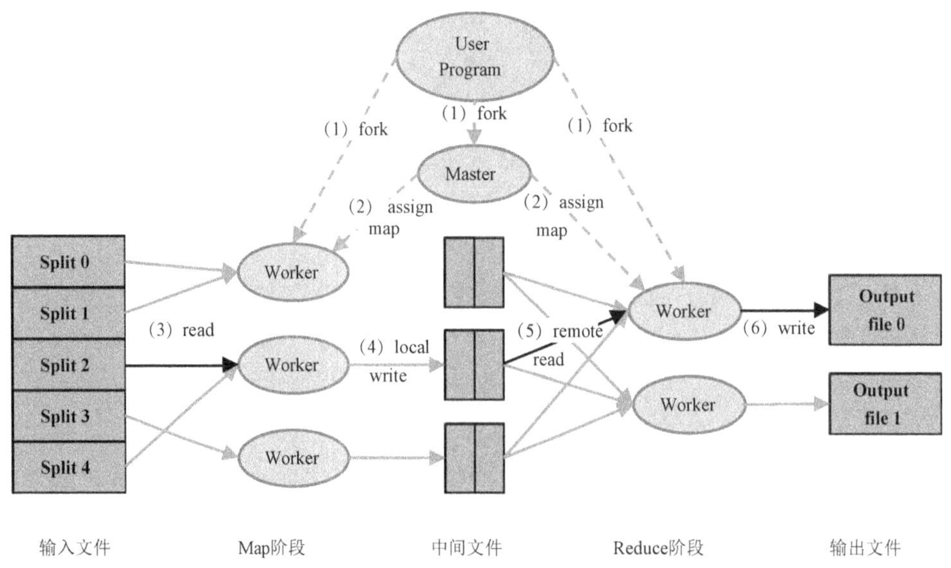

图 7.1　MapReduce 作业的工作流程

- 用户程序中的 MapReduce 库首先将输入文件划分为 *M* 片，每片大小一般为 16～64MB（可由可选参数指定）。然后，它在集群多台机器上启动相同的复制程序。
- 其中一个复制程序为 Master（主模块），其余的都是 Worker（分模块）。Worker 用于接收 Master 分配的任务。其中有 *M* 个 Map 任务和 *R* 个 Reduce 任务需要分配。Master 挑选一个空闲的 Worker 并为其分配一个 Map 任务或 Reduce 任务。
- 被分配到 Map 任务的 Worker 会读取相应的输入块的内容。它从输入文件中解析出键/值对并将每个键/值对传送给用户定义的 Map 函数。由 Map 函数产生的中间键/值对被缓存在内存中。
- 缓存的键/值对会被阶段性地写回本地磁盘，并被划分函数分割成 *R* 份。这些缓存在磁盘上的数据位置会被回传给 Master，由 Master 负责将这些位置转发给 Reduce Worker。
- 当 Reduce Worker 从 Master 那里收到这些位置信息时，它会使用远程过程调用从 Map Worker 的本地磁盘中获取缓存的数据。当 Reduce Worker 读入全部的中间数据之后，将根据中间键/值对进行排序，这样所有具有相同键的键/值对就都聚集在一起了。因为要把具有相同键的键/值对映射到同一个 Reduce Task 中，所以需要对中间键/值对进行排序。如果中间数据的数量太大，以致不能被装入内存时，则还需要另外进行排序。
- Reduce Worker 遍历已经排好序的中间数据。每当遇到一个新的中间键，它会将中间键和相应的中间键值传递给用户定义的 Reduce 函数。Reduce 函数的输出会被添加到这个 Reduce 部分的输出文件中。
- 当所有的 Map Task 和 Reduce Task 都完成时，Master 将唤醒用户程序。至此，用户代码中的 MapReduce 调用被返回。
- 在执行完后，MapReduce 的执行结果被存放在 *R* 个输出文件中（每个 Reduce Task 对应一个输出文件，文件名由用户指定）。因为这些输出文件通常被当作另一个

MapReduce 调用的输入，或者被用于另一个能够以多个文件作为输入的分布式应用，所以用户并不需要将 *R* 个输出文件归并成一个。

7.1.4 MapReduce 作业的输入/输出

MapReduce 框架只对<key,value>对（键/值对）进行操作，也就是说，该框架将作业的输入视为一组<key,value>对，并生成<key,value>对作为作业的输出，可以想象它们是具有不同类型的。键类和值类必须由框架序列化，因此需要实现 Writable 接口。

MapReduce 作业的输入/输出类型如下：

```
 (input) <k1, v1> → map → <k2, v2> → combine → <k2, v2> → reduce → <k3, v3>
(output)
```

与 Java 程序不同，使用 Python 编写的 Map 程序的输入/输出为标准输入/输出，即 STDIN 和 STDOUT，Mapper 输入从 STDIN 中接收数据，Reducer 输出结果到 STDOUT 中；在 Mapper 和 Reducer 之间的数据也是通过标准输入/输出进行关联的。这种简化更加有利于简化程序的编写，至于它们之间的数据流关系则交由 Hadoop Streaming 处理。

在下一节中将以被广泛用作 MapReduce 入门案例的 WordCount 为例，详细介绍利用 Python 实现的 MapReduce 程序各个阶段的处理、输入和输出。

7.2 WordCount 实例详解

为了更加直观地介绍 Hadoop Streaming 工具的应用，本节将以经典的 WordCount 为例详细解释 Python 版 MapReduce 程序的执行过程。Hadoop 中的多数作业都包括两个阶段，即 Mapper 和 Reducer。为此，我们使用 Python 脚本编写了 Mapper 和 Reducer 的代码，并利用 Hadoop Streaming 运行编写的 Python 程序。

7.2.1 WordCount 程序源代码

使用 Python 编写 MapReduce 程序的要点在于利用 Hadoop 流的 API，通过 STDIN（标准输入）、STDOUT（标准输出）在 Map 函数和 Reduce 函数之间传递数据。我们唯一需要做的是利用 Python 的 sys.stdin 读取输入数据，并把输出结果传送给 sys.stdout。Hadoop 流将会帮助我们处理中间的过程。WordCount 程序一共包含两部分：Mapper 阶段程序 wordCount_mapper.py 和 Reducer 阶段程序 wordCount_reducer.py。

wordCount_mapper.py 文件中的内容如下：

```
#!/usr/bin/python3
#-*- coding: UTF-8 -*-
import sys  #引入 sys 模块
#从标准输入 sys.stdin 中读取输入数据
for myline in sys.stdin:
    #消除读入数据两端的空白字符，包括空格、回车符、制表符等
    myline = myline.strip()
    #将读入数据分割为单词 List 并存储在 words 列表中
    words = myline.split()
```

```
    #对 words 列表进行迭代操作，逐个处理其中分割出的单词
    for myword in words:
        #将<单词,1>组成的键/值对输出到标准输出中，中间使用制表符隔开
        print('%s\t%s' % (myword, 1))
```

wordCount_reducer.py 文件中的内容如下：

```
#!/usr/bin/python3
#-*- coding: UTF-8 -*-
from operator import itemgetter
import sys
current_word = ""  #初始化相关变量
current_count = 0
word = ""
#从标准输入 sys.stdin 中读取输入数据
for myline in sys.stdin:
    #消除读入数据两端的空白字符，包括空格、回车符、制表符等
    myline = myline.strip()
    #将 Mapper 输出的键/值对分割为 word 和 count 两部分，以制表符分割
    word, count = myline.split('\t', 1)
    #将其中的 count 转换为整数
    try:
        count = int(count)
    except ValueError:
        #若分割出的 count 不能被转换为整数，则忽略
        continue
    #Mapper 输出由 MapReducer 框架进行排序，所以相同的 key 接连作为 Reducer 输入
    #可以利用前后单词是否相同来进行出现次数的统计
    if current_word == word:
        current_count += count
    else:
        if current_word:
            #若出现新单词，则说明已经统计完一个单词，从标准输出中输出其出现次数
            print('%s\t%s' % (current_word, current_count))
        current_count = count
        current_word = word
#在所有键/值对被处理结束后，将最后一个单词的出现次数输出
if current_word == word:
    print('%s\t%s' % (current_word, current_count))
```

在编写完代码后，将它们分别存储在文件 wordCount_mapper.py 和 wordCount_reducer.py 中。检查上述文件是否具有可执行权限，若没有，则可以通过 chmod 命令设置两个文件的执行权限，如 chmod +x ./wordCount/mapper.py。

7.2.2 WordCount 程序的运行

下面利用 Hadoop Streaming 执行一个 MapReduce 任务的调用方法。其中，$HADOOP_HOME 表示 Hadoop 的安装目录；hadoop-streaming.jar 通常被命名为 hadoop-streaming-x.x.x.jar，其中 x.x.x 为具体版本号（如对应 Hadoop 3.3.0 版的文件名为 hadoop-streaming-3.3.0.jar）。对于不同版本的 Hadoop，其 hadoop-streaming 命令可能的放置位置也不同，因此，对于不同的版本，可能需要进一步修改其对应目录。具体操作过程如下：

```
[root@localhost]#hadoop jar \
$HADOOP_HOME/share/hadoop/tools/lib/hadoop-streaming-3.3.0.jar
    -input input_dirs \
```

```
    -output output_dir \
    -mapper path/mapper.py \
    -reducer path/reducer.py
```

当命令在一行中写不下时，可以使用“\”换行，这主要是为了提高命令的可读性。若不使用“\”，上述命令也可以写成如下形式：

```
[root@localhost]#hadoop jar \
$HADOOP_HOME/share/hadoop/tools/lib/hadoop-streaming-3.3.0.jar
 -input myinput -output myoutput -mapper /home/expert/hadoop-1.2.1/mapper.py -
reducer /home/expert/hadoop-1.2.1/reducer.py
```

我们从网上下载 3 个文本文件用于 WordCount 程序，3 个文件如下：

```
文本文件 1：http://www.gutenberg.org/ebooks/4300.txt.utf-8
文本文件 1：http://www.gutenberg.org/ebooks/5000.txt.utf-8
文本文件 1：http://www.gutenberg.org/ebooks/20417.txt.utf-8
```

将上面 3 个文件保存到/home/BigData/MapReduceExample/wordCount/目录下，对应文件分别为 pg4300.txt、pg5000.txt、pg20417.txt。然后在 HDFS 上创建/wordCountData 目录，并将数据文件上传到该目录中，操作过程如下：

```
[root@localhost]#hadoop fs -mkdir /wordCountData
[root@localhost]#hadoop fs -put  ./pg* /wordCountData
[root@localhost]#hadoop fs -ls /wordCountData/
Found 3 items
-rw-r--r--   1 root supergroup   674570 2020-10-04 12:16 /wordCountData/pg20417.txt
-rw-r--r--   1 root supergroup   1572758 2020-10-04 12:16 /wordCountData/pg4300.txt
-rw-r--r--   1 root supergroup   1423803 2020-10-04 12:16 /wordCountData/pg5000.txt
```

运行 WordCount 程序，设定输入数据为 HDFS 的/wordCountData 目录中的所有文件，并输出到/wordCount_rlt 目录中，具体操作命令如下：

```
[root@localhost]#hadoop jar \
 $HADOOP_HOME/share/hadoop/tools/lib/hadoop-streaming-3.3.0.jar \
 -input /wordCountData \
 -output /wordCount_rlt \
 -mapper "/codes/wordCount/wordCount_mapper.py" \
 -reducer "/codes/wordCount/wordCount_reducer.py"
```

在运行完成后，查看/wordCount_rlt 目录中的文件，可以通过 cat 命令直接查看，或者通过 get 命令下载到本地系统，具体操作过程及结果如下：

```
[root@localhost]#hadoop fs -ls /wordCount_rlt
Found 2 items
-rw-r--r--   1 root supergroup          0 2020-10-04 14:43 /wordCount_rlt/_SUCCESS
-rw-r--r--   1 root supergroup     880874 2020-10-04 14:43 /wordCount_rlt/part-00000
[root@localhost]#hadoop fs -get /wordCount_rlt/part-00000 ./rlt
[root@localhost]#hadoop fs -cat /wordCount_rlt/part-00000 ./rlt
```

至此，我们完成了 Python 版本的 WordCount 程序并正确执行了该程序。接下来，我们将进一步剖析该程序，以详细说明 MapReduce 程序的运行流程。

7.2.3　WordCount 程序的运行流程

WordCount 程序的运行流程如图 7.2 所示，详细执行步骤如下所述。

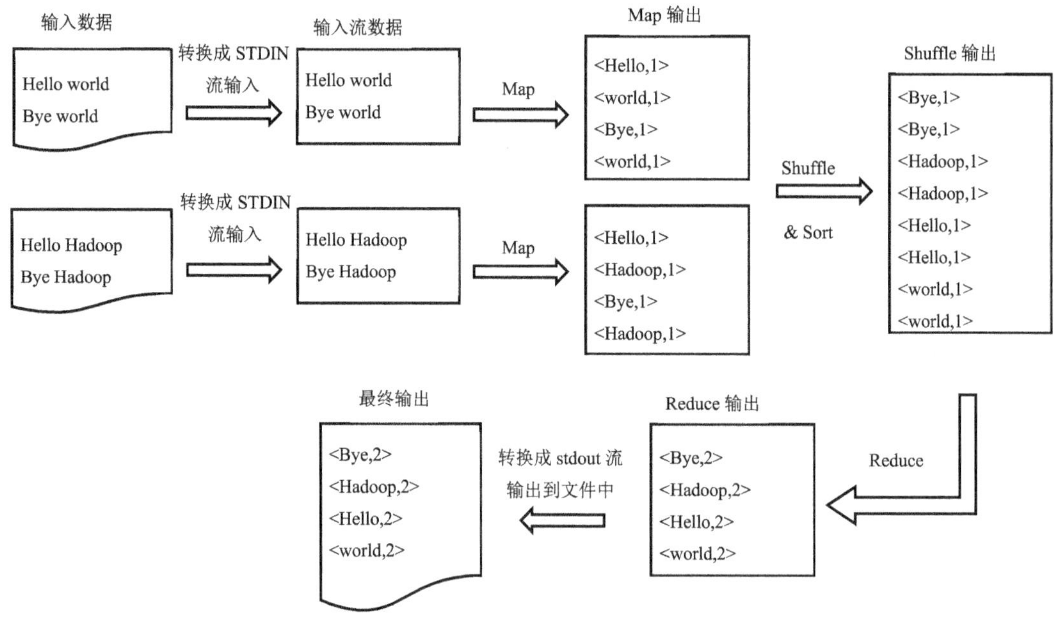

图 7.2　WordCount 程序的运行流程

- 将文件拆分成多个片段（Split），由于测试使用的文件较小，因此每个文件都是一个 Split，并将文件形成标准输入流（见图 7.2）。这一步由 MapReduce 框架自动完成。
- 在 Map 中按行读取标准输入数据，并对单词进行分割，形成<key,value>。其中，key 为单词，value 为该单词的出现次数，这里没有对单词进行统计，所以 value 都是 1。
- 在得到 Map 输出的<key,value>集后，Shuffle 将它们按照 key 值进行排序，并作为 Reduce 的输入数据。
- 在得到排过序的<key,value>集后，利用自定义的 Reduce 方法进行处理，得到新的<key,value>集，并作为 WordCount 程序的输出结果。

思考：从上述 WordCount 程序的运行输出中可以看到，这里的 WordCount 程序只是利用文本中空格、回车符等不可见字符实现单词的分割。但是从上述文本文件中可以看到，并不是所有的单词都是以空格分割的，例如，当标点符号与单词相连时，标点符号也会被计入单词，导致最后结果只按照空格进行数据分割，没有准确提取出其中的单词。那么如何进一步完善该程序，实现更加准确的单词划分和统计呢？

7.3　Hadoop Streaming

Hadoop Streaming 是 Hadoop 的一个工具，用于创建和运行一些特殊的 Map/Reduce 任务，这些特殊的 Map/Reduce 任务由一些可执行文件或脚本文件充当 Mapper 或 Reducer。例如，下面的 MapReduce 数据处理程序实现了单词统计的功能：

```
[root@localhost]#hadoop jar \
 $HADOOP_HOME/share/hadoop/tools/lib/hadoop-streaming-3.3.0.jar \
 -input /wordCountData \
```

```
  -output /wordCount_rlt \
  -mapper cat \
  -reducer wc
```

在执行完成后，可以通过 cat 命令查看运行结果：

```
$ hadoop fs -cat /wordCount_cat_wc_rlt/part-00000
    77672  629095 3671122
```

该命令的 Mapper 指定为 cat 命令，而 Reducer 则指定为 wc 命令。前者从 STDIN 中读取数据并直接在 STDOUT 中输出，而后者则从 STDIN 中接收数据，统计输入流中的行、单词和字节数并输出到 STDOUT 中。

上述实例用到了 Hadoop Streaming 工具。在提交 Hadoop Job 时，Hadoop Streaming 会创建一个 Map/Reduce 作业，并把它发送给合适的集群，同时监视这个作业的整个执行过程。其中，$HADOOP_HOME/hadoop-streaming.jar 会因安装位置和版本的不同而不同。例如，对于 Hadoop 2.7.7，其 hadoop-streaming 位于$HADOOP_HOME /share/hadoop/tools/lib/hadoop-streaming-2.7.7.jar 中；而对于 Hadoop 3.2.1，其 hadoop-streaming 则位于$HADOOP_HOME/share/hadoop/tools/lib/hadoop-streaming-3.2.1.jar 中。

7.3.1 Hadoop Streaming 的工作原理

如果一个可执行文件被用作 Mapper 程序，那么在 Mapper 程序初始化时，每个 Mapper 任务都会将该 Mapper 程序作为独立的进程启动。在 Mapper 任务运行时，它会将输入切分成行并将每一行形成<key, value>对提供给 Mapper 程序的标准输入。与此同时，Mapper 任务收集 Mapper 程序标准输出的内容，并转化成<key, value>对作为 Mapper 的输出。在默认情况下，一行中第一个 tab 之前的部分作为 key，之后的（不包括 tab）作为 value。如果没有 tab，则将整行作为 key 值，而 value 值为 null。当然，也可以通过定制的方式自定义 key、value 的划分。

如果一个可执行文件被用作 Reducer 程序，则每个 Reducer 任务会也将该 Reducer 程序作为独立的进程启动。在 Reducer 任务运行时，它会将键/值对按照行的方式提供给 Reducer 程序的标准输入。同时，Reducer 任务收集 Reducer 程序标准输出的<key, value>对作为 Reducer 程序的输出。在默认情况下，一行中第一个 tab 之前的部分作为 key，之后的（不包括 tab）作为 value。其 Key 和 Value 的划分方式也可以自定义。

用户也可以使用 Java 类作为 Mapper 或 Reducer，并结合现有的一些其他语言程序、工具灵活应用。

MapReduce 程序的执行过程为 Mapper → Combiner → Partitioner → Shuffle → Sort → Reducer。其中，Mapper 输出的数据并没有经过排序，所以 Combiner 收到的数据也是无序的；Combiner 输出的数据由 Partitioner 进行分配，且具体分配给哪个 Reducer 是由 Partitioner 决定的。在 Partitioner 分配数据后，由 Reducer 所在节点对数据进行 Shuffle 并 Sort 后，数据才会变成有序的序列，并被输出给 Reducer 作为其输入；最终，Reducer 处理这些输入的键/值对，并将结果输出到标准输出中。

7.3.2 打包提交作业

任何可执行文件都可以被指定为 Mapper/Reducer，且这些可执行文件不需要事先存放在集群上。如果在集群上没有指定的 Mapper 和 Reducer，则需要使用-file 选项将可执行文件作为作业的一部分打包提交。例如，利用 Python 实现的第一个 MapReduce 程序，当集群中存在多个节点时，并不是每个节点中都有 pi_mapper.py 和 pi_reducer.py 程序，因此在多个节点上同时运行时，可以按照如下方式提交相关程序：

```
[root@localhost]#hadoop jar \
 $HADOOP_HOME/share/hadoop/tools/lib/hadoop-streaming-3.3.0.jar \
 -input /data/input_times.txt \
 -output /data_rlt \
 -mapper "/codes/Pi/pi_mapper.py" \
 -reducer "/codes/Pi/pi_reducer.py" \
 -file "/codes/Pi/pi_mapper.py" \
 -file "/codes/Pi/pi_reducer.py"
```

除了可执行文件，其他 Mapper 或 Reducer 需要用到的辅助文件（如字典、配置文件等）也可以采用这种方式打包提交。例如，我们在 WordCount 程序中不是统计所有单词的出现次数，而是有目的地统计 words.txt 文件中列出的所有单词的出现次数，则需要将该文件作为附加文件一起提交，提交方式如下：

```
[root@localhost]#hadoop jar \
 $HADOOP_HOME/share/hadoop/tools/lib/hadoop-streaming-3.3.0.jar \
 -input /wordCountData \
 -output /wordCount_rlt \
 -mapper "/codes /wordCount/wordCount_mapper.py" \
 -reducer "/codes /wordCount/wordCount_reducer.py" \\
 -file "/codes /wordCount/wordCount_mapper.py" \
 -file "/codes /wordCount/wordCount_reducer.py" \
 -file "/codes /wordCount/words.txt"
```

7.3.3 Hadoop Streaming 工具的用法

Hadoop Streaming 的基本语法格式如下：

```
$HADOOP_PREFIX/bin/hadoop jar hadoop-streaming.jar [options]
```

Hadoop Streaming 参数项及其使用说明如表 7.1 所示。

表 7.1 Hadoop Streaming 命令参数项及其使用说明

参 数 项	使 用 说 明
-input <path>	Map 阶段的输入文件，若是目录，则表示目录下的所有文件都作为输入，也可以使用通配符，如/data/*.txt
-output <path>	Reduce 阶段的输出对应的目录
-mapper <cmd|JavaClassName>	作为 Mapper 使用的应用程序
-combiner <cmd|JavaClassName>	可选，作为 Combiner 使用的应用程序
-reducer <cmd|JavaClassName>	作为 Reducer 使用的应用程序。 若不需要设置 Reducer，则设置-reducer NONE

续表

参　数　项	使 用 说 明
-file <file>	需要打包提交的文件，若设置为目录，则包括目录下的所有文件。在提交多个文件时，也可以使用“-files file1 file2 …”的方式
-inputformat <TextInputFormat (default)| SequenceFileAsTextInputFormat| JavaClassName>	指定输入数据格式类。默认为文本格式，且<key,value>之间使用\t 隔开，第一个\t 后的内容均为 value。 用法：-inputformat package.MyInputFormat
-outputformat <TextOutputFormat(default)| JavaClassName>	指定输出数据格式类。 用法：-outputformat package.MyOutputFormat
-partitioner <JavaClassName>	键/值对划分类（只能是 Java 实现）
-numReduceTasks <num>	设定 Reduce 任务数。 用法：-numReduceTasks 10 若要跳过 Sort/Combiner/Shuffle/Sort/Reduce 等步骤，可以设置-numReduceTasks 0，在这种情况下，Map 的输出成为实际输出而不是 Reduce 的输入；这种情况也类似于-reducer NONE
-inputreader <spec>	输入记录 reader
-cmdenv <name>=<value>	将环境变量设置的值传递给流命令
-mapdebug <cmd>	当 Map 任务失败时运行该脚本/命令
-reducedebug <cmd>	当 Reduce 任务失败时运行该脚本/命令
-io <identifier>	设置 Mapper/Reducer 的输入/输出格式
-lazyOutput	惰性输出。例如，若设定输出格式为 FileOutputFormat，则输出文件只有在第一次调用 output.collect（或者 Context.write）时才被创建
-background	提交该作业到后台运行
-verbose	打印详细输出信息
-info	打印详细使用说明
-help	打印帮助信息
-conf <configuration file>	指定配置文件
-D <property=value>	指定属性设定值
-fs <local|namenode:port>	指定名称节点（NameNode）
-jt <local|resourcemanager:port>	指定资源管理节点（ResourceManager）
-files <comma separated list of files>	指定要打包的文件，以逗号隔开多个文件
-libjars <comma separated list of jars>	指定要包含在类路径中的 jar 文件，以逗号隔开多个文件
-archives <comma separated list of archives>	指定要在计算机上取消存档的文档，以逗号隔开多个存档名称

下面将针对部分参数举例说明其应用方法。

1. -file 参数的应用

当 Mapper 和 Reducer 程序运行时，为-file 参数指定的扩展名为.class 和.jar/.zip 的文件分别位于工作目录内的 classes 和 lib 目录中，而为-file 参数指定的所有其他文件都将被存放在工作目录中。由于工作目录未知，因此程序中对相关文件的应用应当以相对路径进行读/写操作。

2. -D <property=value>的设定应用

-D <property=value>用于设置 MapReduce 程序运行过程中的一些参数，常见的应用设置有如下几种。

- 设置加速最后一个 Map 操作：

```
-D mapreduce.map.speculative=true
```

- 设置加速最后一个 Reduce 操作：

```
-D mapreduce.reduce.speculative=true
```

- 给任务命名（命名后方便通过 Web 上的 JobTracker 进行查看）：

```
-D mapreduce.job.name='My Job'
```

- 设置临时目录：

```
-D dfs.data.dir=/tmp/dfs
-D stream.tmpdir=/tmp/streaming
```

- 设置-jt local 上的临时目录：

```
-D mapreduce.cluster.local.dir=/tmp/local
-D mapreduce.jobtracker.system.dir=/tmp/system
-D mapreduce.cluster.temp.dir=/tmp/temp
```

- 当任务完成后，若返回非零数值，也被视为运行成功（一般程序返回非零值表示执行异常）：

```
-D stream.non.zero.exit.is.failure=false
```

3. 为作业指定附加配置参数

用户可以使用-jobconf <n>=<v>增加一些配置变量，并且凡是可以在 hadoop-default.html 文件中设置的配置都可以在这里动态配置。关于-jobconf 参数的更多细节，可以参考 hadoop-default.html 文件。该文件中的配置参数在设置完成后可以被一直使用，若需要临时变更，则可以通过-jobconf 参数进行更加准确的设置。

应用实例如下：

```
[root@localhost]#hadoop jar \
 $HADOOP_HOME/share/hadoop/tools/lib/hadoop-streaming-3.3.0.jar \
    -input myInputDirs \
    -output myOutputDir \
    -mapper org.apache.hadoop.mapred.lib.IdentityMapper\
    -reducer /bin/wc \
    -jobconf mapred.reduce.tasks=2
```

在上面的例子中，-jobconf mapred.reduce.tasks=2 表示使用两个 Reducer 完成作业，将 Reduce 结果输出到两个文件中，实现分桶。在没有指定任务数时，默认只有一个 Reduce 输出结果 part-00000，但是在指定了任务数为 2 时，则会有 part-00000 和 part-00001 两个输出结果。

以 WordCount 程序为例，在原本的基础上添加-jobconf mapred.reduce.tasks=2 命令，其运行命令如下：

```
[root@localhost]#hadoop jar \
 $HADOOP_HOME/share/hadoop/tools/lib/hadoop-streaming-3.3.0.jar \
-mapper /home/hadoop/wordCount/map_wordcount.py  \
-reducer /home/hadoop/wordCount /reduce_wordcount.py \
-input /winter/data2/* \
-output /winter/output5 \
-jobconf mapred.reduce.tasks=2
```

在运行结束后，查看输出结果目录，可以发现其输出包含两个文件，分别为 part-00000 和 part-00001。这说明该 WordCount 程序最终是由两个 Reducer 统计单词的个数的，并分别输出结果到各自的文件中。其操作过程及结果如下：

```
hadoop fs -ls /winter/output5
Found 3 items
-rw-r--r--   1 hadoop supergroup   0     2021-01-12 11:23 /winter/output5/_SUCCESS
-rw-r--r--   1 hadoop supergroup   59069 2021-01-12 11:23 /winter/output5/part-00000
-rw-r--r--   1 hadoop supergroup   57791 2021-01-12 11:23 /winter/output5/part-00001
```

4. Partitioner 分桶设置

在 Job 配置中，可以通过-jobconf 参数为运行设定其他参数，如分桶关键字等。

- map.output.key.field.separator：用于指定 Map 输出的<key,value>对的内部分隔符。
- num.key.fields.for.partition：可以用于指定在分桶时，按照分隔符切割后，用于分桶 key 所占的列数。
- -partitioner org.apache.hadoop.mapred.lib.KeyFieldBasedPartitioner：结合上述两个参数，可以实现分隔符和分桶关键字的设定。

例如，运行参数包含如下设置：

```
-jobconf map.output.key.field.separator=,
-jobconf num.key.fields.for.partition=2
-partitioner org.apache.hadoop.mapred.lib.KeyFieldBasedPartitioner
```

该设置用于指定 Map 输出的<key, value>对的内部分隔符为“,”，用于分桶的可以占两列。例如，现有 Mapper 的一行输出数据：“1,2,3,4,5”，在上述设置情况下，会将其中的“,”当成分隔符，且以“1, 2”组合作为分桶的关键字。

7.3.4　常见问题应用技巧

1. 利用-jobconf 参数实现一些目录的设置

例如，可以通过-jobconf 参数设置各种数据目录的位置：

```
-jobconf mapred.local.dir=/tmp/local
-jobconf mapred.system.dir=/tmp/system
-jobconf mapred.temp.dir=/tmp/temp
```

此外，在 MapReduce 配置文件中的各种配置参数都可以使用-jobconf 参数进行设置，常用的包括分隔符、分桶关键字等。

2. 如何设置多个输入目录

可以使用多个-input 选项设置多个输入目录：

```
hadoop jar hadoop-streaming.jar -input '/user/foo/dir1' -input '/user/foo/dir2'
```

3. 如何生成 gzip 格式的输出文件

除了纯文本格式的输出文件，还可以生成 gzip 格式的输出文件，只需要设置 Streaming 作业中的-jobconf mapred.output.compress=true 和-jobconf mapred.output.compression. codec= org.apache.hadoop.io.compress.GzipCode 即可。

4. 如何解析 XML 文档

可以使用 StreamXmlRecordReader 解析 XML 文档：

```
hadoop jar hadoop-streaming.jar -inputreader
"StreamXmlRecord,begin=BEGIN_STRING,end=END_STRING" … (命令的其余部分)
```

Map 任务会将 BEGIN_STRING 和 END_STRING 之间的部分视为一条记录。

5．设置 Hadoop Streaming 命令的环境变量

```
-cmdenv EXAMPLE_DIR=/home/example/dictionaries/
```

为了避免 hadoop-streaming.jar 路径太长，可以设置快捷路径，以便使用：

```
setenv HSTREAMING "$HADOOP_HOME/share/hadoop/tools/lib/hadoop-streaming-3.3.0.jar "
```

6．只使用 Mapper 的作业

有时只需要使用 Map 函数处理输入数据。这时只要将 mapred.reduce.tasks 设置为零，MapReduce 作业就不会创建 Reducer，则 Mapper 的输出就是整个作业的最终输出。

为了做到向下兼容，Hadoop Streaming 也支持-reducer None 选项，它与-jobconf mapred.reduce.tasks=0 等价。

7．为作业指定其他插件

与其他普通的 Map/Reduce 作业相同，用户可以为 Streaming 作业指定其他插件：

```
-inputformat JavaClassName
-outputformat JavaClassName
-partitioner JavaClassName
-combiner JavaClassName
```

用于处理输入格式的类需要能够返回 Text 类型的键/值对。如果不指定输入格式，则默认使用 TextInputFormat 类。因为 TextInputFormat 类得到的 key 值是 LongWritable 类型的（key 值并不是输入文件中的内容，而是 value 偏移量），所以 key 会被丢弃，只将 value 采用管道的方式发送给 Mapper。

用户提供的定义输出格式的类需要能够处理 Text 类型的键/值对。如果不指定输出格式，则默认使用 TextOutputFormat 类。

8．使用-cluster <name>实现本地 Hadoop 与一个或多个远程 Hadoop 集群间切换

在默认情况下，使用 hadoop-default.xml 和 hadoop-site.xml 文件；当使用-cluster <name>选项时，会使用$HADOOP_HOME/conf/hadoop-<name>.xml。

9．在 Hadoop Streaming 命令中设置环境变量

```
-cmdenv EXAMPLE_DIR=/home/example/dictionaries/
```

7.4 MapReduce 作业管理

在通常情况下，MapReduce 作业被应用于大批量数据的处理过程中，其任务需要较长时间的运行，不属于实时系统。因此，在作业的运行过程中，管理人员或作业提交人员希望能够知晓当前作业的运行状态，以便做出正确的决策。

MapReduce 作业管理有如下几种方式。

- 通过命令行交互方式进行作业管理。这种方式提供了最为全面的作业查看、管理支持，因此被广泛使用。
- 通过 Hadoop 的 Web 界面浏览作业信息、跟踪作业的运行进度、查找作业完成后的统

计信息和日志。浏览 NameNode 和 JobTracker 的网络端口的默认地址为：NameNode，http://localhost:50070/；JobTracker，http://localhost:50030/。若对相关地址的端口进行了修改，则需要根据修改信息设置正确的访问端口号。

- MapReduce 应用程序管理的 REST API 允许用户获取正在运行的 MapReduce 应用程序的状态信息。这些信息包括正在运行的作业及所有作业的详细信息，如任务、计数器、配置等。应用程序状态的访问可以通过代理实现，此代理可配置为在资源管理器上或在单独节点上运行，代理的 URL 的格式通常为 http://代理地址:端口/proxy/appid。

上述 3 种作业管理方式通常应用于不同的场景中。例如，命令行交互方式适合对系统深入了解的管理人员使用，该方式所提供的各种功能也最为丰富；Web 界面方式则更适合一般的作业提交用户使用，该方式可以实现简单且直观地查看信息，包括运行的状态、日志等；REST API 方式则适用于二次开发，该方式可以通过提供的接口对任务管理进行二次开发。

本节只针对命令行交互方式中的一些基本操作和管理功能进行介绍。

MapReduce 的交互命令分为用户命令（User Commands）和管理命令（Administration Commands）。其中，用户命令包括 archive、classpath、dictcp、job、pipes、queue、version；管理命令包括 historyserver 和 hsadmin；在 Hadoop 3 中又增加了两个用户命令 archive-logs 和 envvars，以及管理命令 frameworkuploader。

在本节中，我们主要关注其中的 job 命令。该命令用于管理用户提交的 MapReduce 作业，具体功能包括作业的提交、查看、终止等。

job 命令格式如下：

```
mapred job [GENERIC_OPTIONS]
| [-submit <job-file>]
| [-status <job-id>]
| [-counter <job-id> <group-name> <counter-name>]
| [-kill <job-id>]
| [-events <job-id> <from-event-#> <#-of-events>]
| [-history [all] <jobOutputDir>]
| [-list [all]]
| [-kill-task <task-id>]
| [-fail-task <task-id>]
| [-set-priority <job-id> <priority>]
```

具体的参数说明如表 7.2 所示。

表 7.2　job 命令的参数说明

参　数	说　明
GENERIC_OPTIONS	命令的通用参数设置，除此之外，不能交叉使用其余参数
-submit <job-file>	提交一个作业
-status <job-id>	打印显示 Map 和 Reduce 的完成情况
-counter <job-id> <group-name> <countername>	打印计数器值
-kill <job-id>	停止一个作业

续表

参　数	说　明
-events <job-id> <fromevent-#> <#-of-events>	打印 JobTracker 收到的给定范围内的事件详细信息
-history [all] <jobOutputDir> -history < jobOutputDir>	打印作业详细信息、失败和终止提示详细信息。通过指定[all]选项，可以查看有关作业的更多详细信息，例如，成功的任务和为每个任务进行的任务尝试
-list[all]	显示所有作业。-list 仅显示尚未完成的作业
-kill-task <task-id>	终止任务。终止的任务不计入失败次数
-fail-task <task-id>	任务失败。失败的任务计入失败次数
-set-priority <job-id> <priority>	改变作业的优先级，可用的优先级选项包括 VERY_HIGH、HIGH、NORMAL、LOW、VERY_LOW

下面列举几个常见的 mapred job 命令应用实例，更多详细的 mapred job 命令应用可以查看具体命令的帮助信息。

- 查看指定 Job ID 的运行状态，操作命令如下：

```
$ $HADOOP_HOME/bin/hadoop job -status job_2010191043_0004
```

- 查看特定输出目录中的 Job 运行历史信息，操作命令如下：

```
$ $HADOOP_HOME/bin/hadoop job -history /user/expert/output
```

- 终止一个指定 Job ID 任务的运行，操作命令如下：

```
$ $HADOOP_HOME/bin/hadoop job -kill job_2010191043_0004
```

7.5 MapReduce Python 代码的测试

利用 Python 实现的 MapReduce 程序通常需要进行调试、测试，以排除隐藏的逻辑问题。对运行在分布式环境下的 MapReduce 程序而言，其运行的整个过程由 MapReduce 框架自动管理，在这种情况下，想要通过一遍一遍地运行查找程序，在输出的日志中发现逻辑错误、甚至语法问题将是非常耗时且烦琐的。因此，我们需要通过使用一些工具和方法来协助进行程序代码的测试。

Python 程序的运行是通过 Hadoop Streaming 工具进行数据流的控制的，并且利用 Python 实现的 Map 程序是通过标准输入 STDIN 接收输入数据的，所以可以通过构造标准输出作为 Map 程序的输入，然后利用 Linux 的管道把 Map 输出到 Sort 工具中实现排序，再次排序完成后的数据通过管道输出到 Reduce 程序中，从而实现简单测试环境的构建。而 Reduce 的最终输出结果则可以通过重定向标准输出到文件的方式实现输出和存储。利用 Python 实现的 MapReduce 程序的测试流程如图 7.3 所示。

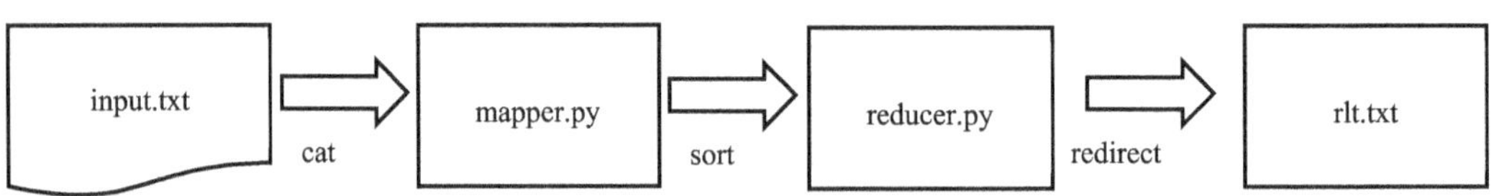

图 7.3　利用 Python 实现的 MapReduce 程序的测试流程

以前文中的 WordCount 程序为例，可以先将输入文件之一复制到与 Mapper 和 Reducer 相同的目录中，此时，该目录包含 wordCount_mapper.py、wordCount_reducer.py 两个程序文件，运行命令如下：

```
    cat input.txt |./wordCount_mapper.py | sort -k1,1 | ./wordCount.reducer.py >
rlt.txt
```

当然，在具体的应用过程中，还可以将上述节点分开。例如，可以先将 Mapper 的输出重定向到 tmp.txt 文件中，以便查看 Map 阶段的运行结果，再将中间结果作为 Reducer 的输入，即可分步查看两个阶段的运行结果。运行命令如下：

```
    cat input.txt |./wordCount_mapper.py > tmp.txt
    cat tmp.txt |sort -k1,1| ./wordCount_reducer.py > rlt.txt
```

下面以 7.2 节中的 WrodCount 程序为例，完整地展示一个 MapReduce 程序的本地测试过程。

步骤 1：创建一个文本文件 fruits.txt。

fruits.txt 文件内容如下：

```
    apple banana apple banana grape pineapple pear
```

步骤 2：Mapper 的本地测试。

利用 cat 命令输出 fruits.txt 文件，并通过管道将该文件传输给 wordCount_mapper.py 程序作为输入，其输出结果将被重定向到 mapper_out.txt 文件中，以便查看。操作命令如下：

```
    cat word.txt | /usr/local/python3/winter/wordCount_mapper.py >mapper_out.txt
```

使用 cat、more 等命令查看 Mapper 的输出文件 mapper_out.txt，可以发现该文件包含的内容如下：

```
    apple       1
    banana      1
    apple       1
    banana      1
    grape       1
    pineapple   1
    pear        1
```

步骤 3：Reducer 的本地测试。

在确认 Mapper 测试结果正确的情况下，可以利用 sort 命令实现对 Mapper 输出的排序，将排序结果通过管道输出给 Reducer 作为输入，并将最终结果输出到 reducer_out.txt 文件中。将这整个过程串起来便可以得到如下运行命令：

```
    cat word.txt | /usr/local/python3/winter/wordCount_mapper.py | sort |
/usr/local/python3/winter/wordCount_reducer.py > reducer_out.txt
```

或者，我们也可以利用上一步骤中 Mapper 的测试结果作为这一步骤的输入，从而简化整个运行过程，避免 Mapper 的重复运行。下面的命令实现了这个测试过程：

```
    cat mapper_out.txt | sort | /usr/local/python3/winter/wordCount_reducer.py >
reducer_out.txt
```

在上述过程执行完成后，可以得到最终输出文件 reducer_out.txt，打开该文件，其执行结果如下：

```
    Apple    2
    banana   2
    grape    1
    pear     1
    pineapple 1
```

通过分析可以发现，我们的程序能够正确处理示例文件输入，并得到了正确的结果。

对于更加简单的输入数据，则可以直接通过 echo 命令实现输出。此外，本地测试并不能完全替代分布式环境下的程序运行测试，但是可以大大提高 MapReduce 程序的测试、调试效率。

补充：sort 命令的应用。

在调试、测试过程中，MapReduce 程序中的 Shuffle 排序过程由系统命令 sort 完成，因此，接下来我们具体了解一下 sort 命令的详细用法。在测试时，将 sort 当成数据流处理的一个环节，这里只关心与流处理相关的部分选项。

```
Usage: sort [OPTION]… [FILE]…
  or:  sort [OPTION]… --files0-from=F
```

将所有文件的排序结果整合并输出到标准输出中，一些常用选项的含义如下：

```
-b, --ignore-leading-blanks     忽略每行开头出现的空格字符
-d, --dictionary-order          排序时只考虑空格、英文字符和数字
-f, --ignore-case               忽略大小写字母的区别，把小写字母当成大写字母
-g, --general-numeric-sort      按一般数值比较
-i, --ignore-nonprinting        只考虑可打印的字符
-h, --human-numeric-sort        比较人类可读的数字
-n, --numeric-sort              按字符串数值比较
-r, --reverse                   是否逆序
-k, --key=POS1[,POS2]           设置排序关键字，从 POS1 开始到 POS2 结束，默认为整行
-m, --merge                     合并文件不排序
-o, --output=FILE               指定输出文件
-s, --stable                    是否利用稳定排序方法
-S, --buffer-size=SIZE          指定缓冲区大小
-u, --unique                    是否保持关键字一致性，去重
-t <sperator>:                  指定排序时所用的栏位分隔字符
+ <start>-<end>:                以指定栏位进行排序，范围由起始栏位到结束栏位的前一栏位
-z, --zero-terminated           以字节 0 作为行结束
--help                          查看帮助信息
--version                       查看版本信息
```

在默认情况下，使用 sort 命令的排序过程以第一个分隔符前的内容为关键字进行排序，其执行效果等同于 sort -k 1,1。在使用 sort 命令排序时，利用分隔符将内容进行分割，从而形成多关键字的模式，-k 参数用于指定排序的依据。

例如，现有数据如下：

```
1280A        1          鼓山        福州    119.389 26.0542 Y
1281A        1          快安        福州    119.414 26.0258 N
1282A        1          师大        福州    119.303 26.0392 N
1283A        1          五四北路    福州    119.299 26.1092 N
1284A        1          杨桥西路    福州    119.268 26.0797 N
1285A        1          紫阳        福州    119.315 26.0753 N
3048A        1          九龙        福州    119.5800 26.0931 N
```

若以第五列作为关键字进行排序，则排序上述文件可以使用 sort -k 5 实现。排序后的数据以经度值从小到大进行排列，其结果如下：

```
1284A        1          杨桥西路    福州    119.268 26.0797 N
1283A        1          五四北路    福州    119.299 26.1092 N
1282A        1          师大        福州    119.303 26.0392 N
1285A        1          紫阳        福州    119.315 26.0753 N
1280A        1          鼓山        福州    119.389 26.0542 Y
1281A        1          快安        福州    119.414 26.0258 N
```

```
3048A        1        九龙        福州    119.5800 26.0931 N
```

需要特别注意的是，由于 Linux 与 Windows 系统之间对换行符的不同解释，因此在 Windows 环境下编写完程序并上传到 Linux 平台后，利用 Python 执行.py 文件可能会导致找不到文件的异常发生。在这种情况下可以试试 doc2unix 工具实现文件的转换，以避免两个系统中\n 和\r 所导致的错误。

7.6　利用 Python 的迭代器和生成器优化 WordCount 程序

7.6.1　Python 中的迭代器

迭代器是访问集合元素的一种方式，它提供了一个统一的访问集合的接口。迭代器对象从集合的第一个元素开始访问，直到访问完所有的元素为止。由于迭代器只提供了 next()方法，因此只能向前不会后退。

对于原生支持随机访问方式的数据结构（如 tuple、list），迭代器与经典 for 循环的索引访问方式相比并无优势，反而丢失了索引值。但是对无法随机访问的数据结构（如 set）而言，迭代器是唯一的访问元素的方式。另外，迭代器的一大优点是不要求事先准备好整个迭代过程中的所有元素。迭代器仅在迭代到某个元素时才计算该元素，而在这之前或之后，元素可以不存在或被销毁。这个特点使得它特别适合用于遍历一些巨大的或无限的集合，如几个吉比特的文件访问。

迭代器有两个基本的方法：iter()和 next()。字符串、列表或元组对象都可以用于创建迭代器。将一个类作为一个迭代器使用，需要在类中实现两个方法：__iter__()与__next__()。其中，__iter__()方法可以返回一个特殊的迭代器对象，这个迭代器对象实现了__next__()方法并通过 StopIteration 异常标识迭代的完成。下面创建一个迭代器类，该类可以提供一个范围数据，且这个数据不是预先生成的，所以可以极大地节省空间，提高程序运行的适应性。程序代码如下：

```
class MyNumbers:
    def __iter__(self):
        self.a = 1
        return self
    def __next__(self):
        if self.a <= 20:
            x = self.a
            self.a += 1
            return x
        else:
            raise StopIteration
```

对于该迭代器，可以使用 for 循环进行访问，也可以利用 next()方法进行访问。例如：

```
myclass = MyNumbers()
myiter = iter(myclass)
for x in myiter:
    print(x)
```

7.6.2 Python 中的生成器

带有 yield 的函数在 Python 中被称为 generator（生成器），生成器是迭代器的一种。下面是 fab(max)函数利用生成器实现斐波那契数列，并利用 for 循环应用该生成器的实例，代码如下：

```
def fab(max):
    n, a, b = 0, 0, 1
    while n < max:
        yield b
        a, b = b, a + b
        n = n + 1
for n in fab(5):
    print n
1
1
2
3
5
```

简单来说，yield 的作用就是将一个函数变成一个 generator。调用 fab(5)不会执行 fab()函数，而是会返回一个迭代器对象。在 for 循环执行时，每次循环都会执行 fab()函数内部的代码，当执行到 yield b 语句时，fab()函数就会返回一个迭代值，并停止执行；在下次迭代时，代码会从 yield b 语句的下一条语句继续执行，而函数的本地变量仍旧保持上次执行时的状态。函数会继续执行，直到再次遇到 yield。整个执行过程为：每次执行到 yield 就输出一个数据，并停止执行，当需要时再继续执行，直到下一次执行到 yield 并输出一个数据，如此循环，直到函数结束，或者碰到 return 语句为止。

生成器的 return 语句与一般函数的 return 语句不同。在生成器中，如果没有 return 语句，则默认执行到函数结束；如果在执行过程中遇到 return 语句，则直接抛出 StopIteration 异常并终止迭代。

生成器常被用于数据文件读取，并且可以根据需要读取数据。如果直接对文件对象调用 read()方法，则会导致不可预测的内存占用。使用 yield 并利用固定长度的缓冲区不断读取文件内容，这样可以使我们无须编写读文件的迭代类，就可以轻松实现文件读取。例如，下面的程序实现了一个读取文件的生成器，该生成器每次读取 BLOCK_SIZE 大小的数据块返回给用户，避免了整个文件读取对内存空间的占用，程序代码如下：

```
def read_file(fpath):
    BLOCK_SIZE = 1024
    with open(fpath, 'rb') as f:
        while True:
            block = f.read(BLOCK_SIZE)
            if block:
                yield block
            else:
                return
```

7.6.3 itertools 模块

itertools 是 Python 内置的模块，它提供了更加灵活的生成循环器的工具，使用简单且功能强大。该模块中包含的工具输入为可迭代对象，能够对可迭代对象元素进行复杂运算。需要说明的是，这些工具完全可以通过编写 Python 程序实现，该模块只是提供了一种比较标准、高效的实现方式。

itertools 模块包含的工具主要有无限迭代器、以最短输入序列终止为准的迭代器、组合迭代器 3 类。这里只对这些迭代器进行简单介绍，希望大家能够在实际项目中灵活应用。

1. 无限迭代器

（1）迭代器名：count()

参数：start, [step]

输出：返回从 start 开始、步长为 step 的无限元素序列

实例：count(10) → 10 11 12 13 14 ...

（2）迭代器名：cycle()

参数：p

输出：返回可迭代对象所有元素的无限循环序列

实例：cycle('ABCD') → A B C D A B C D ...

（3）迭代器名：repeat()

参数：elem [,n]

输出：elem 元素的 n 次重复

实例：repeat(10, 3) → 10 10 10

2. 以最短输入序列终止为准的迭代器

（1）迭代器名：accumulate()

参数：p [,func]

输出：输出元素与输入迭代元素等长，第 k 个元素为前 k 个元素之和

实例：accumulate([1,2,3,4,5]) → 1 3 6 10 15

（2）迭代器名：chain()

参数：p, q, …

输出：把所有可迭代元素链接

实例：chain('ABC', 'DEF') → A B C D E F

（3）迭代器名：chain.from_iterable()

参数：iterable

输出：该迭代器是 chain()的扩展，其输入可以是可枚举对象，输出为展开后的链接元素序列

实例：chain.from_iterable(['ABC', 'DEF']) → A B C D E F

（4）迭代器名：compress()

参数：data, selectors

输出：利用 selectors 选择 data，输出为(d[0] if s[0]), (d[1] if s[1]), …

实例：compress('ABCDEF', [1,0,1,0,1,1]) → A C E F

（5）迭代器名：dropwhile()

参数：pred, seq

输出：输出第一个不满足条件的对象及其之后的对象

实例：dropwhile(lambda x: x<5, [1,4,6,4,1]) → 6 4 1

（6）迭代器名：filterfalse()

参数：pred, seq

输出：过滤元素序列，过滤条件为 pred

实例：filterfalse(lambda x: x%2, range(10)) → 0 2 4 6 8

（7）迭代器名：groupby()

参数：iterable[, key]

输出：返回按照关键字进行分组后的序列，每次返回具有相同关键字的序列

（8）迭代器名：islice()

参数：seq, [start,] stop [, step]

输出：返回从 start 开始、到 stop 结束、步长为 step 的元素序列

实例：islice('ABCDEFG', 2, None) → C D E F G

（9）迭代器名：starmap()

参数：func, seq

输出：返回以 seq 中的每个元素作为 func 输入的计算结果构成的元素序列

实例：starmap(pow, [(2,5), (3,2), (10,3)]) → 32 9 1000

（10）迭代器名：takewhile()

参数：pred, seq

输出：以第一次不满足 pred 条件的元素之前的元素作为输出

实例：takewhile(lambda x: x<5, [1,4,6,4,1]) → 1 4

（11）迭代器名：tee()

参数：it, n

输出：以一个迭代元素序列为模板生成 n 个序列迭代器对象

实例：list(list(x) for x in itertools.tee([1,2,3,4],3)) → [[1, 2, 3, 4], [1, 2, 3, 4], [1, 2, 3, 4]]

（12）迭代器名：zip_longest()

参数：p, q, …

输出：该迭代器的功能类似于 zip，不过输入的两个序列可以具有不同的长度

实例：zip_longest('ABCD', 'xy', fillvalue='-') → Ax By C- D-

3. 组合迭代器

（1）迭代器名：product()

参数：p, q, … [repeat=1]

输出：笛卡儿积

实例：product('ABCD', repeat=2) → AA AB AC AD BA BB BC BD CA CB CC CD DA DB DC DD

（2）迭代器名：permutations()

参数：p[, r]

输出：生成长度为 r 的元组集合，包含枚举元素的所有可能的、长度为 r 的排列

实例：permutations('ABCD', 2) → AB AC AD BA BC BD CA CB CD DA DB DC

（3）迭代器名：combinations()

参数：p, r

输出：生成长度为 r 的元素序列，元素序列以字典序排序，元素不重复

实例：combinations('ABCD', 2) → AB AC AD BC BD CD

（4）迭代器名：combinations_with_replacement()

参数：p, r

输出：生成长度为 r 的元素序列，元素序列以字典序排序，元素可重复

实例：combinations_with_replacement('ABCD', 2) → AA AB AC AD BB BC BD CC CD DD

这里以 groupby()迭代器为实例演示迭代器的使用。由于该迭代器能够把可迭代的输入数据按照关键字进行分组后输出，且每次返回具有相同关键字的序列，因此我们可以把它应用到 Map 函数中，从而大大简化原有的工作。这里以固定数据演示 groupby()迭代器的应用，具体实例如下：

```
from itertools import groupby
from operator import itemgetter
mapout = [('Hello', 1),('hadoop', 1),('Bye', 1),('hadoop', 1), ('Hello', 1),
('world', 1), ('Bye', 1), ('world', 1)]
mapout=sorted(mapout, key=itemgetter(0))     #模拟生成 Reducer 的输入数据
rlt_groupby = groupby(mapout, key=itemgetter(0))
for key, items in rlt_groupby:
    print("key:",key)
    for subitem in items:
        print("  subitem:",subitem)
```

运行上述程序，其输出结果如下：

```
key: Bye
    subitem: ('Bye', 1)
    subitem: ('Bye', 1)
key: Hello
    subitem: ('Hello', 1)
    subitem: ('Hello', 1)
key: hadoop
    subitem: ('hadoop', 1)
    subitem: ('hadoop', 1)
key: world
    subitem: ('world', 1)
    subitem: ('world', 1)
```

从输出结果中可以明显看出，groupby()迭代器把具有相同关键字的数据整合在一起，形成<key, items>对的模式。其中，items 对应着 Mapper 的数据键/值对序列。

7.6.4 优化 WordCount 程序

利用上述 Python 中的生成器及 itertools 模块工具，我们可以对 WordCount 程序进行修改，形成更加具有 Python 风格的 WordCount 程序。

wordCount_mapper.py 文件的内容如下：

```
#!/usr/bin/python3
#-*- coding: UTF-8 -*-
import sys
def read_input(file):
     for line in file:
       #采用生成器按行进行数据获取
       yield line.split()
def main(separator='\t'):
#输入来自 STDIN，传递给 read_input()函数
    data = read_input(sys.stdin)
    for words in data:
       #将结果输出到 STDOUT 中
       for word in words:
          print("%s%s%d" % (word, separator, 1))
if __name__ == "__main__":
    main()
```

wordCount_reducer.py 文件的内容如下：

```
#!/usr/bin/env python
#-*- coding: UTF-8 -*-
from operator import itemgetter
from itertools import groupby
import sys
def read_mapper_output(file, separator = '\t'):
    for line in file:
       yield line.rstrip().split(separator, 1)
def main(separator = '\t'):
    data = read_mapper_output(sys.stdin, separator = separator)
    #这里用到了 groupby()迭代器，该迭代器按照关键字输出 word-count 对
    #groupby()迭代器有利于按照关键字进行分组数据处理
    for current_word, group in groupby(data, itemgetter(0)):
       try:
          total_count = sum(int(count) for current_word, count in group)
          print("%s%s%d" % (current_word, separator, total_count))
       except valueError:
          pass
if __name__ == "__main__":
    main()
```

我们可以先在本地进行该程序的测试，并在测试成功后将其提交到 Hadoop 上运行，其运行方式与 7.2 节中的运行方式相同。

7.7 MapReduce 程序设计模式

许多程序员都有比较丰富的程序编写经验，然而当需要进行 MapReduce 程序的开发时，却发现那些自己熟悉的单机程序设计经验无法满足分布式、MapReduce 编程框架上的程序设计要求。MapReduce 程序设计模式的目的是通过总结 MapReduce 任务的模式，形成具有一定可替代性的程序设计模式，以便帮助程序员提高在 MapReduce 框架上进行程序开发的效率。

在通常情况下，程序设计模式都会围绕 Intent、Motivation、Applicability、Structure、Consequences、Resemblances、Known Uses、Performance Analysis 几个方面展开。鉴于本书

篇幅及叙述侧重点不同等方面的原因，本书主要挑选几种重要的 MapReduce 程序设计模式，对其相关应用、场景进行简单的介绍，最后通过一些具体的实例展示这些程序设计模式的应用。

7.7.1　数据集介绍

为了更好地示范程序的数据处理与应用，我们采用空气质量数据作为目标处理数据，全国空气质量数据来自中国环境监测总站的全国城市空气质量实时发布平台。这里首先介绍一下数据的具体格式及实例，以便后续进行处理。

首先，通过初步处理，我们将所有的空气质量历史数据都存储在一个 CSV 文件中。该文件中的每一行表示一个城市在特定时刻的某一空气指标值，其内容截取如下：

```
20140513,0,AQI,北京,81
20140513,0,AQI,天津,69
20140513,0,AQI,石家庄,125
20140513,0,AQI,唐山,82
```

第一列表示具体的日期，第二列表示时刻（每小时为一个时刻，表示一次测量），第三列表示指标类型（AQI 表示空气质量指数），第四列为城市名，最后一列为指标所对应的值。例如，从上面截取的数据片段中可以看出，在 2014 年 5 月 13 日第 0 小时，北京的 AQI 为 81；天津的 AQI 为 69。

空气质量监测的指标类型及单位说明如表 7.3 所示。

表 7.3　空气质量监测的指标类型及单位说明

Type	数 据 类 型	单　　位
AQI	AQI 实时值	N/A
PM2.5	PM2.5 实时浓度	$\mu g/m^3$
PM2.5_24h	PM2.5 24 小时滑动均值	$\mu g/m^3$
PM10	PM10 实时浓度	$\mu g/m^3$
PM10_24h	PM10 24 小时滑动均值	$\mu g/m^3$
SO2	SO_2 实时浓度	$\mu g/m^3$
SO2_24h	SO_2 24 小时滑动均值	$\mu g/m^3$
NO2	NO_2 实时浓度	$\mu g/m^3$
NO2_24h	NO_2 24 小时滑动均值	$\mu g/m^3$
O3	O_3 实时浓度	$\mu g/m^3$
O3_24h	O_3 24 小时最大值	$\mu g/m^3$
O3_8h	O_3 8 小时滑动均值	$\mu g/m^3$
O3_8h_24h	O_3 8 小时滑动均值的 24 小时最大值	$\mu g/m^3$
CO	CO 实时浓度	$\mu g/m^3$
CO_24h	CO 24 小时滑动均值	$\mu g/m^3$

空气质量监测指标一共有 6 个，空气质量指数便是通过对这 6 个指标进行计算得出的。表 7.4 所示为各级空气质量各个指标的平均深度值。

表 7.4 各级空气质量各个指标的平均深度值

空气质量分指数（IAQI）	污染物项目的平均浓度									
	二氧化硫（SO_2）24 小时平均/（$\mu g\cdot m^{-3}$）	二氧化硫（SO_2）1 小时平均/（$\mu g\cdot m^{-3}$）(1)	二氧化氮（NO_2）24 小时平均/（$\mu g\cdot m^{-3}$）	二氧化氮（NO_2）1 小时平均/（$\mu g\cdot m^{-3}$）(1)	颗粒物（粒径小于或等于 10μm）24 小时平均）/（$\mu g\cdot m^{-3}$）	一氧化碳（CO）24 小时平均/（$mg\cdot m^{-3}$）	一氧化碳（CO）1 小时平均/（$mg\cdot m^{-3}$）(1)	臭氧（O_3）1 小时平均/（$\mu g\cdot m^{-3}$）	臭氧（O_3）8 小时平均/（$\mu g\cdot m^{-3}$）	颗粒物（粒径小于或等于 2.5μm）24 小时平均）/（$\mu g\cdot m^{-3}$）
0	0	0	0	0	0	0	0	0	0	0
50	50	150	40	100	50	2	5	160	100	35
100	150	500	80	200	150	4	10	200	160	75
150	475	650	180	700	250	14	35	300	215	115
200	800	800	280	1200	350	24	60	400	265	150
300	1600	（2）	565	2340	420	36	90	800	800	250
400	2100	（2）	750	3090	500	48	120	1000	（3）	350
500	2620	（2）	940	3840	600	60	150	1200	（3）	500

说明：（1）二氧化硫（SO_2）、二氧化氮（NO_2）和一氧化碳（CO）的 1 小时平均浓度值仅用于实时报告中，在日报中需要使用相应污染物的 24 小时平均浓度值

（2）二氧化硫（SO_2）1 小时平均浓度值高于 800μg/m³ 的，不再进行其空气质量分指数的计算，二氧化硫（SO_2）空气质量分指数按照 24 小时平均浓度值计算

（3）臭氧（O_3）8 小时平均浓度值高于 800μg/m³ 的，不再进行其空气质量分指数的计算，臭氧（O_3）空气质量分指数按照 1 小时平均浓度值计算

此外，全国城市空气质量监测数据还有另外一种提供方式，即以监测站点的测量值提供。例如，以上提供的北京市 PM2.5 浓度是由北京市分散在各个位置的监测站点测量得到的 PM2.5 数据的均值。每个监测站点都有一个唯一的编号，该方式提供的数据以监测站点的方式进行组织。下面是一段数据实例，其各列分别表示日期、时刻、监测类型、监测站点编号、监测值：

```
20140513,0,AQI,1013A,77
20140513,0,AQI,1014A,72
20140513,0,AQI,1015A,62
20140513,0,AQI,1016A,67
```

例如，20140513,0,AQI,1013A,77 表示 2014 年 5 月 13 日第 0 小时，监测站点 1013A 的 AQI（空气质量指数）为 77。

对比城市与监测站点的监测数据可以明显看出，监测站点的监测数据并没有直接给出监测站点的位置信息、所在城市。因此，需要一个文件专门存储监测站点信息，该文件中存储了监测站点的位置信息，其数据片段如表 7.5 所示。

表 7.5 监测站点的位置信息

监测站点编码	监测站点名称	城 市	经 度	纬 度	对 照 点
1013A	市监测中心	天津	117.151	39.097	Y
1014A	南口路	天津	117.193	39.173	Y
1015A	勤俭路	天津	117.145	39.1654	N
1016A	南京路	天津	117.184	39.1205	Y
1017A	大直沽八号路	天津	117.237	39.1082	N

从表 7.5 中可以看出，1013A 站点对应的是天津市的市监测中心，同时列出了其经度和

纬度。对照监测站点的监测数据与位置信息便可以很清晰地掌握各个监测站点的位置信息，以及各个监测站点的空气质量监测值。至于具体的监测指标，监测站点数据与对应的城市数据相同。

7.7.2　聚合查询模式（Summarization Patterns）

所谓聚合查询，是指对所要处理的数据进行一定的统计聚合处理，以从概要、全局的层面上掌握数据的特征和状况。例如，我们想了解今年北京地区的空气质量情况，如果直接拿到 365 天×24 时的数据，则很难了解整体的空气质量状况。此时，若能够通过计算得到各级空气质量各个指标的平均值、最大/最小值，或者空气质量评价为优的天数，则可以让我们更加清晰地了解总体的空气质量状况。

聚合查询模式的核心思想是按照一定的关键字对数据进行分组，然后对分组数据进行数据的聚合、整理、处理。该模式又可以具体分为数值概要模式、倒排索引模式、计数器模式等。

1. 数值概要模式

数值概要模式的目的是按照某些键和值对数据进行分组，然后计算特定分组下数据的聚合值，如平均值、最大/最小值、求和结果等。

对数据概要的查询，通常要求输入的数据包含相关键和值的信息。在 Map 阶段，程序对输入的<key, value>进行局部数据的分组处理，并输出局部数据的<key, value>，该阶段可能涉及键值的重构、值的计算，以及对有用数据值的筛选；在 Reduce 阶段，程序的输入为排序后的<key, value>数据序列，程序通过对具有相同键和值的相邻数据进行处理，输出最终结果。

有时为了有效地提高计算效率、减少 Map 阶段输出到 Reduce 阶段的数据，通常还会增加 Combiner 进行数据预聚合处理。Combiner 通过对 Map 输出数据的整合，极大地减少了数据传输量。

此外，在一些特殊情况下，如数据的分布极其不均衡，还可以通过自定义 Partitioner 来实现数据的分组，从而让每个 Reducer 具有相近数量的数据。

任务 1：统计每个城市 PM2.5 浓度的最大值、最小值和平均值。

该任务要求统计每个城市 PM2.5 浓度的最大值、最小值和平均值。可以注意到，无论是求最大值、最小值还是平均值，其进行分组的依据是相同的，即按照城市进行分组。所以，在 Mapper 输出的数据键/值对<key, value>中，key 应该是具体的城市，而 value 可以是多个值的组合。如果该 value 组合包含该城市某一时刻 PM2.5 浓度的最大值、最小值、总和及对应记录数，就可以在 Reduce 阶段求出准确的最大值、最小值和平均值。按照上述思路，我们可以得到聚合查询模式的示例，如图 7.4 所示。

按照上述思路，编写程序文件 mapper.py 和 reducer.py，分别用于实现 Map 和 Reduce。在 mapper.py 文件中逐行输入数据，格式为“20140513,0,AQI,北京,81”。程序在收到数据后按照指定分隔符将数据分割，并进行格式的转换后输出。在 reducer.py 文件中对输出的数据进行进一步统计，最终得到最大值、最小值和平均值。

Mapper 输入

Date	Hour	Type	City	value
20140513	0	PM2.5	北京	49
20140513	0	PM2.5	天津	44
20140513	0	PM2.5	石家庄	66

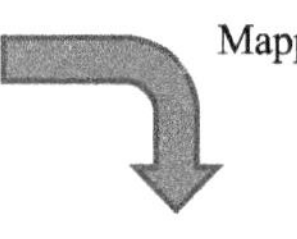

Mapper 输出

key	value			
City	Min	Max	Sum	Counter
北京	81	81	81	1
天津	69	69	69	1
石家庄	125	125	125	1

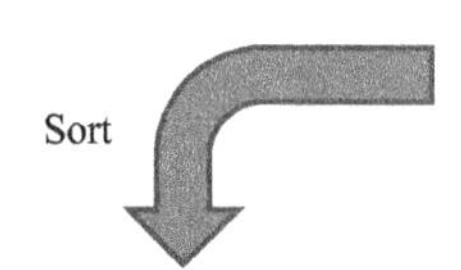

Reducer 输入

key	value			
City	Min	Max	Sum	Counter
北京	81	81	81	1
北京	69	69	69	1
…				
天津	69	69	69	1
…				

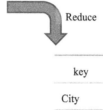

Reduce

Reducer 输出

key	value		
City	Min	Max	Average
北京	28	134	46
天津	26	127	42
石家庄	34	156	54

图 7.4　聚合查询模式的示例

mapper.py 文件的内容如下：

```
#!/usr/bin/python3
#-*- coding: UTF-8 -*-
import sys
def read_input(inputs):                     #利用生成器
    for line in inputs:
        if line.find('PM2.5,')>=0:     #利用 find()函数过滤非 PM2.5 数据
            yield line.strip().split(',')
def main(separator='\t'):
    wd = read_input(sys.stdin)
    for word in wd:                         #20140513,0,AQI,北京,81, word[2]为指标类型
        output="{0}{2}{1}{2}{1}{2}{1}{2}1".format(word[3], word[4], separator)
        print(output)
if __name__ == "__main__":
main()
```

reducer.py 文件的内容如下：

```
#!/usr/bin/python3
#-*- coding: UTF-8 -*-
import sys
```

```
def read_input(inputs, separator):
    for line in inputs:
        yield line.strip().split(separator)
def main(separator='\t'):
    current_city = None
    maxv=minv=counter=sumv=0
    wd = read_input(sys.stdin, separator)
    for words in wd:
        city = words[0]
        if(city == current_city):
            maxv=max(maxv, float(words[1]))
            minv=min(minv, float(words[2]))
            sumv+=float(words[3])
            counter+=int(words[4])
        else:
            if counter>0:    #用于排除第一条数据
                print("{0}{4}{1}{4}{2}{4}{3}".format(current_city, maxv, minv, \
                  sumv/counter, separator))
            maxv, minv, sumv, counter=float(words[1]), float(words[2]), \
                float(words[3]), int(words[4])
            current_city=words[0]
    output ="{0}{4}{1}{4}{2}{4}{3}".format(current_city, maxv, minv, \
      sumv/counter, separator)
    print(output)           #输出最后一个城市数据
if __name__ == "__main__":
    main()
```

在程序编写完成后，利用 Hadoop Streaming 命令运行程序。这里假设用户已经上传了数据（city_aq_part.csv），并把数据存储到 HDFS 的/example1/data 目录下，输出结果的存储位置为/example1/output 目录。操作命令如下：

```
$ hadoop jar $HADOOP_HOME/share/hadoop/tools/lib/hadoop-streaming-3.3.0.jar \
-mapper /home/hadoop/example1/map.py \
-reducer /home/hadoop/example1/reduce.py \
-input /example1/data/* \
-output /example1/output
```

在程序运行结束后，运行结果被存储到 HDFS 的/example1/output 目录中，打开 part-xxxxx 文件，可以查看程序运行结果。下面显示了 10 个重点城市的 PM2.5 浓度统计值：

```
上海       361.0   2.0    41.0762432076
乌鲁木齐   629.0   2.0    58.8754808457
北京       699.0   2.0    59.9324914
广州       236.0   1.0    33.9961521538
成都       386.0   1.0    53.5700449671
拉萨       232.0   1.0    19.2230333661
昆明       169.0   3.0    27.3329276057
武汉       600.0   2.0    53.6619458589
沈阳       1333.0  2.0    52.4104832519
深圳       147.0   2.0    26.021377561
```

任务 2：增加 Combiner，实现更加高效的数据统计工作。

从上面的示例中我们可以发现，在 Mapper 输出的数据中有大量的重合数据，若能在本地进行一次聚合，再把聚合结果输出到 Reducer 中，则各个数据节点之间的数据传输量将会大大减少。为此，任务 2 对上述过程进行修改，增加了一个 Combiner 过程，如图 7.5 所示。在该过程中实现对 Mapper 输出数据的初步聚合，统计 Mapper 输出数据中相同城市 PM2.5

浓度的最大值、最小值、总和、数据个数，那么在输出数据时，每个城市只输出一次，从而避免了大量数据传输。

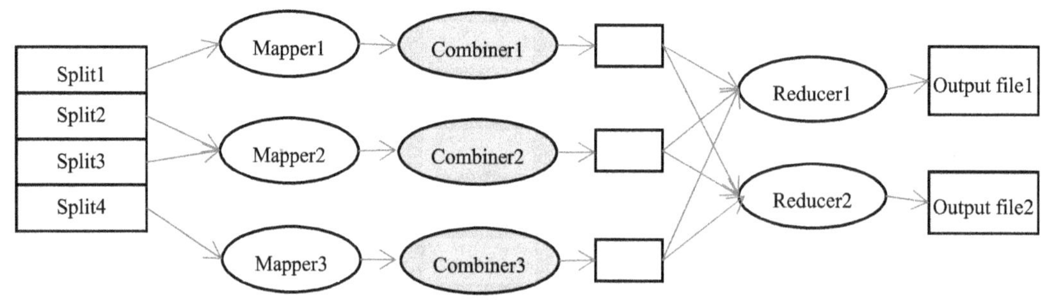

图 7.5　增加了 Combiner 过程后的 MapReduce 程序运行示例

因此，我们只需要增加一个 Combiner 过程到程序中即可，程序文件 combiner.py 的内容如下：

```
#!/usr/bin/python3
#-*- coding: UTF-8 -*-
import sys
def read_input(inputs, separator):
    for line in inputs:
        yield line.strip().split(separator)
def main(separator='\t'):
    current_city = None
    maxv=minv=counter=sumv=0
    wd = read_input(sys.stdin, separator)
    for words in wd:
        city = words[0]
        if(city == current_city):
            maxv=max(maxv, float(words[1]))
            minv=min(minv, float(words[2]))
            sumv+=float(words[3])
            counter+=int(words[4])
        else:
            if counter>0:    #切换城市，且非第一条数据，则需要输出上一步骤的结果
                print("{0}{4}{1}{4}{2}{4}{3}{4}{5}".format(current_city, maxv, minv, \
                    sumv, separator, counter))  #修改输出为 sumv
            maxv, minv, sumv, counter=float(words[1]), float(words[2]), \
                float(words[3]), int(words[4])
            current_city=words[0]
    output ="{0}{4}{1}{4}{2}{4}{3}{4}{5}".format(current_city, maxv, minv, \
      sumv, separator, counter))    #修改输出为 sumv
    print(output)              #输出最后一个城市数据
if __name__ == "__main__":
    main()
```

上述内容与上一任务中的 reducer.py 文件的内容非常接近，区别在于该程序将 Reducer 输出的平均值改为输出总和，以便进行后续统计处理。

该程序的运行命令也只需要增加 Combiner 的设置，其运行命令如下：

```
$ hadoop jar $HADOOP_HOME/share/hadoop/tools/lib/hadoop-streaming-3.3.0.jar \
-mapper /home/hadoop/example1/map.py \
-combiner /home/hadoop/example1/combiner.py \
```

```
-reducer /home/hadoop/example1/reduce.py \
-input /example1/data/* \
-output /example1/output
```

若想直观地观察 Combiner 设置前后程序的不同运行状况，则可以通过设置去除 Reducer，直接输出 Map 阶段的运行结果，从而直观地查看 Combiner 的作用。

2. 倒排索引模式

倒排索引源于实际应用中需要根据属性值来查找记录。这种索引表中的每一项都包括一个属性值和具有该属性值的记录的地址。由于不是由记录的位置确定属性值的，而是由属性值确定记录的位置的，因此被称为倒排索引（Inverted Index）。带有倒排索引的文件称为倒排索引文件，简称倒排文件（Inverted File）。

例如，有一大批数据经常需要按照关键字进行检索。如果逐个匹配记录进行检索，则检索效率将与数据量的大小成反比关系，当数据量很大时，检索效率将会变得很低。倒排索引可以从数据中抽出其关键字/词，然后以该关键字/词为主键建立<关键字,值>的索引关系。其中每个值的存储涉及该关键字的记录编号，从而形成可以快速进行关键字检索的倒排索引结构。

在使用倒排索引时，关键字是一个条件的输入，值则是满足条件的记录集合。以上述空气质量数据集为例，查询人员常用的检索关键字包括“返回所有空气质量为优的日期”，或者“返回所有空气质量为严重污染的日期”等。那么，我们可以使用倒排索引预先对数据进行处理并存储处理结果，当需要检索时就可以快速获得需要的数据。

任务：构建所有城市在指定年份空气质量为优的日期的倒排索引。

输入：城市空气质量监测记录。

输出：一个倒排文件。该文件中每一条记录的格式为<城市，年份，空气质量为优的日期列表>。

为了完成该任务，在 Mapper 中需要记录城市空气质量符合条件的对应的日期和时刻，并输出；在 Reducer 中需要使收到的数据序列中具有相同城市的数据相邻。因此只要将具有相同关键字的键/值对的值取出并形成列表，就可以得到空气质量为优的日期序列。

该任务的 Map 对应的程序文件为 mapper.py，Reduce 对应的程序文件为 reducer.py。

mapper.py 文件的内容如下：

```
#!/usr/bin/python3
#-*- coding: UTF-8 -*-
import sys
def read_input(inputs):
    for line in inputs:
        yield line.strip().split(',')
def main(separator='\t'):
    year = 2014                 #指定的年份
    wd = read_input(sys.stdin)
    for word in wd:             #数据格式示例：“20140513,0,AQI,北京,81”

        if(int(word[0][:4]) == year):
            if(word[2] == 'AQI' and (int(word[4]) <= 50)): #AQI 小于 50 表示空气质量为优
                date = word[0][4:]+word[1]                   #去除年份，构造输出的日期和时刻
                year = int(word[0]:[4])                          #取出年份数据
                #构造输出数据，如“北京，2014，05/30”
```

```
            output = "{1}{0}{2}{0}{3}".format( separator, word[3], year, date)
            print(output)
if __name__ == "__main__":
    main()
```

reducer.py 文件的内容如下：

```
#!/usr/bin/python3
#-*- coding: UTF-8 -*-
import sys
def read_input(inputs):
    for line in inputs:
        yield line.strip().split('\t')    #利用生成器，逐个读取数据
def main(separator='\t'):
    current_city = None
    time = []
    city = None
    wd = read_input(sys.stdin)
    for data in wd:
        city = data[0]
        if(city == current_city):
            time.append(data[2])            #把所有日期和时刻组成一个列表
        else:
            if current_city:                #当城市发生变化时，输出上一个城市列表，并初始化
                output = "{1}{0}{2}{0}{3}".format(separator, current_city, data[1],
time)
                print(output)
                time=[]
            current_city = city
            time.append(data[2])
    if(city == current_city):               #输出最后一个城市数据
        output = "{1}{0}{2}{0}{3}".format(separator, city, data[1], time)
        print(output)

if __name__ == "__main__":
    main()
```

在程序运行之前，我们先把空气质量数据上传到 HDFS 的/example2/data/目录中，再利用如下 Hadoop Streaming 命令运行该 MapReduce 程序：

```
$ hadoop jar $HADOOP_HOME/share/hadoop/tools/lib/hadoop-streaming-3.3.0.jar \
 -input /example2/data/city_data_part.csv\
 -output /example2/output \
 -mapper /home/hadoop/bigdata/Mapper1.py\
 -reducer /home/hadoop/bigdata/Reducer1.py
```

在程序运行结束后，打开输出文件查看结果，从中可以明显看到该 MapReduce 程序重新组织了数据，并将每个城市符合条件的日期和时刻存储到文件中，从而形成了倒排文件。输出结果如下：

```
上海        2014    ['070515', '070516', '092113', '06202', '062313', …]
乌鲁木齐    2014    ['100518', '100517', '052416', '052415', '052414',…]
北京        2014    ['062120', '111118', '091511', '062014', '110210',…]
广州        2014    ['12125', '12124', '062614', '06200', '062613',…]
成都        2014    ['080112', '06257', '09200', '08044', '08045',…]
拉萨        2014    ['06087', '07086', '100919', '09143', '100920',…]
昆明        2014    ['11195', '121315', '092620', '11196', '092716',…]
武汉        2014    ['070521', '09309', '070515', '091919', '083110',…]
沈阳        2014    ['123113', '123112', '123111', '12317', '12316',…]
```

```
深圳        2014    ['06294', '06194', '06295', '06296', '06297', …]
```

思考：上述实例指定了一个特定的年份，并在 Mapper 中以该年份为条件进行了数据的过滤，若希望编程输出所有城市、所有年份且空气质量为优的日期形成的倒排序文件，那么应该如何修改程序呢？（注意，此时的关键字应该由城市和年份共同确定。）

7.7.3　过滤模式（Filtering Patterns）

过滤模式允许程序开发人员使用不同的标准来过滤一组对象，并通过逻辑运算以解耦的方式把它们连接起来。这种类型的设计模式属于结构型模式，可结合多个标准来获得单一标准。过滤模式最重要的特点是保持数据的完整性，它只对记录保留与否进行判断，并输出满足条件的记录。

本书的过滤模式明确了该模式的应用程序结构，并通过简单的实例进行过滤模式的示范，希望以此为应用过滤模式进行程序设计的人员提供一个参考示例。过滤模式除了本书中列出的过滤器模式、Top K 模式和去重模式，常见的还有随机抽样、数据按类别抽取等。

在通常情况下，过滤模式很少单独出现，它常和其他模式组合使用，如后续涉及的组合模式，使得程序具有更加强大的数据处理功能。下面将对 3 种常见的过滤模式展开叙述，并通过应用实例讲解程序的设计与实现。

1．过滤器模式

顾名思义，过滤器的功能就是通过设置一定的条件来筛选并输出满足条件的记录，其作用类似于 SQL 语句中的过滤条件。

在过滤器模式的实现中，由于读取的记录中已经包含了需要的全部信息，因此在一般情况下，简单的过滤器模式只需要 Mapper 程序。但是在很多情况下，如果最终得到的数据是原来数据的子集，并且其体量也大大缩小，那么我们希望这些数据能够被输出到一个文件中，而不是被分为多个 part 进行存储。这时可以利用 Reduce 阶段的排序对数据进行处理，再将所有数据通过一个 Reducer 输出到一个文件中。对于一些综合性任务，这里的 Reducer 还可能会在过滤的基础上完成其他任务。

任务：空气质量为优的数据检索。

小王是一个运动爱好者，他几乎在每天早上 6～7 时都进行户外运动。为此，他想看看北京市这几年在他运动期间的空气质量为优的详细数据，请帮他从文件中找出这些数据。

输入：所有城市所有日期的空气质量状况及其各项指标。

输出：北京市早上 6 时空气质量为优的数据记录。

我们先来了解一下空气质量指数（Air Quality Index，AQI）。AQI 是衡量空气质量的综合指标，其中包括 PM2.5 浓度。AQI 由二氧化硫、二氧化氮、PM10、PM2.5、一氧化碳和臭氧等 6 项指标的测量值组合计算得到。各级别的空气质量指数可以对应到易于理解的优、良、轻度污染等具体状况，空气质量指数与级别的对应关系如表 7.6 所示。

很明显，为了查看北京市早上 6 时、空气质量为优的数据，这里进行过滤的条件需要包括 3 项：城市为北京，测量空气质量的时间为 6 时，且 AQI 小于或等于 50。

按照上述分析，只需要利用 Mapper 程序就可以完成上述任务。为此，设计 Mapper 程序对应的文件 mapper.py，其中，“b'\xe5\x8c\x97\xe4\xba\xac'”表示北京。

表 7.6　空气质量指数与级别的对应关系

空气质量指数	空气质量指数级别（状况）	对健康影响情况	建议采取的措施
0～50	一级（优）	空气质量令人满意，基本无空气污染	各类人群可以正常活动
51～100	二级（良）	空气质量可以接受，但是某些污染物可能对极少数异常敏感人群的健康有较弱影响	极少数异常敏感人群应减少户外活动
101～150	三级（轻度污染）	易感人群症状有轻度加剧，健康人群出现刺激症状	儿童、老年人及心脏病、呼吸系统疾病患者应减少长时间、高强度的户外锻炼
151～200	四级（中度污染）	进一步加剧易感人群症状，可能对健康人群的心脏、呼吸系统有影响	儿童、老年人及心脏病、呼吸系统疾病患者避免长时间、高强度的户外锻炼，一般人群应适量减少户外运动
201～300	五级（重度污染）	心脏病和肺病患者症状显著加剧，运动耐受力降低，健康人群普遍出现症状	儿童、老年人及心脏病、肺病患者应停留在室内，停止户外运动，一般人群应减少户外运动
300+	六级（严重污染）	健康人群运动耐受力降低，有明显强烈症状，提前出现某些疾病	儿童、老年人和病人应停留在室内，避免体力消耗，一般人群应避免户外活动

mapper.py 文件的内容如下：

```
#!/usr/bin/python3
#-*- coding: UTF-8 -*-
import sys
def read_input(inputs):
    new_list=[]
    for words in inputs:
        words=words.strip().split(',')
        if (words[1]=='6')&(words[2]=='AQI')&(words[3]== ‘北京'&(float(words[4])<=50):
            new_list.append(words)
    return new_list
def main(separator='\t'):
    data = read_input(sys.stdin)
    for words in data:
        print('%s\t%s\t%s\t%s\t%s'%(words[0],words[1],words[2],words[3],words[4]))
if __name__ =='__main__':
    main()
```

将数据上传到 HDFS 上，并利用如下命令执行该程序：

```
$ bin/hadoop jar /usr/local/hadoop/share/hadoop/tools/lib/hadoop-streaming-
3.2.1.jar \
-mapper /home/hadoop/example3/map33.py
-input /example3/data \
-output /example3/output
```

在执行完该程序后，可以从/exaple3/output 目录中查看其对应的输出文件，该文件的部分内容如下：

```
20140602    6    AQI    北京    36
20140607    6    AQI    北京    20
20140608    6    AQI    北京    38
```

```
20140609        6        AQI      北京     38
…
```

2. Top K 模式

Top K 模式是指按照一定的排序条件，从所有符合条件的数据中挑选出排在最前面的 *K* 个元素并输出的过滤模式。

对于该模式，其基本处理思路是先从所有 Mapper 中输出该节点数据的前 *K* 个数据，然后在 Reducer 中对所有 Mapper 的前 *K* 个数据进行汇总，输出最终的 *K* 个数据。

任务：空气质量的比较。

人们每年都会对哪些城市是空气质量最好的城市争论不休。小刘老师提出了一个衡量城市空气质量的好方法，他的方法是从全国所有城市的空气质量记录中找出空气质量最好的 1000 条记录，看看这 1000 条记录都属于哪些城市。很明显，如果一个城市在前 1000 条最好记录中占比最多，则可以认为该城市的空气质量是最好的。现在请帮小刘老师从所有城市的空气质量记录中找到 Top 1000 的空气质量记录。

由于某一城市某天的空气质量有 24 条监测记录，因此为了简化问题，我们假定以正午，即 12 时的空气质量作为当天的空气质量衡量标准。

输入：所有城市所有的空气质量状况及其各项指标。

输出：所有城市 12 时的空气质量 Top 1000 的记录。

分析：因为数据分布在多个节点中，所以想要选取前 *K* 个数据，就必须分别从各个节点中获取前 *K* 个数据，然后在 Reduce 阶段进行多个 *K* 数据集的再次选择。

这里需要注意的是，如果 Map 输出的数据仍旧以城市、时间为关键字，则最终的数据可能被两个或更多的 Reducer 进行汇总处理，很显然在这种情况下是没有办法找到前 *K* 个数据的。针对这一问题，有 3 种解决方法：（1）设置所有 Mapper 的输出具有相同的键值，则所有数据都会被汇总到一个 Reducer 中进行处理；（2）设置只有一个 Reducer，在这种情况下自然可以将所有数据汇总到一个站点中；（3）设置两个 Reducer 阶段，其中，第二个 Reducer 阶段的设置只有一个 Reducer。对于数据量不大、Mapper 数量较少的情况，前两种方法不会影响整体性能；若数据量大，数据的站点分布广，则第三种方法会有更好的表现。

在 Top K 模式的应用过程中通常会用到过滤模式，或者通过分组的方式找到每组数据的前 *K* 个数据。该任务的 Mapper 阶段需要先进行数据的过滤，去除非正午时间的数据，再进行各个数据节点上 Top 1000 数据的选择和输出。因此，该任务结合了过滤器模式与 Top K 模式两种模式的要求。

mapper.py 文件的内容如下：

```python
#!/usr/bin/python3
#-*- coding: UTF-8 -*-
import sys
import heapq   #利用堆，总是保留 K 个最优
K=1000
def getTopK(inputs):
    topk=[]
    counter=0
    for line in inputs:
        cdate, chour, aqtype, city, value=line.strip().split(',')
        if (aqtype=='AQI' and chour=='12'):
            key=-1* int(value)   #利用小根堆将 key 转为负数
```

```
            if counter<=K:
                heapq.heappush(topk, [key, cdate, chour, aqtype, city, value])
            else:
                heapq.heappush(topk, [key, cdate, chour, aqtype, city, value])
                heapq.heappop(topk)
            counter+=1
    return topk

def main(separator='\t'):
    data = getTopK(sys.stdin)
    for words in data:
        print('%s%s%s'%(words[4],separator, words[5]))
if __name__ =='__main__':
    main()
```

reducer.py 文件的内容如下：

```
#!/usr/bin/python3
#-*- coding: UTF-8 -*-
import sys
import heapq
K=1000
def getTopK(inputs, separator):
    topk=[]
    counter=0
    for line in inputs:
        city, value=line.strip().split(separator)
        key=-1* int(value)
        if counter<=K:
            heapq.heappush(topk, [key, city, value])
        else:
            heapq.heappush(topk, [key, city, value])
            heapq.heappop(topk)
        counter+=1
    return topk

def main(separator='\t'):
    data = getTopK(sys.stdin, separator)
    for words in data:
        print('%s%s%s'%(words[1],separator, words[2]))
if __name__ =='__main__':
    main()
```

上述程序的实现用到了堆结构，并且在堆中只保留 K 个元素，这种方式可以避免占用过多的存储空间，同时可以让需要保留的元素在 $O(\log K)$的时间内确定，大大增加了算法的运行效率。

3. 去重模式

去重模式是指对输入的数据进行对比，将其中重复的数据去除，从而保证每个关键字确定的记录都只有一个的过滤模式。去重模式是一个运算量较大的模式，若选择的操作方法不恰当，则容易导致整个计算过程变得非常缓慢。

任务：空气质量上报数据的去重。

空气质量监测是一项全国性的工程，全国各地都需要定时上报具体的空气质量监测数据。但是在系统运行初期，由于上报系统还不够完善，以及网络传输等问题，各地经常会出现重复上报空气质量数据的情况。例如，上传数据完成了，可是当地系统最终页面并没有收到确认信息，此时工作人员将再次上传数据。这一问题在初期并没有受到重视，但是随着数据规范和要求越来越严格，现在希望去除历史数据中重复上报的记录，整理出一套不包含重复数据的完整数据集。

输入：所有地方上报的空气质量数据，其中可能包含部分重复数据。

输出：去除所有重复数据后的空气质量数据。

分析：因为数据分布在各个节点中，所以在一个节点上运行的 Mapper 无法获知其包含的数据是否也存在于其他节点中，只有当数据被汇总到一起时才能进行唯一性判断，从而进行重复数据的去除。

在实现过程中，对于 Map 操作，若要进行数据的重复性检验，则需要先进行数据的排序，再进行数据的遍历，然后将数据输出作为 Reducer 的输入；在 Reducer 之前，MapReduce 系统通常需要再进行一次数据的排序，因此我们可以弱化 Mapper 的功能，让 Mapper 把数据（日期、时刻、监测类型、城市、数据值）直接输出，然后将排序工作交由 MapReduce 的 Shuffle 和 Sort 完成。在 Reduce 阶段，再次遍历所有数据，进行重复元素的查找和去除。

根据上述思路，Mapper 和 Reducer 对应的程序文件如下。

mapper.py 文件的内容如下：

```
#!/usr/bin/python3
#-*- coding: UTF-8 -*-
import sys
def main(seperator='\t'):
    for line in sys.stdin:
        if line:
            print(line)    #Mapper 中直接把输入数据输出
if __name__ == "__main__":
    main()
```

reducer.py 文件的内容如下：

```
#!/usr/bin/python3
#-*- coding: UTF-8 -*-
import sys
def main(seperator='\t'):
    pre_line=None
    for line in sys.stdin:
        if line==pre_line:
            pass
        else:
            print(line)
            pre_line=line
if __name__ == "__main__":
    main()
```

从上述 mapper.py 文件中可以看出，程序直接把输入转成输出。由于默认情况下 MapReduce 的分隔符为制表符，所以 Reducer 前的排序会把整个数据当成关键字，也就实现了数据的整体排序，确保重复的数据排序后相邻。

7.7.4 数据连接模式（Join Patterns）

1. 连接操作定义

在实验所提供的按照监测站点编号采集得到的数据集中，空气质量数据集中的每一条记录都对应着一个具体的监测站点（如 20140513,0,AQI,1013A,77），其中站点以编号的形式存在，但是在进行数据的检索和查询时，我们更希望能够展示监测站点名称、监测站点所在地址、监测站点经度和纬度等信息，而不是只展示监测站点编号。这个问题可以使用连接操作来解决。

所谓数据连接操作，是指一个特定数据集中的数据只包含了所需数据的一部分，而与其相关联的其余信息需要利用该记录中的一些元素值到另一个数据集中进行检索，最后将两部分数据合并起来组成完整的记录的操作。例如，监测站点的空气质量数据集中有数据“20140513,0,AQI,1013A,77”，我们需要根据其监测站点编号 1013A 从监测站点数据集中查找具体的监测站点信息，从而得到完整的数据“20140513,0,AQI,1013A,77,市监测中心,天津,117.151,39.097”。

连接操作是 MapReduce 数据处理中常用的操作之一，因此，下面主要针对连接操作来总结该程序设计模式——连接模式。连接模式是 MapReduce 程序设计模式中主要的模式之一。通过连接操作可以实现多个数据集的关联查询。具体而言，连接又可以分为内连接、外连接（左外连接、右外连接、全外连接）和笛卡儿积等。下面通过具体的数据展示这几种连接操作的具体实例，其所用数据如表 7.7 和表 7.8 所示。

表 7.7 监测数据集片段

日　期	时　刻	指 标 类 型	监测站点编号	监 测 值
20140513	0	AQI	1013A	77
20140513	0	AQI	1014A	72
20140513	0	AQI	1015A	62
20140513	0	AQI	1018A	67

表 7.8 监测站点信息集片段

监测站点编号	监测站点名称	城　市	经　度	纬　度	对 照 点
1013A	市监测中心	天津	117.151	39.097	Y
1014A	南口路	天津	117.193	39.173	Y
1015A	勤俭路	天津	117.145	39.1654	N
1016A	南京路	天津	117.184	39.1205	Y
1017A	大直沽八号路	天津	117.237	39.1082	N

（1）内连接

在使用监测站点编号进行内连接操作时，需要根据监测数据集中的监测站点编号在监测站点信息集中进行监测站点的查找，并把两条对应的记录整合在一起，形成包含完整信息的监测数据。对于监测数据集中未能在监测站点信息集中找到监测站点信息的数据，则不将其加入结果集中；当然，对于监测站点信息集中存在的监测站点，若其未能被某一监测数据用上，则在结果集中也不会体现该监测站点。针对上述数据，可以得到如表 7.9 所示的内连接操作结果。

表 7.9　内连接操作结果

日期	时刻	指标类型	监测站编号	监测值	监测站点编号	监测站点名称	城市	经度	纬度	对照点
20140513	0	AQI	1013A	77	1013A	市监测中心	天津	117.151	39.097	Y
20140513	0	AQI	1014A	72	1014A	南口路	天津	117.193	39.173	Y
20140513	0	AQI	1015A	62	1015A	勤俭路	天津	117.145	39.1654	N

（2）外连接

若使用内连接操作，当碰到无法匹配的数据时，就把数据丢弃；若使用外连接操作，则按照规则保留相关数据项。在使用左外连接操作时，若连接操作为“A 连接 B”，则保留 A 中无法匹配的数据；在使用右外连接操作时，若连接操作为“A 连接 B”，则保留 B 中无法匹配的数据；在使用全外连接操作时，则保留 A、B 中所有无法匹配的数据。针对上述数据，它们的 3 种外连接操作结果分别如表 7.10、表 7.11 和表 7.12 所示。

表 7.10　左外连接操作结果

日期	时刻	指标类型	监测站点编号	监测值	监测站点编号	监测站点名称	城市	经度	纬度	对照点
20140513	0	AQI	1013A	77	1013A	市监测中心	天津	117.151	39.097	Y
20140513	0	AQI	1014A	72	1014A	南口路	天津	117.193	39.173	Y
20140513	0	AQI	1015A	62	1015A	勤俭路	天津	117.145	39.1654	N
20140513	0	AQI	1018A	67						

表 7.11　右外连接操作结果

日期	时刻	指标类型	监测站点编号	监测值	监测站点编号	监测站点名称	城市	经度	纬度	对照点
20140513	0	AQI	1013A	77	1013A	市监测中心	天津	117.151	39.097	Y
20140513	0	AQI	1014A	72	1014A	南口路	天津	117.193	39.173	Y
20140513	0	AQI	1015A	62	1015A	勤俭路	天津	117.145	39.1654	N
					1016A	南京路	天津	117.184	39.1205	Y
					1017A	大直沽八号路	天津	117.237	39.1082	N

表 7.12　全外连接操作结果

日期	时刻	指标类型	监测站点编号	监测值	监测站点编号	监测站点名称	城市	经度	纬度	对照点
20140513	0	AQI	1013A	77	1013A	市监测中心	天津	117.151	39.097	Y
20140513	0	AQI	1014A	72	1014A	南口路	天津	117.193	39.173	Y
20140513	0	AQI	1015A	62	1015A	勤俭路	天津	117.145	39.1654	N
20140513	0	AQI	1018A	67						
					1016A	南京路	天津	117.184	39.1205	Y
					1017A	大直沽八号路	天津	117.237	39.1082	N

（3）笛卡儿积

上述连接操作需要根据具体的外键进行数据匹配，而笛卡儿积操作 A×B 则是将数据集 A 中的所有记录与数据集 B 中的所有记录进行匹配，从而得到新的数据集。以上述数据集为例，笛卡儿积操作结果如表 7.13 所示。

表 7.13　笛卡儿积操作结果（部分）

日期	时刻	指标类型	监测站点编号	监测值	监测站点编号	监测站点名称	城市	经度	纬度	对照点
20140513	0	AQI	1013A	77	1013A	市监测中心	天津	117.151	39.097	Y
20140513	0	AQI	1013A	77	1013A	南口路	天津	117.193	39.173	Y
20140513	0	AQI	1013A	77	1013A	勤俭路	天津	117.145	39.1654	N
20140513	0	AQI	1013A	77	1013A	南京路	天津	117.184	39.1205	Y
20140513	0	AQI	1013A	77	1013A	大直沽八号路	天津	117.237	39.1082	N
20140513	0	AQI	1014A	72	1014A	市监测中心	天津	117.151	39.097	Y
20140513	0	AQI	1014A	72	1014A	南口路	天津	117.193	39.173	Y
20140513	0	AQI	1014A	72	1014A	勤俭路	天津	117.145	39.1654	N
…（剩余部分略）										

2．连接操作过程

在进行连接操作的过程中，程序会读取所要连接的数据，并以连接操作键值为关键字进行数据的输出；Mapper 输出的数据经过 Reducer 的排序，可以使具有相同连接操作键值的数据形成连续的输入序列；最后，在该连续的输入序列的基础上进行连接操作并输出最终结果。需要注意的是，为了能够在 Reducer 阶段区分数据记录的来源，在 Mapper 输出数据时需要为来源于两个数据集的数据分别加上标识以便区分。连接操作过程如图 7.6 所示。

3．连接操作实现

任务：空气质量数据完整信息构造与输出。

在上述监测站点数据中进行查询，输出福州地区所有监测站点的空气质量数据，以作为对福州地区空气质量进行针对性研究的数据基础。后续查询以两个数据集连接操作结果为基础。

输入：监测站点的监测数据集及监测站点列表。

输出：空气质量站点监测数据，其中站点信息完整。

需要注意的是，在该任务中，只需要输出福州地区的监测站点的监测数据，所以，还需要在 Mapper 中进行数据过滤，以减少需要传输和连接的数据量。

该任务的程序代码及运行结果如下所示，其中，“b'\xe7\xa6\x8f\xe5\xb7\x9e'”表示福州的 Unicode 编码。

Mapper 输入

监测站点编号	监测站点名称	城市	经度	纬度	对照点
1013A	市监测中心	天津	117.151	39.097	Y
1014A	南口路	天津	117.193	39.173	Y
1015A	勤俭路	天津	117.145	39.1654	N

日期	时刻	指标	监测站点编号	监测值
20140513	0	AQI	1013A	77
20140513	0	AQI	1014A	72
20140513	0	AQI	1015A	62

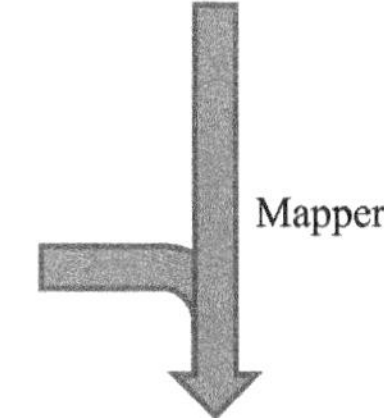

Mapper 输出

key		value				
监测站点编号	源	监测站点编号/日期	监测站点名称/时刻	城市/指标	经度/站点	纬度/检测值
1013A	A	1013A	市监测中心	天津	117.151	39.097
1014A	A	1014A	南口路	天津	117.193	39.173
1015A	A	1015A	勤俭路	天津	117.145	39.1654
1013A	B	20140513	0	AQI	1013A	77
1014A	B	20140513	0	AQI	1014A	72
1015A	B	20140513	0	AQI	1015A	62

Sort

Reducer 输入

key		value				
监测站点编号	源	监测站点编号/日期	监测站点名称/时刻	城市/指标	经度/站点	纬度/检测值
1013A	A	1013A	市监测中心	天津	117.151	39.097
1013A	B	20140513	0	AQI	1013A	77
1014A	A	1014A	南口路	天津	117.193	39.173
1014A	B	20140513	0	AQI	1014A	72
1015A	A	1015A	勤俭路	天津	117.145	39.1654
1015A	B	20140513	0	AQI	1015A	62

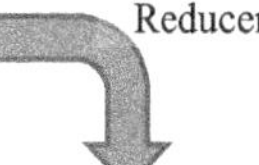

Reducer 输出

日期	时刻	指标类型	监测站点编号	监测值	监测站点编号	监测站点名称	城市	经度	纬度
20140513	0	AQI	1013A	77	1013A	市监测中心	天津	117.151	39.097
20140513	0	AQI	1014A	72	1014A	南口路	天津	117.193	39.173
20140513	0	AQI	1015A	62	1015A	勤俭路	天津	117.145	39.1654

图 7.6　连接操作过程

mapper.py 文件的内容如下：

```
#!/usr/bin/python3
#-*- coding: UTF-8 -*-
import sys
def main():
    for line in sys.stdin:
        words=line.strip().split(',')
        if len(words)==6:   #sites，站点情况
            if words[2]!= '福州':
                continue
            print("%sA\t%s\t%s\t%s\t%s\t%s"%(words[0], \
               words[0],words[1],words[2],words[3],words[4]))
        else:                #data，监测数据
            print("%sB\t%s\t%s\t%s\t%s\t%s"%(words[3], \
               words[0],words[1],words[2],words[3],words[4]))
if __name__ == "__main__":
    main()
```

reducer.py 文件的内容如下：

```
#!/usr/bin/python3
#-*- coding: UTF-8 -*-
import sys

def main():
    presiteid=None
    dataType=None
    curr_site=['impossibleID']
    for line in sys.stdin:
        fields = line.strip().split('\t')
        key=fields[0]
        if key[-1]=='A':    #site
            curr_site=fields[1:]
        else:  #data
            if curr_site[0]==fields[4]:
               output="%s\t%s\t%s\t%s\t%s\t%s\t%s\t%s\t%s\t%s"%\
                (curr_site[0],curr_site[1],curr_site[2],curr_site[3],curr_site[4],\
                fields[0],fields[1],fields[2],fields[3],fields[4])
              print(output)
if __name__ == "__main__":
    main()
```

为了运行该程序，需要上传监测站点数据文件 site_all.csv 及基于监测站点的监测数据文件 site_data.csv 到 HDFS 的目录中。由于该程序的运行涉及两个文件，因此只需要指定输入为一个目录即可。按照如下命令运行该程序：

```
    $ bin/hadoop jar /usr/local/hadoop/share/hadoop/tools/lib/hadoop-streaming-
3.2.1.jar \
    -mapper /home/hadoop/example6/mapper.py
    -reducer /home/hadoop/example6/mapper.py
    -input /example6/data \
    -output /example6/output
```

最后查看输出文件，输出数据的部分片段如下：

```
1280A   鼓山  福州   119.389 26.0542 Y  0    AQI    20140513       21
1280A   鼓山  福州   119.389 26.0542 Y  1    AQI    20140513       22
1280A   鼓山  福州   119.389 26.0542 Y  10   AQI    20140513       43
…
```

7.8 使用 MRJob 库编写 MapReduce 程序

MRJob 是一个 Python 库，实现了 Hadoop 的 MapReduce 操作。它封装了 Hadoop Streaming，可以使用全 Python 脚本实现 Hadoop MapReduce 计算，甚至还可以在没有 Hadoop 的环境下完成测试，并允许用户将 Mapper 和 Reducer 写进一个类中。以下是 MRJob 库的一些特性，这些特性使得使用 MRJob 编写 MapReduce 作业更容易。

- 将一个作业的所有 MapReduce 代码保存在一个类中。
- 易于上载和安装程序代码及数据依赖项。
- 简单的一行代码便可以实现输入和输出格式的切换。
- 自动下载并分析 Python 代码执行的错误日志。
- 允许在 Python 代码之前或之后放置命令行过滤器。

由于简单且易用的特性，MRJob 库受到了许多大数据程序设计人员的重视。如果用户不是 Hadoop 专家，但是需要 MapReduce 的计算能力，则使用 MRJob 库可能是一个很好的选择。

7.8.1 第一个 MRJob 程序

本节将带领大家实现第一个 MRJob 程序，从而真正感受 MRJob 程序的简洁性，以及环境和运行设置的简单性。

1. 安装 MRJob 库

MRJob 库的安装有两种方式，一种方式是利用 pip 进行安装，操作命令如下：

```
$ pip install mrjob 或 pip3 install mrjob
```

另一种方式是先从 Git 上下载源代码，再进行安装，操作命令如下：

```
$ python setup.py test && python setup.py install
```

在 MRJob 库安装完成后，启动 Python，并输入“import mrjob”语句。若可以成功导入，则说明在 Python 环境下已经成功导入 MRJob 库。在设置好 MRJob 库后，就可以编写第一个 MRJob 程序了。

2. 编写 MRJob 程序

作为编写的第一个 MRJob 程序，我们还是以 WordCount 程序为例。首先，创建程序文件 mr_word_count.py，并输入如下 Python 代码：

```
#!/usr/bin/python3
#-*- coding: UTF-8 -*-
from mrjob.job import MRJob
class MRWordCount(MRJob):
    def mapper(self, _, line):
        for word in line.split():
            yield(word, 1)
    def reducer(self, word, counts):
        yield(word, sum(counts))
if __name__ == '__main__':
    MRWordCount.run()
```

3. 运行第一个 MRJob 程序

通过 mr_word_count.py 文件所在目录运行该程序，其中，input.txt 文件可以是用户自己编写的一个文本文件，也可以是系统中任意一个文本文件。在实例中，可以看到操作命令及运行结果输出如下（输出会因为输入的 input.txt 文件的内容不同而不同）：

```
$ python word_count.py input.txt
"be"    2
"jack"  3
"me"    1
"nimble"    1
"quick" 2
```

4. 理解第一个 MRJob 程序

在使用 MRJob 库编写 Python 的 MapReduce 程序时，一个 Job 就是一个继承自 MRJob 的类，同时在该类中定义了 Job 的具体步骤。一个 Job 可以包括 Mapper、Combiner、Reducer 这 3 个步骤，分别对应 mapper()、combiner()和 reducer()方法。当然在具体的 MRJob 程序中，这些步骤都是可选项，用户可以根据需要定义其中的一个或几个步骤。

与本章利用 Hadoop Streaming 执行的 Python 程序相同，mapper()方法的输入为<key,value>。在第一个 MRJob 程序中，key 被忽略了，我们只关心输入的文本信息 value，所以 key 的位置用一个占位符“_”替代。mapper()方法的输出则是利用 yield 产生的新的<key,value>数据对。在该例子中，输出是利用 split()方法分割得到的每个单词与其值 1 所形成的元组序列。

reducer()方法的输入为<key,values>，其中的 key 是 Mapper 输出的 key，而 values 不是单个 value，而是一个可迭代对象，其值为所有具有相同 key 的 value 的元素集合形成的迭代对象。在上述第一个 MRJob 程序中，其输出为<key, sum(values)>，其中，sum(values)用于计算 values 迭代对象中数据之和。从这里可以看到，MRJob 程序的 Reducer 输入与 Hadoop Streaming 的 Reducer 输入是不同的，后者的输入是按照 key 排序后的<key, value>序列，而不是一个可迭代的 value 集合。

最后一段是把该程序作为一个 Job 运行的启动语句“MRWordCount.run()”。

5. 运行 MRJob 程序

运行一个 MRJob 程序的方法有许多种。针对第一个 MRJob 程序，假设在同级目录下存在一个 input.txt 文件，则其运行方式包括如下几种。

方式 1：$ python my_job.py input.txt。

方式 2：$ python my_job.py < input.txt。

若有多个文件都是该 MRJob 程序的数据来源，则可以在程序后列出所有输入文件。

方式 3：$ python my_job.py input1.txt input2.txt

除此之外，还可以结合文件输入和 STDIN 的方式。例如，方式 4 中 input1.txt 和 input2.txt 采用文件输入的方式，而 input3.txt 则采用 STDIN 的方式。

方式 4：$ python my_job.py input1.txt input2.txt - < input3.txt

6. 运行模式

在默认情况下，MRJob 程序是以单 Python 线程的方式运行的，这种运行方式提供了友好的程序调试环境，但这并不是分布式的程序执行方式。MRJob 程序的执行方式可以通过-r 或--runner 来指定，具体执行方式如下。

-r inline：默认方式为单线程方式。这种方式通常用于程序的调试阶段。

-r local：以多处理器方式运行 MRJob 程序。这种方式可以模拟部分 Hadoop 特性。

-r hadoop：在 Hadoop 集群上运行该 MRJob 程序。在这种方式下，其数据文件的来源可以指定为 HDFS 中的数据文件。

更加详细的 MRJob 程序运行设置将在后续内容中进行介绍。

7．输出出现次数最多的单词

为了能够输出出现次数最多的单词，同时避免标点符号对单词分割的影响，需要对上述程序进行 3 个方面的改进。

首先，利用正则表达式的方式进行单词的匹配，从而消除标点符号等因素对单词提取的影响；其次，在第一个 Reducer 输出单词和出现次数的基础上添加一个 Reducer，从而形成多次规约的程序结构；最后，利用 Combiner 进行程序的优化，使得 Mapper 所在节点能够对数据进行初步的统计，从而减少数据的通信量。

为了实现这一处理结构，在 MRJob 子类中利用 steps()方法定义了 Mapper、Combiner、Reducer 的处理步骤，其具体程序实现如下：

```
#!/usr/bin/python3
#-*- coding: UTF-8 -*-
from mrjob.job import MRJob
from mrjob.step import MRStep
import re
WORD_RE = re.compile(r"[\w']+")
class MRMostUsedWord(MRJob):
    def steps(self):                      #定义 MapReduce 程序处理流程
        return [
            MRStep(mapper=self.mapper_get_words,
                   combiner=self.combiner_count_words,
                   reducer=self.reducer_count_words),
            MRStep(reducer=self.reducer_find_max_word)
        ]
    def mapper_get_words(self, _, line):
        for word in WORD_RE.findall(line):
            yield (word.lower(), 1)       #为每个单词生成<word,1>输出
    def combiner_count_words(self, word, counts):
        yield (word, sum(counts))         #在节点上进行数据统计并优化程序，减少数据通信量
    def reducer_count_words(self, word, counts):
        yield None, (sum(counts), word)   #输出<count,word>输出
    def reducer_find_max_word(self, _, word_count_pairs):
        yield max(word_count_pairs)       #输出最大出现次数的 word
if __name__ == '__main__':
    MRMostUsedWord.run()
```

运行该程序，并将输出结果重定向到 rlt.txt 文件中。再次查看该输出文件，其输出如下：

```
"jack" 3
```

7.8.2 MRJob 应用详解

通过编写第一个 MRJob 程序的过程可知，为了定义一个 MapReduce 程序，只需要重载 MRJob 库中的 mapper()、combiner()和 reducer()方法，并且重载 steps()方法来定义 MRJob 程序的具体处理流程。在 MRJob 中，除了上述 4 个可被重载的方法，还有表 7.14 所示的方法可以被重载，以定义用户需要的处理流程。

表 7.14 可重载方法

3 个基本任务的初始化	mapper_init()	Mapper 初始化
	combiner_init()	Combiner 初始化
	reducer_init()	Reducer 初始化
3 个基本任务的释放	mapper_final()	Mapper 结束时调用
	combiner_final()	Combiner 结束时调用
	reducer_final()	Reducer 结束时调用
3 个基本任务可以是基本系统命令	mapper_cmd()	利用 Shell 命令作为 Mapper
	combiner_cmd()	利用 Shell 命令作为 Combiner
	reducer_cmd()	利用 Shell 命令作为 Reducer
3 个基本任务对数据的过滤	mapper_pre_filter()	Mapper 数据过滤器
	combiner_pre_filter()	Combiner 数据过滤器
	reducer_pre_filter()	Reducer 数据过滤器

可以直接重载上述方法，也可以自定义方法，然后在 steps()方法中利用所定义的方法构建处理流程。

1．任务的初始化与释放

Python 脚本在每个任务中都会被 Hadoop Streaming 调用。在开始 Python 程序后，从 STDIN 中输入数据给 Python 程序。MRJob 程序将会在每个任务初始化时调用*_init()方法，在每个任务结束时调用*_final()方法。

如果在一个任务中需要预先加载一些文件（如用到 SQLite 数据库）或创建临时文件等，就可以使用这些方法的重载形式来完成。

*_init()和*_final()方法也可以像普通的任务那样通过 yield 生成具体的值。下面是一个利用*_init()和*_final()方法重写的 Word Count 程序：

```
#!/usr/bin/python3
#-*- coding: UTF-8 -*-
from mrjob.job import MRJob
from mrjob.step import MRStep
import re
WORD_RE=re.compile(r'\w+\b')
class MRWordFreqCount(MRJob):
    def init_get_words(self):
        self.words = {}                     #初始化一个 words 字典，用于存储 word 的出现次数
    def get_words(self, _, line):
        for word in WORD_RE.findall(line):
            word = word.lower()
            self.words.setdefault(word, 0)
            self.words[word] = self.words[word] + 1     #统计 word 的出现次数
    def final_get_words(self):
        for word, val in self.words.iteritems():        #在结果中输出<key, value>
```

```
            yield word, val
        #作为 Reducer 的输出，统计<key, values>中 values 之和
        def sum_words(self, word, counts):
            yield word, sum(counts)
    def steps(self):
            #设置每个处理步骤对应的方法
            return [MRStep(mapper_init=self.init_get_words,
                        mapper=self.get_words,
                        mapper_final=self.final_get_words,
                        combiner=self.sum_words,
                        reducer=self.sum_words)]
    if __name__ == '__main__':
        MRWordFreqCount.run()
```

运行上述程序，可以看到该程序得到了正确的输出结果。但是，在上述 MRWordFreqCount 程序中，我们可以观察到 mapper()方法不再对每个单词都输出一个<word,1>数据对，而是利用一个字典存储每个 word 的出现次数，mapper()方法本身并没有输出<key,value>数据对。当 Hadoop Streaming 停止向 Mapper 任务发送数据后，MRJob 程序会调用 mapper_final()方法，即 final_get_words()方法，进行字典统计后输出数据。此时输出的<key,value>数据量远远少于 Mapper 直接输出的<key,value>数据量。

上述例子中的 mapp_final()方法的作用类似于 Combiner。但是在真实的 Hadoop 场景下，用户使用 Combiner 会比自己定义一个数据结构进行中间数据的存储和处理更加清晰，而且 Hadoop 对 Combiner 的应用不限于在 Mapper 任务结束后。因此，不能简单地使用上述方法替代 Combiner。

2．Shell 命令作为任务

Linux 系统的 Shell 提供了大量实用的小工具，如 grep、wc 命令等。当某个任务的工作正好与这些工具的功能相同时，就可以通过将某个步骤指定为 Shell 命令，从而完全放弃编写该步骤的脚本，而使用 Shell 命令代替。

MRJob 库提供了支持这种实现的接口。如果需要这样做，则可以使用 mapper_cmd、combiner_cmd 或 reducer_cmd 作为 MRStep 的参数，或者重载 MRJob 库中对应的方法，如 mapper_cmd()、combiner_cmd()和 reducer_cmd()。

需要注意的是，默认的-r inline 运行方式不支持*_cmd()模式。若想要在本地使用该命令，则需要指定运行方式为-r local。

下面展示了一个 MRJob 程序。该 MRJob 程序实现了对包含 kitty 的文本行数的统计，其程序代码如下：

```
#!/usr/bin/python3
#-*- coding: UTF-8 -*-
from mrjob.job import MRJob
from mrjob.protocol import JSONValueProtocol
class KittyJob(MRJob):
    OUTPUT_PROTOCOL = JSONValueProtocol
    #使用 Shell 命令 grep kitty 处理输入数据，输出包含 kitty 的数据行
    def mapper_cmd(self):
        return "grep kitty"
    def reducer(self, key, values):
        yield None, sum(1 for _ in values)
if __name__ == '__main__':
    KittyJob.run()
```

MRStep 命令在没有 Shell 的情况下运行，若想要使用 Shell 的管道等，则需要让这些命令运行在 subshell 中。例如，下面的程序便是利用 subshell 的方式运行带有管道的 Shell 命令：

```
class DemoJob(MRJob):
    def mapper_cmd(self):
        return 'sh -c "grep 'blah' | wc -l"' #在sh -c之后利用双引号引起要执行的Shell命令
```

需要注意的是，不能把*_cmd()方法与其他任务选项一起运行，如*_filter()、*_init()、*_final()方法，或者一般的 mapper()方法、combiner()方法、reducer()方法。由这些实例可见，可以使用任何语言实现 MapReduce 程序代码，这点与 Hadoop Streaming 的应用是相同的。

3. 利用 Shell 命令指定过滤器

MRStep 允许用户为任务的输入指定一个过滤器，该过滤器会在数据送达具体任务前对数据进行过滤。其设定方法可以是为 MRStep 设定 mapper_pre_filter()和 reducer_pre_filter()方法的参数，也可以是在 MRJob 程序中重载 mapper_pre_filter()和 reducer_pre_filter()方法。

下面通过一个实例来了解过滤器的使用。该实例利用 grep 命令作为过滤器为 MRJob 设置了一个 Mapper 过滤器 mapper_pre_filter()，其程序源代码如下：

```
#!/usr/bin/python3
#-*- coding: UTF-8 -*-
from mrjob.job import MRJob
from mrjob.protocol import JSONValueProtocol
from mrjob.step import MRStep

class KittiesJob(MRJob):
    OUTPUT_PROTOCOL = JSONValueProtocol
    def test_for_kitty(self, _, value):
        yield None, 0               #确保一直有数据输出
        if 'kitty' not in value:    #当kitty不在value中出现时才输出<None, 1>
            yield None, 1

    def sum_missing_kitties(self, _, values):
        yield None, sum(values)

    def steps(self):
        return [
            MRStep(mapper_pre_filter='grep "kitty"',
                   mapper=self.test_for_kitty,
                   reducer=self.sum_missing_kitties)]

if __name__ == '__main__':
    KittiesJob.run()
```

由于上述任务的 Mapper 中指定，只有当 kitty 不在输入行出现时，才输出<None,1>。而程序同时在 Mapper 过滤器中利用 grep kitty 命令可使得输入数据都包含 kitty，因此其执行结果总是 0。

7.8.3 MRJob 的协议

Hadoop Streaming 假设所有数据都是按照行的方式组织的。在默认情况下，MRJob 程序假定所有输出数据都是 JSON 格式的，但是它也可以通过设置读/写数据协议（Protocols，这里的协议就是数据结构、数据格式）支持读/写任意格式的行数据。每个 MRJob 程序都有其

对应的输入协议、输出协议和内部协议，我们可以根据对应的输入、输出和内部数据的数据格式编写相应的读/写程序，从而实现对任意格式数据的操作。

1. MRJob 协议设置

Protocol 对应着一个读方法 read()和一个写方法 write()。读方法 read()用于把字节数据转换为<key, values>的 Python 对象；写方法 write()则用于把<key, values>的 Python 对象转换为字节数据。输入协议（Input Protocol）被用来读取字节数据并发送给第一个任务（通常是 Mapper，若 MRJob 中没有用到 Mapper，则为 Reducer）；输出协议（Output Protocol）被用来把最后一步生成的数据转换为字节数据并输出到文件中。在 MRJob 程序存在多个步骤的情况下，内部协议（Internal Protocol）则用于把上一个步骤的输出转换为下一个步骤的输入。

下面的程序给出了为 MRJob 程序设置各种协议的方法：

```
class MyMRJob(mrjob.job.MRJob):
    #如下是默认设置，若需要，则可以使用自定义协议替代默认协议
    INPUT_PROTOCOL = mrjob.protocol.RawValueProtocol
    INTERNAL_PROTOCOL = mrjob.protocol.JSONProtocol
    OUTPUT_PROTOCOL = mrjob.protocol.JSONProtocol
```

上述例子列出了输入、内部和输出协议的默认值。其中，输入协议的默认值为 RawValueProtocol，用于从标准输入中按照字符串的方式读取行数据。从中可以看出，MRJob 的第一步输入为<None, Line>。MRJob 程序的输出协议和内部协议的默认值均为 JSONProtocol，用于读/写以制表符分开的 JSON 字符串。

需要注意的是，在默认情况下，Hadoop Streaming 使用制表符作为一行中 key 和 value 之间的分隔符。Hadoop Streaming 并不理解 JSON 数据格式，或者其他的 MRJob 协议，它只是通过对第一个制表符前面的任何字符进行字符串比较来实现行的分组。从这里也可以看出，Hadoop Streaming 只是提供了最基本的 Hadoop 应用方式。

回顾前文的 MRMostUsedWord 类，其 steps()方法的定义如下：

```
class MRMostUsedWord(MRJob):
    def steps(self):
        return [
            MRStep(mapper=self.mapper_get_words,
                   combiner=self.combiner_count_words,
                   reducer=self.reducer_count_words),
            MRStep(reducer=self.reducer_find_max_word)
        ]
```

从 steps()方法的定义中可以看出，MRJob 程序的第一步是执行 mapper_get_words()方法。由于输入协议为 RawValueProtocol，因此输入的<key,value>中的 key 为 None，而 value 则为输入文件的每一行文本。为此，其 Mapper 定义如下，其中，输入参数的 key 总是 None，所以使用“_”代替：

```
def mapper_get_words(self, _, line):
    for word in WORD_RE.findall(line):
        yield (word.lower(), 1)
```

MRMostUsedWord 类的 mapper()方法为每个单词输出一组<word, 1>，且每组单独为一行。由于默认的内部协议为 JSONProtocol，因此每组<word,1>都被序列化为 JSON 数据，并通过 STDOUT 输出。每组内的 word 和 1 之间使用制表符作为分隔符，每输出一组为一行，因此，其输出数据类似于下面的结构：

```
"mrjob"  1
```

```
"is"     1
"a"     1
"python" 1
```

接下来的两步处理分别是 combiner_count_words 和 reducer_count_words，combiner_count_words 的输入和输出到 reducer_count_words 的数据都属于内部协议，所以之间的数据交互使用的是 JSONProtocol。由于在示例中 Combiner 对单词进行了出现次数统计，因此其输入实例如下：

```
"mrjob"  31
"is"     2
"a"      2
"Python"  1
```

MRJob 程序的 Reducer 步骤利用 reducer_count_words 统计了单词的出现次数，并且把<word, count>改为了<None, (count, word)>格式。由于其输出协议也是 JSONProtocol，且实例中只有一个文件输入，因此其输出实例如下：

```
None    (31    "mrjob")
None    (2    "is" )
None    (2    "a")
None    (1    "Python")
```

最后一步是找出出现次数最多的单词并输出。由于上一步骤中所有的 key 都为 None，因此统计最大出现次数的 reducer_find_max_word 将会接收所有的行，并通过 max()方法求最大值对应行的数据并输出，所以最终输出结果如下：

```
31  "mrjob"
```

如果我们只想要输出出现频率最高的单词，而不需要输出其出现次数，就可以通过设置输出协议为 JSONValueProtocol 来实现，设置内容如下：

```
class MRMostUsedWord(MRJob):
OUTPUT_PROTOCOL = JSONValueProtocol
…
```

再次运行程序，从运行结果可见，输出只包含 value，具体操作命令及结果如下（其中-q 参数设置不输出 debug 信息）：

```
$ python mr_most_used_word.py README.txt -q
"mrjob"
```

2. 自定义协议

MRJob 库提供了多种预定义协议供用户选择。因此用户通常只需要简单地设置 INPUT_PROTOCOL、INTERNAL_PROTOCOL 和 OUTPUT_PROTOCOL 就可以设定输入协议、内部协议和输出协议。但是当用户需要面对更加复杂的数据、更加复杂的操作时，则需要进行协议的自定义以满足特定的需求。在这部分内容中，我们将介绍如何使用自定义协议来实现数据的交互、输入和输出。

自定义协议只需要重载 input_protocol()、internal_protocol()、output_protocol()这 3 个方法，并返回协议的对象。下面首先通过一个具体实例来学习使用参数实现协议的配置：

```
class CommandLineProtocolJob(MRJob):
    def configure_args(self):
        super(CommandLineProtocolJob, self).configure_args()
        self.add_passthru_arg(
            '--output-format', default='raw', choices=['raw', 'json'],
            help="Specify the output format of the job")
```

```
    def output_protocol(self):
        if self.options.output_format == 'json':
            return JSONValueProtocol()
        elif self.options.output_format == 'raw':
            return RawValueProtocol()
```

CommandLineProtocolJob 类中采用了一种常用的 Python 程序参数设置方法，其中的 configure_args(self)方法会根据用户输入的参数进行参数值的提取。例如，在该实例中，若添加参数--output-format json，则可以获取用户在运行命令行指定的参数项。由于重写了 output_protocol(self)方法，因此程序将会根据用户的参数设置指定输出协议。

对于更加复杂的数据，则要求能够自定义协议。协议本身是一个实现了 read(self, line)和 write(self, key, value)方法的对象。其中，read(self, line)方法的输入为字节数组/字节串，输出为二元组对象；而 write(self, key, value)方法的输入为<key,value>组成的二元组，输出为字节数组，该字节数组会被返回给 Hadoop Streaming 或直接输出到终端。

下面是一个简单的 MRJob 的 JSON 协议版本实例。其中，read()方法会将输入的行数据按照制表符进行分割，将第一个制表符之前的数据作为 JSON 格式加载为 key，将剩余数据作为 value，最终输出<key,value>数据对。而 write()方法与之相反，其输入为<key, value>数据对，输出字符串则将 key、value 都转换为 JSON 字符串，并使用制表符分开。程序代码如下：

```
import json
class JSONProtocol(object):
    def read(self, line):
        k_str, v_str = line.split('\t', 1)
        return json.loads(k_str), json.loads(v_str)
    def write(self, key, value):
        return '%s\t%s' % (json.dumps(key), json.dumps(value))
```

下面将 WordCount 程序与自定义协议类整合，形成一个完整的 MRJob 程序文件。在整合完成后，就可以利用命令行的方式执行该程序。程序代码如下：

```
#!/usr/bin/python3
#-*- coding: UTF-8 -*-
import json
from mrjob.job import MRJob
from mrjob.protocol import JSONValueProtocol
class JSONValueProtocol(object):
    def read(self, line):
        k_str, v_str = line.split('\t', 1)
        return json.loads(k_str), json.loads(v_str)
    def write(self, key, value):
        return 'the number of %s is  %s' % (json.dumps(key), json.dumps(value))
class MRWordCount(MRJob):
    OUTPUT_PROTOCOL = JSONValueProtocol
    def mapper(self, _, line):
        for word in line.split():
            yield(word, 1)

    def reducer(self, word, counts):
        yield(word, sum(counts))

if __name__ == '__main__':
    MRWordCount.run()
```

7.8.4 MRJob 的其余设置

1. 为 Mapper 指定整个文件作为输入

有时需要在 Mapper 程序中读取二进制数据（如图像文件），或者每一条记录不止一行的文本数据，而 mapper_raw()方法可以解决这一问题。使用 mapper_raw()方法可以将整个文件传递给 Mapper，并按照需要的方式读取它们。每个 Mapper 可以通过文件路径，或者 URI 获得所需要的文件。例如，若 Mapper 需要用到本地的某个文件，则可以按照如下方式进行处理：

```
class MRMapperRaw(MRJob):
    def mapper_raw(self, local_path, hdfs_uri):
        with open(local_path, 'rb') as f:
            for line in f:
                …
```

在该方法中，MRJob 程序将输入清单（输入文件的 URI 列表）传递给 Hadoop，并指示 Hadoop 向每个 Mapper 发送一行（一个文件 URI）。在大多数情况下，这种数据提供方式是透明的，但是在任务失败时，可以准确定位具体是哪个文件的读取错误。

2. JarStep 的使用

通过使用 JarStep，Java 程序可以直接在 Hadoop（绕过 Hadoop Streaming）上运行。例如，可以通过如下方式运行 Java 程序：

```
from mrjob.job import MRJob
from mrjob.step import JarStep
class ScriptyJarJob(MRJob):
    def steps(self):
        return [JarStep(
            jar='files://jar包',
            args=['s3://my_bucket/my_script.sh'])]
```

MRJob 库提供了更加强大的功能，它可以把 MRStep 和 JarStep 整合到一个 MRJob 程序中，并使用 mrjob.step.INPUT 和 mrjob.step.OUTPUT 作为参数表示输入/输出路径，其程序应用实例如下：

```
class NaiveBayesJob(MRJob):
    def steps(self):
        return [
            MRStep(mapper=self.mapper, reducer=self.reducer),
            JarStep(
                jar='elephant-driver.jar',
                args=['naive-bayes', INPUT, OUTPUT]
            )
        ]
```

需要注意的是，JarStep 没有协议的概念，也就是说，如果用户的 jar 包从 MRStep 中读取数据或输出数据到一个 MRStep 中，则需要按照 jar 包的输入/输出要求进行数据格式的定制。如果该 jar 包是用户自己开发的，最简单的做法就是让 jar 程序读/写 MRJob 程序的默认协议数据（每行数据包含两个 JSON 数据，之间使用制表符隔开）。若是使用第三方的 jar 包，则可以通过重载 pick_protocols()方法的方式进行协议的设置。

3. 使用 Python 模块和包

如果需要在包含 MRJob 程序的文件之外运行 Python 代码，则需要确保代码被上传到

Hadoop 中。最简单的方式就是通过设置 MRJob 程序的 DIRS 属性，并且把那些需要导入的代码和一个__init__.py 文件一起打包成一个或多个包，然后设置 DIRS 属性。具体实例如下：

```
class MRPackageUsingJob(MRJob):
  DIRS = ['mycode', '../someothercode']
  …
```

之后，就可以在 Mapper 或 Reducer 中导入相关的包、模块，实例如下：

```
def mapper(self, key, value):
  from mycode.custom import important_business_logic
  from someotherlibrary import util_function
  …
```

若想要在顶层中导入自己的代码包，而不是在一个方法中进行导入操作，则需要确保该代码包在 PYTHONPATH 指定的路径中。

DIRS 对应的是脚本所在路径（非当前工作目录）。不过在大部分 Hadoop 应用中，通常把脚本所在位置当作工作目录，所以并不会产生较大的影响。

如果需要存取个别的 Python 模块，或者其他的支撑代码，还可以使用 FILES 上传相关的代码到 MRJob 程序所在的 Hadoop 工作目录中。应用实例如下：

```
class MRFileUsingJob(MRJob):
  FILES = ['mymodule.py', '../data/zipcodes.db']
  def mapper(self, key, value):
    from mymodule import open_zipcode_db
    with open_zipcode_db('zipcodes.db') as db:
    …
```

7.9　本章小结

本章介绍了在 Hadoop 平台上利用 Python 实现 MapReduce 程序的基本思路。在详细介绍 Hadoop Streaming 命令的基础上，讲解了使用 Python 实现 MapReduce 程序的基本方法。然后，本章展开介绍了一些常见的 MapReduce 程序设计模式，具体包括聚合查询模式、过滤模式和数据连接模式。最后，本章还介绍了一个基于 Python 的工具——MRJob，其封装了 Hadoop Streaming，并简化了 MapReduce 的编程应用。

7.10　习题与实验

一、简答题

1．简要叙述 MapReduce 的基本工作原理。

2．简要叙述 Combiner 的作用，试举例说明其作用。

3．简要说明利用 MapReduce 实现连接操作的基本原理。

二、实验题

【实验 7.1】编写 MapReduce 程序，用于统计城市的空气质量。

小刘要毕业了，他正在找工作，而现在有一家成都和一家广州的企业都向他伸出了“橄榄枝”，他正在纠结去哪个城市更好。由于工作地的空气质量是小刘需要考虑的主要因素之一，因此小刘想要根据空气质量的历史数据来决定接受哪份工作。现在请你帮忙分析一下这两个城市空气质量的历史数据，统计一下这两个城市空气质量为优、良的天数，以及这两种空气质量的占比。（有关空气质量数据集可以参考 7.1 节的内容。）

AQI：0～50，表示空气质量为一级（优）。

AQI：51～100，表示空气质量为二级（良）。

具体要求为：编写一个 MapReduce 程序，用于访问所有空气质量数据集，并从中筛选出“成都”和“广州”两个城市的 AQI，按照空气质量为优、良来统计它们出现的次数，以及出现的概率，从而得到如下形式的数据（其中数据为假设值）：

成都	优	198	0.12
成都	良	397	0.24
广州	优	200	0.16
广州	良	350	0.28

第 8 章 数据分析与挖掘

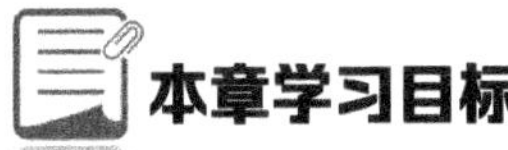

本章学习目标

- 了解数据分析的常用方法。
- 了解数据挖掘的典型算法。
- 掌握典型数据挖掘算法并行化的方法。

本章将向读者介绍数据分析的常用方法与数据挖掘的典型算法，主要内容包括数据的描述性分析、回归分析、分类算法、聚类算法，以及分布式大数据挖掘算法典型案例等。

8.1 数据的描述性分析

所谓数据的描述性分析，是指使用统计学方法描述数据的统计特征量，分析数据的分布特性的分析方法，主要包括数据的集中趋势（Central Tendency）、离散趋势（Dispersion Tendency）、频率分布（Frequency Distribution）分析等。

8.1.1 数据的集中趋势度量

1．均值（Mean）

算术平均值：计算集合中的所有数据 $x_i\left(i=1,2,\cdots,n\right)$ 的算术平均值。

$$\overline{x}=\frac{1}{n}\sum_{i=1}^{n}x_i$$

加权平均值：又称加权算术平均值，集合中的每个值 x_i 都与一个权值 w_i 相关联。

$$\overline{x}=\frac{\sum_{i=1}^{n}w_ix_i}{\sum_{i=1}^{n}w_i}$$

截断均值：去掉最高值和最低值后计算的均值，可以消除少数极端值对结果的影响。例如，薪资的截断均值可以消除超高收入极端值对平均薪资的影响。

2．中位数（Median）

中位数是指奇数个数值的中间的那个数值，或者偶数个数值的中间两个数值的平均值。

【例 8.1】 求 57,55,85,24,33,49,94,2,8,51,71,30,91,6,47,50,65,43, 41,7 这 20 个数值的中位数。

首先对这 20 个数值从小到大排序，结果为 2,6,7,8,24,30,33,41,43,47,49,50,51,55,57,65,71, 85,91,94。

中间两个数值为 47 和 49，因此该组数据的中位数为 48。

相较于均值，中位数有着更好的抗干扰性。例如，在 99 个年收入为 10 万元的人中加入一个年收入为 1000 万元的人，可以把年平均收入提高到 19.9 万元，但是这一均值实际上并没有很好地反映出这组人群的收入特征，而中位数对这个问题并没有那么敏感。

3．众数（Mode）

众数是指在一组数据中出现次数最多的数值，即出现频率最高的那个数值。众数也被称为数据的“模”。

图 8.1 所示为对称数据、右偏数据和左偏数据的中位数、均值和众数位置。由图 8.1 可以观察到以下现象：对称数据的中位数、均值和众数是重合的；右偏态（正偏离）数据的均值位于中位数和众数的右侧；左偏态（负偏离）数据的均值位于中位数和众数的左侧。

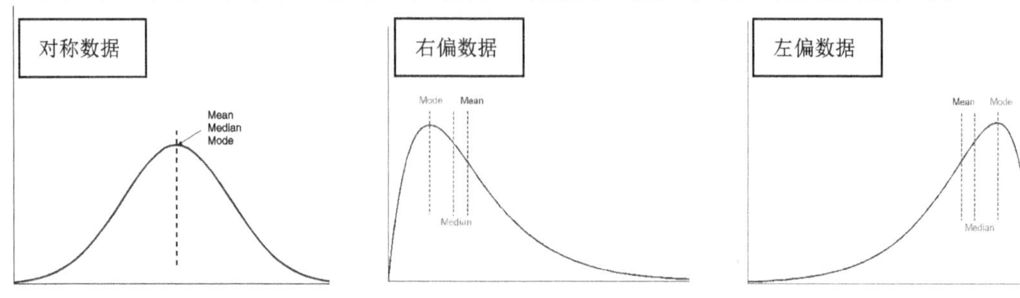

图 8.1　对称数据、右偏数据和左偏数据的中位数、均值和众数位置

提示： 所谓左偏和右偏，是指均值相对于众数的位置：均值在众数左侧为左偏，均值在众数右侧则为右偏。

8.1.2　数据的离散趋势度量

1．方差（Variance）

在统计描述中，方差用来计算每个变量（观察值）与平均值之间的差异，它是集合中每个数据与均值之差的平方和的平均值。总体方差的计算公式为

$$\sigma^2 = \frac{\sum_{i=1}^{N}(x_i - \mu)^2}{N}$$

其中，N 为总体样本个数，μ 为总体样本均值，σ 表示标准差。

在实际计算中，当总体样本均值难以得到时，应用样本统计量代替总体样本均值。经校正后，样本方差的计算公式为

$$\sigma^2 = \frac{\sum_{i=1}^{n}(x_i - \bar{x})^2}{n-1}$$

其中，$\bar{x}$ 表示样本均值，n 为样本个数。

方差的值越大，则说明该数据项的波动越大。当数据分布比较分散时，各个数据与平均值之差的平方和较大，方差就较大；当数据分布比较集中时，各个数据与平均值之差的平方和较小，方差就较小。

2．四分位数（Quartile）

四分位数也称四分位点。将所有数值按照大小顺序排列并分成 4 等份，处于 3 个分割点位置的就是四分位数，如图 8.2 所示。

- 第 1 四分位数（Q1）又称“较小四分位数”，等于该样本中所有数值由小到大排列后 25%位置的数字。
- 第 2 四分位数（Q2）又称“中位数”，等于该样本中所有数值由小到大排列后 50%位置的数字。
- 第 3 四分位数（Q3）又称“较大四分位数”，等于该样本中所有数值由小到大排列后 75%位置的数字。
- 四分位距：第 3 四分位数与第 1 四分位数的差距（InterQuartile Range，IQR）。

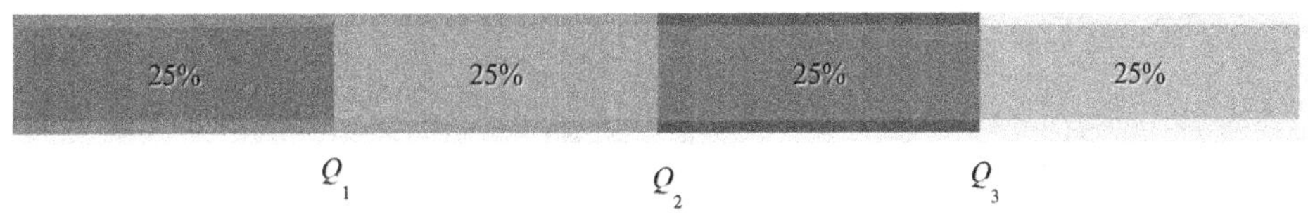

图 8.2　四分位数

例如，有一组数据：6,7,**15**,36,39,**40**,41,42,**43**,47,49，将其分为 4 等份，根据四分位数的定义可知，15 是第 1 四分位数，40 是第 2 四分位数，43 是第 3 四分位数。

3．五数概括

数据分布形状的完整概括可以使用所谓的“五数概括”来描述，包括中位数、四分位数 Q1 和 Q3，最小和最大观测值。五数概括通常使用箱形图（盒图）进行可视化表示。

箱形图（Box Plot）又称盒图，是对五数概括的可视化表示，将数据分布使用一个盒子来表示，如图 8.3 所示。

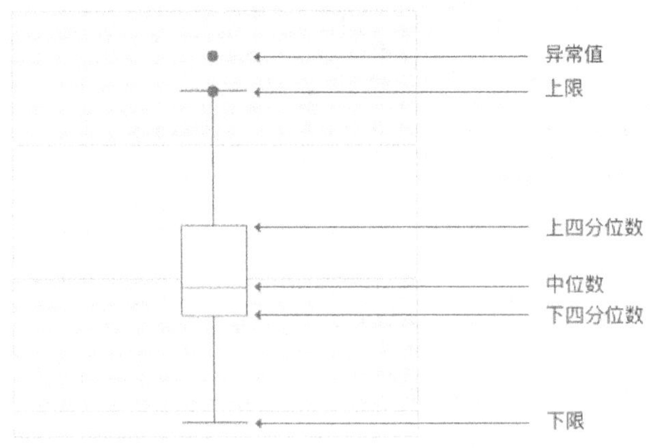

图 8.3　箱形图（Box Plot）示例

在箱形图中，盒子两端是第 1 四分位数和第 3 四分位数，中位数在盒子中使用一条线标记出来，外边界是盒子外面延伸到最大值和最小值的两条线，也被称为“胡须”。

例如，图 8.4 所示为学生成绩分布的箱形图，可以从图中观察到，学生的英语成绩相对其他科目普遍较好，而数学成绩则大部分都处于 80 分以下，成绩集中在 65～78 分。

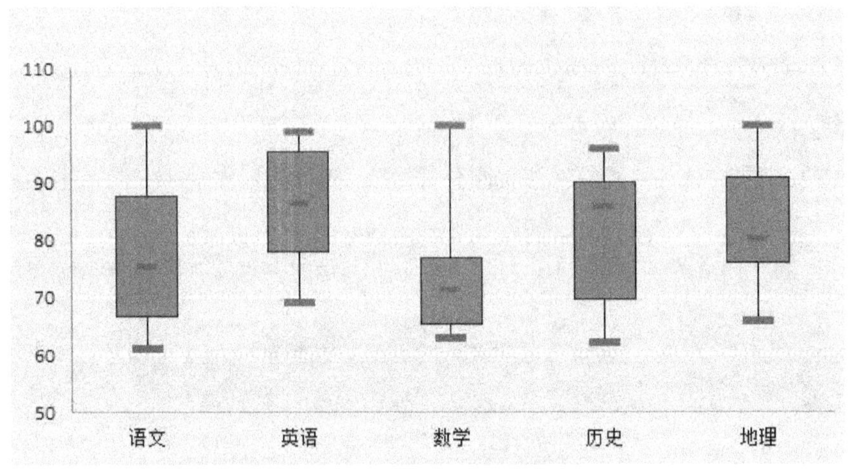

图 8.4　学生成绩分布的箱形图

4．离散系数（Coefficient of Variation）

离散系数又称变异系数，样本的离散系数是样本标准差与样本平均值之比。样本的离散系数的计算公式为

$$C_v = \frac{\sigma}{\overline{x}}$$

【例 8.2】表 8.1 所示为两组分别代表成人和幼儿的数据，要求使用离散系数比较两组数据的分布特性。

表 8.1　成人和幼儿的数据

组别	数　据	均值	标准差	离散系数
成人	166,167,169,169,169,170,170,171,171,171,171,172,173,173,173,175,175,176,177,179	171.85	3.33	0.0194
幼儿	67,68,69,70,70,71,71,71,72,72,72,72,72,72,73,74,75,76,76,77	72.00	2.64	0.0367

两组数据的平均值相差很大，而标准差不能判断各自数据差异的大小。但是通过计算离散系数可以看出，虽然成人组的标准差大于幼儿组，但是幼儿组的离散系数明显大于成人组，因此可以说明，幼儿组的身高差异比成人组大。

8.1.3　数据的偏态特性度量

1. 偏度（Skewness）

偏度是描述分布“偏离对称性程度”的特征数，也被称为偏态系数，是统计数据分布偏斜方向和程度的度量，是统计数据分布非对称程度的数字特征。

偏度被定义为三阶标准中心矩，计算公式为

$$\mathrm{Skew}(X)=E\left[\left(\frac{X-\mu}{\sigma}\right)^3\right]$$

其中，E 表示期望（Expectation），μ 表示均值。

图 8.5 所示为偏度分别为 0、大于 0 和小于 0 的 3 类数据示意图。

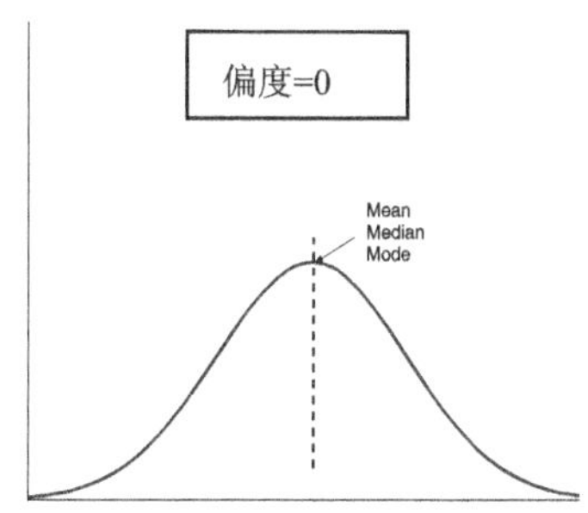

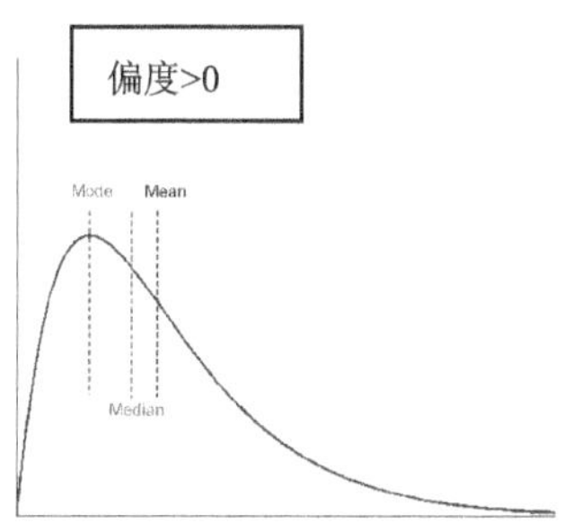

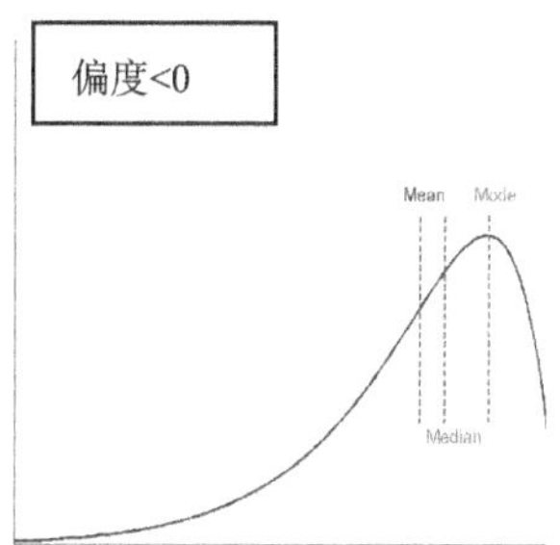

图 8.5　偏度与数据分布特性示意图

偏度大于 0 为正偏态分布（也称右偏态），这种情况的数据均值大于中位数（均值在中位数右边），中位数又大于众数。曲线的形态是右侧偏长、左侧偏短。

偏度小 0 为负偏态分布（也称左偏态），这种情况的数据均值小于中位数（均值在中位数左边），中位数又小于众数。曲线的形态是左侧偏长、右侧偏短。

2. 峰度（Kurtosis）

峰度是用来反映频数分布曲线顶端尖峭或扁平程度的指标。通过对峰度的测量，我们能够判定数据分布相对于正态分布而言是陡峭还是平缓。

峰度被定义为四阶标准中心矩，计算公式为

$$\mathrm{Kurt}(X)=E\left[\left(\frac{X-\mu}{\sigma}\right)^4\right]-3$$

其中，“-3”是为了让正态分布数据的峰度为 0。

图 8.6 所示为不同峰度的数据曲线形状示意图。

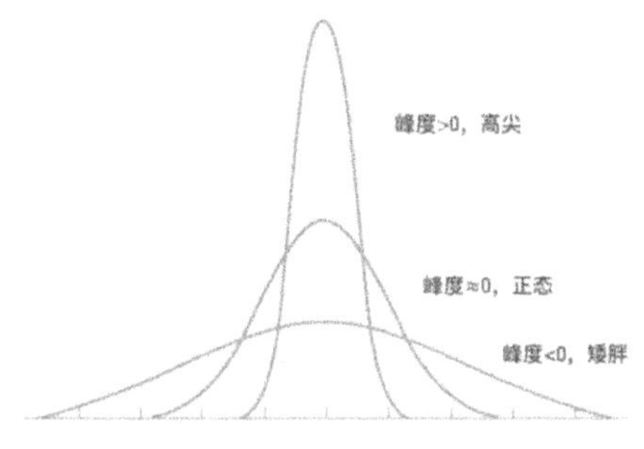

图 8.6　不同峰度的数据曲线形状示意图

【**例 8.3**】使用 Excel 对数据进行描述性统计。

使用 Excel 可以很方便地对数据进行描述性统计。在使用该功能前，需要勾选“分析工具库”加载项对应的复选框，然后单击“数据”选项卡中的“数据分析”按钮，在弹出的“数据分析”对话框中选择“描述统计”选项即可。使用 Excel 对数据进行描述性统计的操作界面如图 8.7 所示。

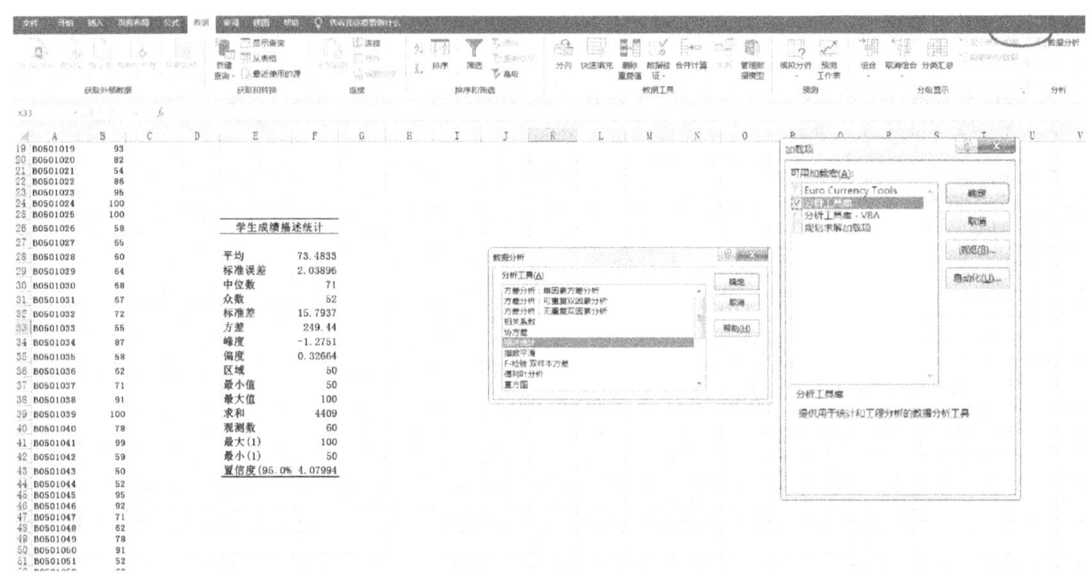

图 8.7　使用 Excel 对数据进行描述性统计的操作界面

8.1.4　数据相关性计算

大多数数据包含多个维度，而想要分析两个多维度数据之间的关系，可以使用协方差和皮尔逊相关系数等方法。

例如，表 8.2 所示为一个班级某门课程的笔试成绩和实验成绩，要求分析两个成绩之间是否有相关性（是否笔试成绩较好的学生的实验成绩也相对较好）。

表 8.2　一个班级某门课程的笔试成绩和实验成绩

笔试成绩	41	81	66	66	67	38	10	69	44	41	49	25	58
实验成绩	48	97	85	25	97	10	85	87	88	40	85	28	86

再如，有两个时间序列数据 F1 和 F2，如图 8.8 所示，它们之间是否有相关性？

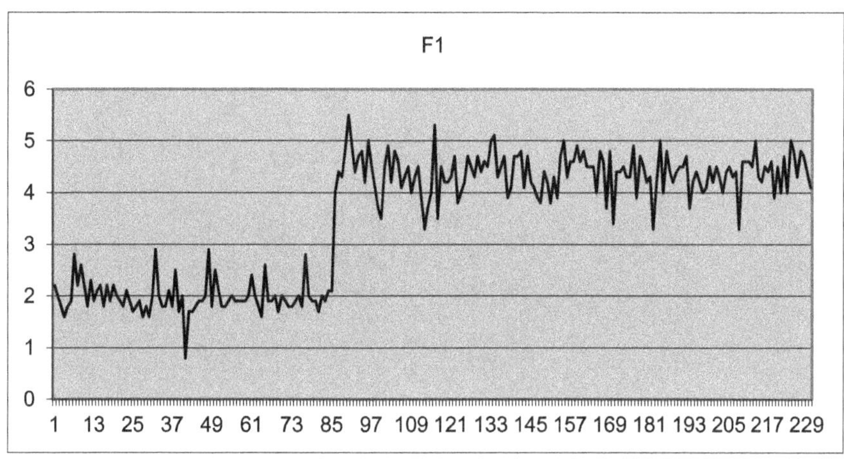

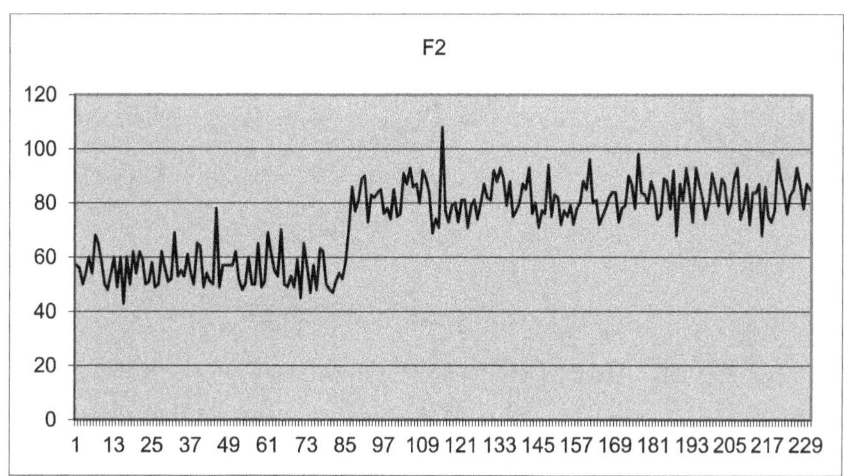

图 8.8　时间序列数据 F1 和 F2

使用统计方法分析数据之间相关性的常用方法有协方差、皮尔逊相关系数和斯皮尔曼秩相关系数。

1. 协方差

两个实数随机变量 X 与 Y 的数学期望值分别为 $E(X)=\mu$ 与 $E(Y)=\nu$，它们之间的协方差定义公式为

$$\operatorname{cov}(X,Y)=E\left[(X-\mu)(Y-\nu)\right]$$

也可以将上式表示为

$$\operatorname{cov}(X,Y)=E(XY)-\mu\nu$$

协方差具有以下性质。

- 如果两个变量的变化趋势一致，则两个变量之间的协方差就是正值。
- 如果两个变量的变化趋势相反，则两个变量之间的协方差就是负值。
- 如果 X 与 Y 是统计独立的，则两者之间的协方差就是 0。但是，反过来并不成立。即如果 X 与 Y 的协方差为 0，则两者并不一定是统计独立的。

【例 8.4】 求两组变量 x={6, 4, 7, 10, 8}与 y={5, 6, 1, 4, 12}的协方差。

计算步骤如下：

$$E(x)=\frac{6+4+7+10+8}{5}=7$$

$$E(y)=\frac{5+6+1+4+12}{5}=5.6$$

$$E(xy)=\frac{6\times5+4\times6+7\times1+10\times4+8\times12}{5}=39.4$$

$$\text{cov}(x,y)=E(xy)-E(x)E(y)=39.4-(7\times5.6)=0.2$$

两个随机变量 X 与 Y 之间的相互关系，一般有如图 8.9 所示的 3 种情况。

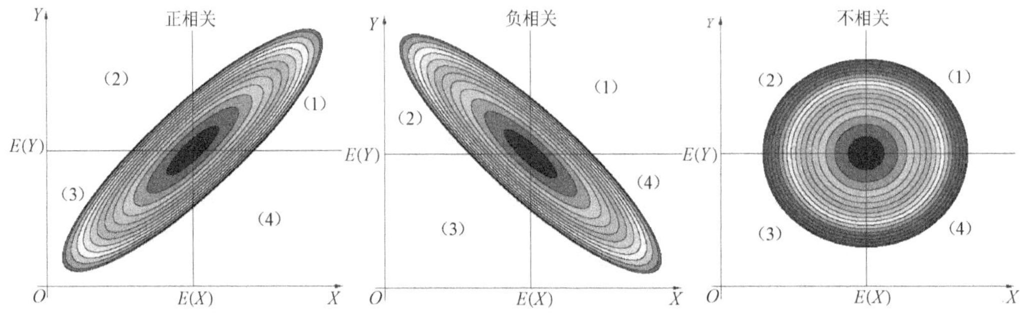

图 8.9　数据相关性的 3 种情况示意

- 当 X 与 Y 正相关时，它们的分布大部分在区域（1）和（3）中，有 cov(X, Y)>0。
- 当 X 与 Y 负相关时，它们的分布大部分在区域（2）和（4）中，有 cov(X, Y)<0。
- 当 X 与 Y 不相关时，它们在区域（1）和（3）中的分布与在区域（2）和（4）中的分布几乎一样多，有 cov(X, Y)=0。

2. 皮尔逊相关系数

皮尔逊相关系数（Pearson Correlation Coefficient）也称简单相关系数，是标准化的协方差，它的取值范围是[-1,1]。

两个变量之间的皮尔逊相关系数被定义为两个变量之间的协方差和标准差的商，计算公式为

$$\rho_{X,Y}=\frac{\text{cov}(X,Y)}{\sigma_X\sigma_Y}=\frac{E\left[(X-\mu_X)(Y-\mu_Y)\right]}{\sigma_X\sigma_Y}$$

上式定义了随机变量的总体相关系数。

样本的皮尔逊相关系数计算方法如下。

一个 k 维的数据 $x=(x_1,x_2,\cdots,x_k)$ 的协方差矩阵（Covariance Matrix）为

$$\bar{\boldsymbol{x}}=\left(\frac{1}{n}\sum_{i=1}^{n}x_{i1},\frac{1}{n}\sum_{i=1}^{n}x_{i2},\cdots,\frac{1}{n}\sum_{i=1}^{n}x_{ik}\right)$$

令 $S=\left[s_{ij}\right]_{n\times k}$，$s_{ij}=\frac{1}{n}\sum_{u=1}^{n}(x_{ui}-\bar{x}_i)(x_{uj}-\bar{x}_j)$。

则样本的皮尔逊相关系数为

$$R=\left[r_{ij}\right]_{k\times k}$$

其中，$r_{ij}=\frac{s_{ij}}{\sqrt{s_{ii}}\sqrt{s_{jj}}}$。

皮尔逊相关系数具有以下特性。

- 相关系数的绝对值越大，表明 X 与 Y 相关度越高。
- 负值表示负相关，即一个变量的值越大，另一个变量的值反而会越小。
- 正值表示正相关，即一个变量的值越大，另一个变量的值也会越大。
- 相关系数值为 0，表明两个变量间不是线性相关，但可能是其他方式的相关（如曲线方式）。

【例 8.5】皮尔逊相关系数的计算实例。

有 5 个国家的国民生产总值分别为 10、20、30、50、80 亿美元（变量 X）。

假设这 5 个国家（顺序相同）的贫困百分比分别为 11%、12%、13%、15%、18%（使用 0.11、0.12、0.13、0.15、0.18）（变量 Y）。

皮尔逊相关系数的计算过程如下。

（1）计算变量 X、Y 的协方差：

$$\text{cov}(X,Y)=E(XY)-E(X)E(Y)=5.86-38\times 0.138=0.616$$

（2）计算变量 X、Y 的标准差：

$$\sigma_X=\frac{\sum(x_i-E(X))^2}{5}=24.81935\cdots\cdots$$

$$\sigma_Y=\frac{\sum(y_i-E(Y))^2}{5}=0.024819\cdots\cdots$$

$$\sigma_X\sigma_Y=0.616$$

（3）计算相关系数：

$$\rho_{X,Y}=\frac{\text{cov}(X,Y)}{\sigma_X\sigma_Y}=\frac{0.616}{0.616}=1$$

因此 X 和 Y 高度相关。

3. 斯皮尔曼秩相关系数

斯皮尔曼秩相关系数（Spearman Rank Correlation Coefficient）与皮尔逊相关系数相同，也可以反映两组变量联系的紧密程度，取值范围是[−1,1]。其计算方法也与皮尔逊相关系数的计算方法完全相同，不同的是，它建立在秩次的基础之上，对原始变量的分布和样本容量的大小没有要求，属于非参数统计方法，适用范围更广。

设 $R(r_1,r_2,\cdots,r_n)$表示 X 在（$x_1,x_2,\cdots,x_n$）中的秩，$Q(q_1,q_2,\cdots,q_n)$表示 Y 在（$y_1,y_2,\cdots,y_n$）中的秩，如果 X 和 Y 具有同步性，则 R 和 Q 也会表现出同步性，反之亦然。将其代入皮尔逊相关系数的计算公式中，就得到秩之间的一致性，也就是斯皮尔曼秩相关系数。

斯皮尔曼秩相关系数的定义公式为

$$r(X,Y)=1-\frac{6[(r_1-q_1)^2+(r_2-q_2)^2+\ldots+(r_n-q_n)^2]}{n^3-n}$$

【**例 8.6**】斯皮尔曼秩相关系数的计算实例。

表 8.3 所示为 5 个人的视觉与听觉数据，视觉反应时与听觉反应时是否具有一致性？

表 8.3　视觉与听觉数据

被　试　者	听觉反应时/ms	视觉反应时/ms	X	Y	d	d^2	XY
1	170	180	3	4	−1	1	12
2	150	165	1	1	0	0	1
3	210	190	5	5	0	0	25
4	180	168	4	2	2	4	8
5	160	172	2	3	−1	1	6
∑	870	875	15	15		6	52

在表 8.3 中，X 列为听觉反应时按照大小排序，Y 列为视觉反应时按照大小排序，$d=X-Y$。

将 $n=5$，$\sum d^2=6$ 代入公式 $\rho=1-\dfrac{6\sum d_i^2}{n^3-n}$，经计算得到 $\rho=0.7$。

结论：这 5 个人的视觉反应时与听觉反应时的斯皮尔曼秩相关系数为 0.7，因此视觉反应时与听觉反应时属于高度相关。

8.2 回归分析

所谓回归分析（Regression Analysis），是指在现有观察数据的基础上，利用数理统计方法建立因变量与自变量之间的回归关系的函数表达式（又称回归方程式）。这种方法通常用于预测分析、建立时间序列模型及发现变量之间的因果关系。

“回归”一词是由英国著名统计学家弗朗西斯·高尔顿（Francis Galton，1822—1911）引入的，他是最先应用统计方法研究两个变量之间的关系问题的人。弗朗西斯·高尔顿对父母身高与儿女身高之间的关系很感兴趣，并致力于此方面的研究。弗朗西斯·高尔顿发现，虽然存在一个趋势——父母高，儿女也高；父母矮，儿女也矮，但是从平均意义来说，尽管父母的身高都异常高或异常矮，儿女的身高也并非普遍的异常高或异常矮，而是具有“回归”于人口总平均身高的趋势。

在回归分析中，当研究的因果关系只涉及因变量和一个自变量时，叫作一元回归分析；当研究的因果关系涉及因变量和两个或两个以上的自变量时，叫作多元回归分析。此外，在回归分析中，可依据描述自变量与因变量之间因果关系的函数表达式是线性的还是非线性的，分为线性回归分析和非线性回归分析。

8.2.1　一元线性回归（Linear Regression）

1. 一元线性回归模型

回归模型是描述因变量如何依赖自变量和随机误差项变化的方程。线性回归模型使用最佳的拟合直线（也就是回归线）建立因变量（y）和一个或多个自变量（x）之间的关系。图 8.10 所示为一元线性回归模型示意图。

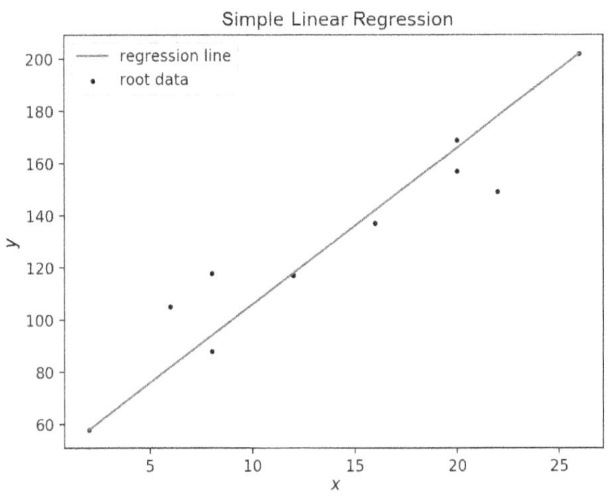

图 8.10　一元线性回归模型示意图

一元线性回归模型只涉及一个自变量，可以表述为

$$y = \beta_0 + \beta_1 x + \varepsilon$$

其中，β_0 表示截距，β_1 表示直线的斜率，ε 是误差项。

2. 最小二乘估计法

最小二乘估计法是求解线性回归方程的最常用方法。最小二乘原理就是所选的样本回归函数使得所有 y 的估计值与真实值之差的平方和最小。

首先，我们引入样本回归函数和残差等相关概念。样本回归函数（Sample Regression Function，SRF）是根据样本数据拟合的回归方程，表示为

$$\hat{y} = \hat{\beta}_0 + \hat{\beta}_1 x + e$$

残差是指 y_i 的真实值与估计值之差，可以表示为

$$e_i = \text{实际的}y_i - \text{估计的}y_i = y_i - \hat{y}_i$$

普通最小二乘法（Ordinary Least Squares，OLS），即选择参数 β_0 和 β_1，使得全部观察值的残差平方和最小，可以表示为

$$\min : L(\beta) = \sum_{i=1}^{n} e_i^2 = \sum (y_i - \widehat{y_i})^2 = \sum_{i=1}^{n} (y_i - \hat{\beta}_0 - \hat{\beta}_1 x_i)^2$$

求解联立方程（损失函数对 $\hat{\beta}_0$和$\hat{\beta}_1$ 求偏导）：

$$\begin{cases} \dfrac{\partial L}{\partial \hat{\beta}_0} = 2\sum_{i=1}^{n}\left(y_i - \hat{\beta}_0 - \hat{\beta}_1 x_i\right)(-1) = 0 \\ \\ \dfrac{\partial L}{\partial \hat{\beta}_1} = 2\sum_{i=1}^{n}\left(y_i - \hat{\beta}_0 - \hat{\beta}_1 x_i\right)(-x_i) = 0 \end{cases}$$

解得

$$\begin{cases} \hat{\beta}_1 = \dfrac{n\sum x_i y_i - \sum x_i \sum y_i}{n\sum x_i^2 - (\sum x_i)^2} \\ \\ \hat{\beta}_0 = \overline{y} - \hat{\beta}_1 \overline{x} \end{cases}$$

求得回归方程 $\hat{y}_i = \hat{\beta}_0 + \hat{\beta}_1 x_i$ 后，只要给定样本以外的自变量的观测值（x），就可以得到因变量的预测值（y）。

【**例 8.7**】某公司广告费与销售额的一元线性回归分析。

某公司每月的广告费和销售额如表 8.4 所示。

表 8.4　某公司每月的广告费和销售额

广告费（万元）x	4	8	9	8	7	12	6	10	6	9
销售额（万元）y	9	20	22	15	17	23	18	25	10	20

如果我们把广告费和销售额画在二维坐标系内，就能得到一个散点图。如果想要探索广告费和销售额的关系，就可以利用一元线性回归做出一条拟合直线，结果（取小数点后 4 位）为

$$y = 2.2516 + 1.9808x$$

样本数据点与回归直线如图 8.11 所示。

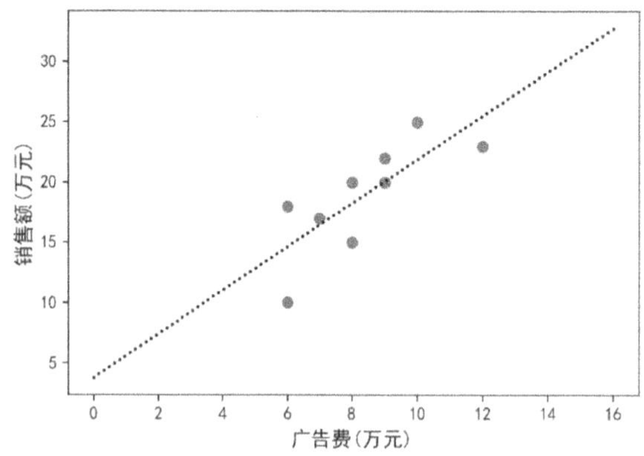

图 8.11　样本数据点与回归直线

一元线性回归的 Python 程序参考代码如下：

```
#一元线性回归
import pandas as pd
```

```
import numpy as np
from matplotlib import pyplot as plt
from sklearn.linear_model import LinearRegression
data = pd.read_csv('广告费与销售额.csv')
Model = LinearRegression()
x = data[['广告费']]
y = data[['销售额']]
Model.fit(x,y)                    #训练模型
beta0 = Model.intercept_[0]
print('截距=', beta0)
beta1 = Model.coef_[0][0]
print('斜率=', beta1)
#画散点图
plt.rcParams['font.family']='SimHei'
fig = plt.figure(dpi=300)
ax = fig.add_subplot()
ax.scatter(x, y)
X = np.linspace(0, 16, 100)
Y = beta0 + beta1*X
ax.scatter(X,Y, s=1, color='black')
ax.set_xlabel('广告费(万元)', fontproperties='SimHei',fontsize=12)
ax.set_ylabel('销售额(万元)', fontproperties='SimHei',fontsize=12)
plt.show()
```

8.2.2 其他类型的回归模型

1. 多元线性回归模型

在回归分析中，如果有两个或两个以上的自变量，就称为多元回归。多元线性回归模型可以表示为

$$y_i = \beta_0 + \beta_1 x_i^{(1)} + \beta_2 x_i^{(2)} + \cdots + \beta_j x^{(j)} + \cdots + \beta_m x_i^{(m)} + \varepsilon_i, i = 1,2,\cdots,n$$

其中，$x_i^{(j)}$表示样本x_i的第j个属性（分量），m是样本的属性个数，n是样本总数。

对于多元线性回归模型，同样可以使用最小二乘法估计模型的参数。

2. 非线性回归

如果回归模型的因变量是自变量的一次以上函数形式，则回归规律在图形上表现为形态各异的各种曲线，称为非线性回归，如图 8.12 所示。

图 8.12　非线性回归示意图

在求解非线性回归问题时，需要预先选择适配的曲线类型，基本方法如下。

- 确定变量间的依存关系，根据实际资料做散点图。
- 按照图形的分布形状选择合适的模型（回归函数类型），常见的函数有多项式回归、双曲线、幂函数、二次曲线和对数函数等。
- 使用某种优化方法确定回归模型中的未知参数。

8.3 分类算法

分类算法的目标是找到每个样本到类别的对应法则，前提是训练数据的类别已存在，即训练数据是有标签数据，属于有监督学习类型。典型的应用有信贷审批、故障诊断、欺诈检测、客户类型判别等。

分类算法的流程分为两大步骤，如图 8.13 所示。

- Model Construction：使用有标签数据构建分类模型。
- Prediction：预测无标签数据的类别。

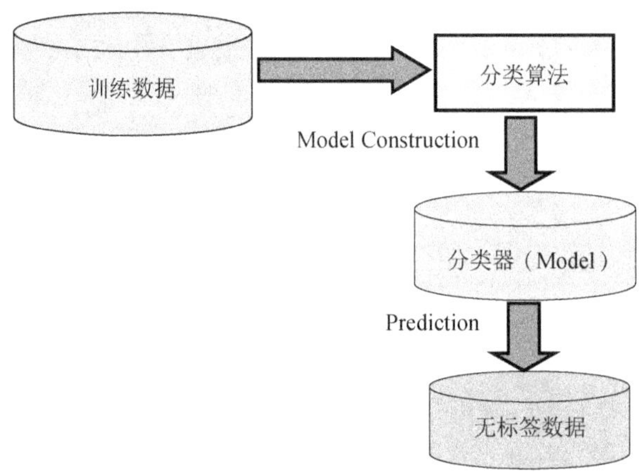

图 8.13　分类算法的流程

主要的分类算法有决策树（Decision Tree）、近邻分类法（KNN）、贝叶斯分类（Bayes）、支持向量机（SVM）、人工神经网络（ANN）和逻辑回归（Logistic Regression）等。

分类算法训练的常用方法如下。

- 留出法（Holdout）：将数据集划分为两个互斥的集合，其中一个集合作为训练集 S，另一个集合作为测试集 T。在 S 上训练出模型后，用 T 来评估其测试误差，作为对泛化误差的估计。
- k-fold 交叉验证法（k-fold Cross-validation）：将数据集分割成 k 个子集，在每次运行时，使用一个不同的子集作为测试集，其余的 k-1 个子集作为训练集。使用 k 次运行的平均值来估计算法的性能，这种方法减少了训练集/测试集的随机性。

8.3.1 逻辑回归

逻辑回归（Logistic Regression）属于分类算法，用于估计某种事物的可能性。逻辑回归是当前常用的一种机器学习方法，例如，在许多深度学习模型中，为了判断样本的类别，在模型的最后通常会加上一个逻辑回归层。下面介绍逻辑回归的基本思想。

原始的线性回归方程可以表示为

$$h_\theta(X) = \theta_0 + \theta_1 x^{(1)} + \cdots + \theta_j x^{(j)} + \cdots + \theta_m x^{(m)}$$

其中，$x^{(j)}$ 表示 $\boldsymbol{X}$ 的第 j 个分量，$\theta_0,\theta_1,\cdots,\theta_m$ 是模型参数，也就是回归系数。

为了进行逻辑判断（结果为 0 或 1），应用逻辑函数（如 sigmoid 函数）将线性回归的输出压缩到 0～1，函数公式为

$$\text{sigmoid}\left(h_\theta(\boldsymbol{X})\right) = \frac{1}{1+\mathrm{e}^{\left(-h_\theta(\boldsymbol{X})\right)}}$$

例如，对于二分类问题，假设样本是$\{\boldsymbol{X}, y\}$，则 y 是 0 或 1，表示负类（positive）或正类（negative）；样本 $\boldsymbol{X}$ 是 m 维特征向量。那么，样本 $\boldsymbol{X}$ 属于正类，也就是 y=1 的“概率”可以通过下面的逻辑函数来表示：

$$p(y=1|\boldsymbol{X};\boldsymbol{\theta}) = \frac{1}{1+\mathrm{e}^{\left(-\boldsymbol{\theta}^{\mathrm{T}}\boldsymbol{X}\right)}}$$

判别的准则是：若 $p(y=1|\boldsymbol{X};\boldsymbol{\theta}) > 0.5$，则把样本分入$\{y=1\}$；否则分入$\{y=0\}$。也就是说，如果样本 $\boldsymbol{X}$ 属于正类的概率大于 0.5，就判定它是正类，否则它就是负类。

实际上，$p(y=1|\boldsymbol{X};\boldsymbol{\theta}) = \frac{1}{1+\mathrm{e}^{\left(-\boldsymbol{\theta}^{\mathrm{T}}\boldsymbol{X}\right)}}$ 函数是由下面的对数（也就是 $\boldsymbol{X}$ 属于正类的可能性和负类的可能性的比值的对数）变换得到的：

$$\ln\left(\frac{p(y=1|\boldsymbol{X})}{p(y=0|\boldsymbol{X})}\right) = \ln\left(\frac{p(y=1|\boldsymbol{X})}{1-p(y=1|\boldsymbol{X})}\right) = \theta_0 + \theta_1 x^{(1)} + \cdots + \theta_k x^{(m)} = \boldsymbol{\theta}^{\mathrm{T}}\boldsymbol{X}$$

其中，$\boldsymbol{\theta} = \begin{pmatrix}\theta_0 \\ \theta_1 \\ \vdots \\ \theta_k\end{pmatrix}$，$\boldsymbol{X} = \begin{pmatrix}1 \\ x^{(1)} \\ \vdots \\ x^{(m)}\end{pmatrix}$。

最大似然法可以用于求解模型的最优参数，即求解使似然函数最大的系数取值 θ^*，代价函数为

$$\log L(\boldsymbol{\theta}) = \sum_{i=1}^{m}\left[y^{(i)}\log p\left(y_i=1|x^{(i)}\right) + \left(1-y^{(i)}\right)\log\left(1-p\left(y^{(i)}=1\,|\,x^{(i)}\right)\right)\right]$$

接着可以使用某种优化方法（如梯度下降法）求解函数的最优解。

【例 8.8】判断客户拖欠贷款可能性的逻辑回归分析模型。

现有如表 8.5 所示的银行贷款拖欠率数据，要求建立分类模型，预测客户是否会拖欠贷款。

表 8.5 银行贷款拖欠率数据

性别	年龄/岁	教育程度	工龄/年	收入/千元	房产面积/m²	负债率	信用卡负债/千元	其他负债/千元	违约次数
1	41	3	17	176.00	137.00	9.30	11.36	5.01	1
0	27	1	10	31.00	288.00	17.30	1.36	4.00	0
1	40	1	15	55.00	226.00	5.50	0.86	2.17	0

使用 Python 的机器学习库 Sklearn 建立逻辑回归模型，参考代码如下：

```
#逻辑回归示例代码
import pandas as pd
from sklearn.linear_model import LogisticRegression as LR
from sklearn.metrics import mean_squared_error, r2_score
data = pd.read_excel('bankloan.xls')
x = data.iloc[:, :-1]
y = data.iloc[:, -1]                                    #标签
lr = LR(solver='liblinear')                             #建立逻辑回归模型
lr.fit(x, y)                                            #训练模型
#模型评价
print('模型的平均准确度为：%s' % lr.score(x, y))
y_pred = lr.predict(x)                                  #预测
print('均方误差为：%.2f'%mean_squared_error(y, y_pred))  #误差
#交叉验证
from sklearn.model_selection import
train_test_split,cross_val_score,cross_validate
import numpy as np
X_train, X_test, y_train, y_test = train_test_split(x,y)
scores = cross_val_score(lr, X_train, y_train, cv=5)
print ('准确率：',np.mean(scores), scores)
```

程序的输出结果如下：

```
模型的平均准确度为：0.81
均方误差为：0.19
准确率：0.8085714285714285 [0.79285714 0.76428571 0.85714286 0.80714286 0.82142857]
```

8.3.2 近邻分类算法

近邻分类算法又称 K 最近邻（K-Nearest Neighbor，KNN）分类算法，是数据挖掘分类技术中经典的方法之一。该算法由于简单、有效，已经被广泛应用于众多领域，并派生出了各种改进版本，如基于距离权重的 KNN 算法、基于特征权重的 KNN 算法和基于代表点的 KNN 算法（如 KNNModel）等。

1. KNN 的核心思想

对于一个需要预测的输入向量 $\boldsymbol{x}$，我们只需要在训练数据集中寻找 k 个与向量 $\boldsymbol{x}$ 最近的向量的集合，然后把 $\boldsymbol{x}$ 的类别预测为这 k 个样本中类别数最多的那一类。KNN 算法的流程如下：

```
Step1：读取数据集，并对数据进行预处理
Step2：设定参数，如近邻个数 k
Step3：对于每个要预测的测试样本 x，从训练集中找出最近的 k 个样本，构成 x 的近邻集合 NN
Step4：确定 NN 中样本的多数类，并将其作为测试样本 x 的类别
Step5：测试完毕后计算评价指标，继续设定不同的 k 值重新进行训练，最后取评价指标最优的 k 值
```

2. *k* 值的设定

k 值的设定在 KNN 算法中十分关键，取值过大易造成欠拟合效果，取值过小易造成过拟合效果。例如，在图 8.14 中，需要决定将绿色圆赋予哪个类，是红色三角形类还是蓝色正方形类？如果 *k*=3，则由于红色三角形所占比例为 2/3，因此绿色圆将被赋予红色三角形类；如果 *k*=5，则由于蓝色正方形比例为 3/5，因此绿色圆将被赋予蓝色正方形类。

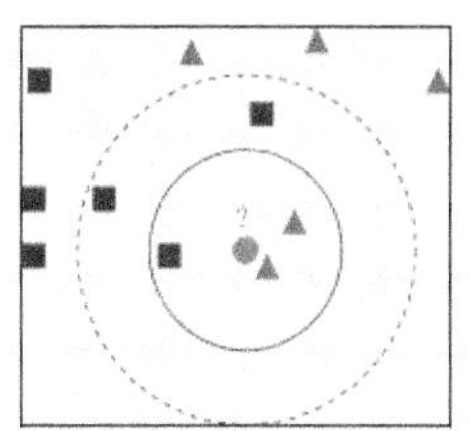

图 8.14　*k* 值对近邻分类结果的影响

为了确定合适的 *k* 值，可以通过交叉验证法测试。从选取一个较小的 *k* 值开始，不断增加 *k* 值，然后计算验证集合的方差，最终找到一个比较合适的 *k* 值。图 8.15 所示为 *k* 值与分类错误率的关系图，从中可以看出，当 *k*=10 时，可以让分类效果最好。

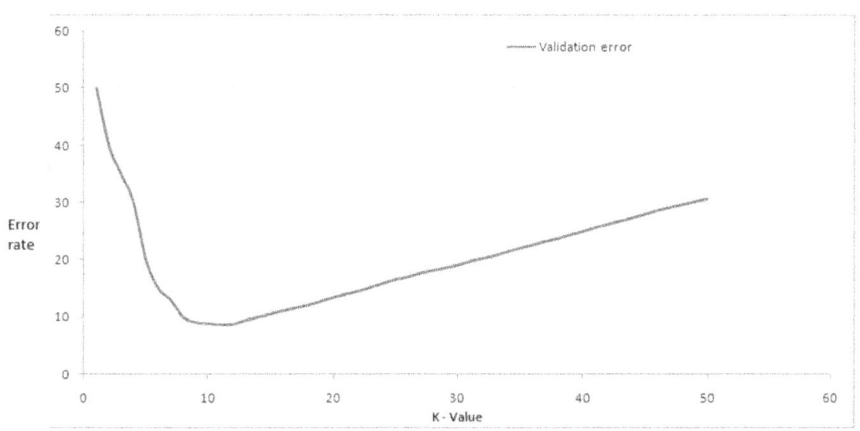

图 8.15　*k* 值与分类错误率的关系图

【例 8.9】使用交叉验证法寻找 KNN 分类算法的最优 *k* 值。

鸢尾花数据集 Iris 是一个经典的数据集。该数据集包含 3 类共 150 条记录，每类各有 50 个样本，每个样本都有 4 项属性：sepallength、spalwidth、petallength 和 petalwidth（花萼长度、花萼宽度、花瓣长度、花瓣宽度）。我们可以通过这 4 项属性预测鸢尾花属于（iris-setosa,iris-versicolour,iris-virginica）中的哪一个品种。图 8.16 所示为一个鸢尾花图例。

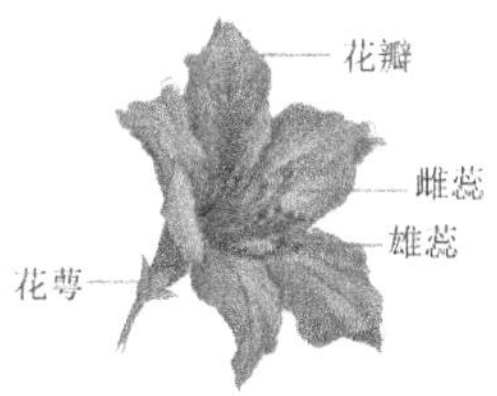

图 8.16　鸢尾花图例

本例对鸢尾花数据集使用交叉验证法确定 KNN 算法的最优 k 值，相关的 Python 程序参考代码如下：

```
#使用交叉验证法确定 KNN 算法的最优 k 值
from sklearn.datasets import load_iris
from sklearn.model_selection  import cross_val_score
import matplotlib.pyplot as plt
from sklearn.neighbors import KNeighborsClassifier
#读取鸢尾花数据集
iris = load_iris()   #自动从 Sklearn 库中下载数据集
x = iris.data
y = iris.target
k_range = range(1, 18)
k_accuracy = []
#循环，取 k=1 到 k=17，查看误差效果
for k in k_range:
    knn = KNeighborsClassifier(n_neighbors = k)
    #cv 参数决定数据集划分比例，这里按照 5：1 划分训练集和测试集
    scores = cross_val_score(knn, x, y, cv=6, scoring='accuracy')
    k_accuracy.append(scores.mean())
#画图，x 轴展示的是 k 值，y 轴展示的是分类精度
plt.plot(k_range, k_accuracy)
plt.xlabel('Value of K for KNN')
plt.ylabel('accuracy')
plt.show()
```

本例的 Python 程序运行结果如图 8.17 所示，x 轴展示的是 k 值，y 轴展示的是分类精度。可以看出，使用 KNN 算法对鸢尾花数据集 Iris 进行分类，取 k=12 可以得到最好的分类精度。

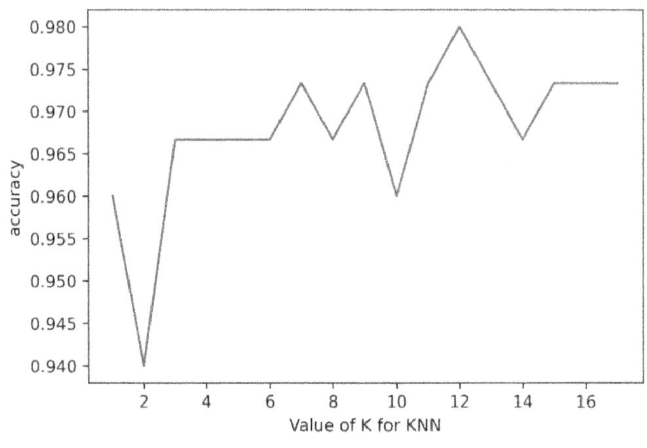

图 8.17　Python 程序运行结果

8.3.3　决策树算法

决策树算法通过训练数据构建决策树，对未知的数据进行分类。决策树的每个内部节点表示在一个属性（Attribute）上的测试，每个分枝代表该测试的一个输出，而每个叶子节点中存放着一个类标号。

例如，现有如表 8.6 所示的西瓜数据集，使用 ID3 算法构建的一个判断西瓜好坏的决策

树如图 8.18 所示。

表 8.6　西瓜数据集

编号	色泽	根蒂	敲声	纹理	脐部	触感	密度	含糖率	好瓜
1	青绿	蜷缩	浊响	清晰	凹陷	硬滑	0.697	0.46	是
2	乌黑	蜷缩	沉闷	清晰	凹陷	硬滑	0.774	0.376	是
3	乌黑	蜷缩	浊响	清晰	凹陷	硬滑	0.634	0.264	是
4	青绿	蜷缩	沉闷	清晰	凹陷	硬滑	0.608	0.318	是
5	浅白	蜷缩	浊响	清晰	凹陷	硬滑	0.556	0.215	是
6	青绿	稍蜷	浊响	清晰	稍凹	软粘	0.403	0.237	是
7	乌黑	稍蜷	浊响	稍糊	稍凹	软粘	0.481	0.149	是
8	乌黑	稍蜷	浊响	清晰	稍凹	硬滑	0.437	0.211	是
9	乌黑	稍蜷	沉闷	稍糊	稍凹	硬滑	0.666	0.091	否
10	青绿	硬挺	清脆	清晰	平坦	软粘	0.243	0.267	否
11	浅白	硬挺	清脆	模糊	平坦	硬滑	0.245	0.057	否
12	浅白	蜷缩	浊响	模糊	平坦	软粘	0.343	0.099	否
13	青绿	稍蜷	浊响	稍糊	凹陷	硬滑	0.639	0.161	否
14	浅白	稍蜷	沉闷	稍糊	凹陷	硬滑	0.657	0.198	否
15	乌黑	稍蜷	浊响	清晰	稍凹	软粘	0.36	0.37	否
16	浅白	蜷缩	浊响	模糊	平坦	硬滑	0.593	0.042	否
17	青绿	蜷缩	沉闷	稍糊	稍凹	硬滑	0.719	0.103	否

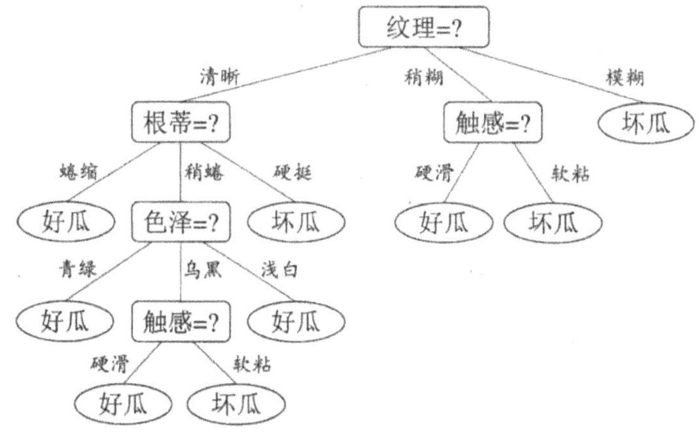

图 8.18　使用 ID3 算法构建的一个判断西瓜好坏的决策树

在决策树算法中，ID3 算法基于信息增益作为属性选择的度量，C4.5 算法基于信息增益比作为属性选择的度量，CART 算法基于基尼指数作为属性选择的度量。

ID3 算法（Iterative Dichotomiser 3，迭代二叉树 3 代）最早是由罗斯昆（J. Ross Quinlan）于 1975 年在悉尼大学提出的一种决策树算法。ID3 算法的核心思想是以信息增益来度量属性的选择，选择分裂后信息增益最大的属性进行分裂。它使用信息熵（Entropy）定义的信息增益，采用自顶向下的贪婪搜索遍历可能的决策空间。

1948 年，香农（Shannon）在他著名的《通信的数学原理》论文中指出，信息是用来消除随机不确定性的东西，并提出了“信息熵”的概念（借用了热力学中熵的概念），以解决信息的度量问题。

假如一个随机变量 x 的取值集合为 $X=\{x_1,x_2,\cdots,x_n\}$，每一种值被取到的概率为 $\{p_1,p_2,\cdots,p_n\}$，那么 x 的熵定义为

$$H(X)=-\sum_{i=1}^{n}p_i\log_2 p_i$$

对于分类系统来说，类别 C 是变量，它的取值是$\{c_1,c,\cdots,c_n\}$，而每个类别出现的概率分别是 $p(c_1),p(c_2),\cdots,p(c_n)$，此时分类系统的信息熵就可以表示为

$$H(C)=-\sum_{i=1}^{n}p(c_i)\log_2 p(c_i)$$

1．信息熵的性质

变量的不确定性越大，信息熵值就越大，把它弄清楚所需要的信息量也就越大。随机变量的分布越接近均匀分布，其离散程度越大，信息熵值越高。图 8.19 所示为信息熵的性质示意图。

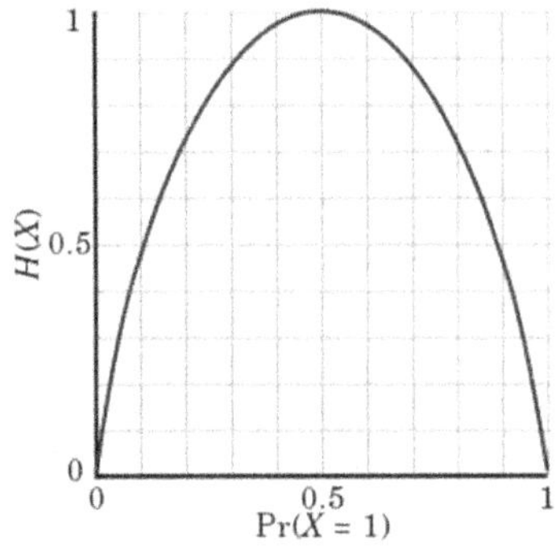

图 8.19　信息熵的性质示意图

例如，A 和 B 进行比赛，有以下两种情况。

（1）A 获胜的概率为 75%，B 获胜的概率为 25%。

（2）A 和 B 获胜的概率都为 50%。

显然，在（2）的情况下，难以估计哪方最终获胜（不确定性大）。而在（1）的情况下，容易估计 A 能够获胜（不确定性小）。

第（1）种情况的信息熵值：$-\frac{1}{4}\log_2\frac{1}{4}\ \ -\frac{3}{4}\log_2\frac{3}{4}\ =0.8113$　　（不确定性小）

第（2）种情况的信息熵值：$-\frac{1}{2}\log_2\frac{1}{2}\ \ -\frac{1}{2}\log_2\frac{1}{2}\ =1$　　（不确定性大）

2．信息增益

信息增益是针对一个属性而言的，即待分类的集合的信息熵和选定某个属性的条件熵之差。举例说明如下。

表 8.7 所示为天气预报对打网球决策影响数据集，该数据集包含 4 个属性，即 Outlook、Temperature、Humidity 和 Windy，以及 1 个决策，即 Play?（可选项为 yes 或 no）。表中共有 14 个样例，包括 9 个正例和 5 个负例。

表 8.7　天气预报对打网球决策影响数据集

Outlook	Temperature	Humidity	Windy	Play?（类别）
overcast	mild	high	true	yes
overcast	hot	normal	false	yes
rainy	mild	high	true	no
rainy	mild	high	false	yes
rainy	cool	normal	false	yes
rainy	cool	normal	true	no
overcast	cool	normal	true	yes
sunny	mild	high	false	no
sunny	cool	normal	false	yes
rainy	mild	normal	false	yes
sunny	mild	normal	false	yes
sunny	hot	high	false	no
sunny	hot	high	true	no
overcast	hot	high	false	yes

表中共有 14 个样例，包括 9 个正例和 5 个负例。那么，当前的信息熵为

$$H(S)=-\frac{9}{14}\log_2\frac{9}{14}-\frac{5}{14}\log_2\frac{5}{14}=0.940286$$

假设利用属性 Outlook 来分类，具体情况如图 8.20 所示。

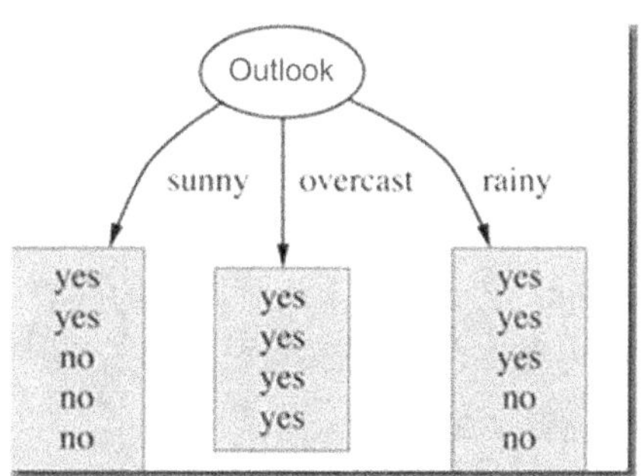

图 8.20　利用属性 Outlook 分类示意图

可以看出，利用属性 Outlook 来分类，划分后的数据被分为 3 部分，各个分支的信息熵计算如下：

$$H(\text{sunny})=-\frac{2}{5}\log_2\frac{2}{5}-\frac{3}{5}\log_2\frac{3}{5}=0.970951$$

$$H(\text{overcast})=-\frac{4}{4}\log_2\frac{4}{4}-0\log_2 0=0$$

$$H(\text{rainy})=-\frac{3}{5}\log_2\frac{3}{5}-\frac{2}{5}\log_2\frac{2}{5}=0.970951$$

划分后的条件熵为

$$E(S\,|\,T)=\frac{5}{14}\times 0.970951+\frac{4}{14}\times 0+\frac{5}{14}\times 0.970951=0.693536$$

最终得到特征属性 Outlook 划分带来的信息增益为

$$\text{IG}(T)=H(S)-E(S|T)=0.24675$$

3. ID3 算法的划分属性选择策略

ID3 算法在决策树的每个非叶子节点划分之前，先计算每个属性所带来的信息增益，再选择最大信息增益的属性来划分。因为信息增益越大，区分样本的能力就越强，该属性就越具有代表性。

4. ID3 算法的缺点和改进

ID3 算法的缺点是信息增益偏向取值较多的属性。其原因是当某个属性的取值较多时，根据此特征划分更容易得到确定性更强的子集划分结果，也就是说，划分之后的信息熵更低，则信息增益更大，因此信息增益比较偏向取值较多的属性。

C4.5 算法是 J. Ross Quinlan 在 ID3 算法的基础上提出的一种改进算法，它采用信息增益比作为选择划分属性差别规则。信息增益比的定义为

$$\text{GainRatio}(A)=\text{Gain}(A)/\text{SplitInfo}(A)$$

其中，$\text{Gain}(A)$ 就是上面所述的信息增益，$\text{SplitInfo}(A)$（分裂信息）的定义为

$$\text{SplitInfo}_A(D)=-\sum_{j=1}^{v}\frac{|D_j|}{|D|}\times\log_2(\frac{|D_j|}{|D|})$$

分裂信息 $\text{SplitInfo}(A)$ 用来衡量属性分裂数据的广度和均匀性。一个属性分割样本的广度越大，均匀性越强（不确定性大），则该属性的分裂信息越大，信息增益比越小，因此分裂信息项降低了选择那些值较多且均匀分布的属性的可能性。

C4.5 算法选择信息增益比最高的属性作为划分属性。

CART 算法用基尼指数（Gini Index）作为划分属性的度量：采用基尼指数来度量信息的纯度，选择基尼指数最小的作为节点特征（基尼指数介于 0～1，总体样本包含的类别越杂乱，基尼指数就越大）。基尼指数的定义为

$$\text{Gini}(t)=1-\sum_{i=0}^{c-1}p(i|t)^2$$

其中，t 代表给定的节点，i 代表标签的任意分类，$p(i|t)$ 代表标签分类 i 在节点 t 上所占的比例。

CART 算法每次仅对某个特征的值进行二分，因此使用 CART 算法建立起来的是二叉树，而不是多叉树。

【例 8.10】 使用决策树算法对鸢尾花数据集 Iris 进行分类的 Python 实现。

使用决策树算法对鸢尾花数据集 Iris 进行分类的 Python 程序参考代码如下：

```
#使用决策树对 Iris 数据集进行分类
import pandas as pd
from sklearn import tree
import pydotplus
import os
os.environ["PATH"] += os.pathsep + 'D:/Python64/Lib/graphviz-2.38/bin'
#需要先安装 graphviz，再添加到搜索路径中
data = pd.read_csv('iris.csv')                                    #导入 Iris 数据集
x = data.iloc[:,0:-1]
```

```
y = data.iloc[:,-1]                                          #标签
clf = tree.DecisionTreeClassifier(criterion='entropy')     #使用信息熵，默认
criterion='gini'
clf = clf.fit(x, y)
#将决策树以 PDF 格式可视化
dot_data = tree.export_graphviz(clf, out_file=None)
graph = pydotplus.graph_from_dot_data(dot_data)
graph.write_pdf("iris.pdf")
#评估决策树分类算法的性能
from sklearn.model_selection import train_test_split
#导入评估指标模块
from sklearn.metrics import accuracy_score, auc, confusion_matrix, f1_score,
precision_score, recall_score, roc_curve
import numpy as np
x_train, x_test, y_train, y_test = train_test_split(x, y, test_size = 0.2)
clf.fit(x_train, y_train)
answer = clf.predict(x_train)
print('训练集上的准确率：', np.mean( answer == y_train))
score = print('测试集上的准确率：', clf.score(x_test, y_test))
#f1-score
pre_y_test = clf.predict(x_test)
f1_s =f1_score(y_test, pre_y_test, average='weighted')
print('f1_score: ', f1_s)
```

程序的输出结果如下：

```
训练集上的准确率： 1.0
测试集上的准确率： 0.9666666666666667
f1_score： 0.9664799253034547
```

运行程序得到的决策树可视化结果如图 8.21 所示。

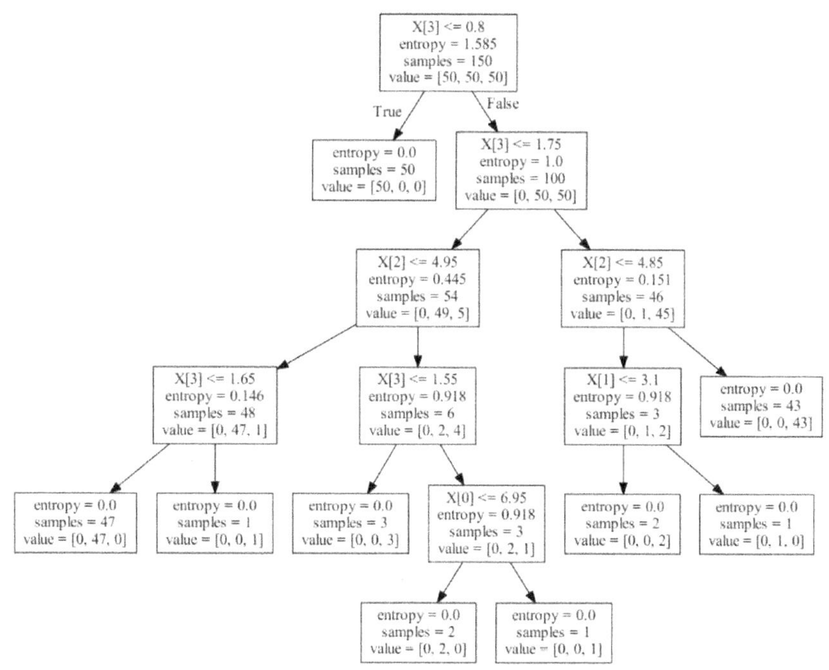

图 8.21　决策树可视化结果

8.4 聚类算法

聚类（Clustering）的目的是把大型数据划分成不同的簇。它所针对的是无标签类别的数据，因此聚类属于无监督学习类型。所谓“簇”（Cluster），是指数据对象的集合。同一簇中的对象相似，不同簇之间的对象相异。图 8.22 所示为聚类算法的示意图。

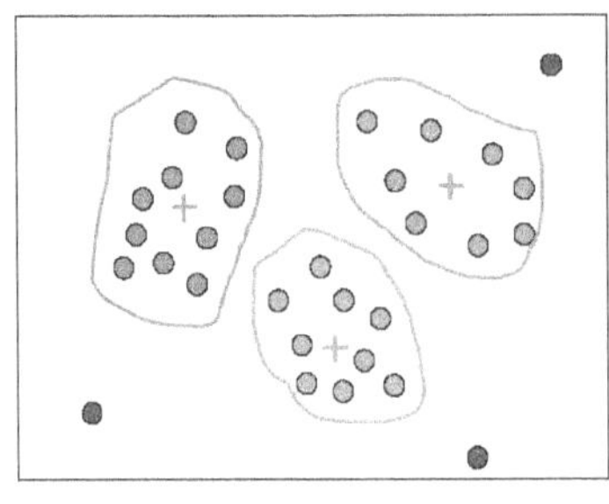
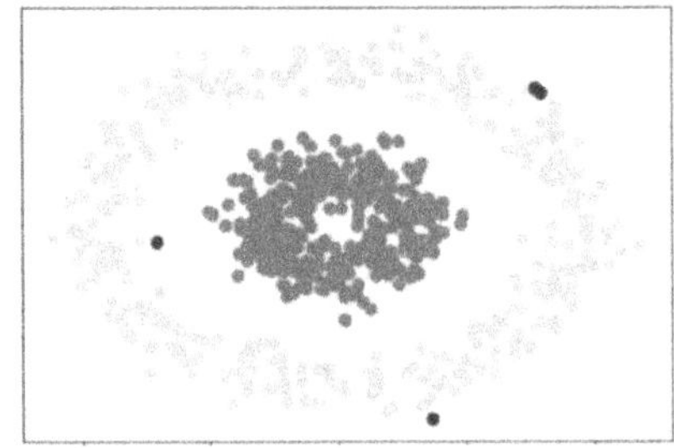

图 8.22　聚类算法的示意图

聚类有非常广泛的应用场景，如下所述。

- 客户细分：发现顾客中独特的群组，然后利用他们的特性发展目标营销项目。
- 土地利用：在土地观测数据库中发现相似的区域。
- 保险：识别平均索赔额度较高的机动车辆保险客户群组。
- 网络社区发现：运用聚类算法发现复杂网络中的社区结构，如图 8.23 所示。

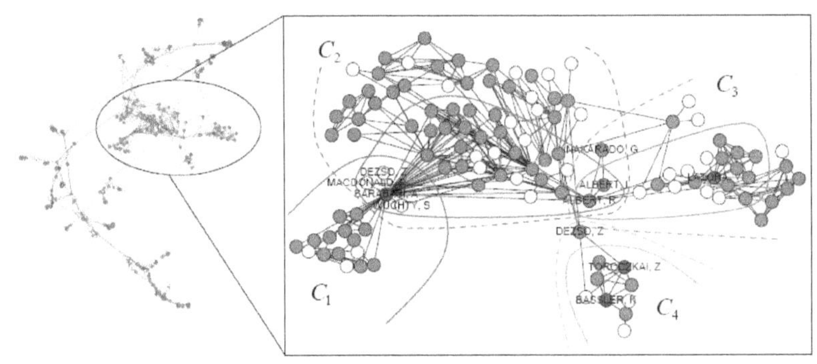

图 8.23　网络社区发现

8.4.1 主要的聚类算法类型

目前，主要的聚类算法可以分为四大类型。

1. 划分聚类方法（Partitioning Methods）

给定一个有 n 个对象的数据集，划分聚类方法将构造数据进行 k 个划分（$k \le n$），每个划分代表一个簇，并要求每个簇至少包含一个对象，每个对象属于且仅属于一个簇。

代表算法：K-Means、K-Medoids 和 CLARANS 等算法。

2. 层次聚类方法（Hierarchical Methods）

凝聚的层次聚类方法：一种自底向上的策略，它首先将每个对象作为一个簇，然后将这些原子簇合并为越来越大的簇，直到某个终结条件被满足。

分裂的层次聚类方法：采用自顶向下的策略，它首先将所有对象置于一个簇中，然后逐渐细分这个簇为越来越小的簇，直到某个终结条件被满足。

代表算法：BIRCH、CURE 和 ROCK 等算法。

3．基于密度的方法（Density-based Methods）

基于密度的方法的指导思想是，只要一个区域中的点的密度大于某个域值，就把它加到与之相近的聚类中。这类算法能克服基于距离的算法只能发现“类圆形”的聚类的缺点，可以发现任意形状的聚类，且对噪声数据不敏感。

代表算法：DBSCAN、OPTICS 和 DENCLUE 等算法。

4．基于网格的方法（Grid-based Methods）

基于网格的方法是一种使用多分辨率的网格结构。它将对象空间量化为有限数目的单元，这些单元形成了网格结构，而所有的聚类操作都在该结构上进行。

代表算法：CLIQUE、STING 等算法。

图 8.24 所示为目前常见的聚类方法和代表性算法的归类和总结，供读者参考。

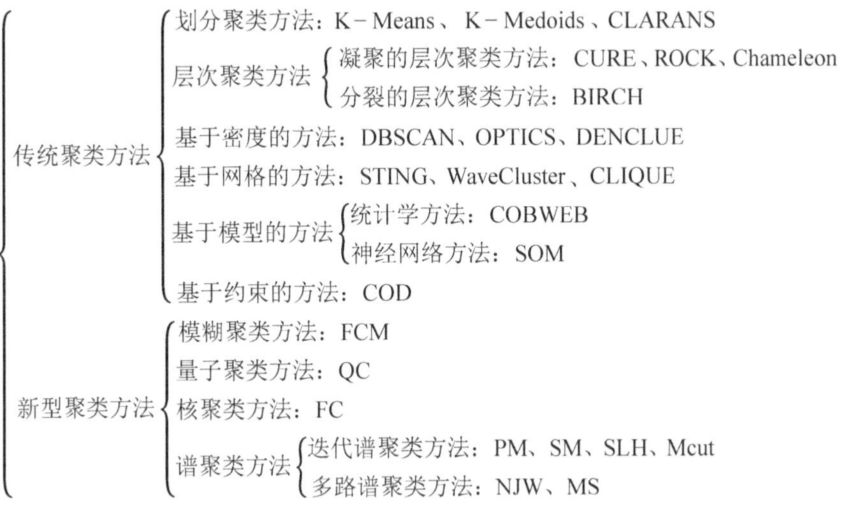

图 8.24　常见的聚类算法和代表性算法

8.4.2　聚类质量度量指标

好的聚类算法需要产生高质量的聚类结果，所生成的簇必须满足以下两个条件。

- 高的内部相似度（簇内越紧密越好）。
- 低的外部相似度（簇间越分离越好）。

图 8.25 所示为聚类算法目标的示意图。

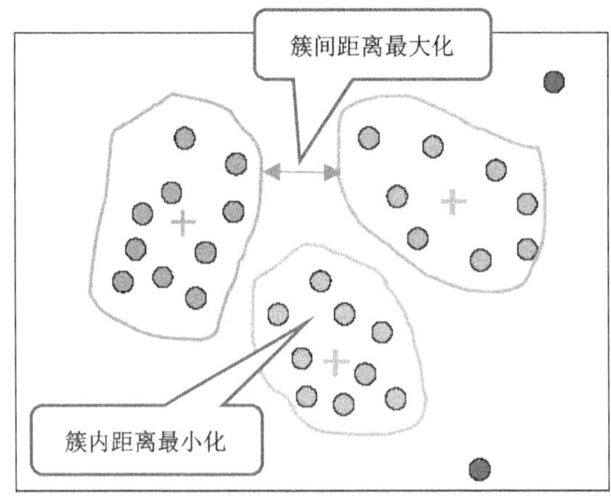

图 8.25　聚类算法目标的示意图

常用的聚类质量度量指标有以下几种。

1．紧密性（Compactness，CP）

CP 是以簇内误差的平方和（Sum of the Squared Error，SSE）作为度量标准（计算每个类各点到聚类中心的距离）的。CP 越小，意味着类内聚类距离越近。缺点是没有考虑类间效果。计算公式为

$$\overline{\mathrm{CP}}=\frac{1}{K}\sum_{k=1}^{K}\sum_{\boldsymbol{x}_i\in C_k}d\left(\boldsymbol{x}_i,\boldsymbol{v}_k\right)^2$$

其中，$\boldsymbol{v}_k$ 表示第 k 个簇的中心。

2．间隔性（Separation，SP）

SP 是各聚类中心两两之间的平均距离。SP 越大，意味着类间聚类距离越远。缺点是没有考虑类内效果。计算公式为

$$\overline{\mathrm{SP}}=\frac{2}{k^2-2}\sum_{i=1}^{K}\sum_{j\neq i}^{k}d\left(\boldsymbol{v}_i,\boldsymbol{v}_j\right)^2$$

3．戴维森堡丁指数（Davies-Bouldin Index，DBI）

DBI 是任意两类别的 CP（紧密性）指标之和除以两聚类中心距离所求得的最大值。DBI 越小意味着类内距离越小，同时类间距离越大。计算公式为

$$\mathrm{DBI}=\frac{1}{K}\sum_{i=1}^{K}\max_{j\neq i}\left(\frac{\overline{CP_i}+\overline{CP_j}}{\left\|\boldsymbol{v}_i-\boldsymbol{v}_j\right\|_2}\right)_{j\neq i}$$

4．邓恩指数（Dunn Validity Index，DVI）

DVI 是任意两个簇元素的最短距离（类间）除以任意簇中的最大距离（类内）。DVI 越大，意味着类间距离越大，同时类内距离越小。 计算公式为

$$\mathrm{DVI}=\frac{\min\limits_{0<m\neq n<K}\left\{\min\limits_{\substack{\forall x_i\in\Omega_m\\ \forall x_j\in\Omega_n}}\left\{x_i-x_j\right\}\right\}}{\max\limits_{0<m<K}\max\limits_{\forall x_i,x_j\in\Omega_m}\left\{x_i-x_j\right\}}$$

8.4.3　K-Means 算法

K-Means 算法的每个簇的中心由簇中对象的平均值表示，所以称为 K 均值聚类算法。该算法初始确定 k 个簇中心，然后把每个点归类到其最近的簇中心，并重新计算新的簇中心，通过迭代的方法不断更新簇中心，其基本流程如图 8.26 所示。

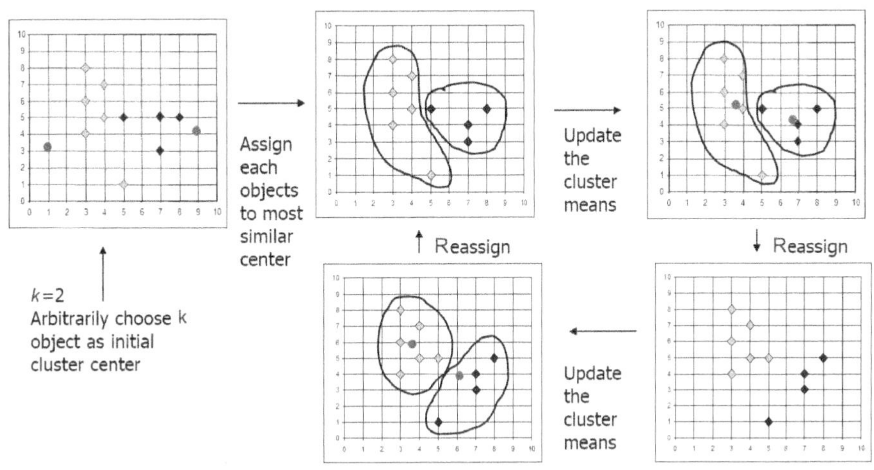

图 8.26　K-Means 算法的基本流程

1. K-Means 算法的基本流程

K-Means 算法的基本流程如下：

```
算法名称：K-Means
输入：k 表示簇数目，D 表示包含 n 个样本的数据集
输出：簇中心集合。
算法流程：
    Step1：从数据集中随机取 k 个对象，作为 k 个簇的初始聚类中心
    Step2：计算剩下的对象到 k 个簇中心的相似度，将这些对象分别划分到相似度最高的簇
    Step3：根据聚类结果，更新 k 个簇中心，计算方法是取簇中所有对象各自维度的算术平均值
    Step4：将数据集中全部元素按照新的族中心重新聚类
    Step5：达到算法停止条件，转至步骤 6；否则转至步骤 3
    Step6：输出聚类结果
```

K-Means 算法的停止条件可以有多种，例如：

- 设定迭代次数。
- 聚类中心不再变化。
- 前后两次聚类结果的目标函数变化很小（如采用聚类质量度量指标）。

例如，度量标准采用紧密性指标 CP。设迭代次数为 t，给定一个很小的正数 δ，如果前

后两次迭代结果 $\left|\overline{\text{CP}}(t)-\overline{\text{CP}}(t+1)\right|<\delta$，则算法结束；否则 t=t+1，继续执行算法。

2. K-Means 算法的优缺点

K-Means 算法的优点是效率相对较高，其时间复杂度为 $O\ (tkn)$，其中，n 是样本数，k 是类簇数，t 是迭代次数，在通常情况下，$k, t << n$。

K-Means 算法的缺点主要包括：

- 只有当数据样本的均值有定义的情况下才能使用。
- 必须事先给定簇的数量 k。
- 不能处理噪声和离群点。
- 不适合发现非凸形状的簇。

例如，对于如图 8.27 所示的流形（Manifold）数据，K-Means 算法的效果就很差。

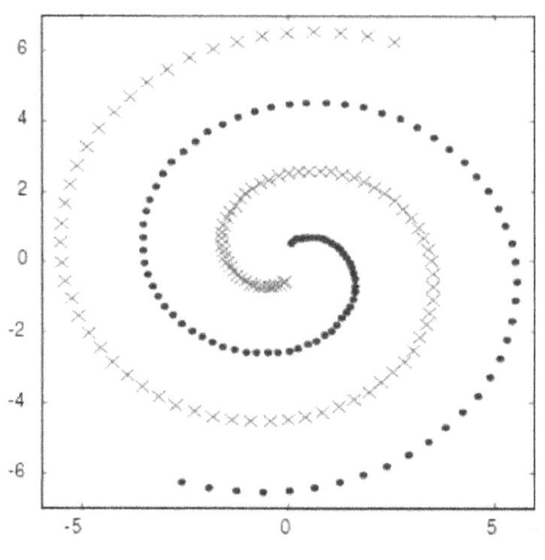

图 8.27 流形（Manifold）数据

3. K-Means 算法的改进

（1）改进的簇中心选择方法

对于 K-Means 算法，k 个初始化的簇中心的选择对最后的聚类结果和运行时间有很大的影响，因此需要选择合适的 k 个簇中心。如果仅仅完全随机地选择簇中心，则可能导致算法收敛很慢。

K-Means++算法就是对 K-Means 算法随机初始化质心的方法的优化。

K-Means++算法对于初始化质心的优化策略来说简单且有效。

- 从输入的数据集合中随机选择一个样本作为第一个聚类中心 u_1。
- 对于数据集中的每个点 x_i，计算它与已选择的簇中心最近的距离，计算公式为

$$D(x_i)=\text{argmin}x_i-{u_r}^2 \qquad r=1,2,\cdots,k$$

- 选择一个新的数据点作为新的簇中心，选择的原则是，$D(x)$中较大的点被选取为聚类中心的概率较大。
- 重复上述第 2 步和第 3 步，直到选择出 k 个聚类质心。
- 利用这 k 个质心作为初始化质心来运行标准的 K-Means 算法。

（2）确定 k 值的方法

肘部法则（Elbow Method）是常用的一种确定 k 值的方法，它采用的核心指标是 SSE（Sum of the Squared Errors，误差平方和），选择指标突然变化的点为“肘”，图 8.28 所示为“肘”方法的示意图。

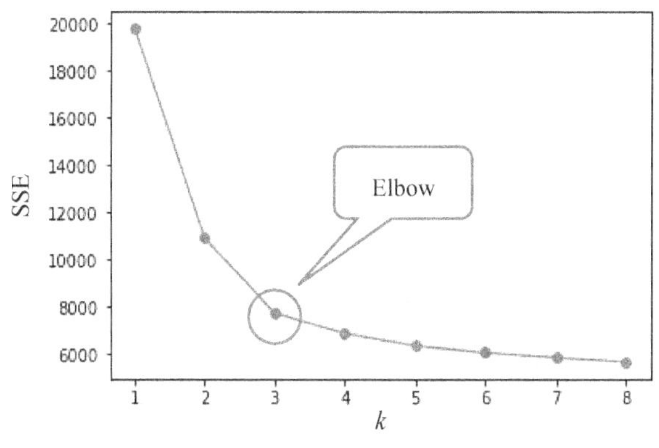

图 8.28　“肘”方法的示意图

当选择的 k 值小于真正的类别数时，k 每增加 1，代价函数（Cost Function）的值都会大幅度减小；而当选择的 k 值大于真正的类别数时，k 每增加 1，代价函数的值的变化不会那么明显。因此，正确的 k 值就会在这个转折点（见图 8.28，k 值可以取 3）。

8.5　分布式大数据挖掘算法典型案例

在将传统的数据挖掘算法应用于大数据时，由于数据量的剧增，使得对计算时间和内存空间的要求非常高，通常难以正常执行。为了解决这样的困境，分布式计算框架的引入成为一种必然的选择。分布式计算框架将应用分解成许多小部分，并分配给多台计算机协作处理，这样可以节约整体的计算时间，大大提高计算效率。

Hadoop 所提供的 MapReduce 计算框架能够将计算任务分配到集群中的多台服务器上执行，并且每台服务器上的子任务可以从本地读取数据来完成计算子任务，最后将中间结果进行合并计算。因此，分布式存储在集群中的大数据就不必被读取到同一个节点进行集中处理，大大减少了数据传输量，并且 MapReduce 可以协同集群中的多台服务器共同完成计算任务，减少了计算时间。

MapReduce 能够解决的问题有一个共同特点：任务可以被分解为多个子问题，且这些子问题相对独立，因此可以并行处理这些子问题。在实际应用中，这类问题非常多，在 Google 的相关论文中提到了 MapReduce 的一些典型应用，包括分布式 grep、URL 访问频率统计、Web 连接图反转、倒排索引构建、分布式排序等问题。

Mahout 是 Apache 的一个开源项目，提供了一些可扩展的机器学习领域经典算法的实现，旨在帮助开发人员更加方便、快捷地创建智能应用程序。另外，Mahout 还提供了对 Apache Hadoop 的支持，把诸多经典的算法转换到 MapReduce 计算框架下，大大提高了算法可处理的数据量和处理性能，使这些算法可以更高效地运行在分布式环境中。Mahout 中实现的主要算法如表 8.8 所示。

表 8.8　Mahout 中实现的主要算法

算　法　类	算　法　名	中　文　名
分类算法	Logistic Regression	逻辑回归
	Bayesian	贝叶斯
	SVM	支持向量机
	Perceptron	感知器算法
	Neural Network	神经网络
	Random Forests	随机森林
	Restricted Boltzmann Machines	有限波尔兹曼机
聚类算法	Canopy Clustering	Canopy 聚类
	K-Means Clustering	K 均值聚类算法
	Fuzzy K-Means	模糊 K 均值
	Expectation Maximization	EM 聚类（期望最大化聚类）
	Mean Shift Clustering	均值漂移聚类
	Hierarchical Clustering	层次聚类
	Dirichlet Process Clustering	狄里克雷过程聚类
	Latent Dirichlet Allocation	LDA 聚类
	Spectral Clustering	谱聚类
关联规则挖掘	Parallel FP Growth Algorithm	并行 FP Growth 算法
回归	Locally Weighted Linear Regression	局部加权线性回归
降维/维约简	Singular Value Decomposition	奇异值分解
	Principal Component Analysis	主成分分析
	Independent Component Analysis	独立成分分析
	Gaussian Discriminative Analysis	高斯判别分析
推荐/协同过滤	Non-distributed Recommenders	非分布式推荐算法
	Distributed Recommenders	分布式推荐算法（ItemCF）
向量相似度计算	RowSimilarityJob	计算列间相似度
	VectorDistanceJob	计算向量间距离
非 MapReduce 算法	Hidden Markov Models	隐马尔科夫模型
集合方法扩展	Collections	扩展了 Java 的 Collections 类

Mahout 最大的优点就是基于 Hadoop 实现，把很多以前运行于单机上的算法转化为 MapReduce 模式，这样大大提升了算法可处理的数据量和处理性能。

从 Mahout 所实现的 MapReduce 算法可以看出，许多经典的数据挖掘算法可以被改造成分布式算法并在 Hadoop 平台上执行，但是要求这些算法在执行过程中能够被划分成多个相互独立的子任务以并行执行。

接下来介绍如何运用 Python 将传统聚类算法 K-Means 改造成基于 MapReduce 计算框架的分布式算法。与大量现有的教材所运用的 Java 实现方法相比，本书的内容给出了分布式大数据挖掘算法的另一种实现方法，更加便于熟悉 Python 但是对 Java 不太了解的读者学习。

K-Means 算法之所以能使用 MapReduce 进行分布式计算，是因为 K-Means 算法中求簇中心的过程可以并行计算，即可以对各个节点计算每个簇中所有样本的累加和及对应的样本数，然后把各节点数据汇总到中心节点求平均值，从而得到新的簇中心。

1．设计思路

基于MapReduce 的K-Means算法（简称为MRK-Means）需要设计3个阶段的MapReduce任务。

（1）Map 阶段

```
输入：初始的 k 个簇中心，从数据集中读取所有样本
处理：将每个样本分配到每个最近的簇中心
输出： <key, value>序列：<簇编号, 样本>
```

【例 8.11】 MRK-Means 算法各阶段数据示例。

假设 k=2，d=3（属性数），初始两个簇中心为 1:(0, 0, 0)和 2:(2, 2, 2)。样本 $x1$ 的坐标为(1.8,2.1,1.9)，$x2$ 的坐标为(0.1,0.3,0.9)，$x3$ 的坐标为(2.1,2.3,1.9)。

显然，$x1$ 和 $x3$ 与第 2 个簇中心距离较近，$x2$ 与第 1 个簇中心距离较近，则 Map 阶段输出的<key, value>序列为：

<2　　1.8, 2.1 ,1.9 >

<1　　0.1, 0.3, 0.9>

<2　　2.1, 2.3, 1.9>

（2）Combine 阶段

在每个 Map 任务完成之后，使用 Combiner 函数合并同一个 Map 任务的中间结果，在 Combiner 函数中，把属于相同簇的 values 求和。

```
输入：Map 阶段的输出结果（<key, value>序列）
处理：将同属于相同簇的 values 求和
输出： <key, value, num>形式的序列：<簇编号, values 的累加和, 样本数>
```

根据例 8.11 中 Map 阶段的输出结果，Combine 阶段的输出为：

```
<2    3.9, 4.4, 3.8    2>
<1    0.1, 0.3, 0.9    1>
```

（3）Reduce 阶段

Reduce 阶段将每个节点的 Combiner 函数输出的数据进行汇总，对各节点传来的同一簇编号的<key, value, num>求 values 均值，得出新的簇中心。

```
输入：Combine 阶段的输出结果（<key, value, num>）
处理：将同属于相同簇的 values 求和
输出： k 个<Key, Value>：<簇编号, values 的平均值>
```

其中，$\text{values的平均值}=\dfrac{\text{同一簇编号values的和}}{\text{同一簇编号num的和}}$

2．程序代码

下面给出用 Python 实现的 MRK-Means 算法的 Mapper 函数、Combiner 函数和 Reducer 函数的参考代码。

读者在运行代码时可以根据不同数据集的特点设置 k 值和 D 值（属性数），还可以改进初始簇中心的选取方法。

数据集的文件格式是每行一个数据样本，各个属性之间用逗号分隔（如 CSV 格式的文件），示例数据如下：

```
6.3,2.9,5.6,1.8
6.5,3,5.8,2.2
7.6,3,6.6,2.1
6.4,3.2,4.5,1.5
```

```
6.9,3.1,4.9,1.5
5.5,2.3,4,1.3
…
```

（1）Mapper 函数

MRK-Means 算法的 Mapper 函数代码如下：

```
#!/usr/bin/python3.6
#-*- coding: UTF-8 -*-
import sys
import numpy as np

def Distance(instance, center):         #计算对象与簇中心的距离
    i = np.array(eval(instance)).astype(np.float)
    c = np.array(center).astype(np.float)
    ans = np.sqrt(np.sum(np.square(i - c)))
    return ans

def Mapper(d, k, separator = '\n'):   #d 表示属性数，k 表示类别数，separator 表示行分隔符
    minDis = float('inf')
    centers = []
    for i in range(k):                   #随机生成 k 个簇中心
        arr = np.random.randint(0,10,d)#生成介于 0～10 的 d 维随机数组，根据数据集调整上、下界
        centers.append(arr)
    #centers = [(4,5,2,3), (2,4,1,1),(5,4,4,3)]  #人为设定 k 个初始簇中心
    index = -1
    for line in sys.stdin:
        instances = line.split(separator)           #取一行数据，删除回车符
        instance = instances[0].strip()             #删除头、尾空格等字符
        for i in range(0, len(centers)):
            dis = Distance(instance, centers[i])  #遍历寻找距离最近的簇中心
            if dis < minDis:
                minDis = dis
                index = i
        print("%d%s%s" % (index, '\t', instance))  #输出<key: value>(<簇中心编号:数据点>)

if __name__ == "__main__":
    Mapper(d=4, k=3)                              #应根据数据集调整 d 和 k 值
```

需要说明的是，对于程序中的第一条语句“#!/usr/bin/python3.6”的具体写法，可查看 Linux 系统的/usr/bin 目录中关于 Python 的软链接，它会依照 Linux 系统中安装的 Python 版本进行相应调整。

（2）Combiner 函数

MRK-Means 算法的 Combiner 函数代码如下：

```
#!/usr/bin/python3.6
#-*- coding: UTF-8 -*-
import sys
import numpy as np

def Combiner(d, separator='\t'):                 #d 为样本属性数
    values = {}
    num = {}
    keys = []
    for line in sys.stdin:
```

```
        line = line.strip()
        key, value = line.split(separator, 1)                #获取 Mapper 簇中心索引与对象
        #将样本字符串转换为数组，然后对数组进行向量化操作
        value = np.array(eval(value)).astype(np.float)
        keys.append(key)
        p = np.zeros(d)
        #取字典中 key 的值（若不存在 key，则取 p 值），再相加
        values[key] = values.get(key, p.astype(np.float)) + value
        num[key] = num.get(key, 0) + 1
    for key in set(keys):
        print("%s%s%s%s%s" % (key, separator, str(tuple(values[key])), separator,
num[key]))
        #将向量转换为元组，然后将元组转换为字符串

if __name__ == '__main__':
    Combiner(d=4)
```

（3）Reducer 函数

MRK-Means 算法的 Reducer 函数代码如下：

```
#!/usr/bin/python3.6
#-*- coding: UTF-8 -*-
import sys
import numpy as np

def Reducer(separator='\t'):
    Num = {}
    keys = []
    values = {}
    for line in sys.stdin:
        line = line.strip()
        #print("line:",line)
        key, value, num = line.split(separator, 2)          #分为 2+3 个字符串
        value = np.array(eval(value))                       #样本字符串向量化
        num = int(num)                                      #计数整数化
        keys.append(key)
        values[key] = values.get(key, 0) + value
        Num[key] = Num.get(key, 0) + num
    for key in keys:
        center = values[key] / Num[key]
        print('%s%s(' % (key, separator), end='')
        for i in range(d):
            print('%.2f' % (center[i]), end='')
        print(')')if __name__ == '__main__':
    Reducer()
```

3. 本地测试 MRK-Means 算法

假设 MRK-Means 算法的 3 个程序文件被分别命名为 mrkm_mapepr.py、mrkm_combiner.py 和 mrkm-reducer.py，我们先在本地测试程序是否能够正常运行。

（1）测试 Mapper 函数

假设数据集名称为 test.csv（使用 ANSI 格式保存），输出文件名为 keyValue1.txt，则在本地（Linux 和 Windows 系统中都可以）测试 Mapper 函数的命令如下：

```
python3 mrkm_mapepr.py < test.csv > keyValue1.txt
```

需要注意的是，“<”和“>”符号分别用于重定向输入和输出。

（2）测试 Combiner 函数

将 Mapper 函数的输出文件 keyValue1.txt 作为 Combiner 函数的输入，输出文件名为 keyValue2.txt，则测试 Combiner 函数的命令如下：

```
python3 mrkm_combiner.py < keyValue1.txt > keyValue2.txt
```

（3）测试 Reducer 函数

将 Combiner 函数的输出文件 keyValue.txt 作为 Reducer 函数的输入，输出文件名为 result.txt，则测试 Reducer 函数的命令如下：

```
python3 mrkm-reducer.py < keyValue2.txt > result.txt
```

4．在 Hadoop 集群中运行 MRK-Means 算法

（1）文件准备

在 Hadoop 集群的 HDFS 中创建目录 km_in，将所有测试数据文件复制到 km_in 目录中。

假设 MRK-Means 算法的 Python 程序文件存放在 Linux 系统的/codes 目录中，则对集群中的各个节点都要设置 Python 程序文件的可执行权限：

```
chmod +x /codes/mrkm_mapper.py
chmod +x /codes/mrkm_combiner.py
chmod +x /codes/mrkm_reducer.py
```

（2）在 Hadoop 集群中执行 MRK-Means 算法程序

Hadoop 本身是使用 Java 开发的，因此程序也需要使用 Java 编写。但是通过 Hadoop Streaming，我们可以使用任意语言来编写程序，让 Hadoop 运行。

在 Hadoop 集群中执行使用 Python 编写的 MRK-Means 算法程序的命令如下：

```
mapred streaming \
 -input /km_in \
 -output /km_out \
 -mapper /codes/mrkm_mapper.py \
 -reducer /codes/mrkm_reducer.py \
 -combiner /codes/mrkm_combiner.py
```

说明：

① 上述命令中的“\”符号是为了在命令行输入时换行，“\”前面应添加空格，各个参数之间也需要添加空格。

② 上述命令中的“mapred streaming”可以使用如下命令代替：

```
hadoop jar $HADOOP_HOME/share/hadoop/tools/lib/hadoop-streaming-3.3.0.jar
```

此外，为了更方便地测试程序，还可以编写一个 Python 程序来执行上述命令：

```
import os
cmd = "mapred streaming \
 -input /km_in \
 -output /km_out \
 -mapper /codes/mrkm_mapper.py \
 -reducer /codes/mrkm_reducer.py \
 -combiner /codes/mrkm_combiner.py"
os.system(cmd)
```

8.6 本章小结

本章首先介绍了数据的描述性分析，包括数据的集中趋势度量、数据的离散趋势度量和数据的偏态特性度量等。然后介绍了回归分析和一些经典的分类和聚类算法，包括逻辑回归、近邻分类算法、决策树算法和 K-Means 聚类算法等。最后讨论了 K-Means 算法的并行化问题，给出了基于 MapReduce 计算框架的 MRK-Means 算法的 Python 实现和相关的运行与测试方法。

8.7 习题

一、选择题

1．所谓数据的描述性分析，是指使用统计学方法描述数据的统计特征量的分析方法。以下选项中属于数据描述性分析方法的是（　　）。

A．逻辑回归　　B．聚类　　C．分类　　D．离散趋势度量

2．逻辑回归属于（　　）方法的一种。

A．数据拟合　　B．聚类　　C．分类　　D．数据描述性分析

3．以下算法中属于层次聚类方法的是（　　）。

A．K-Means　　B．CURE　　C．WaveCluster　　D．DBSCAN

二、填空题

1．数据的偏态特性度量通常用于计算数据的____________和____________。

2．随机变量的分布越接近均匀分布，其离散程度越____，信息熵值则越____。

3．回归模型是描述因变量如何依赖____________和随机误差项变化的方程。

三、简答题

1．ID3 分类算法中的信息增益计算使用到了条件熵，若条件熵小，则信息增益大，简述在什么情况下条件熵小。

2．简述层次聚类方法有哪几种类型，以及各类型的特点。

四、实验题

【实验 8-1】使用 Python 对 Kaggle 的房价预测数据集进行数据特性分析，并建立和训练回归预测模型。

1．数据准备

从数据科学竞赛平台 Kaggle 下载房价预测数据集，进入 Kaggle 官网，选择 Competition 选项卡，搜索 House Price 关键词，即可下载。

2．任务要求

（1）对房价预测数据集进行数据特性分析。

（2）对数据集进行预处理，包括缺失值填充、异常值处理和属性重构等。

（3）建立和训练某种回归分析模型。

（4）对模型的预测结果进行评价和分析。

【实验 8-2】将经典的 KNN 分类算法改造成基于 MapReduce 计算框架的分布式算法。

1．任务分析

KNN 分类算法首先找出待分类样本的 *K* 个最近邻样本，然后使用这 *K* 个最近邻样本的多数类标签作为待分类样本的类别。因此，基于 MapReduce 计算框架的 KNN 分类算法可以考虑分为以下几个步骤：

（1）在分布式系统的各个节点上计算待分类样本与数据集中各数据的距离。

（2）根据距离从小到大进行排序，选出待分类样本的 *K* 个最近邻样本。

（3）将各节点的中间结果汇总到中心节点，再次根据距离进行排序，选出最终的 *K* 个最近邻样本，最后将 *K* 个最近邻样本的多数类标签作为待分类样本的类别。

2．设计思路

根据上述分析，显然各节点的中间结果只要记录 *K* 个最近邻样本的距离和类别标签（不需要记录具体样本数据），因此可以设计 MapReduce 的各阶段任务和输出格式。

（1）Mapper 阶段

输入：待分类样本，数据集。

处理：计算待分类样本与数据集中每个测试数据的距离。

输出：<key, value>序列为<测试数据的行偏移量，距离，类别标签>。

（2）Combiner 阶段

输入：Mapper 阶段的输出。

处理：对 Mapper 阶段的输出序列根据距离大小进行排序。

输出：<key, value>序列为<距离，类别标签>。

（3）Reducer 阶段

输入：各计算节点 Combiner 阶段的输出。

处理：汇总各节点的中间结果，再次根据距离进行排序，最终选出 *K* 个最近邻样本。

输出：*K* 个最近邻样本的多数类标签。

第 9 章 数据可视化

本章学习目标

- 了解数据可视化的基础知识。
- 了解常见的数据可视化工具和软件。
- 了解若干数据可视化工具的使用方法，并能完成简单的编程实现。

本章将向读者介绍数据可视化的基本知识，介绍目前常用的数据可视化的工具和软件，并重点讲解数据可视化工具 ECharts 的使用方法和编程案例。

9.1 引言

所谓数据可视化（Data Visualization），是指运用计算机图形学和图像处理技术，将数据转换为图形或图像显示，并进行交互处理的理论、方法和技术。

数据可视化可以提供多种数据分析的图形方法，直观地传达数据的关键特征，从而实现对于复杂数据的深入洞察。使用数据可视化方法，不但可以借助图形化手段清晰、有效地传达与沟通信息，而且可以在处理过程中发现未知信息，具体表现在以下几个方面。

- 可以反映信息模式、数据关联或趋势。
- 发现隐含在数据中的规律。
- 实现人与数据之间信息的直接传递。
- 帮助决策者直观地观察和分析数据。

在大数据时代，数据的复杂性和体量大大增加，而可视化和可视化分析可以对数据进行有效的筛选与精炼，并通过图形手段清晰、有效地传达与沟通信息，帮助人们更好地探索和理解复杂的数据，是人们理解复杂数据、发现知识和规律的不可或缺的手段。

图 9.1 所示为数据可视化示例，展示了某个大数据可视化平台的“数据大屏”界面。

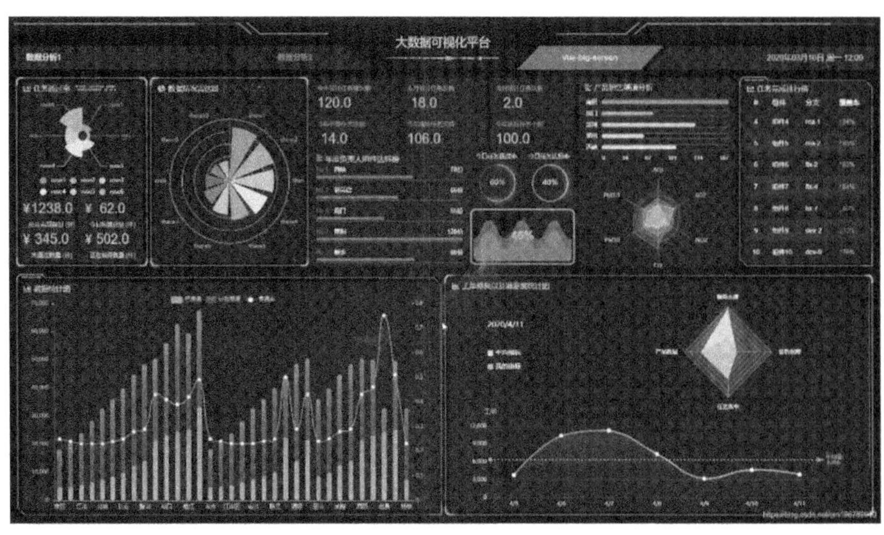

图 9.1　数据可视化示例

下面介绍两个数据可视化案例。

1．百度迁徙

百度迁徙是百度公司在 2014 年春运期间推出的一个品牌项目。该平台首次启用百度地图定位，通过数据可视化的方式展示了国内春节期间人口迁徙情况，引发了人们的巨大关注。

百度迁徙平台利用百度后台每天数十亿次 LBS 定位数据进行运算分析，通过数据可视化的方式展现全国春运动态，包括当前全国春运最热门的路线，最热门的出发地、目的地等。

目前，百度迁徙平台可以查看全国除港澳台之外所有城市的迁徙状况；每个城市从春运首日至查看前日的迁徙走势；从宏观上查看全国热门路线、热门目的地、热门出发地。

2．航线星云

航线星云是一个全球顶级的数据可视化案例，数据源包括约 6 万个直飞航班信息。这些航班穿梭在 3000 多个机场间，覆盖了 500 多条航线。通过数据可视化技术，我们可以看到，世界上各家不同的航空公司的航线和目的地看起来就像一个美丽的星云，如图 9.2 所示。

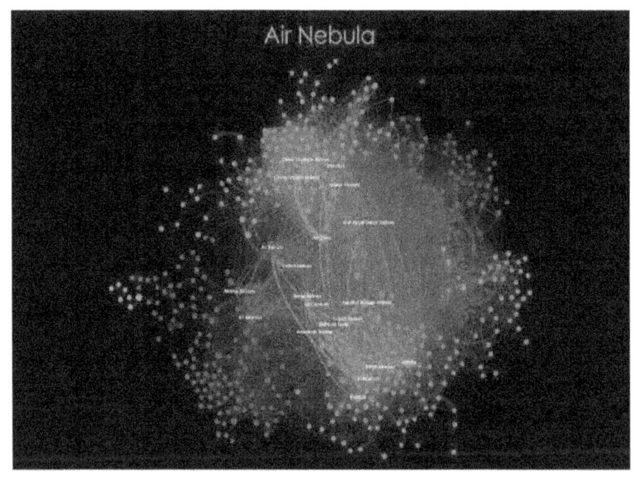

图 9.2　航线星云示意图

这张基于数据可视化技术的航线星云示意图显示了服务城市相似的不同航空公司。图中的圆点或圆圈代表航空公司，连线的粗细和远近则反映了两个航空公司之间的相似性：连线越粗或越短代表两家航空公司服务的城市越相似。

总的来说，这张图揭示了各航空公司之间的相似性和竞争情况，有利于发掘潜在的合作关系，增加市场份额和市场覆盖面。这项技术可以通过不同参与者之间的相同变量来分析任何生态系统。

9.2　数据可视化的常用方法

可视化的数据根据属性/变量的类型可以分为类属性型和数值型数据，根据数据集的类型可以分为结构化数据和非结构化数据，如图 9.3 所示。

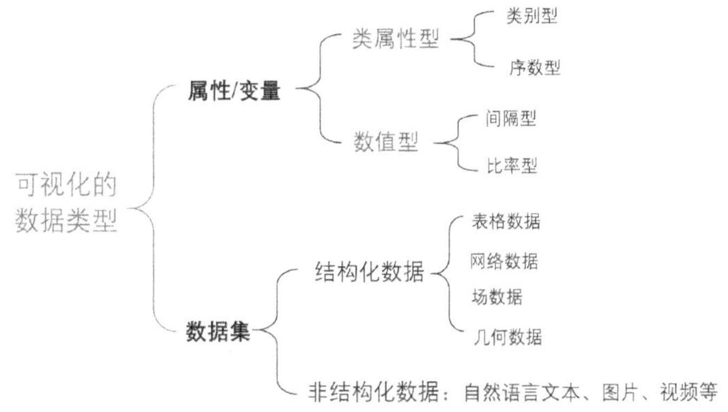

图 9.3　可视化的数据类型

针对不同类型的数据，有多种多样的数据可视化方法，如趋势型数据可视化方法、对比型数据可视化方法、比例型数据可视化方法、分布型数据可视化方法等。

9.2.1　趋势型数据可视化方法

趋势型数据可视化方法包括散点图、折线图、阶梯图和时间序列图等。

1．散点图（Scatter Plot）

散点图使用数值作为 x 轴和 y 轴坐标来绘制数据点，是数据点（x,y）在直角坐标系平面上的分布图。在回归分析中，可以选择合适的函数对数据点进行拟合，从而判断两个变量之间是否存在某种关联，或者总结坐标点的分布模式。散点图将序列显示为一组数据点，数值由数据点在图表中的位置表示。散点图示例如图 9.4 所示。

2．折线图（Line Chart）

折线图使用线段顺序连接空间的各个数据点。与散点图相比，折线图突出表现数据点的变化，而散点图则突出表现数据点的分布情况；使用折线图不能进行回归分析，使用而散点图可以。折线图示例如图 9.5 所示。

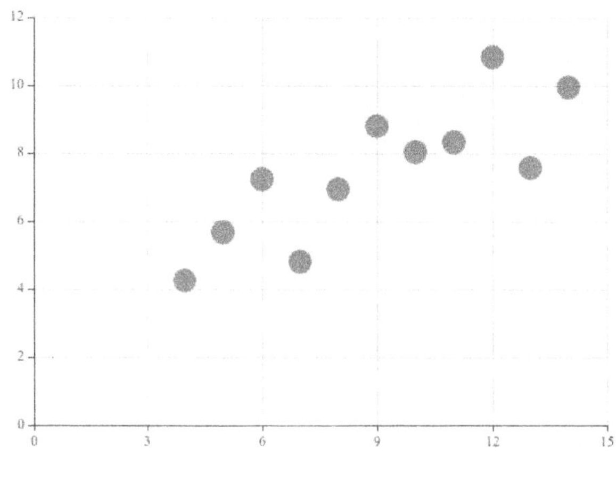

图 9.4　散点图示例

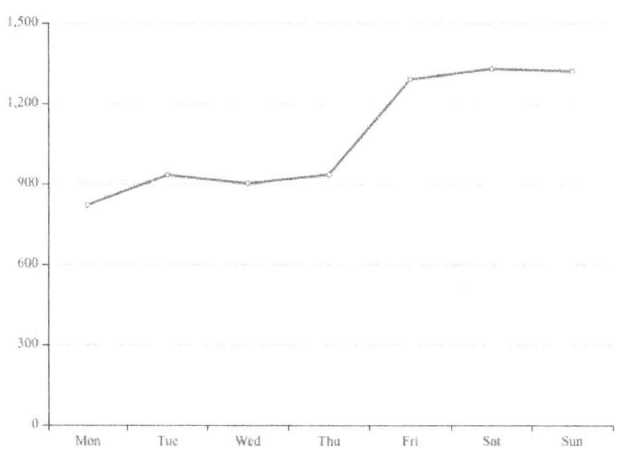

图 9.5　折线图示例

3．阶梯图（Step Plot）

阶梯图又称瀑布图，它以一种无规律、间歇性阶跃的方式表达数值的变化，可以用于数据变化和构成情况的分析（如保险产品、电价、水价等）。阶梯图示例如图 9.6 所示。

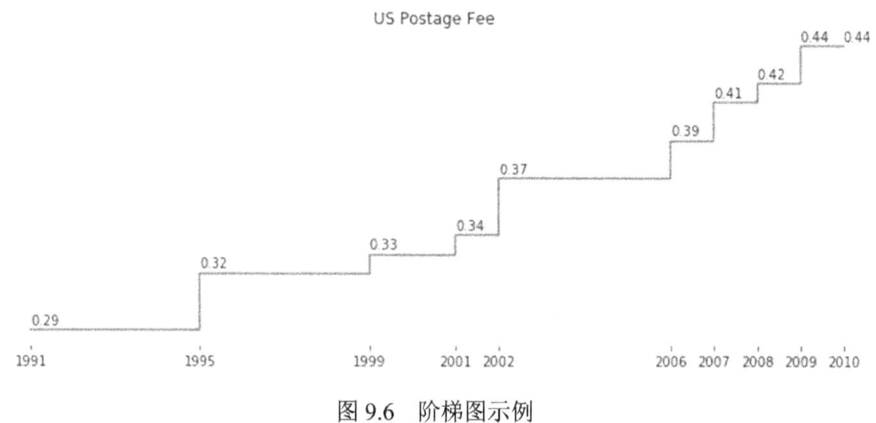

图 9.6　阶梯图示例

4．时间序列图（Time Series Plot）

时间序列图用于显示给定度量随时间变化的方式，是以时间为横轴、以观察变量为纵轴，反映时间与数量之间的关系，显示变量变化发展的趋势及偏差的统计图。时间序列图示例如图 9.7 所示。

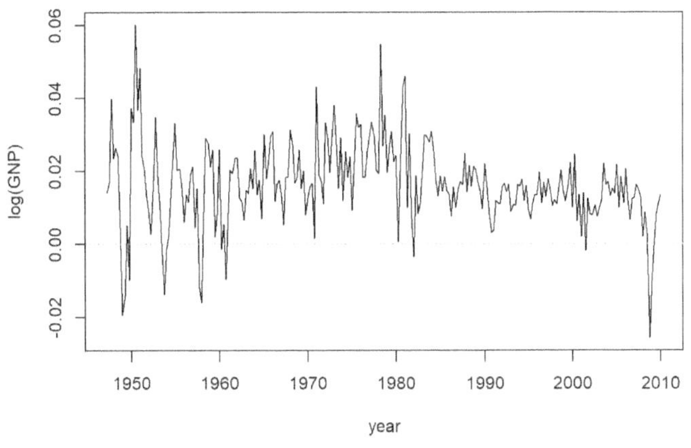

图 9.7　时间序列图示例

9.2.2　对比型数据可视化方法

对比型数据可以使用柱状图、面积图、雷达图、气泡图等进行可视化呈现。

1．柱状图（Bar Chart）

柱状图是一种以长方形的长度为变量的统计图表。它使用垂直或水平的柱子显示类别之间的数值比较，用于描述分类数据，并统计每个分类中的数量。柱状图示例如图 9.8 所示。

2．面积图（Area Chart）

面积图是在折线图的基础上形成的。它将折线图中折线与坐标轴之间的区域使用颜色进行填充，这个填充就是我们所说的面积。颜色的填充可以更好地突出趋势信息。面积图示例如图 9.9 所示。

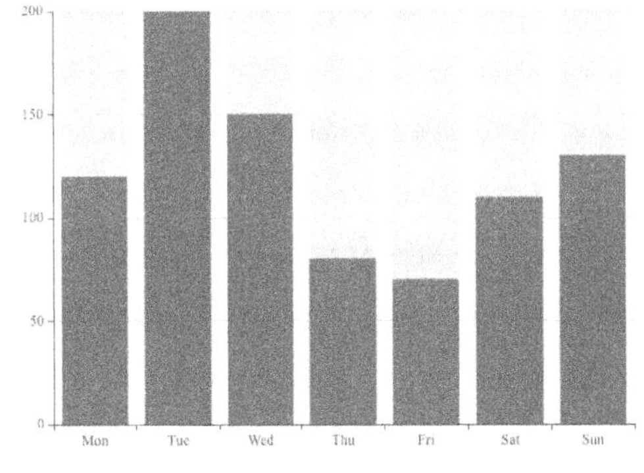

图 9.8　柱状图示例

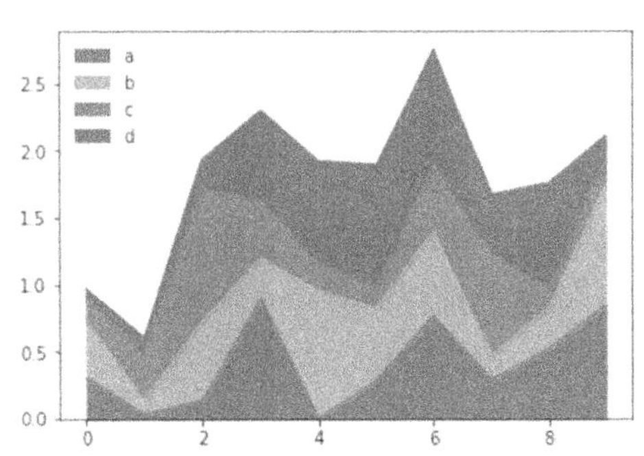

图 9.9　面积图示例

3．雷达图（Radar Chart）

雷达图又称网状图或星状图，它形似雷达界面，用于同时对多个数据进行对比分析，以及对同一数据在不同时期的变化进行分析，可以有效地表示数据的聚合值，也就是数据在各个方向上达到的峰值。雷达图示例如图 9.10 所示。

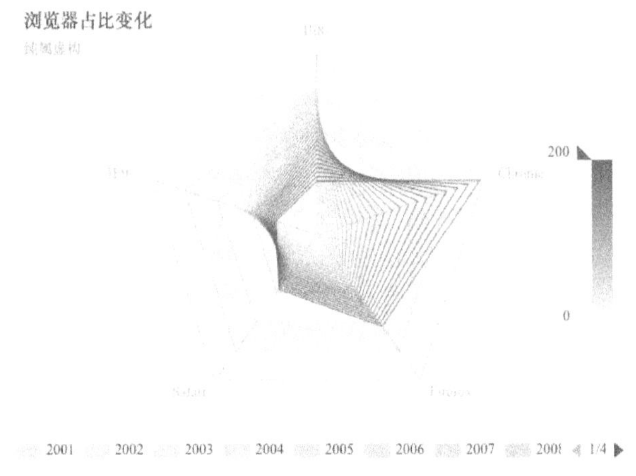

图 9.10　雷达图示例

4．气泡图（Bubble Chart）

气泡图通常用于比较和展示不同类别之间的关系（如分析数据之间的相关性），并通过气泡的位置及面积大小进行比较。气泡图示例如图 9.11 所示。

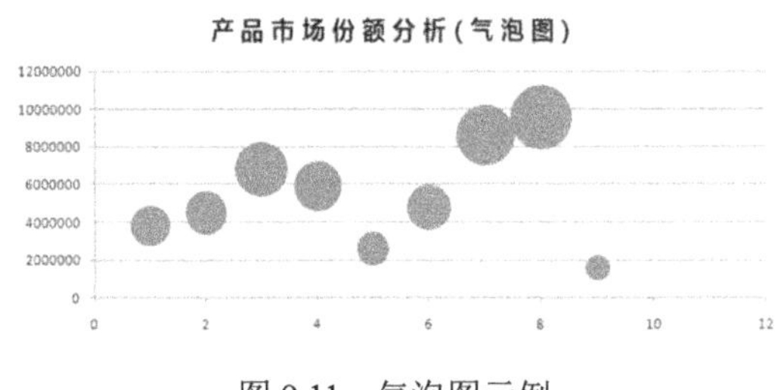

图 9.11　气泡图示例

9.2.3　比例型数据可视化方法

比例型数据可以使用饼图、堆垒柱状图和堆垒面积图等进行可视化呈现。

1．饼图（Pie Chart）

饼图用于表示不同分类的占比情况，并通过弧度大小来对比各种分类。饼图将一个圆饼按照分类的占比划分成多个区块，整个圆饼代表数据的总量，每个区块表示该分类占总体的比例大小，所有区块的和等于 100%。饼图示例如图 9.12 所示。

2．堆垒柱状图（Stack Column）

堆垒柱状图用于显示单个项目与整体之间的关系，比较各个类别的每个数值所占总数值的大小。堆垒柱状图以二维垂直堆积矩形显示数值。当有多个数据系列且希望强调总数值时，

可以使用堆垒柱状图。堆垒柱状图示例如图 9.13 所示。

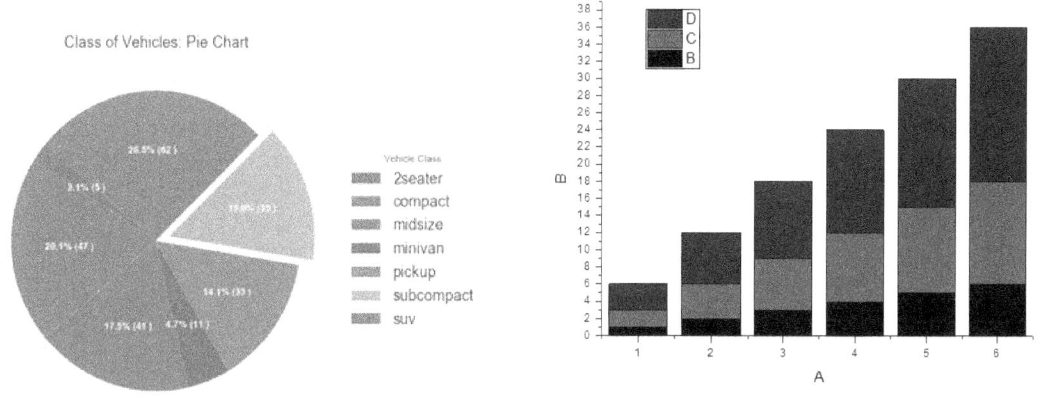

图 9.12　饼图示例　　　　图 9.13　堆垒柱状图示例

3．堆垒面积图（Stack Area）

堆垒面积图是由一些大小相同的小正方体堆垒而成的，用于显示每个数值所占的比例随类别或时间变化的趋势。堆垒面积图示例如图 9.14 所示。

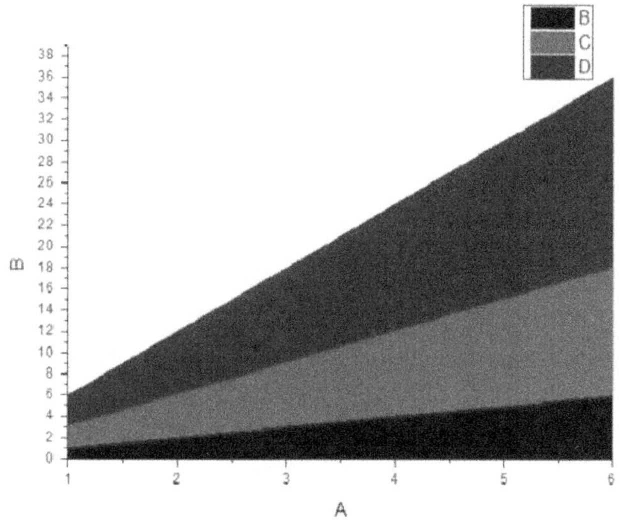

图 9.14　堆垒面积图示例

9.2.4　分布型数据可视化方法

分布型数据可以使用直方图、箱型图、概率密度图等进行可视化呈现。

1．直方图（Histogram）

直方图又称质量分布图，是一种统计报告图，由一系列高度不等的纵向条纹或线段表示数据分布的情况，一般使用横轴表示数据类型，使用纵轴表示分布情况。

直方图是数值型数据分布的精确图形表示。为了构建直方图，需要将数值的范围均匀分段（分成多个 bin），然后计算每个 bin 中有多少个数值，最后在坐标轴上绘制每个 bin 上分布的数值的数量。直方图示例如图 9.15 所示。

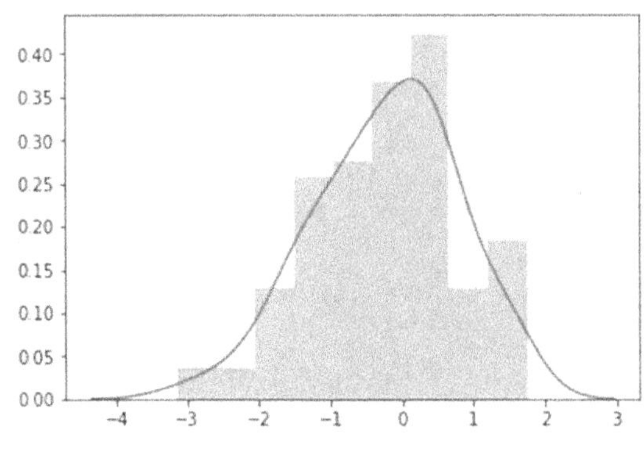

图 9.15　直方图示例

2．箱形图（Box Diagram）

箱形图又称盒状图或箱线图，是一种用于显示一组数据分散情况的统计图，因形状如同箱子而得名。箱形图经常在各种领域中被使用。

箱形图于 1977 年由美国著名统计学家约翰・图基（John Tukey）发明，它能显示出一组数据的最大值、最小值、中位数及上/下四分位数。箱形图示例如图 9.16 所示。

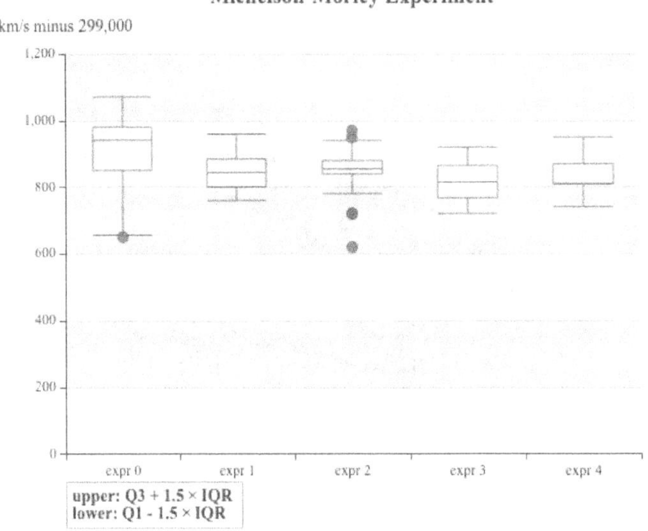

图 9.16　箱型图示例

3．概率密度图（Density Plot）

前面提到的直方图、箱线图都是离散型数据的分布图，而概率密度图则是连续型变量的分布图。概率密度图将随机变量落在其区间内的概率使用色块填充成阴影部分面积，它是使用概率密度曲线画的，横轴表示连续型随机变量 x，纵轴表示概率密度函数 $f(x)$。概率密度图示例如图 9.17 所示。

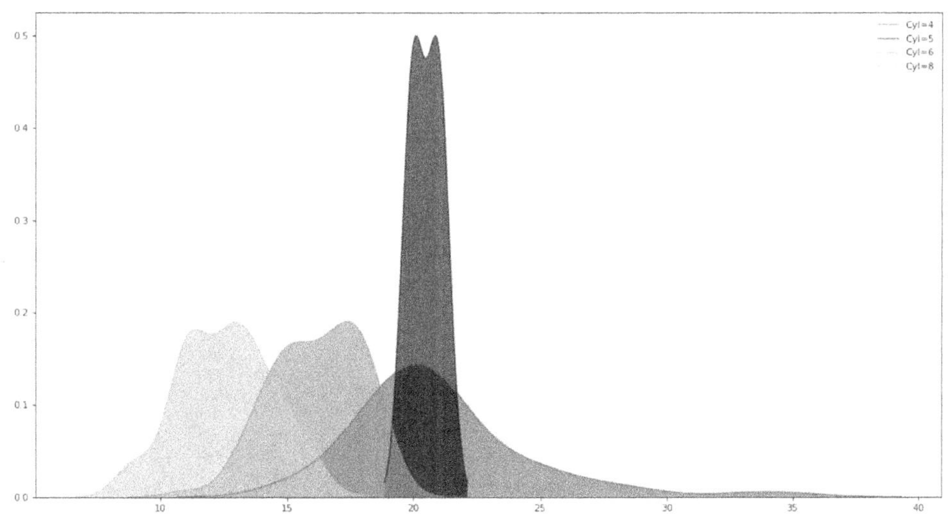

图 9.17　概率密度图示例

9.2.5　文本数据可视化方法

对于文本数据可视化，最著名的是由美国西北大学新闻学副教授、新媒体专业主任里奇 • 戈登（Rich Gordon）于 2006 年最先使用的“词云”（也称标签云，Tag Cloud）。词云是通过形成“关键词云层”或“关键词渲染”，对网络文本中出现频率较高的“关键词”在视觉上进行突出显示的方法。

图 9.18 所示为以马丁 • 路德金的 *I Have a Dream* 一文为例生成的词云，可以看出该文中有“freedom”“dream”“negro”等高频率词汇。

图 9.18　词云示例

目前，有许多流行的词云生成工具，如 Wordle、WordItOut、Tagxedo、WordArt、ToCloud 和图悦等。

时序文本是指具有时间或顺序特性的文本，例如，一篇小说中故事情节的变化，或一个新闻事件随时间的演化。主题河流（Theme River）图是一种经典的时序文本可视化方法，它将主题的演变嵌入时间长河中，如图 9.19 所示。横轴表示时间，每一条不同颜色的线条可被视作一条河流，而每条河流则表示一个主题，河流的宽度代表其在当前时间点上的一个度量（如主题的强度）。这样既可以在宏观上看出多个主题的发展变化，又可以在特定时间点上看出主题的分布。

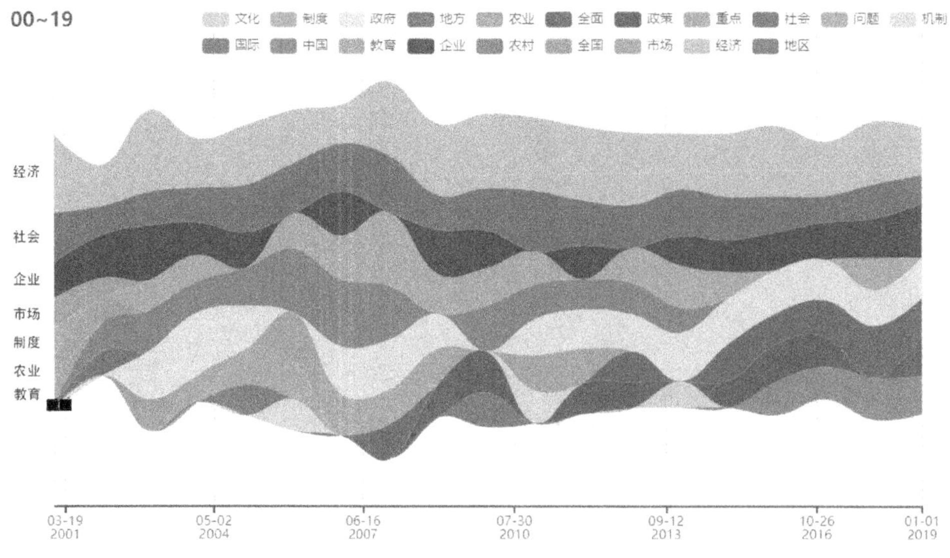

图 9.19　主题河流图示例

9.2.6　关系网络数据可视化方法

关系网络数据可视化（Network Visualization）方法的重要用途是揭示对象之间的复杂关联关系，具有广泛的应用场景，如疾病传播分析、社交网络分析、科研人员的研究协作分析、路由器网络的设计、演员的协作关系分析等。

1．力导向图（Force-Directed Graph）

力导向图是一种常用的关系网络数据可视化工具，它可以表示节点之间的多对多关系，可以根据实时状态自动完成很好的聚类效果，方便用户看出点与点之间的亲疏关系，并且使用节点的大小表示重要性。力导向图示例如图 9.20 所示。

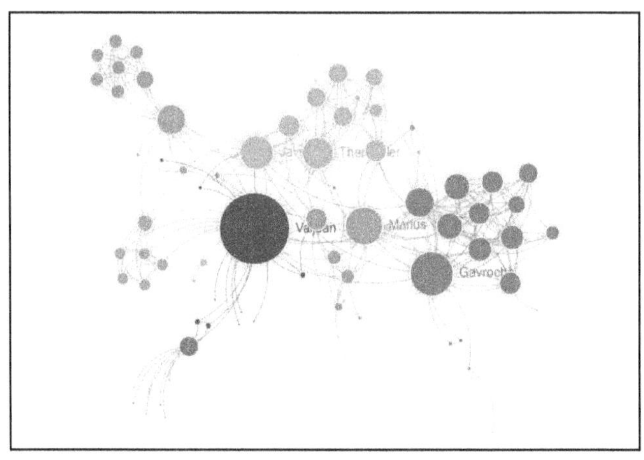

图 9.20　力导向图示例

2．桑基图（Sankey Diagram）

桑基图也称桑基能量分流图或桑基能量平衡图，是一种特定类型的流程图，图中延伸的分支的宽度对应数据流量的大小，因 1898 年 Matthew Henry Phineas Riall Sankey 绘制的“蒸汽机的能源效率图”而闻名，此后便被命名为桑基图。

桑基图主要由节点、边和流量组成，其中节点代表不同对象，边代表流动的数据，流量代表流动数据的具体数值。边的宽度与流量成比例地显示，边越宽，数值越大。桑基图示例如图 9.21 所示。

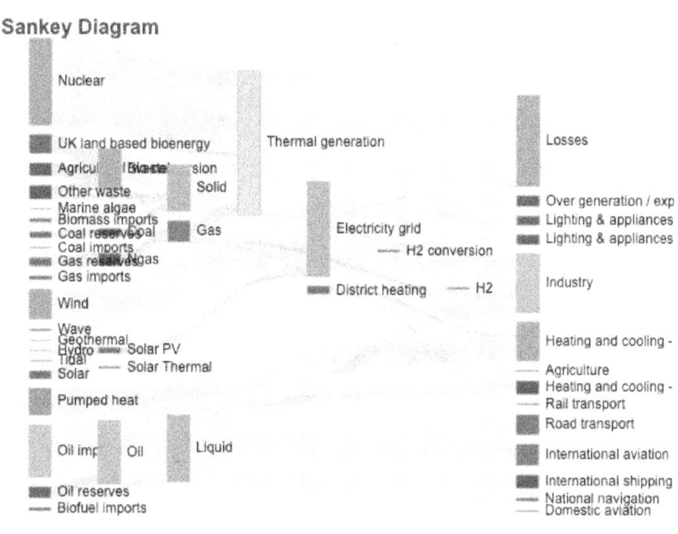

图 9.21　桑基图示例

9.2.7　时空数据可视化方法

时空数据是指具有时间元素并随时间变化而变化的空间数据，是描述地球环境中地物要素信息的一种数据。时空数据的静态可视化一般是在二维地图上叠加可以描述时间变化的要素，以描述时空属性数据与空间范围内的变化特征；而时空数据的动态可视化可采用动态地图、三维 GIS 等多种手段展现时空数据，将时空数据在动态变化的地图或三维场景中呈现出来，可以直观、生动地表示各种空间信息的变化过程。

9.2.8　层次结构数据可视化方法

层次结构数据表示对象之间的层次关系，可以被抽象为树（Tree）结构，如社会关系中的从属关系、事物的包含关系、组织结构信息和逻辑承接关系等。

层次结构数据可视化的要点是对数据中层次关系的有效刻画，主要包括两种表现方式：节点链接法和空间填充法。

1．节点链接法（Node-link）

节点链接法将单个个体绘制成一个节点，节点之间的连线表示个体之间的层次关系，代表图形有空间树、圆锥树、径向树、双曲树。图 9.22 所示为节点链接法示例，左边的子图是径向树（Radial Tree），特点是根节点位于圆心，不同层次的节点被放置在半径不同的同心圆上；右边的子图是圆锥树（Cone Tree），是一种在三维空间中可视化层次结构数据的技术，结合了正交布局和径向布局两种思想。

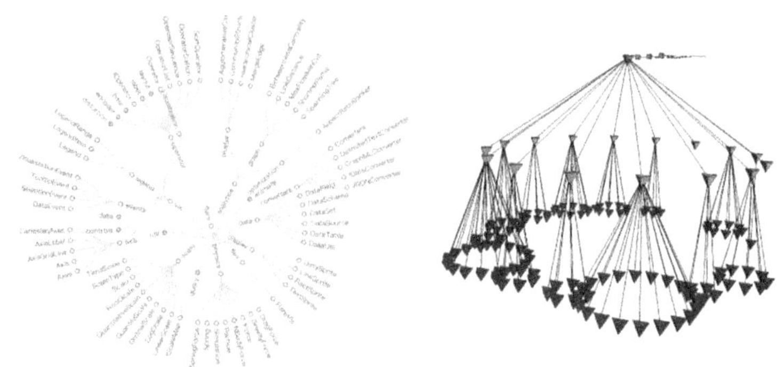

图 9.22　节点链接法示例

2．空间填充法（Space-filling）

空间填充法使用空间中的区域来表示数据中的个体，并使用外层区域对内层区域的包围来表示层次关系。图 9.23 所示为空间填充法示例，左边的子图是矩形树图（Tree Map），使用矩形表示层次结构里的节点，使用矩形之间的相互嵌套隐喻表示父子节点之间的层次关系；右边的子图是旭日图（Sunburst），中心的圆代表根节点，各个层次使用同心圆表示。

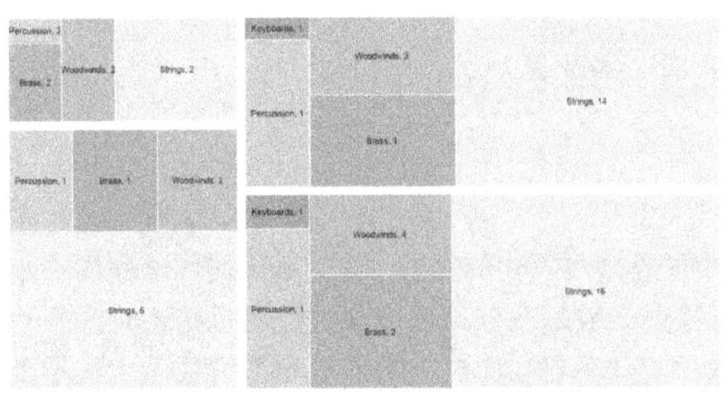

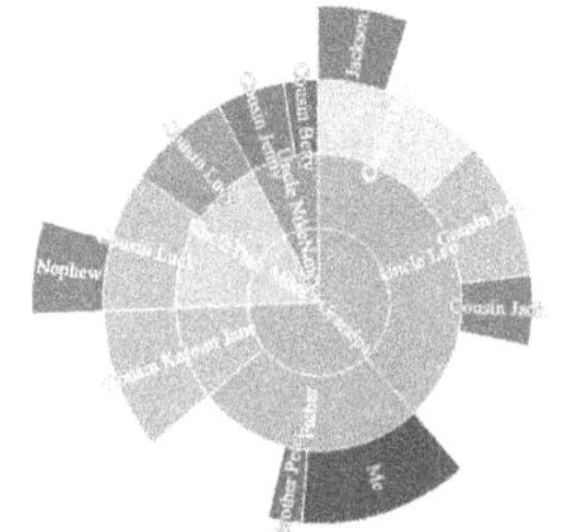

图 9.23　空间填充法示例

9.2.9　高维数据可视化方法

大数据的一个特性是维度高，例如，一个电商平台中商品的信息高达上百个维度。然而人类通常可以最直观地理解二维空间中的数据，因此高维数据可视化通常需要运用降维方法，以二维或三维的形式呈现数据。常用的高维数据可视化方法包括调和曲线、平行坐标图、RadViz 图等，还需要使用降维算法，如主成分分析（PCA）、线性差别式分析（LDA）和多维缩放（MDS）等。

1．调和曲线（Andrews Curve）

调和曲线由 Andrews 于 1972 年提出，因此又被称为 Andrews Plots 或 Andrews Curve，

是将多元数据以二维曲线展现的一种统计图，常用于表示多元数据的结构。

图 9.24 所示为调和曲线的一个示例，它将 Iris 数据集（鸢尾花数据集）中每个样本的属性值转化为傅里叶序列的系数来创建二维曲线。

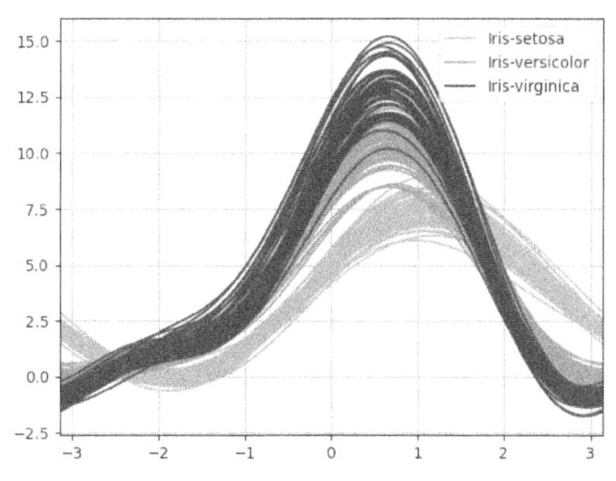

图 9.24　调和曲线示例

2. 平行坐标图（Parallel Coordinate Plot）

平行坐标图将多维数据的各个变量用一系列相互平行的坐标轴表示，并将不同变量的各点连接成折线，以反映变化趋势和各个变量间的相互关系。平行坐标图示例如图 9.25 所示。

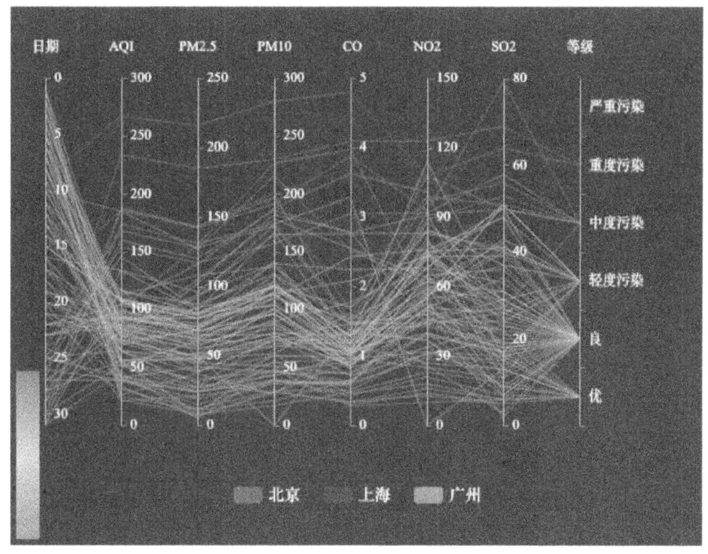

图 9.25　平行坐标图示例

9.3　数据可视化常用工具简介

在数据可视化方面，如今有大量工具可供选择。根据这些工具的功能和用途，可以将它们分为可视化编程工具、可视化报表生成工具、商业智能分析工具和数据可视化大屏工具等。表 9.1 所示为目前常用的数据可视化工具及其特性。

表 9.1 常用的数据可视化工具及其特性

名 称	类 型	特 点	来 源
D3.js	可视化编程工具	基于 JavaScript 的开源可视化编程工具	开源项目
ECharts	可视化编程工具	基于 JavaScript 的开源可视化编程工具	百度公司开源的 Apache 项目
FineReport	可视化报表生成工具	企业级报表生成工具，用于开发业务报表、数据分析报表	中国帆软软件有限公司
Tableau	商业智能分析工具	商业大数据可视化分析平台，可通过拖放操作实现数据查询和可视化呈现	美国 Tableau 公司
Microsoft Excel	电子表格和图表工具	基于电子表格的数据分析和可视化工具	美国微软公司
DataV	数据可视化大屏工具	拖曳式可视化工具，用于业务数据与地理信息融合的数据可视化	中国阿里巴巴公司
Python	可视化编程工具库	Python 的大数据可视化库（如 Matplotlib 和 Seaborn 等）	开源项目
MATLAB	科学计算和绘图工具	MATLAB 提供了一系列的绘图函数，包括函数绘图、简易绘图、叠加绘图、添加曲线，交互绘图等功能	美国 MathWorks 公司
Origin	科学绘图和数据分析软件	支持各种各样的 2D/3D 图形，其中的数据分析功能包括统计、信号处理、曲线拟合及峰值分析	美国 OriginLab 公司

9.3.1 Tableau 数据可视化工具简介

Tableau 是一款商业智能分析与数据可视化工具，致力于帮助人们查看并理解自己的数据。它来源于 2003 年斯坦福大学的一个计算机科学项目，该项目旨在改善数据分析流程并通过数据可视化使人们更容易地访问数据。Tableau 公司的共同创始人 Chris Stolte、Pat Hanrahan 和 Christian Chabot 开发了 Tableau 的基础技术 VizQL 并申请了专利。该技术通过直观的界面将拖放操作转换为数据查询来可视化地表达数据。VizQL 能够帮助人们更好地理解通过抽象查询所获得的底层数据。

1．Tableau 的功能与特点

（1）简单易用

Tableau 的实时查询引擎可以让使用者无须具备任何编程或高级开发经验，就能够查询数据库、多维数据集、数据仓库、云资源，甚至 Hadoop 上的分布式数据库。使用者不需要精通复杂的编程和统计原理，只需要把数据直接拖放到工作簿（数字“画布”）上，并通过一些简单的设置就可以得到想要的各种可视化图表。

（2）数据混合

数据混合是 Tableau 中最重要的功能。当需要对来自多个数据源的相关数据进行分析和展示时，可以使用 Tableau 在单个视图中一起分析，并以图形的形式表示数据。

（3）实时分析

实时分析使用户能够快速理解和分析动态数据。当数据流量速度很快时，对实时分析的要求就很高。Tableau 可以通过交互式分析帮助用户从快速移动的数据中提取有价值的信息。

（4）协作共享

Tableau 还可以让团队与工作组共享分析结果，并将易于理解的可视化数据转发给可以从数据中获取价值的其他人，以便其他人了解数据并做出明智的决策。Tableau Server 可以将桌面版开发的文件发布在服务器上进行共享，并提供数据安全管理功能。

（5）数据接口丰富

Tableau 提供了目前大多数主流的数据库系统和数据文件格式的接口，可以非常容易地从其他数据源导入数据，它的数据接口如图 9.26 所示。

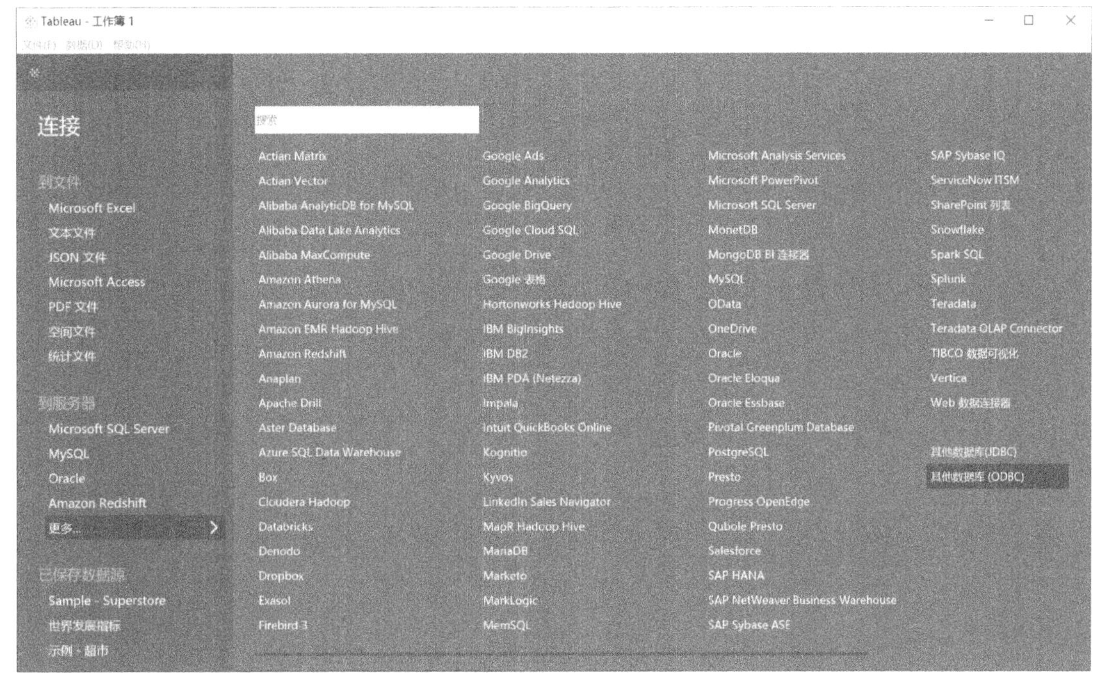

图 9.26 Tableau 的数据接口

2. Tableau 的产品序列

Tableau 包括以下 6 种产品。它们的介绍分别如下。

- Tableau Desktop：桌面分析软件，在连接数据源后，只需要拖动即可快速创建交互的视图、仪表盘。
- Tableau Server：将桌面分析软件开发的文件发布到服务器上，共享给企业中的其他用户，提供数据源管理和安全信息管理功能。图 9.27 所示为 Tableau Server 的界面示意图。
- Tableau Online：完全托管在云端的分析平台，可以被嵌入 Web 页面中，并在 Web 页面上进行交互、编辑和制作。
- Tableau Reader：在桌面免费打开查看已经制作好的 Tableau 工作簿。
- Tableau Mobile：移动端 App，但是只支持查看而不支持编辑。
- Tableau Public：免费版本，无法连接所有数据格式的数据源，但是能够完成大部分的工作。该版本无法在本地保存工作簿，只能将数据保存到云端的公共工作簿中。

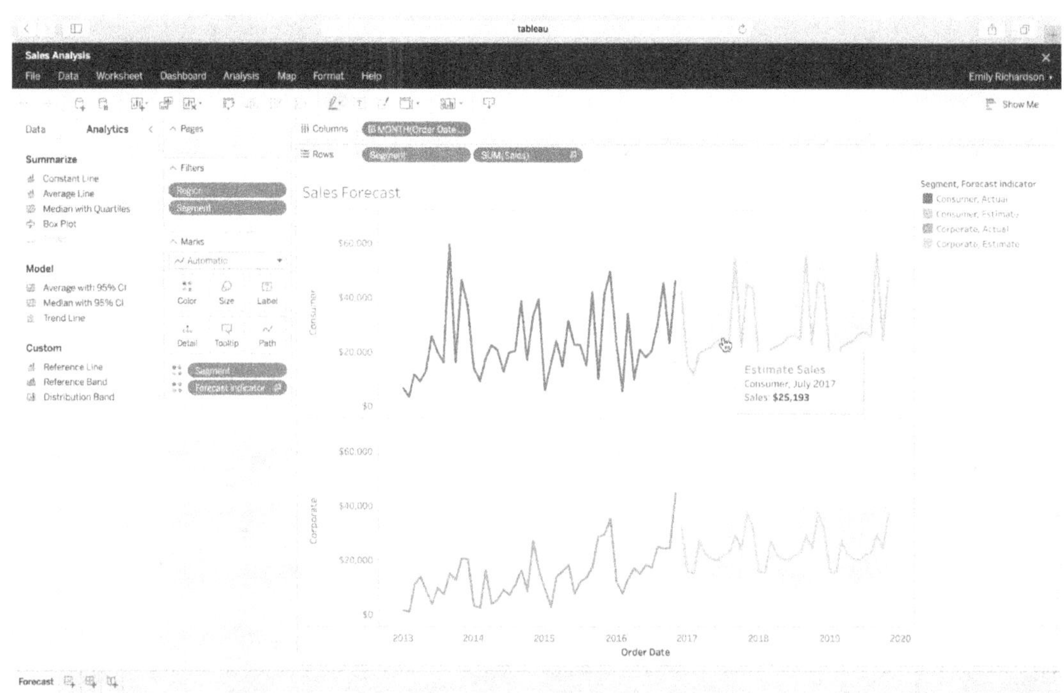

图 9.27 Tableau Server 的界面示意图

9.3.2 Python 的 Matplotlib 库简介

Matplotlib 是一个综合性的 Python 绘图库，用于在 Python 中创建静态、动态和交互式的可视化图表。Matplotlib 库能够生成各种格式的图形（如折线图、散点图、直方图等），其界面可交互（可以利用鼠标对生成的图形进行单击操作），生成的图形质量较高，甚至可以达到出版级别。

1. 安装 Matplotlib 库

在 Python 程序使用 Matplotlib 库之前，需要先将其安装到本地，操作命令如下：

```
pip3 install matplotlib
```

2. 一个简单的 Matplotlib 库的绘图实例

本实例使用 Matplotlib 库的 plot()函数绘制一条曲线，代码如下：

```
#绘制曲线示例代码
from matplotlib import pyplot as plt    #引入 Matplotlib
x = [1, 2, 3, 4]
y = [1, 4, 2, 3]
fig = plt.figure()                      #创建一个 Figure 对象，用于容纳 Axes
ax = fig.add_subplot()                  #添加一个 Axes
ax.plot(x, y)                           #在 Axes 上绘制曲线图形
ax.set_title("A simple Matplotlib demo")
ax.set_xlabel("X axis label")
ax.set_ylabel("Y axis label")
plt.show()
```

本实例呈现的效果如图 9.28 所示。

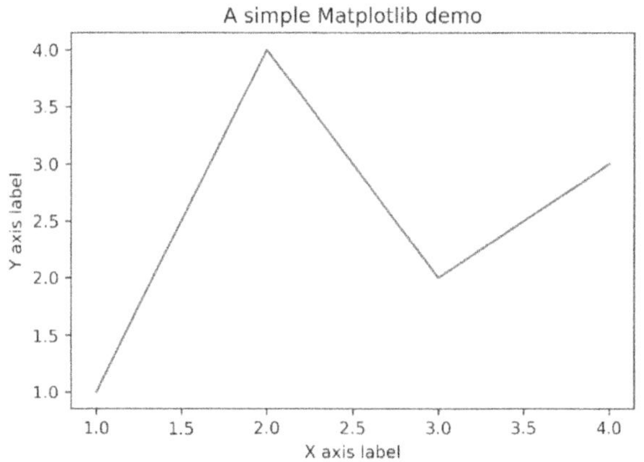

图 9.28　一个简单的 Matplotlib 库的绘图实例

需要注意的是，如果不创建 Axes 对象（坐标轴），直接使用 plt.plot()函数也可以绘制图形，但是在处理复杂的绘图工作时，还是需要使用 Axes 来完成图形绘制。

3．Matplotlib 图形的组成

Matplotlib 图形的主要组成部分包括一个 Figure（整个图）。Figure 中可以包含若干个 Axes（坐标轴）和画布（Canvas），以及一些特殊的组件（称为 Artist，如 Titles 和 Legends 等），如图 9.29 所示。

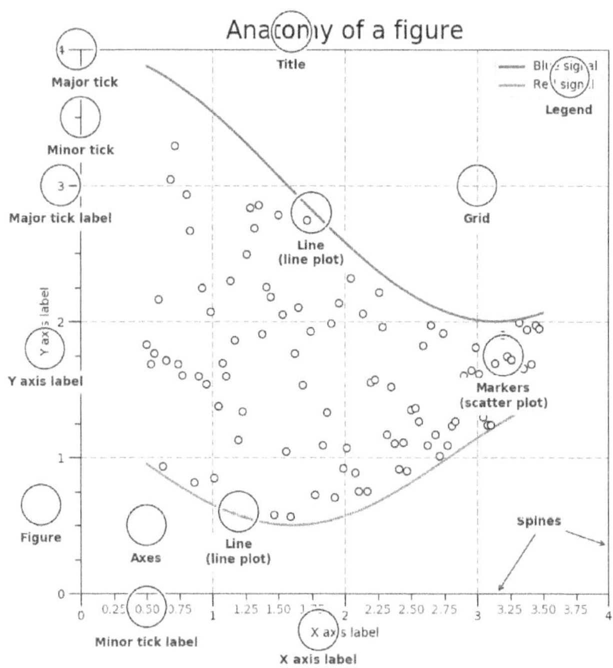

图 9.29　Matplotlib 图形的组成

Axes 是图像中的一个区域和数据空间。一个 Figure 可以包含多个 Axes。Axes 包含两个（或者在 3D 情况下包括 3 个）轴对象（x 轴和 y 轴），它们负责进行数据范围限制（使用 set_xlim()和 set_ylim()方法设定坐标轴的数据范围）。

每个 Axes 都有一个标题（通过 set_title()方法进行设置）、一个 x 轴标签（通过 set_xlabel()方法进行设置）和一个 y 轴标签（通过 set_ylabel()方法进行设置）。

4．基本 2D 绘图

本节介绍 Matplotlib 库的基本 2D 绘图实例，包括直方图、饼图和气泡图。

（1）直方图

使用 Matplotlib 库绘制直方图的示例代码如下：

```
#绘制直方图的示例代码
import numpy as np
from matplotlib import pyplot as plt
np.random.seed(19680801)                #随机数种子
x = np.random.randn(1000, 3)            #生成随机数
n_bins = 6
fig = plt.figure()                      #创建一个 Figure 对象用于容纳 Axes
ax1 = fig.add_subplot()                 #添加一个 Axes
ax1.hist(x, n_bins)
ax1.set_title('Histogram demo')
plt.show()
```

运行上述程序后呈现的效果如图 9.30 所示。

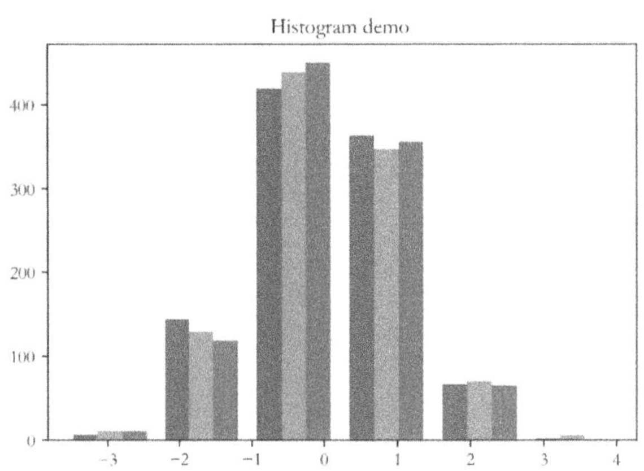

图 9.30　使用 Matplotlib 库绘制直方图示例

（2）饼图

使用 Matplotlib 库绘制饼图的示例代码如下：

```
#绘制饼图的示例代码
from matplotlib import pyplot as plt
labels = 'Frogs', 'Hogs', 'Dogs', 'Logs'
sizes = [15, 30, 45, 10]
explode = (0, 0.1, 0, 0)
fig = plt.figure(dpi=300)        #将分辨率设置为 300dpi
ax2 = fig.add_subplot()
ax2.pie(sizes, labels=labels, autopct='%1.1f%%', explode=explode, shadow=True)
plt.show()
```

上述代码中的 pie()方法可以自动根据数据的百分比绘制饼图，参数 labels 是各个块的标签，autopct='%1.1f%%'表示格式化百分比精确输出，explode 用于标记和突出某些块。

运行上述代码后呈现的效果如图 9.31 所示。

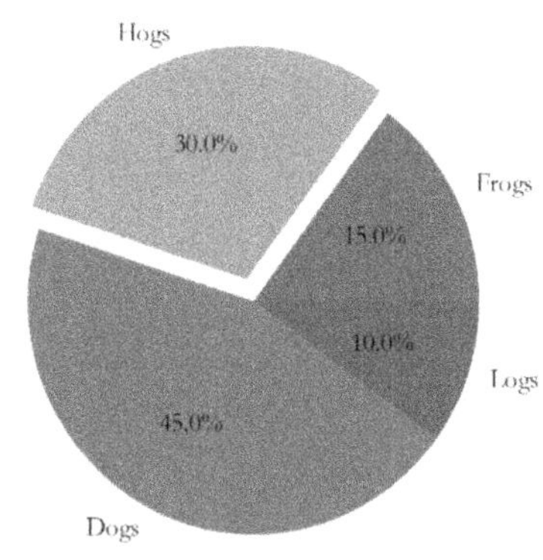

图 9.31 使 Matplotlib 库绘制饼图示例

（3）气泡图

使用 Matplotlib 绘制气泡图（散点图的一种特殊形式）的示例代码如下：

```
#绘制气泡图示例代码
import numpy as np
from matplotlib import pyplot as plt
np.random.seed(19680801)
fig = plt.figure(dpi=300)
ax3 = fig.add_subplot()
N = 50
x = np.random.rand(N)
y = np.random.rand(N)
colors = np.random.rand(N)
area = (30 * np.random.rand(N))**2  #0 to 15 point radii
ax3.scatter(x, y, s=area, c=colors, alpha=0.5)
plt.show()
```

运行上述代码后呈现的效果如图 9.32 所示。

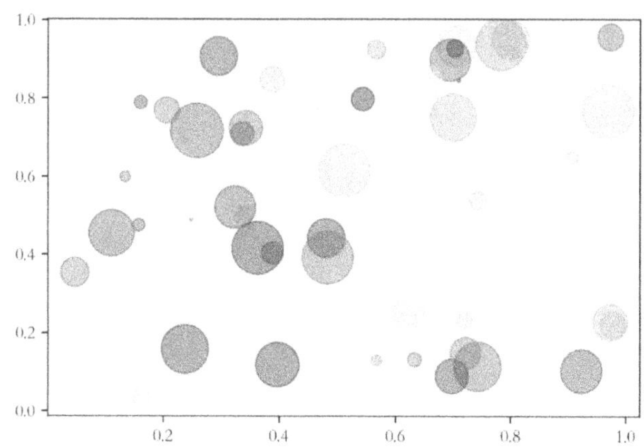

图 9.32 使用 Matplotlib 库绘制气泡图示例

5. Matplotlib 库的布局方法简介

Matplotlib 库采用网格布局的方式，有以下几种布局方法。

- subplot()：简单网格排列。
- GridSpec()：复杂网格排列。
- SubplotSpec()：为给定 GridSpec 中的子图指定位置。
- subplot2grid()：类似于 subplot()方法，但是它使用基于 0 的索引并允许子图占据多个单元格。

这里介绍最常见的一种网格布局方法 subplot()，该方法可一次性确定所有 Axes，示例代码如下：

```
#Matplotlib 库的布局方法示例代码
from matplotlib import pyplot as plt
fig = plt.figure(dpi=300)
ax1 = fig.add_subplot(2,2,1)
ax2 = fig.add_subplot(2,2,2)
ax3 = fig.add_subplot(2,2,3)
ax4 = fig.add_subplot(2,2,4)
ax1.set_title("（1）")
ax2.set_title("（2）")
ax3.set_title("（3）")
ax4.set_title("（4）")
fig.tight_layout()      #自动紧凑布局
plt.show()
```

其中，add_subplot(2,2,x)表示生成 2×2 的 4 个子图，呈现的效果如图 9.33 所示。

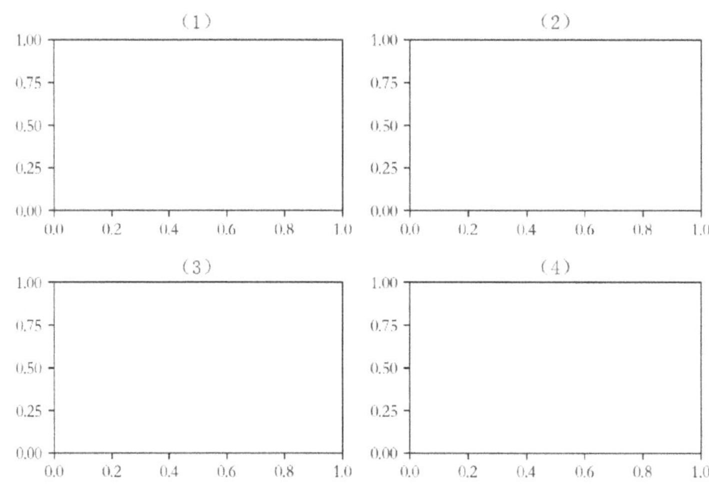

图 9.33 Matplotlib 库的布局示意图

9.4 基于 ECharts 的可视化示例

百度公司开源的 Apache 项目 ECharts 是一个纯 JavaScript 的数据可视化编程库。它支持在 Web 端定制可视化图表，提供了多种类型的图表，并且可以实现动态交互功能，常应用于软件产品开发或网页的统计图表模块，还能结合百度地图处理时空数据的可视化展现。图 9.34 所示为 ECharts 项目官网示意图。

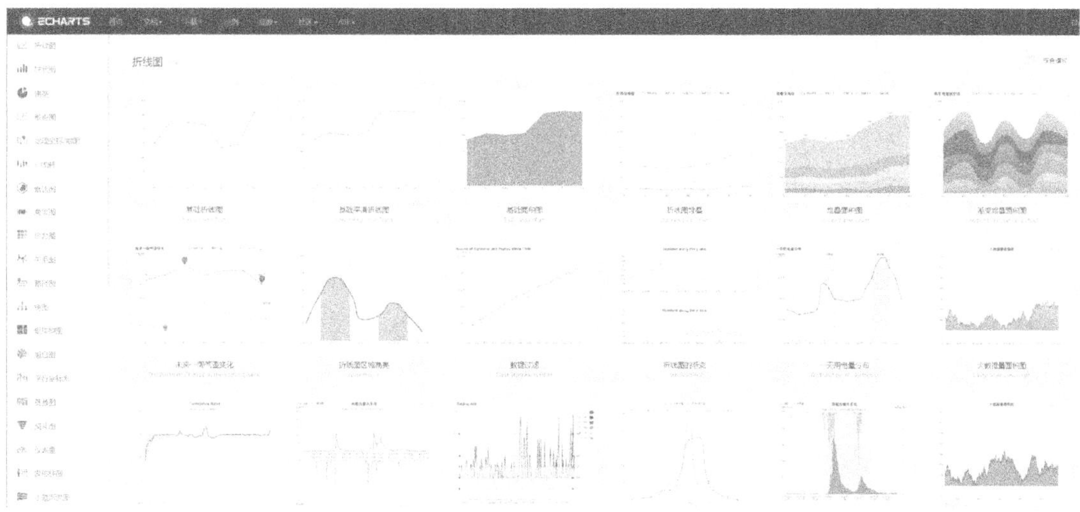

图 9.34　ECharts 项目官网示意图

9.4.1　ECharts 使用准备

1．获取 ECharts

ECharts 是基于 JavaScript 库提供服务的，可以通过以下几种方式获取 Apache ECharts 的发行版。

- 从 ECharts 的 GitHub 上下载。
- 通过 npm 获取 ECharts（npm 的版本号需要大于 3.0，否则需要升级），操作命令如下：

```
npm install echarts--save
```

- 通过 jsDelivr 等 CDN 引入。

还可以在 ECharts 的官网上直接下载更多丰富的版本，其中包含了不同主题和语言。这些构建好的 ECharts 提供了下面几种定制版本。

- 完全版：echarts/dist/echarts.js，体积最大，包含所有的图表和组件，所包含内容参见 echarts/echarts.all.js。
- 常用版：echarts/dist/echarts.common.js，体积适中，包含常见的图表和组件，所包含内容参见 echarts/echarts.common.js。
- 精简版：echarts/dist/echarts.simple.js，体积较小，仅包含最常用的图表和组件，所包含内容参见 echarts/echarts.simple.js。

2．引入 ECharts

在 HTML 文件中使用 ECharts 与使用普通的 JavaScript 库的方法相同，即使用<script>标签引入。

（1）创建 HTML 页面文件

创建一个 HTML 页面文件，引入 echarts.js 文件。代码如下：

```
<!DOCTYPE html>
<html>
<head>
    <meta charset="utf-8">
    <!-- 引入echarts.js文件 -->
    <script src="echarts.js"></script>
</head>
</html>
```

（2）为 ECharts 准备一个 DOM 容器

```
<body>
    <!-- 为ECharts准备一个具备大小（宽度和高度）的DOM容器-->
    <div id="main" style="width: 600px;height:400px;"></div>
</body>
```

这里为 ECharts 配置了 id 为 main 的 div（DOM 容器），用于包含 ECharts 绘制的图表。

提示：每个 DOM 容器只能包含一个 ECharts 实例，如果想要在同一个页面中显示多个 ECharts 的图表，则需要创建多个 DOM 容器。

9.4.2 ECharts 基础概念概览

1. ECharts 实例

在一个网页中，可以创建多个 ECharts 实例；在每个 ECharts 实例中，可以创建多个图表和坐标系等（使用 option 来描述）。准备一个 DOM 节点（作为 ECharts 的渲染容器），然后就可以在上面创建一个 ECharts 实例。每个 ECharts 实例独占一个 DOM 节点。

2. 系列（series）

ECharts 中的系列（series）是指一组数值及它们所映射成的图。“系列”这个词原本可能来源于“一系列的数据”，而在 ECharts 中取其扩展的概念，不仅表示数据，也表示数据所映射成的图。所以，一个系列包含的要素至少有一组数值、图表类型（series.type）及其他的关于这些数据如何映射成图的参数。

3. 组件（component）

在系列之上，ECharts 中的各种内容被抽象为“组件”。例如，ECharts 中至少有这些组件：xAxis（直角坐标系 x 轴）、yAxis（直角坐标系 y 轴）、grid（直角坐标系底板）、angleAxis（极坐标系角度轴）、radiusAxis（极坐标系半径轴）、polar（极坐标系底板）、geo（地理坐标系）、dataZoom（数据区缩放组件）、visualMap（视觉映射组件）、tooltip（提示框组件）、toolbox（工具栏组件）、series（系列）等。

4. 使用 option 描述图表

ECharts 的使用者可以使用 option 来描述其对图表的各种需求，包括有什么数据、要画什么图表、采用什么样子的图表、含有什么组件、通过组件能操作什么事情等。简而言之，option 表述了：数据、数据如何映射成图形、交互行为。

9.4.3 ECharts 示例

本节介绍几种 ECharts 中常见的图表，包括柱状图和饼图，以及如何异步加载数据的示例。

为了在 Web 页面上绘制图形，需要在 HTML 的 JavaScript 代码段中完成以下 3 个步骤。

（1）使用 echarts.init()方法初始化一个 ECharts 实例。

（2）以 JSON 格式定义可视化图表的数据格式。

（3）使用 ECharts 实例的 setOption()方法绘制图形。

1. 柱状图示例

本示例以柱状图显示一个服装类商品销量的对比图，该示例文件 ex9_1.html 的代码如下：

```
<!DOCTYPE html>
<html>
<head>
    <meta charset="utf-8">
    <title>ECharts</title>
    <!-- 引入 echarts.js 文件 -->
    <script src="echarts.js"></script>
</head>
<body>
    <!-- 为 ECharts 准备一个具备大小（宽度和高度）的 DOM 容器 -->
    <div id="main" style="width: 600px;height:500px;"></div>
    <script type="text/javascript">
        //基于准备好的 DOM 容器，初始化 ECharts 实例
        var myChart = echarts.init(document.getElementById('main'));
        //指定图表的配置项和数据
        var option = {
            title: {
                text: 'ECharts 入门示例'
            },
            tooltip: {},
            legend: {
                data:['销量']
            },
            xAxis: {
                data: ["衬衫","羊毛衫","雪纺衫","裤子","高跟鞋","袜子"]
            },
            yAxis: {},
            series: [{
                name: '销量',
                type: 'bar',
                data: [5, 20, 36, 10, 10, 20]
            }]
        };
        //使用刚指定的配置项和数据显示图表
        myChart.setOption(option);
    </script>
</body>
</html>
```

使用浏览器打开 ex9_1.html 文件，呈现的效果如图 9.35 所示。

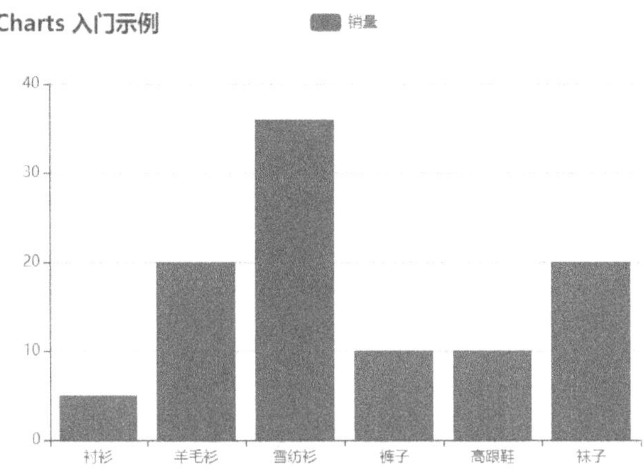

图 9.35　ECharts 柱状图示例

代码说明：

（1）本示例源代码中的“var myChart = echarts.init(document.getElementById('main'));”语句表示将图表显示在 ID 为 main 的 div 层中。

（2）代码第 21～23 行 option 对象中的“legend: { data:['销量'] }”语句，定义了图例的数组数据。数组项通常为一个字符串，每一项代表一个系列（series）的 name。代码第 22 行中的“销量”表示 y 轴显示的数据为代码第 28～32 行所定义的数组。

（3）代码第 30 行的“type: 'bar'”语句表示呈现图表格式为柱状图，type 属性可定义的图表类型有以下几种。

- type: 'bar'：柱状/条形图。
- type: 'line'：折线/面积图。
- type: 'pie'：饼图。
- type: 'scatter'：散点（气泡）图。
- type: 'effectScatter'：带有涟漪特效动画的散点（气泡）图。
- type: 'radar'：雷达图。
- type: 'tree'：树形图。
- type: 'treemap'：树形图。
- type: 'sunburst'：旭日图。
- type: 'boxplot'：箱形图。
- type: 'candlestick'：K 线图。
- type: 'heatmap'：热力图。
- type: 'map'：地图。
- type: 'parallel'：平行坐标图。
- type: 'lines'：线图。
- type: 'graph'：关系图。
- type: 'sankey'：桑基图。
- type: 'funnel'：漏斗图。

- type: 'gauge'：仪表盘。
- type: 'pictorialBar'：象形柱图。
- type: 'themeRiver'：主题河流图。
- type: 'custom'：自定义系列。

2. 饼图示例

本示例对上一示例中的商品销量数据值稍加修改，并以饼图呈现，显示效果如图 9.36 所示。

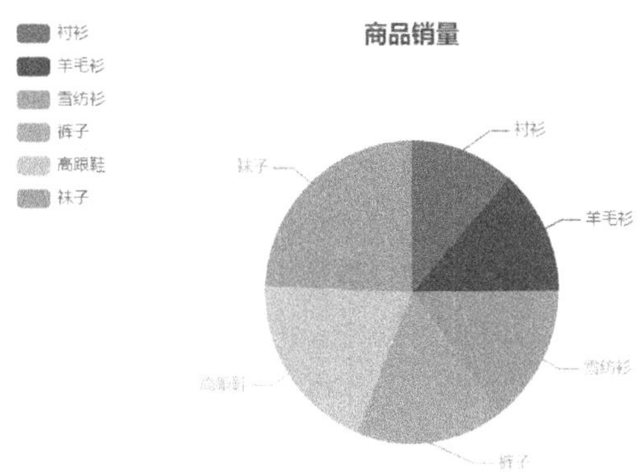

图 9.36　ECharts 饼图示例

该示例文件 ex9_2.html 的代码如下：

```
<!DOCTYPE html>
    <html>
    <head>
        <meta charset="utf-8">
        <title>ECharts 饼图实例</title>
        <script src=" echarts.js"></script>
    </head>
    <body>
        <div id="main" style="width:600px;height:400px;"></div>
        <script type="text/javascript">
            var myChart = echarts.init(document.getElementById('main'));
            var option = {
                title: {
                      text: '商品销量',
                      left: 'center'
                  },
                legend: {
                      orient: 'vertical',
                      left: 'left',
                },
                tooltip: {},
                series : [{
                      name: '商品销量',
                      type: 'pie',      //设置图表类型为饼图
                      radius: '55%',
        //饼图的半径，外半径为可视区尺寸（容器高度和宽度中较小的一项）的 55%长度
                      data:[            //数组数据，name 为数据项名称，value 为数据项值
                      {value:235, name:'衬衫'},
```

```
                    {value:274, name:'羊毛衫'},
                    {value:310, name:'雪纺衫'},
                    {value:335, name:'裤子'},
                    {value:400, name:'高跟鞋'},
                    {value:500, name:'袜子'}
                   ]
                 }
               ]
             }
            myChart.setOption(option);
        </script>
    </body>
</html>
```

3. ECharts 异步加载数据

在上面的两个示例中，图表的数据被直接设置在网页文件中，并通过 ECharts 对象的 setOption()方法来加载。但是在通常情况下，数据是从文件、数据库或服务器端动态获取的，这就需要使用异步获取数据的方法。为了动态加载数据，可以配合 jQuery 等工具，在以异步方式获取数据后，通过 ECharts 对象的 setOption()方法填入数据和配置项。

下面介绍将 ECharts 与 jQuery 结合，从本地文件或服务端动态获取数据，实现异步获取数据并显示图表的示例。

（1）数据说明

假设数据文件（JSON 数据格式）的名称为 test_data.json，内容如下：

```
{
"data_PV" : [
{"value":235, "name":"视频广告"},
{"value":274, "name":"联盟广告"},
{"value":310, "name":"邮件营销"},
{"value":335, "name":"直接访问"},
{"value":400, "name":"搜索引擎"}
]
}
```

（2）jQuery 的异步获取数据方法

jQuery 是一个著名的 JavaScript 库，用于操纵网页中的文档对象，以及从 Web 服务器中异步获取数据。

在网页文件中引入 jQuery 压缩版的 jquery.min.js 库（从 jQuery 官网在线引入），代码如下：

```
<script src="https://code.jquery.com/jquery-3.5.1.min.js"></script>
```

也可以预先将 jquery-3.5.1.min.js 文件下载到本地，然后直接在网页文件中引入，代码如下：

```
<script src="jquery-3.5.1.min.js"></script>
```

使用 jQuery 的$.get()方法可以从本地获取数据或者通过 HTTP GET 请求从服务器获取数据，语法如下：

```
$.get(URL, data, function(data, status, xhr), dataType)
```

该方法的参数说明如表 9.2 所示。

表 9.2　jQuery 的$.get()方法的参数说明

参　　数	描　　述
URL	必需参数。规定需要请求的 URL
data	可选参数。规定连同请求发送到服务器的数据
function(data,status,xhr)	可选参数。规定当请求成功时运行的函数。额外的参数如下。 data：包含来自请求的结果数据。 status：包含请求的状态（"success""notmodified""error""timeout""parsererror"）。 xhr：包含 XMLHttpRequest 对象
dataType	可选。可能的类型如下。 "xml"：XML 文档。 "html"：以 HTML 作为纯文本。 "text"：纯文本字符串。 "script"：以 JavaScript 运行响应，并以纯文本返回。 "json"：以 JSON 运行响应，并以 JavaScript 对象返回。 "jsonp"：使用 JSONP 加载一个 JSON 块，将添加一个 "?callback=?" 到 URL 中，以规定回调

（3）示例代码

本示例从本地文件中获取数据，使用 ECharts 在网页上呈现数据可视化图表。

首先创建 test_data.json 文件，并将其保存在与 HTML 文件 ex7_3.html 相同的目录下。然后在 ex7_3.html 文件中引入 jQuery 库，使用 jQuery 的$.get()方法获取 test_data.json 文件中的数据，并提交 ECharts 绘制图表，源代码如下：

```
<!DOCTYPE html>
    <html>
    <head>
        <meta charset="utf-8">
        <title>ECharts 示例：异步加载数据</title>
        <script src="jquery-3.5.1.min.js"></script>
        <script src="echarts.js"></script>
    </head>
    <body>
        <div id="main" style="width: 600px;height:500px;"></div>
        <script type="text/javascript">
            var myChart = echarts.init(document.getElementById('main'));
            $.get('test_data.json', function (data) {
                myChart.setOption({
                    series : [
                    {
                        name: '访问来源',
                        type: 'pie',
                        roseType: 'angle',    //以南丁格尔玫瑰图方式显示饼图
                        radius: '55%',
                        data:data.data_PV
                    }
                    ]
                })
                }, 'json')
    </script>
</body>
</html>
```

在浏览器中打开 ex7_3.html 文件，显示的效果如图 9.37 所示。

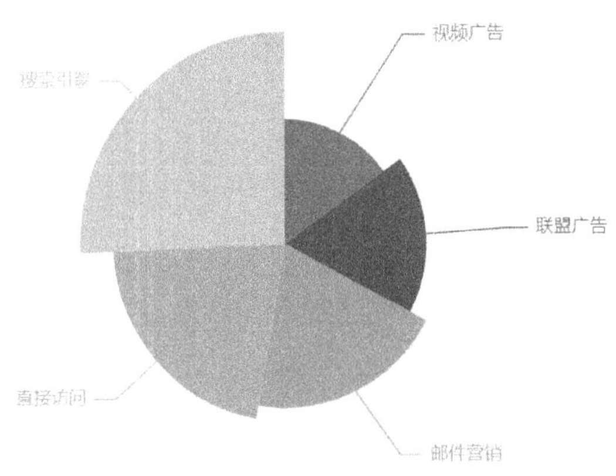

图 9.37　异步加载数据以南丁格尔玫瑰图方式呈现示例

提示： 使用某些浏览器打开本示例的网页文件时无法呈现图表（如 Google 的 Chrome 浏览器），这是由于其默认的安全限制不允许读取本地文件。

解决方法是设置 Chrome 浏览器允许访问本地磁盘文件，常用方法：右击 Chrome 浏览器的桌面快捷方式，在弹出的快捷菜单中选择“属性”命令，并在弹出的“属性”对话框中“快捷方式”选项卡的“目标”文本框中输入“ --allow-file-access-from-files”（最前面有个空格），然后重启 Chrome 浏览器即可。

（4）从 Web 服务器上异步获取数据

如果数据是从 Web 服务器上异步获取的，则对 ex7_3.html 文件中的第 13 行代码进行相应修改，使用某个 URL 代替 test_data.json。

9.5　本章小结

本章首先介绍了数据可视化的常用方法和示例，以及目前常用的数据可视化工具的基本情况，然后介绍了使用 Python 的 Matplotlib 库进行数据可视化编程的基本方法，最后详细介绍了使用 ECharts 实现数据可视化的方法和相关实例。

9.6　习题

一、选择题

1．下列图形中不属于数据可视化图形的是（　　）。

A．约翰斯诺的标点地图　　B．南丁格尔玫瑰图

C．普通的世界地图　　D．百度迁徙图

2．力导向图能表示节点之间的多对多关系，属于（　　）。

A．文本数据可视化　　B．关系网络数据可视化

C．时空数据可视化　　D．高维数据可视化

3．在下列数据可视化工具中，(　　) 是来自百度的开源工具。

A．Spreadsheets　　B．Tableau

C．BPD　　D．ECharts

二、填空题

1．标签云（Tag Cloud）是属于_______可视化的一种方法。

2．数据可视化是运用__________和_________技术，将数据转换为图形或图像显示，并进行交互处理的理论、方法和技术。

3．可视化的数据根据属性/变量的类型可以分为____________型和__________型数据，根据数据集的类型，可以分为结构化数据和非结构化数据。

三、简答题

1．简述趋势型数据可视化的常用方法有哪些。

2．简述高维数据的特点及可视化方法。

3．简述 K-Means 算法的流程。

四、实验题

【实验 9.1】现有如表 9.3 所示的部分城市平均房价的模拟数据。

表 9.3　部分城市平均房价的模拟数据

城　市　名	平均房价/（元·m^{-2}）
北京	60000
上海	50000
福州	25000
厦门	40000
西安	15000
成都	20000
长沙	11000
大庆	5000

（1）使用 ECharts 和 Matplotlib 库制作房价数据的柱状图和饼图。

（2）使用 ECharts 制作房价数据的南丁格尔玫瑰图。

（3）使用 ECharts 制作房价数据的热力图。

附录 A

HDFS 交互命令

本附录中列出了所有的 HDFS 交互式命令，同时由于部分命令已经在正文中给出了相关应用示例，因此在附录中不再赘述。如果有需要，读者可以查阅正文部分的相关内容。

1．appendToFile

语法：hadoop fs -appendToFile <localsrc> ... <dst>

说明：用于把本地文件系统的一个或若干个文件附加到目标文件系统的指定文件后。其输入源也可以是 STDIN 中的输入数据。

具体示例见正文“常用 HDFS 文件操作命令”部分。

2．cat

语法：hadoop fs -cat [-ignoreCrc] URI [URI ...]

说明：用于把指定的文件输出到 STDOUT 中，在没有其他设定的情况下，STDOUT 对应屏幕输出。

-ignoreCrc：用于指定是否要进行 CRC 校验。

其中，URI 默认为 HDFS 中的文件，若想要指定本地文件系统中的文件，则需要利用“file://”来表示文件为本地文件。

具体示例见正文“常用 HDFS 文件操作命令”部分。

3．checksum

语法：hadoop fs -checksum URI

说明：用于返回文件的 CRC 校验。

示例：分别返回 HDFS 文件和本地文件系统文件的 CRC 校验码。

```
$ hadoop fs -checksum hdfs://Node01:8020/user/hadoop/ hadoopfile
$ hadoop fs -checksum file:///usr/home/localfile
```

其运行过程如下：

```
$ hadoop fs -checksum hdfs://Node01:8020/file1
hdfs://Node01:8020/file1    MD5-of-0MD5-of-512CRC32C
000002000000000000000000008c55fa990d733a394ac47598fca461c4
```

4．chgrp

语法：hadoop fs -chgrp [-R] GROUP URI [URI ...]

说明：用于修改文件所属的组；只有该文件的所有者或超级用户可以执行修改操作。

-R：该参数指定是否递归实现目录中所有文件和子目录所属组的改变。

示例：分别利用 chgrp 命令修改 HDFS 的/user/hadoop/hadoopfile 文件和/user/hadoop 目录的所属组。

```
$ hadoop fs -chgrp hadoop /user/hadoop/hadoopfile
$ hadoop fs -chgrp -R hadoop /user/Hadoop
```

实例运行过程如下：

```
#查看更改前 file4 文件的所属组
$ hadoop fs -ls /user/hadoop/file4
-rw-r--r--   3 root supergroup   14  2021-01-11 21:22 /user/hadoop/file4
#更改，并查看更改后 file4 文件的所属组
$ hadoop fs -chgrp hadoop /user/hadoop/file4
$ hadoop fs -ls /user/hadoop/file4
-rw-r--r--   3 root hadoop        14 2021-01-11 21:22 /user/hadoop/file4
```

5. chmod

语法：**hadoop fs -chmod [-R] <MODE[,MODE]... | OCTALMODE> URI [URI ...]**

说明：用于更改文件的权限，包括所有者、所属组和所有用户对文件的读、写、执行权限。只有文件的所有者或超级用户可以执行更改文件的操作。

-R：若是目录，则该参数用于设置是否递归地进行所有文件和子目录的权限更改。

示例：权限可以是 3 个 8 位数，其展开的二进制数分别表示文件所有者、所在组和其他用户对文件的读、写、执行权限。例如，600 的二进制数展开为 110 000 000，表示文件所有者对该文件具有读、写权限，其他权限都被设置为 0，表示对应用户不具有该权限。

```
$ hadoop fs -chmod 600 /user/hadoop/file4
```

该实例的执行结果如下，最终设置文件的操作权限为“rw-------”：

```
$ hadoop fs -chmod 600 /user/hadoop/file4
$ hadoop fs -ls /user/hadoop/file4
-rw-------   3 root hadoop      14 2021-01-11 21:22 /user/hadoop/file4
```

6. chown

语法：**hadoop fs -chown [-R] [OWNER][:[GROUP]] URI [URI]**

说明：用于改变文件的所有者，该操作只能由超级用户执行。

-R：当目标为目录时，该参数用于设置是否递归地进行所有文件和子目录的所有者更改。

实例 1：设置/usr/hadoop/file 文件的所有者为 username。

```
$ hadoop fs -chown username /user/hadoop/file
```

实例 2：设置文件的所有者为 username，所属组为 hadoopgroup。

```
$ hadoop fs -chown username:hadoopgroup /user/hadoop/file
```

7. copyFromLocal

语法：**hadoop fs -copyFromLocal <localsrc> URI**

说明：用于把本地文件系统中的文件复制到 HDFS 中。其功能类似于 put 命令，只是要求源文件来自本地文件系统。

-p：保持存取和修改的时间、文件拥有者及各种权限等信息。

-f：如果目标文件存在，则覆盖该目标文件。

-l：允许 DataNode 采用惰性存储方式（延迟将文件持久化写入磁盘中），强制重复因子为 1，该参数可能导致文件的容错性降低。

-d：跳过创建临时文件的步骤，该临时文件以“._COPYING_”为后缀。

示例：把本地文件系统当前目录下的 localfile1 文件复制到 HDFS 的/user/hadoop/目录中。

```
$ hadoop fs -copyFromLocal localfile1 /user/hadoop/
```

8．copyToLocal

语法：hadoop fs -copyToLocal [-ignoreCrc] [-crc] URI <localdst>

说明：用于把 HDFS 中的文件复制到本地文件系统中。该命令功能类似于 get 命令，只是要求目标文件为本地文件系统。

-ignoreCrc：不进行 CRC 校验。

-crc：强制要求进行 CRC 校验。

示例：把 HDFS 上的/user/hadoop/file 文件复制到本地/home 目录下，在复制前后需要进行 CRC 校验，以保证文件被正确传输。

```
$ hadoop fs -copyToLocal -crc /user/hadoop/file /home
```

9．count

语法：hadoop fs -count [-q] [-h] [-v] <paths>

说明：用于统计指定路径中包含的文件数、目录数及文件的大小等信息。<paths>可以使用一些简单的正则表达式匹配。输出列“DIR_COUNT, FILE_COUNT, CONTENT_SIZE, PATHNAME”分别表示“目录数、文件数、占用空间大小、路径名称”。

-q：该参数将列出包括空间配额等更加详细的统计信息。

-h：指定文件大小为适合人类阅读的模式（例如，文件大小使用 64.0MB 表示，而不是使用 67 108 864 字节表示）。

-v：指定是否显示表头。

示例：分别以不同的参数组合查看指定路径文件的文件统计信息。

```
$ hadoop fs -count hdfs://Node01:8020/file1 hdfs://Node01:8020/file2
$ hadoop fs -count -q hdfs://Node01:8020/file1
$ hadoop fs -count -q -h hdfs://Node01:8020/file1
$ hdfs dfs -count -q -h -v hdfs://Node01:8020/file1
```

以带参数“-q -h -v”的文件统计信息为例，其执行过程如下：

```
$ hdfs dfs -count -q -h -v hdfs://Node01:8020/file1
QUOTA  REM_QUOTA SPACE_QUOTA REM_SPACE_QUOTA  DIR_COUNT   FILE_COUNT
CONTENT_SIZE PATHNAME
none     inf  none   inf   0  1   11  hdfs://Node01:8020/file1
```

10．cp

语法：hadoop fs -cp [-f] [-p | -p[topax]] URI [URI ...] <dest>

说明：用于复制文件。当<dest>是文件路径时，源文件可以是多个文件，或者通配符匹配的文件列表。

-f：设定当目标文件已经存在时，是否强行覆盖该目标文件。

-p：设定是否在目标文件中保持源文件的一些属性，包括时间、拥有者、权限等。

具体示例见正文“常用 HDFS 文件操作命令”部分。

11．createSnapshot

语法：hdfs dfs -createSnapshot <path> [<snapshotName>]

说明：HDFS快照是文件系统时间点的只读复制，可以在文件系统或整个文件系统的目录上建立快照。快照常用于数据备份、防止用户误操作和灾难恢复。HDFS快照的效率非常高，它并没有真正进行数据的备份，在建立快照后，只有在对快照进行修改时才使用额外存储。DataNode中的块不会进行复制。快照文件会记录块列表和文件大小，但不会复制数据。快照不会对常规HDFS操作产生不利影响，其修改会按照时间倒序记录，以便直接访问当前数据。快照数据是通过从当前数据中去除修改来计算的。

相关命令如下：

```
$ hdfs dfsadmin -allowSnapshot <path>           #用于设置允许指定的目录建立快照
$ hdfs dfsadmin -disallowSnapshot <path>        #用于设置禁止指定的目录建立快照
$ hdfs lsSnapshottableDir                       #用于显示当前用户有权限设置快照的目录
$ hdfs snapshotDiff <path> <fromSnapshot> <toSnapshot>        #对比两个快照
$ hdfs dfs -renameSnapshot <path> <oldName> <newName>         #快照改名
```

实例1：该实例主要包含3个基本步骤，首先启用/foo/data目录为允许创建快照（若该目录不存在，则需要新增该目录）；然后可以建立该目录的快照 s0；最后可以查看隐藏目录.snapshot下的文件信息和快照文件信息。

```
$ hdfs dfsadmin -allowSnapshot /foo/data            #启用/foo/data目录为允许创建快照
$ hadoop fs -createSnapshot /foor/data s0           #建立快照 s0
$ hdfs dfs -ls /foo/data/.snapshot                  #列出可建立快照的目录下的所有快照
$ hdfs dfs -ls /foo/data/.snapshot/s0               #列出快照 s0 中的文件
```

下面总结了在创建快照过程中可能会遇到的一些问题及其解决方法。

问题1：未启用某个目录为允许创建快照，就直接在此目录下创建快照，则会提示相应的错误信息。

```
$ hadoop fs -createSnapshot /foo/data s0
createSnapshot: Directory is not a snapshottable directory: /foo/data
```

解决方法：先启用该目录为允许创建快照，再创建快照即可。

```
$ hdfs dfsadmin -allowSnapshot /foo/data
Allowing snapshot on /foo/data succeeded
$ hadoop fs -createSnapshot /foo/data s0
Created snapshot /foo/data/.snapshot/s0
```

问题2：已经启用某个目录的父目录为允许创建快照，再启用这个子目录为允许创建快照，则会提示嵌套创建快照的问题。

```
$ hdfs dfsadmin -allowSnapshot /foo/data
allowSnapshot: Nested snapshottable directories not allowed: path=/foo/data, the
ancestor /foo is already a snapshottable directory.
```

解决方法：首先禁止在父目录中创建快照，然后启用这个子目录为允许创建快照。

```
$ hdfs dfsadmin -disallowSnapshot /foo
Disallowing snapshot on /foo succeeded
$ hdfs dfsadmin -allowSnapshot /foo/data
Allowing snapshot on /foo/data succeeded
```

12. deleteSnapshot

语法：hdfs dfs -deleteSnapshot <path> <snapshotName>

说明：用于删除现有的快照。

示例：删除指定路径下的快照。

```
$ hdfs dfs -deleteSnapshot /foo/data s0
```

13. df

语法：hadoop fs -df [-h] URI [URI ...]

说明：用于显示可用空间的大小。

-h：用于设定空间大小的显示方式是否为适合人类阅读的模式。

具体示例见正文“常用 HDFS 文件操作命令”部分。

14. du

语法：hadoop fs -du [-s] [-h] URI [URI ...]

说明：用于显示指定目录中包含的文件和目录的大小，如果指定目录中包含的是文件，则显示文件的长度。

-s：该选项设置将显示文件总体摘要，而不仅仅是单个文件信息。

-h：用于设定空间大小的显示方式是否为适合人类阅读模式。

具体示例见正文“常用 HDFS 文件操作命令”部分。

15. dus

语法：hadoop fs -dus <args>

说明：用于显示文件的概要信息。该命令可以使用 du 命令实现，即 hadoop fs -du -s。

示例：显示 HDFS 下/user/hadoop/file1 文件的概要信息。

```
$ hadoop fs -dus /user/hadoop/file1
```

16. expunge

语法：hadoop fs -expunge

说明：用于永久删除回收站中早于检查点保留阈值的文件，并创建新的检查点。在创建检查点时，回收站中最近删除的文件将被移动到检查点下。早于检查点 fs.trash.checkpoint（在 core-site.xml 文件中配置）的.interval 文件将在下次调用-expunge 命令时被永久删除。如果文件系统支持此功能，则用户可以通过参数配置定期创建和删除检查点 fs.trash.checkpoint 文件的间隔。

示例命令如下：

```
$ hadoop fs -expunge
```

17. find

语法：hadoop fs -find <path> ... <expression> ...

说明：用于查找与指定表达式匹配的所有文件，并对其执行选定的操作。如果未指定路径，则默认为当前工作目录。如果未指定表达式，则默认为-print。

```
-name pattern：对查找的文件指定匹配模式，将能够匹配的文件加入找到的文件中。
-iname pattern：同上，不过不区分文件名称大小写。
-print：在标准输出上输出查找结果。
expression：表达式<expression>可以对多个表达式进行与操作，以此加强过滤条件。
```

具体示例见正文“常用 HDFS 文件操作命令”部分。

18. get

语法：hadoop fs -get [-ignoreCrc] [-crc] [-p] [-f] <src> <localdst>

说明：用于将文件复制到本地文件系统中。

-p：保持存取和修改的时间、文件所有者、权限等信息。

-f：若目标文件已经存在，则覆盖该目标文件。

-ignoreCrc：设置为在复制文件到本地时不进行 CRC 校验。CRC 校验失败的文件可以使用此选项进行复制。

-crc：同时进行 CRC 校验。

具体示例见正文“常用 HDFS 文件操作命令”部分。

19. getfacl

语法：hadoop fs -getfacl [-R] <path>

说明：用于显示文件和目录的存取控制列表（Access Control List，ACL）。若一个目录已有默认的 ACL，则显示该默认 ACL。

-R：指定是否递归列出所有文件和子目录下的 ACL。

path：需要显示的路径。

示例：显示 HDFS 的/user/hadoop/dir 目录的存取控制列表。

```
hadoop fs -getfacl -R /user/hadoop/dir
```

若/user/hadoop/dir 目录下包含一个 file1 文件，则其执行实例如下，其结果分别列出了本目录及其包含文件的存取控制信息：

```
$ hadoop fs -getfacl -R /user/hadoop/dir
$ file: /user/hadoop/dir
$ owner: root
$ group: hadoop
user::rwx
group::r-x
other::r-x
$ file: /user/hadoop/dir/file1
$ owner: root
$ group: hadoop
user::rw-
group::r--
other::r--
```

20. getfattr

语法：hadoop fs -getfattr [-R] -n name | -d [-e en] <path>

说明：用于显示文件或目录的扩展属性名称和值（如果有）。

-R：递归地列出所有文件和子目录的扩展属性和值。

-n name：导出命名的扩展属性值。

-d：导出与路径名关联的所有扩展属性值。

-e encoding：检索值后对其进行编码，编码方式可以是“text”“hex”“base64”。将编码为文本字符串的值用双引号（""）引起来，将以十六进制和 Base64 编码的值分别使用 0x 和 0s 作为前缀。

path：文件或目录。

示例：显示 file1 文件的扩展属性信息。

```
hadoop fs -getfattr -R -n user.myAttr /user/hadoop/file1
```

在查看前，需要先设置属性名和对应值。其运行过程如下：

```
$ hadoop fs -setfattr -n user.myAttr  -v "file1-attr" /user/hadoop/file1
$ hadoop fs -getfattr -n user.myAttr /user/hadoop/file1
$ file: /user/hadoop/file1
```

```
user.myAttr=" file1-attr "
```

需要注意的是，若没有给相应的文件、目录设置属性，则会提示无法提供文件相关属性信息。

21．getmerge

语法：hadoop fs -getmerge [-nl] <src> <localdst>

说明：以源目录和目标文件作为参数，将 src 中的文件合并到本地目标文件中。

-nl：设置为允许在每个文件的末尾添加换行符（newline character: LF）。

示例：把 HDFS 的/user/hadoop/file1 和/user/hadoop/file2 文件合并到本地文件/home/hadoop/output.txt 中。

```
$ hadoop fs -getmerge -nl /user/hadoop/file1 /user/hadoop/file2 /output.txt
```

若源文件 file1 和 file2 分别包含“this file1”和“this file2”，则其执行过程如下，由于增加了-nl 参数，目标文件中增加了一个空行：

```
$ hadoop fs -getmerge -nl /user/hadoop/file1 /user/hadoop/file2 /output.txt
$ cat /output.txt
this file1

this file1
```

22．help

语法：hadoop fs -help

说明：用于查看 fs 命令的帮助信息。

具体示例见正文“常用 HDFS 文件操作命令”部分。

23．ls

语法：hadoop fs -ls [-d] [-h] [-R] <args>

说明：用于查看文件信息。

若查看的是文件，则输出信息为 permissions（权限）、number_of_replicas（副本数）、userid（所属用户）、groupid（所属组）、filesize（文件大小）、modification_date（最近修改日期）、modification_time（最近修改时间）、filename（文件名）；若查看的是目录，则输出信息为 permissions（权限）、userid（所属用户）、groupid（所属组）、modification_date（最近修改日期）、modification_time（最近修改时间）、dirname（目录名称）。

-d：将目录当作普通文件列出。

-h：用于设定空间大小的显示方式是否为适合人类阅读的模式。

-R：递归地列出所有文件和目录。

具体示例见正文“常用 HDFS 文件操作命令”部分。

24．lsr

语法：hadoop fs -lsr <args>

说明：用于以递归方式进行文件查看，等同于 hadoop fs -ls -R。

示例：列出 HDFS 中/user 目录及包含在该目录中的所有文件/子目录的信息。

```
hadoop fs -ls -R /user
```

其执行过程如下，其中递归地列出了所有/user 目录下的相关信息：

```
$ hadoop fs -ls -R /user
```

```
drwxr-xr-x  - root hadoop  0 2021-01-12 00:47 /user/hadoop
drwxr-xr-x  -root hadoop   0 2021-01-11 22:11 /user/hadoop/dir
-rw-r--r--  3 root hadoop   11 2021-01-11 22:11 /user/hadoop/dir/file1
…
```

25．mkdir

语法：hadoop fs -mkdir [-p] <paths>

说明：用于创建目录。

-p：设定为是否创建目标路径 path 中途的目录。

具体示例见正文“常用 HDFS 文件操作命令”部分。

26．moveFromLocal

语法：hadoop fs -moveFromLocal <localsrc> <dst>

说明：类似于 put 命令，不过 moveFromLocal 命令在将文件移动成功后会删除源文件。

示例：把本地文件 localfile 上传到 HDFS 的/user/hadoop/dir 目录中。

```
$ hadoop fs -moveFromLocal /home/bigdata/localfile /user/hadoop/dir
```

27．mv

语法：hadoop fs -mv URI [URI ...] <dest>

说明：用于将文件从源文件移动到目标文件，当源文件包含多个文件时，目标文件应当是一个目录。不允许跨文件系统移动文件。若目标文件和源文件在同一目录中，则 mv 命令实际上实现了文件的改名操作。

具体示例见正文“常用 HDFS 文件操作命令”部分。

28．put

语法：hadoop fs -put [-f] [-p] [-l] [-d] [- | <localsrc1> ..]. <dst>

说明：用于将单个文件或多个文件从本地文件系统复制到目标文件系统中。如果将源文件设置为“-”，则从 STDIN 中读取输入并写入目标文件系统中。

-p：保持存取、修改的时间、文件所有者、权限等信息。

-f：若目标文件已经存在，则覆盖该目标文件。

-l：允许数据节点采用惰性存储方式（延迟将文件持久化写入磁盘中），强制重复因子为 1，该参数可能导致文件的容错性降低。

-d：跳过创建临时文件的步骤，该临时文件以“._COPYING_”为后缀。

具体示例见正文“常用 HDFS 文件操作命令”部分。

29．rm

语法：hadoop fs -rm [-f] [-r |-R] [-skipTrash] URI [URI ...]

说明：用于删除指定文件。如果启用了垃圾箱，则文件系统会将删除的文件移到垃圾箱目录中。在默认情况下，已经禁用垃圾箱功能，用户可以通过 core-site.xml 文件设置大于零的间隔值来启用垃圾箱。

-f：该参数将关闭一些错误信息的显示，如文件不存在等。

-R：递归删除目录中的内容。

-r：等价于参数-R。

-skipTrash：若设置该选项，则直接删除该文件，否则，在启用了垃圾箱的情况下，将会把要删除文件放入垃圾箱中。

具体示例见正文“常用 HDFS 文件操作命令”部分。

30．rmdir

语法：hadoop fs -rmdir [--ignore-fail-on-non-empty] URI [URI ...]

说明：用于删除指定目录。

--ignore-fail-on-non-empty：在使用通配符时，如果一个目录中包含文件，则忽略错误信息。

具体示例见正文“常用 HDFS 文件操作命令”部分。

31．rmr

语法：hadoop fs -rmr [-skipTrash] URI [URI ...]

说明：用于递归删除目录/文件，等同于 hadoop fs -rm -r。

32．setfacl

语法：hadoop fs -setfacl [-R] [-b |-k -m |-x <acl_spec> <path>] |[--set <acl_spec> <path>]

说明：用于设置文件或目录的存取控制列表（ACL）。

-b：删除基本项 ACL 之外的所有项。为了与权限位兼容，保留了 user、group 和 others 等条目。

-k：移除默认存取控制列表。

-R：递归应用于所有文件和目录。

-m：修改存取控制列表。

-x：移除指定的存取控制列表项，其余项保持原有设置。

--set：完全替换 ACL，丢弃所有现有条目。acl_spec 必须包含用户、用户组和其他项，以便与权限位保持兼容。

acl_spec：逗号隔开的存取控制列表项。

path：操作的目标文件或目录。

实例 1：设置 HDFS 中 file 文件的所有者权限为可读写（rw）。

```
$ hadoop fs -setfacl -m user:root:rw- /file
```

实例 2：删除 HDFS 中 file 文件的所有者的执行权限（x）。

```
$ hadoop fs -setfacl -x user:root /file
```

实例 3：同时设置文件所有者、所在组和其他用户对文件的控制权限。

```
$ hadoop fs -setfacl --set user::rw-,user:root:rw-,group::r--,other::r-- /file
```

在利用 setfacl 命令修改文件、目录的存取控制列表后，可以利用 Hadoop fs -ls -l <file>|<dir>的方式查看修改结果。

33．setfattr

语法：hadoop fs -setfattr -n name [-v value] | -x name <path>

说明：用于为文件或目录设置扩展属性名和值。

-b：移除所有扩展属性，保留 ACL 项，以及 user、group 和其他一些基本项，以保持兼容性。

-n name：指定扩展属性名。

-v value：指定扩展属性值。具体值可以有 3 种编码方式，若值由双引号包含，则将引号中的字符串作为值；若值以 0x 或 0X 开头，则值为十六进制数；若值以 0s 或 0S 开头，则值采用 Base64 编码。

-x name：移除扩展属性。

path：操作的目标文件或目录。

示例：为 HDFS 中的/user/hadoop/file 文件设置 user.myAttr 属性，属性值为 myValue。在设置文件属性后，可以利用 hadoop fs -getfattr 命令进行查看。

```
hadoop fs -setfattr -n user.myAttr -v myValue /file
```

34．setrep

语法：hadoop fs -setrep [-R] [-w] <numReplicas> <path>

说明：用于更改文件的复制因子。如果 path 是一个目录，则该命令递归地更改以 path 为根目录的目录树下所有文件的复制因子。

-w：该参数要求命令等待复制完成后执行，可能需要较长时间等待。

-R：该参数为了兼容性而存在，实际上没有任何作用。

示例：设置/user/hadoop/dir1 目录下的所有文件的复制因子为 3。

```
$ hadoop fs -setrep -w 3 /tmp/dir1
```

下面实例首先查看文件的基本信息，在设置新的复制因子后，通过 ls 命令查看，发现其复制因子值已经被改动。更高的复制因子会形成文件的多个备份，从而确保文件的安全性。但是过高的复制因子会加重系统的负担。操作命令及执行结果如下：

```
$ hadoop fs -ls /tmp/file1
Found 1 items
-rw-r--r--  1 hadoop  supergroup  771222 2021-01-12 18:59  /tmp/file1
$ hadoop fs -setrep -w 3 /tmp/file1
Replication 3 set: /tmp/file1
$ hadoop fs -ls -l /tmp/file1
Found 1 items
-rw-r--r--  3 hadoop supergroup   771222 2021-01-12 18:59 /tmp/file1
```

35．stat

语法：hadoop fs -stat [format] <path> ...

说明：用于打印<path>所指定的文件/目录的空间利用信息/百分比。格式部分的含义为：以块衡量的文件大小（%b），文件/目录类型（%F），文件所属组（%g），文件名（%n），块大小（%o），复制因子（%r），文件所属用户名（%u），最近修改日期（%y, %Y）。其中，%y 表示 UTC 日期格式，如 yyyy-MM-dd HH:mm:ss；%Y 则表示从 1970-1-1 到当前时间的毫秒数。默认时间格式为%y。

示例：打印 HDFS 中/user/hadoop/dir1/file 文件的相关状态信息。

```
$ hadoop fs -stat "%F %u:%g %b %y %n" /user/hadoop/dir1/file
```

该命令执行结果如下：

```
$ hadoop fs -stat "%F %u:%g %b %y %n" /user/hadoop/dir1/file
regular file root:supergroup 13 2021-01-12 08:53:29 /user/hadoop/dir1/file
```

36．tail

语法：hadoop fs -tail [-f] URI

说明：用于在标准输出中输出文件的最后 1KB 内容。

-f：设置在文件增长时输出附加数据。

示例：输出 HDFS 中/hadoop/bigdata/city_data_part1.csv 文件的最后 1KB 内容。

```
$ hadoop fs -tail /hadoop/bigdata/city_data_part1.csv
```

37. text

语法：hadoop fs -text <src>

说明：用于获取源文件并以文本格式输出该文件。允许的格式为 ZIP 和 TextRecordInputStream。

示例：输出 HDFS 中/user/hadoop/file1 文件的内容。

```
$ hadoop fs -text /user/hadoop/file1
```

38. touchz

语法：hadoop fs -touchz URI [URI ...]

说明：用于创建一个空文件。如果已经存在长度非零的文件，则返回错误信息。

示例：在 HDFS 中创建一个空文件/user/hadoop/new_file。

```
$ hadoop fs -touchz /user/hadoop/new_file
```

39. truncate

语法：hadoop fs -truncate [-w] <length> <paths>

说明：用于将与指定文件模式匹配的所有文件截断为指定长度。

-w：在需要的情况下，该参数指定请求命令在块恢复完成后执行。如果没有-w 参数，则在恢复过程中，文件可能会在一段时间内保持未关闭状态。在此期间，无法重新打开文件并进行追加。

示例：把/user/hadoop/file1 文件截断，只保留 5Byte。

```
$ hadoop fs -truncate 5 /user/hadoop/file1 /user/hadoop/file2
```

假设 file1 文件中存储着信息“this is file1”，则当利用 truncate 命令后，文件将被截断，并且只保留指定长度的数据。其执行过程如下：

```
$ hadoop fs -truncate 5 /user/hadoop/file1
Truncating /user/hadoop/file1 to length: 5. Wait for block recovery to complete
before further updating this file.
$ hadoop fs -cat /user/hadoop/file1 /user/hadoop/file2
this
```

需要注意的是，若截断长度大于文件现有长度，则会提示相应的错误信息。

40. usage

语法：hadoop fs -usage command

说明：用于返回指定 command 命令的帮助信息。

示例：返回 ls 命令的帮助信息。

```
$ hadoop fs -usage ls
```

附录 B pyhdfs 其他类说明

pyhdfs 除了包含 HdfsClient 类，还包含一些其他类。这些类可以作为 HdfsClient 类的辅助类，主要分为两类：一类是 HdfsClient 方法的返回结果类；另一类是各种 HdfsClient 方法可能引发的异常类。

本附录中列出了所有 pyhdfs 其他类的定义。由于 HdfsClient 类定义及其方法说明已经在正文中给出相关应用示例，因此在附录中不再赘述。

1. ContentSummary 类

类定义：class pyhdfs.ContentSummary(**kwargs)。

类说明：该类包含目录的内容汇总。

基类：pyhdfs._BoilerplateClass。

参数说明如下。

- directoryCount (int)：表示目录数量。
- fileCount (int)：表示文件数量。
- length (int)：表示文件/目录所包含内容占用的字节数。
- quota (int)：表示该目录的命名空间配额。
- spaceConsumed (int)：表示文件/目录所包含内容占用的磁盘空间。
- spaceQuota (int)：表示磁盘空间配额。
- typeQuota (Dict[str, TypeQuota])：表示 ARCHIVE、DISK 和 SSD 的配额。

2. FileChecksum 类

类定义：class pyhdfs.FileChecksum(**kwargs)。

类说明：文件校验和结果。

基类：pyhdfs._BoilerplateClass。

参数说明如下。

- algorithm (str)：表示校验算法名称。
- bytes (str)：表示十六进制校验和位序列。
- length (int)：表示校验和位长度（不是字符串长度）。

3. FileStatus 类

类定义： class pyhdfs.FileStatus(**kwargs)。

类说明： 文件状态信息。

基类： pyhdfs._BoilerplateClass。

参数说明如下。

- accessTime (int)：表示存取时间。
- blockSize (int)：表示文件块大小。
- group (str)：表示所属组名。
- length (int)：表示文件的大小/字节数（Byte）。
- modificationTime (int)：表示最近修改时间。
- owner (str)：表示文件拥有者名称。
- pathSuffix (str)：表示文件所在路径。
- permission (str)：表示八进制字符串表示的文件读/写权限。
- replication (int)：表示文件的副本数。
- symlink (Optional[str])：若文件是链接文件，则存储链接目标文件的位置。
- type (str)：表示对象类型。
- childrenNum (int)：表示该目录有多少个子节点（文件/子目录）。若该目录本身是文件，则值为 0。

4. TypeQuota 类

类定义： class pyhdfs.TypeQuota(**kwargs)。

类说明： 配额类型。

基类： pyhdfs._BoilerplateClass。

参数说明如下。

- consumed (int)：表示占用的存储类型空间。
- quota (int)：表示存储类型配额。

5. HdfsAccessControlException 类

类定义： exception pyhdfs.HdfsAccessControlException(message:str,exception:str,status_code:int,**kwargs)。

类说明： 存取控制异常信息。

基类： pyhdfs.HdfsIOException。

6. HdfsDSQuotaExceededException 类

类定义： exception pyhdfs.HdfsDSQuotaExceededException(message:str,exception:str,status_code:int,**kwargs)。

类说明： 磁盘配额超出异常。

基类： pyhdfs.HdfsQuotaExceededException。

7. HdfsException 类

类定义： exception pyhdfs.HdfsException。

类说明：与 WebHDFS 服务器通信产生所有异常信息的基类。

基类：Exception。

8．HdfsFileAlreadyExistsException 类

类定义：exception pyhdfs.HdfsFileAlreadyExistsException(message:str,exception:str,status_code:int,**kwargs)。

类说明：文件已经存在导致操作不成功产生的异常。

基类：pyhdfs.HdfsIOException。

9．HdfsFileNotFoundException 类

类定义：exception pyhdfs.HdfsFileNotFoundException(message:str,exception:str,status_code:int,**kwargs)。

类说明：文件不存在导致的异常信息。

基类：pyhdfs.HdfsIOException。

10．HdfsHadoopIllegalArgumentException 类

类定义：exception pyhdfs.HdfsHadoopIllegalArgumentException(message:str,exception:str,status_code:int,**kwargs)。

类说明：提供了 Hadoop 非法参数导致的异常。

基类：pyhdfs.HdfsIllegalArgumentException。

11．HdfsHttpException 类

类定义：exception pyhdfs.HdfsHttpException(message:str,exception:str,status_code:int,**kwargs)。

类说明：客户端未能与服务器进行交互，并且收到 HTTP 错误码，则抛出该异常。

基类：pyhdfs.HdfsException。

参数说明如下。

- Message：表示异常消息。
- exception：表示异常名称。
- javaClassName：表示异常的 Java 类名。
- status_code (int)：表示 HTTP 状态码。
- kwargs：表示其他信息。

12．HdfsIOException 类

类定义：exception pyhdfs.HdfsIOException(message:str,exception:str,status_code:int,**kwargs)。

类说明：HDFS 的 I/O 引发的异常信息。

基类：pyhdfs.HdfsHttpException。

13．HdfsIllegalArgumentException 类

类定义：exception pyhdfs.HdfsIllegalArgumentException(message:str,exception:str,status_code:int,**kwargs)。

类说明：HDFS 非法参数异常。

基类：pyhdfs.HdfsHttpException。

14. HdfsInvalidPathException 类

类定义： exception pyhdfs.HdfsInvalidPathException(message:str,exception:str,status_code:int,**kwargs)。

类说明： 不可用路径导致的异常。

基类： pyhdfs.HdfsHadoopIllegalArgumentException。

15. HdfsNSQuotaExceededException 类

类定义： exception pyhdfs.HdfsNSQuotaExceededException(message:str,exception:str,status_code:int,**kwargs)。

类说明： 命名空间配额超出异常。

基类： pyhdfs.HdfsQuotaExceededException。

16. HdfsNoServerException 类

类定义： exception pyhdfs.HdfsNoServerException。

类说明： 无可用服务器导致的异常。

基类： pyhdfs.HdfsException。

17. HdfsPathIsNotEmptyDirectoryException 类

类定义： exception pyhdfs.HdfsPathIsNotEmptyDirectoryException(message:str,exception:str,status_code: int, **kwargs)。

类说明： 非空目录导致的异常。

基类： pyhdfs.HdfsIOException。

18. HdfsQuotaExceededException 类

类定义： exception pyhdfs.HdfsQuotaExceededException(message:str,exception:str,status_code:int,**kwargs)。

类说明： HDFS 配额超出异常。

基类： pyhdfs.HdfsIOException。

19. HdfsRemoteException 类

类定义： exception pyhdfs.HdfsRemoteException(message:str,exception:str,status_code:int, **kwargs)。

类说明： HDFS 远程异常。

基类： pyhdfs.HdfsIOException。

20. HdfsRetriableException 类

类定义： exception pyhdfs.HdfsRetriableException(message:str,exception:str,status_code:int, **kwargs)。

类说明： HDFS 可重审异常。

基类： pyhdfs.HdfsIOException。

21. HdfsRuntimeException 类

类定义： exception pyhdfs.HdfsRuntimeException(message:str,exception:str,status_code:int,

**kwargs)。

类说明：HDFS 运行时引发的异常。

基类：pyhdfs.HdfsHttpException。

22．HdfsSecurityException 类

类定义：exception pyhdfs.HdfsSecurityException(message:str,exception:str,status_code:int, **kwargs)。

类说明：HDFS 安全性引发的异常。

基类：pyhdfs.HdfsHttpException。

23．HdfsSnapshotException 类

类定义：exception pyhdfs.HdfsSnapshotException(message:str,exception:str,status_code:int, **kwargs)。

类说明：HDFS 快照操作引发的异常。

基类：pyhdfs.HdfsIOException。

24．HdfsStandbyException 类

类定义：exception pyhdfs.HdfsStandbyException(message:str,exception:str,status_code:int, **kwargs)。

类说明：HDFS 备用异常/其他异常。

基类：pyhdfs.HdfsIOException。

25．HdfsUnsupportedOperationException 类

类定义：exception pyhdfs.HdfsUnsupportedOperationException(message:str,exception:str, status_code:int,**kwargs)。

类说明：HDFS 不支持某种操作引发的异常。

基类：Bases: pyhdfs.HdfsIOException。

参考文献

[1] 张尧学，胡春明. 大数据导论[M]. 北京：机械工业出版社，2018.

[2] 维克托 • 迈尔 • 舍恩伯格. 大数据时代[M]. 杭州：浙江人民出版社，2013.

[3] 黑马程序员. Hadoop 大数据技术原理与应用[M]. 北京：清华大学出版社，2019.

[4] 王国胤，刘群，于洪，等. 大数据挖掘及应用[M]. 北京：清华大学出版社，2017.

[5] 王传东，卢潞，马荣飞. Hadoop 大数据平台构建与应用[M]. 北京：电子工业出版社，2020.

[6] 薛志东，吕泽化，陈长清，等. 大数据技术基础[M]. 北京：人民邮电出版社，2018.

[7] 董付国. Python 程序设计[M]. 3 版. 北京：清华大学出版社，2015.

[8] 周志华. 机器学习[M]. 北京：清华大学出版社，2016.

[9] 陈为，沈则潜，陶煜波. 数据可视化[M]. 北京：电子工业出版社，2013.

[10] 于洪，何德牛，王国胤，等. 大数据智能决策[J]. 自动化学报，2020，46（5），878-896.

[11] Huang，Z. Extensions to the K-means algorithm for clustering large data sets with categorical values[J]. Data Mining and Knowledge Discovery，1998，2(3)，283-304.

[12] Reshef，D. N.，Reshef. Detecting novel associations in large data sets. Science，2011，334（6062），1518-1524.

[13] 董楠楠，单晓欢，牟有静. 基于 Hadoop 和 MapReduce 的大数据处理系统设计与实现[J]. 信息通信，2020（06）：29-31.

[14] 彭贝，刘黎志，杨敏，等. 基于 Hive 的空气质量大数据查询优化方法[J]. 武汉工程大学学报，2020，42（04）：467-472.

[15] 王川，曾国荪，丁春玲，等. 基于 Hbase 的海底监测视频大数据存储方法[J]. 计算机科学与应用，2019，9（7）：1453-1464.

[16] 陈建平. 大数据技术和应用[M]. 北京：清华大学出版社，2020.

[17] 张良均，谭立云，刘名军，等. Python 数据分析与挖掘实战[M]. 2 版. 北京：机械工业出版社，2019.

[18] 郭躬德，陈黎飞，李南. 近邻分类方法及其应用（上册）[M]. 厦门：厦门大学出版社，2013.